21世纪应用型本科土木建筑系列实用规划教材

建设工程招投标与合同管理实务
（第2版）

主　编　崔东红　肖　萌
副主编　徐　伟　战硕芳
参　编　葛　新
主　审　邹　华

内 容 简 介

本书结合大量工程实例，并参阅国家相关部委最新颁发的文件，力求反映国内外建设工程招投标与合同管理的最新动态。本书系统地阐述了建设工程招投标与合同管理的主要内容，包括建设工程招投标工作程序、相关文件的编制、建设工程合同与索赔等基础知识。通过对本书的学习，读者可以掌握建设工程招投标、合同与索赔的基本理论和操作技能，具备自行编制建设工程招投标文件和拟订建设工程施工合同文件的能力。

本书既可作为本科院校工程管理专业的教材，也可作为相关专业职业资格考试的培训教材。

图书在版编目(CIP)数据

建设工程招投标与合同管理实务/崔东红，肖萌主编．—2版．—北京：北京大学出版社，2014.9

(21世纪应用型本科土木建筑系列实用规划教材)

ISBN 978-7-301-24702-0

Ⅰ.①建… Ⅱ.①崔… ②肖… Ⅲ.①建筑工程—招标—高等学校—教材②建筑工程—投标—高等学校—教材③建筑工程—合同—管理—高等学校—教材 Ⅳ.①TU723

中国版本图书馆CIP数据核字(2014)第197594号

书　　名：建设工程招投标与合同管理实务(第2版)

著作责任者：崔东红　肖　萌　主编

策 划 编 辑：吴　迪　卢　东

责 任 编 辑：伍大维

标 准 书 号：ISBN 978-7-301-24702-0/TU・0429

出 版 发 行：北京大学出版社

地　　址：北京市海淀区成府路205号　100871

网　　址：http://www.pup.cn　新浪官方微博:@北京大学出版社

电 子 信 箱：pup_6@163.com

电　　话：邮购部 010-62752015　发行部 010-62750672　编辑部 010-62750667

印　刷　者：北京虎彩文化传播有限公司

经　销　者：新华书店

787毫米×1092毫米　16开本　24.75印张　577千字

2009年6月第1版

2014年9月第2版　2022年7月第6次印刷

定　　价：49.00元

第2版前言

建设工程招投标与合同管理课程是高等院校工程管理专业的学科专业课，在课程体系中占据重要的地位。作为高等教育教材，本书在广泛考察有关建设工程招投标与合同管理方面的教材编写体例的基础上，经过细致的分析，确定了4篇共15章的内容。第1篇概论，主要介绍工程招投标与合同管理的基础知识；第2篇招投标管理与应用，深入介绍招投标理论与实务；第3篇工程合同管理与应用，深入介绍国内外各种工程合同条件的管理与实务；第4篇工程索赔管理与应用，主要介绍工程索赔理论与实务。在体例编排、内容选择上，本书从工程管理本科学生的特点出发，注重知识的系统性、延续性，力求内容新颖、简明、详略得当、深入浅出，讲究理论性，主要突出实用性和可操作性。全书尽量容纳了工程招投标与合同管理的最新内容和最新成果，内容通俗易懂，与实际零距离接触。在讲究理论性的同时，突出实例分析，从而使学生充分地理解知识的背景和内涵，力求达到举一反三、触类旁通的目的。

本书进行了第2版修订，第9章和第12章施工合同管理部分根据中华人民共和国住房与城乡建设部、国家工商行政管理总局制定的最新《建设工程施工合同(示范文本)》(GF 2013—0201)和《建设工程监理合同(示范文本)》(GF－2012－0202)进行了全新编写。全书在每章前增加了基本概念和引例；多数章后都有与该章知识紧密相关的案例分析；习题部分在原来的基础上增加了案例分析题，这样不仅使读者自学思路清晰，更贴近现实，既拓展了视野，又激发了学习兴趣，同时也增加了本书的读者群。本书无论是对从事工程管理和咨询的专业人士还是对在生产第一线的管理者或工程师，以及对一级建造师和二级建造师备考的学员都有其可读性和参考价值，既方便自学，又对实践有指导意义。

本书由崔东红(沈阳工业大学)、肖萌(沈阳工业大学)担任主编，徐伟(沈阳工业大学)、战硕芳(辽宁司达尔律师事务所)担任副主编，葛新(沈阳工业大学)参编。具体写作分工是：第1章第1节由肖萌编写，第2节由崔东红编写；第2、3章由肖萌编写；第4、5章由崔东红、战硕芳和葛新编写；第6、7、8章由肖萌编写；第9、10章由崔东红、战硕芳和葛新编写；第11、12章由葛新编写；第13、14、15章由徐伟编写。全书由崔东红总纂修改、终审定稿，邹华(沈阳工业大学)主审。

在本书的编写过程中，编者拜读了国内外许多专家和学者的著作，并借鉴了其中部分内容，在此谨向他们表示深深的谢意！受时间和水平所限，书中难免会有不足之处，敬请专家和读者不吝指正。

编　者

2014年2月

目　录

第1篇　概论

第1章　招投标与合同管理基本知识 …… 3

1.1　招投标管理基本知识 …… 4
1.1.1　招投标的概念和特点 …… 4
1.1.2　招投标的起源与发展 …… 5
1.1.3　招投标的方式 …… 6
1.1.4　招投标的程序 …… 8
1.2　工程合同管理基本知识 …… 12
1.2.1　工程合同的概念及其作用 … 12
1.2.2　建设工程合同主要关系及其体系 …… 13
1.2.3　工程合同管理的概念、目标及原则 …… 16
1.2.4　合同条件 …… 17
1.2.5　工程合同管理模式及其风险分配 …… 17
1.2.6　工程合同价格类型及其风险分担 …… 20
1.2.7　建设工程合同管理的主要内容 …… 22
本章小结 …… 25
习题 …… 26

第2章　招标投标法规及其案例分析 … 27

2.1　招标投标法概述 …… 28
2.1.1　招标投标法的概念 …… 28
2.1.2　招标投标法在空间上的效力 …… 29
2.2　招标的法律规定 …… 29
2.2.1　招标人和招标代理机构 …… 29
2.2.2　招标方式 …… 30
2.2.3　强制招标的范围和规模标准 …… 30
2.2.4　招标文件的禁止内容和招标人的保密义务 …… 31
2.2.5　招标文件的澄清和更改 …… 32
2.2.6　编制投标文件所需要的合理时间 …… 32
2.3　投标的法律规定 …… 33
2.3.1　投标人 …… 33
2.3.2　编制投标文件 …… 33
2.3.3　投标文件的送达及补充、修改或撤回 …… 33
2.3.4　投标担保 …… 34
2.3.5　投标的禁止性规定 …… 34
2.4　开标、评标、中标的法律规定 …… 36
2.4.1　开标 …… 36
2.4.2　评标 …… 37
2.4.3　中标 …… 39
2.5　招标投标的法律责任 …… 41
2.5.1　违反《招标投标法》的民事责任 …… 42
2.5.2　违反《招标投标法》的行政责任 …… 42
2.5.3　违反《招标投标法》的刑事责任 …… 44
本章小结 …… 46
习题 …… 47

第3章　国际工程招投标及贷款采购指南 …… 49

3.1　国际工程招投标 …… 50
3.1.1　国际工程招投标的概念和特点 …… 50
3.1.2　国际工程招标的方式与程序 …… 51
3.1.3　国际招投标代理的选择 …… 60
3.2　国际金融组织贷款采购指南 …… 61
3.2.1　国际金融组织概况 …… 61
3.2.2　国际金融组织招标采购规定 …… 64
本章小结 …… 69
习题 …… 69

第4章　合同法规及其案例分析 …… 72

4.1　合同法调整的范围及基本原则 …… 73
4.1.1　合同的概念与特征 …… 73
4.1.2　合同法的概念与调整范围 … 74

4.1.3 合同法的基本原则 …… 74
4.1.4 合同的法律约束力 …… 75
4.2 合同的订立及实例分析 …… 75
4.2.1 合同的形式与内容 …… 75
4.2.2 合同的格式条款 …… 76
4.2.3 要约与承诺 …… 76
4.2.4 合同成立的时间和地点 …… 78
4.2.5 缔约过失责任 …… 78
4.3 合同的效力及实例分析 …… 79
4.3.1 合同的效力及合同生效条件 …… 79
4.3.2 合同的生效时间及附款合同 …… 80
4.3.3 无权代理、表见代理与表见代表 …… 80
4.3.4 效力待定合同及类型 …… 81
4.3.5 无效合同及可撤销、可变更合同 …… 82
4.4 合同的履行及实例分析 …… 84
4.4.1 合同履行的原则与规则 …… 84
4.4.2 合同履行中的抗辩权 …… 85
4.4.3 合同履行中的代位权 …… 86
4.4.4 合同履行中的撤销权 …… 86
4.4.5 合同履行中的担保 …… 86
4.5 合同的变更、转让与终止 …… 90
4.5.1 合同的变更 …… 90
4.5.2 合同的转让及其转让内容 …… 91
4.5.3 合同终止及其原因 …… 93
4.6 违约责任和纠纷处理 …… 94
4.6.1 违约责任及归责原则 …… 94
4.6.2 违约责任的种类及违约责任的免除 …… 95
本章小结 …… 97
习题 …… 97

第5章 FIDIC合同条件与国际惯例 …… 100

5.1 FIDIC新版4本合同条件 …… 101
5.1.1 新红皮书 …… 102
5.1.2 新黄皮书 …… 104
5.1.3 新银皮书 …… 105
5.1.4 新绿皮书 …… 107
5.2 其他国际工程合同条件与优秀谈判者的特征 …… 109
5.2.1 AIA与ICE合同条件 …… 109
5.2.2 JCT合同条件与BOT项目 …… 110
5.2.3 合同优秀谈判者的基本特征 …… 112
5.3 有关国际惯例 …… 112
5.3.1 国际商务合同条款的解释原则 …… 112
5.3.2 国际商会(ICC)仲裁 …… 113
5.3.3 国际工程合同纠纷的解决方式 …… 118
本章小结 …… 123
习题 …… 123

第2篇 招投标管理与应用

第6章 工程招标管理与应用 …… 131

6.1 业主的招标策划 …… 132
6.1.1 资格预审文件的编制与评审 …… 132
6.1.2 招标文件的编制 …… 134
6.1.3 标底的编制 …… 137
6.1.4 评标的程序和方法 …… 138
6.2 对正常招标的维护 …… 141
6.2.1 流标及其避免 …… 141
6.2.2 围标与陪标的遏制 …… 142
6.3 不同招标应注意的问题 …… 144
6.3.1 工程勘察设计招标应注意的问题 …… 144
6.3.2 工程施工招标应注意的问题 …… 146
6.3.3 工程监理招标应注意的问题 …… 149
6.3.4 材料设备采购招标应注意的问题 …… 150
本章小结 …… 154
习题 …… 154

第7章 工程投标管理与应用 …… 157

7.1 承包商的投标策划 …… 158
7.1.1 投标决策 …… 158
7.1.2 投标准备与组织 …… 163
7.1.3 合作方式的选择 …… 165
7.1.4 制定投标文件 …… 166
7.2 不同投标应注意的问题 …… 168

7.2.1 工程勘察设计投标应注意的问题 …… 168
7.2.2 工程施工投标应注意的问题 …… 169
7.2.3 工程监理投标应注意的问题 …… 170
7.2.4 材料设备采购投标应注意的问题 …… 171
本章小结 …… 173
习题 …… 173
第8章 投标报价与合同谈判 …… 176
8.1 投标报价的步骤与计量 …… 177
8.1.1 投标报价的步骤 …… 177
8.1.2 投标报价的计量 …… 179
8.2 投标报价的技巧 …… 183
8.2.1 业主心理分析法 …… 183
8.2.2 多方案报价法 …… 183
8.2.3 突然降价法 …… 184
8.2.4 不平衡报价法 …… 185
8.2.5 计日工报价法 …… 186
8.2.6 报高价与报低价法 …… 186
8.2.7 辅助中标的手段 …… 187
8.3 合同谈判的策略与技巧 …… 190
8.3.1 合同谈判概述 …… 190
8.3.2 合同谈判的策略 …… 193
本章小结 …… 196
习题 …… 196
第3篇 工程合同管理与应用
第9章 施工合同管理 …… 201
9.1 施工准备阶段的合同管理 …… 203
9.1.1 施工合同的相关概念 …… 203
9.1.2 施工合同的文件组成及解释权优先顺序 …… 205
9.1.3 施工合同当事人的责任与义务 …… 206
9.1.4 施工组织设计与进度计划 …… 209
9.2 施工合同的进度管理 …… 210
9.2.1 施工阶段进度条款控制 …… 211
9.2.2 竣工验收阶段进度控制 …… 212
9.2.3 竣工验收后的管理 …… 213
9.3 施工合同的质量管理 …… 214
9.3.1 合同标准规范控制 …… 214
9.3.2 材料设备供应质量条款控制 …… 215
9.3.3 工程质量和验收 …… 217
9.3.4 隐蔽验收和重新检验 …… 218
9.3.5 工程保修 …… 218
9.4 施工合同的成本管理 …… 219
9.4.1 施工合同价款的控制与调整 …… 219
9.4.2 进度款的控制 …… 219
9.4.3 变更价款的确定 …… 220
9.4.4 施工中的其他费用管理 …… 221
9.4.5 竣工结算管理 …… 222
9.5 施工合同的安全管理 …… 223
9.5.1 承发包双方的安全生产责任 …… 223
9.5.2 工程勘察设计与监理单位的安全生产责任 …… 224
9.6 施工合同变更与担保管理 …… 226
9.6.1 施工合同变更管理 …… 226
9.6.2 不可抗力 …… 226
9.6.3 调价公式 …… 227
9.6.4 保险与担保 …… 228
本章小结 …… 229
习题 …… 229
第10章 FIDIC合同管理 …… 235
10.1 业主的合同管理 …… 236
10.1.1 红皮书条件下业主的合同管理 …… 236
10.1.2 黄皮书条件下业主的合同管理 …… 245
10.1.3 银皮书条件下业主的合同管理 …… 248
10.1.4 绿皮书条件下业主的合同管理 …… 250
10.2 工程师的合同管理 …… 253
10.2.1 红皮书工程师的合同管理 …… 253
10.2.2 黄皮书工程师的合同管理 …… 255
10.2.3 银皮书业主代表的合同管理 …… 256
10.2.4 绿皮书业主代表的合同管理 …… 256
10.3 承包商的合同管理 …… 257

10.3.1 红皮书下承包商的合同管理 …… 258
10.3.2 黄皮书下承包商的合同管理 …… 269
10.3.3 银皮书下承包商的合同管理 …… 273
10.3.4 绿皮书下承包商的合同管理 …… 275
本章小结 …… 280
习题 …… 280

第11章 工程分包合同管理 …… 284

11.1 分包合同的概念及其相关规定 …… 285
11.1.1 分包合同的概念及其分类 …… 285
11.1.2 关于分包合同的主要关系 …… 286
11.2 分包合同管理实务 …… 289
11.2.1 分包合同的三方管理 …… 289
11.2.2 分包合同的支付管理 …… 289
11.2.3 分包工程的变更管理 …… 290
11.2.4 分包工程的索赔管理 …… 290
11.3 国际工程劳务分包合同管理 …… 291
11.3.1 国际工程劳务分包合同分类及其订立 …… 291
11.3.2 劳务合同的费用计算与报价 …… 292
11.3.3 劳务分包的招标、谈判与签署 …… 293
11.3.4 劳务团队和管理人员的挑选和派遣 …… 293
11.3.5 劳务分包的现场管理及承包商的反计费扣款 …… 293
11.4 国际工程施工分包合同管理 …… 295
11.4.1 合同管理机构的设置与日常管理 …… 295
11.4.2 承包商的反计费扣款管理 …… 296
11.4.3 劳务调差管理 …… 296
11.4.4 外币调差与后继法规管理 …… 296
11.4.5 工程收尾阶段的合同管理 …… 297
本章小结 …… 297
习题 …… 297

第12章 委托监理与勘察设计及采购合同管理 …… 303

12.1 工程委托监理合同管理 …… 304
12.1.1 监理合同示范文本及合同有效期 …… 304
12.1.2 监理人应完成的监理工作 …… 305
12.1.3 签约酬金与支付 …… 305
12.1.4 监理人的义务 …… 306
12.1.5 委托人的义务 …… 308
12.1.6 合同生效、变更、解除与终止 …… 308
12.1.7 违约责任 …… 310
12.2 勘察与设计合同管理 …… 310
12.2.1 勘察设计合同示范文本 …… 310
12.2.2 勘察设计合同的订立 …… 311
12.2.3 设计合同的生效、期限与终止 …… 312
12.2.4 设计合同变更 …… 312
12.2.5 设计合同履行过程中双方的责任 …… 313
12.3 工程采购合同管理 …… 315
12.3.1 材料采购合同的交货检验 …… 315
12.3.2 材料采购合同的违约责任 …… 316
12.3.3 设备监理的主要工作内容 …… 317
本章小结 …… 321
习题 …… 321

第4篇 工程索赔管理与应用

第13章 工程索赔的起因与依据 …… 327

13.1 承包商工程索赔常见问题 …… 328
13.1.1 现场条件变化索赔 …… 328
13.1.2 工程范围变更索赔 …… 329
13.1.3 工程拖期索赔 …… 331
13.1.4 加速施工索赔 …… 332
13.2 FIDIC红皮书承包商索赔条款 …… 334
13.2.1 承包商的明示索赔条款 …… 334
13.2.2 承包商的隐含索赔条款 …… 334

13.3　索赔工作的程序与索赔报告 …… 334
13.3.1　索赔工作程序 …… 334
13.3.2　索赔报告的编制 …… 338
13.3.3　索赔的时间限制与处理 … 339
13.4　业主的索赔 …… 341
13.4.1　业主向承包商索赔的特点 …… 341
13.4.2　业主向承包商索赔的主要内容 …… 342
本章小结 …… 345
习题 …… 345
第14章　索赔模型与索赔矩阵 …… 347
14.1　索赔模型 …… 348
14.1.1　索赔费用的构成 …… 348
14.1.2　索赔费用的一般计算 …… 349
14.1.3　上级管理费索赔模型 …… 349
14.1.4　施工效率索赔模型 …… 350
14.1.5　工期索赔模型 …… 353
14.1.6　价格调整模型 …… 354
14.2　索赔矩阵的编制 …… 356
14.2.1　索赔矩阵的构建 …… 357
14.2.2　索赔矩阵与其他数据库的结合 …… 360
14.2.3　索赔矩阵的应用程序与设想 …… 360
本章小结 …… 365
习题 …… 365
第15章　索赔的规避与索赔谈判策略 … 369
15.1　业主对承包商的索赔规避 …… 370
15.1.1　按合同要求及时提供场地 …… 370
15.1.2　严格控制工程变更与设计变更 …… 370
15.1.3　按时支付工程款 …… 371
15.1.4　不干扰承包商和及时与其沟通 …… 371
15.2　承包商对业主的索赔规避 …… 371
15.2.1　加强计划管理 …… 371
15.2.2　严格履行合同，避免违约 … 371
15.2.3　加强与工程师的沟通 …… 371
15.3　索赔谈判的类型与策略 …… 372
15.3.1　索赔谈判的类型 …… 372
15.3.2　索赔谈判的策略 …… 373
本章小结 …… 380
习题 …… 380
参考文献 …… 384

第1篇

概　　论

第1章 招投标与合同管理基本知识

教学目标

通过学习本章，应达到以下目标：

(1) 了解招投标的概念和特点、招投标的起源与发展，工程合同和工程合同管理的概念，工程合同条件；

(2) 熟悉招投标的方式和工程合同体系、管理模式；

(3) 掌握招投标的程序，工程合同价格类型，以及工程合同管理的内容。

学习要点

知识要点	能力要求	相关知识
招投标管理基本知识	(1) 了解招投标的概念和特点； (2) 了解招投标的起源与发展； (3) 熟悉招投标的方式； (4) 掌握招投标的流程	(1) 招投标的概念； (2) 招投标的特点； (3) 招投标的渊源； (4) 招投标的方式； (5) 招投标的程序
工程合同管理基本知识	(1) 了解工程合同的概念及作用； (2) 了解工程合同管理的概念、目标及原则； (3) 了解工程合同条件； (4) 熟悉建筑工程合同的主要关系及体系； (5) 熟悉工程合同管理模式及其风险分配； (6) 掌握工程合同价格类型及其风险分担； (7) 掌握建设工程合同管理的主要内容	(1) 工程合同的概念； (2) 工程合同管理的概念； (3) 工程合同条件； (4) 工程合同体系； (5) 工程合同管理模式； (6) 工程合同价格类型； (7) 工程合同管理的主要内容

基本概念

招标；投标；公开招标；国际竞争性招标；国内竞争性招标；邀请招标；议标；两阶段招标；排他性、地区性和保留性招标；联合招标；工程合同；工程合同管理；合同管理模式。

引例

在社会生活中人们离不开交易，交易是满足自己需要的一种重要的方式，比如开公司要进行物资采购、商品销售，生活中要购买生活用品等。但是无论哪种交易，用最少的钱来购买最多的商品都是人们所需要的。当然这商品还要耐用，要符合最起码的质量要求。换句话说，就是要购买物美价廉的商品。如果买方在购买商品时，卖方还能竞相压低价格来进行销售，那买方就更省去了讨价还价的力气。那么有没有这样一种采购方式呢？当然有，这种方式就叫作招投标，就是用竞争性的交易手段来对市场资源进行有效配置。它能够组织生产和进行交易，使资源的配置达到效率最高、效益最好。因而，无论在国际上或是在我国国内，无论在公共部门或是在私人部门，它都是一种被广泛使用的交易手段和竞争方式。

1.1 招投标管理基本知识

1.1.1 招投标的概念和特点

招标是指招标人根据货物购买、工程发包以及服务采购的需要，提出条件或要求，以某种方式向不特定或一定数量的投标人发出投标邀请，并依据规定的程序和标准选定中标人的行为。

投标是指投标人接到招标通知后，响应招标人的要求，根据招标通知和招标文件的要求编制投标文件，并将其送交给招标人，参加投标竞争的行为。

招投标活动具有以下特点。

(1) 规范性。招投标活动的规范主要指程序的规范以及标准的规范。招标投标双方之间都有相应的具有法律效力的规则来限制；招投标的每一个环节都有严格的规定，一般不能随意改变；在确定中标人的过程中，一般都按照目前各国通行的做法及国际惯例的标准进行评标。

(2) 公开性。招投标活动在整个过程中都是以一种公开的态度来进行的。从邀请潜在的投标人开始，招标人要在指定的报刊或其他媒体上发布招标公告；招投标活动全过程被完全置于社会的公开监督之下，这样可以防止腐败行为的发生。

(3) 公平性。投标活动中，招标人一般处于主动地位，而投标人则处于响应的地位，所以公平性就显得尤为重要。招标人发布招标公告或投标邀请书后，任何有能力或有资格的投标人均可参加投标，招标人和评标委员会不得歧视某一个投标人，对所有的投标人一视同仁。

(4) 竞争性。招投标活动是最富有竞争的一种采购方式。招标人的目的是使采购活动能尽量节省开支，最大限度地满足采购目标，所以在采购过程中，招标人会以投标人的最优惠条件(如报价最低)来选定中标人。投标人为了获得最终的中标，就必须竞相压低成本，提高标的物的质量。而且在遵循公平的原则下，投标人只能进行一次报价，并确定合理的方案投标，因此投标人在编写标书时必须考虑成熟且慎重。

基于以上特点可以看出，招投标活动对于规范采购程序，使参与采购的投标人获得公平的待遇，以及提高采购过程的透明度和客观性，促进招标人获取最大限度的竞争，节约采购资金和使采购效益最大化，杜绝腐败和滥用职权，都起到至关重要的作用。

1.1.2 招投标的起源与发展

招投标制度真正形成于18世纪末和19世纪初的西方资本主义国家，而且是随着政府采购制度的产生而产生的。

1782年，英国政府首先设立文具公用局，负责采购政府各部门所需的办公用品。该局在设立之初就规定了招标投标的程序，并且以后发展为物资供应部，负责采购政府各部门的所需物资。1803年，英国政府公布法令，推行招标承包制。后来，其他国家纷纷效仿，并在政府机构和私人企业购买批量较大的货物及兴办较大的工程项目时，常常采用招投标方法。美国联邦政府民用部门的招标采购历史可以追溯到1792年，当时有关政府采购的第一部法律将为联邦政府采购供应品的责任赋予美国首任财政部长亚历山大·汉密尔顿。1861年，美国又出台了一项联邦法案，规定超过一定金额的联邦政府采购，都必须采取公开招标的方式，并要求每一项采购至少要有3个投标人。1868年，美国国会通过立法确立公开开标和公开授予合同的程序。

经过两个世纪的实践，作为一种交易方式，招投标已经得到广泛应用，并日趋成熟，其影响力也在不断扩大。为了适应不同类型、不同合同的国际工程招投标活动的需求，国际上一些著名的行业学会，如国际咨询工程师联合会(FIDIC)、英国土木工程师学会(ICE)、美国建筑师学会(AIA)等都编制了多种版本的合同条件，如《FIDIC土木工程施工合同条件》、《ICE合同条件》和《AIA系列合同条件》等，这些合同条件被世界上的许多国家和地区广泛应用。联合国有关机构和一些国际组织对于应用招标投标方式进行采购，也做出了明确的规定，如联合国贸易法委员会的《关于货物、工程和服务采购示范法》、世界贸易组织(WTO)的《政府采购协议》、世界银行的《国际复兴开发银行贷款和国际开发协会信贷采购指南》等。近年来，发展中国家也日益重视并采用招标投标方式进行工程、服务和货物的采购。许多国家相继制定和颁布了有关招标投标的法律、法规，如埃及的《公共招标法》、科威特的《公共招标法》等。

清朝末期，我国已经有了关于招标投标活动的文字记载。1902年，张之洞创办湖北制革厂，当时5家营造商参加开价比价，结果张同升以1 270.1两白银的开价中标，并签订了以质量保证、施工工期、付款办法为主要内容的承包合同。这也是目前可查的我国的最早的招标投标活动。民国时期，1918年，汉口《新闻报》刊登了汉阳铁厂的两项扩建工程的招标公告。1929年，武汉市采办委员会曾公布招标规则，规定公有建筑或一次采购物料在3 000元以上者，均须通过招标决定承办厂商。这些都是我国招投标活动的雏形，也是对招投标制度的最初探索。

20世纪80年代初，作为建筑业和基本建设管理体制改革的突破口，我国率先在工程建设领域推行招标投标制，从此拉开了我国招标投标制度全面推广和发展的序幕。从1980年开始，上海、广东、福建、吉林等省、直辖市开始试行工程招标投标。1984年，国务院决定改革单纯用行政手段分配建设任务的老办法，开始实行招标投标制，并制定和颁布了相应的法规，随后便在全国进一步推广。

在这一时期，我国的工程建设领域也逐渐与世界接轨，既有土木建筑企业参与国际市场竞争，以投标方式在中东、亚洲、非洲开展国际承包工程业务，又有借贷国外资金来修建国内的大型工程。在这些项目中，值得一提的是鲁布革水电站引水系统工程，因为它是我国第一个实行国际招标的世界银行贷款项目。从这一工程开始，全国大小建设工程开始全面试行招投标制与合同制管理。

此后，随着招投标制度在我国的逐渐深入，有关部委又先后发布多项相关法规，推行和规范招标投标活动。1999年8月30日，第九届全国人民代表大会常务委员会第十一次会议通过了《中华人民共和国招标投标法》，并于2000年1月1日起施行。2002年6月29日，第九届全国人民代表大会常务委员会第二十八次会议通过了《中华人民共和国政府采购法》，确定招标投标方式为政府采购的主要方式。2011年11月30日中华人民共和国国务院第183次常务会议通过《中华人民共和国招标投标法实施条例》，自2012年2月1日起施行。2013年2月4日，中华人民共和国国家发展和改革委员会第20号令公布《电子招标投标办法》，自2013年5月1日起施行。这些都标志着我国招标投标活动从此走上法制化的轨道，我国招投标制度进入全面实施的新阶段。

1.1.3 招投标的方式

招投标制度在国际上有了数百年的实践，也产生了许多招标方式，这些方式决定着招投标的竞争程度。总体来看，目前世界各国和有关国际组织通常采用的招标方式大体分为两类：一类是竞争性招标，另一类是非竞争性招标。

1. 竞争性招标

竞争性招标主要分为公开招标和邀请招标，这也是《中华人民共和国招标投标法》规定的两种招标方式。

1）公开招标

公开招标亦称为无限竞争性招标。采用这种招标方式时，招标人在国内外主要报纸、有关刊物、电视、广播等新闻媒体上发布招标公告，说明招标项目的名称、性质、规模等要求事项，公开邀请不特定的法人或其他组织来参加投标竞争。凡是对该项目感兴趣的、符合规定条件的承包商、供应商，不受地域、行业和数量的限制，均可申请投标，购买资格预审文件，合格后允许参加投标。公开招标方式被认为是最系统、最完整及规范性最好的招标方式。

公开招标的优点是：可为所有的承包商提供一个平等竞争的机会，广泛吸引投标人，招投标程序的透明度高，容易赢得投标人的信赖，较大程度上避免了招投标活动中的贿标行为；招标人可以在较广的范围内选择承包商或者供应商，竞争激烈，择优率高，有利于降低工程造价，提高工程质量和缩短工期。

公开招标的缺点是：由于参与竞争的承包人数众多，准备招标、对投标申请者进行资格预审和评标的工作量大，招标时间长，费用高；同时，参加竞争的投标人越多，每个参加者中标的机会越小，风险越大；在投标过程中也可能出现一些不诚实、信誉又不好的承包商为了"抢标"，故意压低投标报价，以低价挤掉那些信誉好、技术先进而报价较高的承包商。因此采用此种招标方式时，业主要加强资格预审，认真评标。

按照公开招标的范围，又可以分为国际竞争性招标和国内竞争性招标。

2）邀请招标

邀请招标也称有限竞争性招标或选择性招标，是指招标人不公开发布公告，而是根据项目要求和所掌握的承包商的资料等信息，以投标邀请书的方式邀请特定的法人或者其他组织投标。

邀请招标的优点是：邀请的形式使投标人的数量减少，这样不仅可以使招投标的时间大大缩短，节约招标费用，而且也提高了每个投标人的中标机会，降低了投标风险；由于招标人对于投标人已经有了一定的了解，清楚投标人具有较强的专业能力，因此便于招标人在某种专业要求下选择承包商。

邀请招标的缺点是：投标人的数量比较少，竞争就不够激烈。如果数量过少，也就失去了招投标的意义，因此《招标投标法》规定，招标人采用邀请招标方式的，应当向3个以上具备承担招标项目的能力、资信良好的特定的法人或者其他组织发出投标邀请书。而投标人数的上限，则根据具体招标项目的规模和技术要求而定，一般不超过10家。同时，由于没有公开发布招标公告，某些在技术上或报价上有竞争力的供应商、承包商就收不到招标信息，在一定程度上限制了这部分供应商参与竞争的机会，也可能使最后的中标结果标价过高。

由于邀请招标在竞争的公平性和价格方面仍有一些不足之处，因此《招标投标法》规定，国家重点项目和省、自治区、直辖市的地方重点项目不宜进行公开招标的，经过批准后才可以进行邀请招标。但是如果拟招标项目只有少数几个承包商能承接，如果采用公开招标，会导致开标后仍是这几家投标或无人投标的结果，此时如改为邀请招标，就会影响招标的效率。因此，对于工程规模不大、投标人的数目有限或专业性比较强的工程，邀请招标还是十分适宜的。

2. 非竞争性招标

非竞争性招标主要指议标，也称谈判招标或指定性招标。这种招标方式是指招标人只邀请少数几家承包商，分别就承包范围内的有关事宜进行协商，直到与某一承包商达成协议，将工程任务委托其去完成为止。

议标的中标者是由谈判产生的，与前两种招标方式比较，其投标不具公开性和竞争性，不便于公众监督，容易导致非法交易，《招标投标法》没有将其列为招投标采购方式。而且在很多情况下，它是被严禁使用的招标方式。世界各国对议标项目都做了相应的规定，只有特殊工程才能由议标确定中标人。

3. 其他招标方式

1）两阶段招标

两阶段招标也称两步法招标，是公开招标和邀请招标相结合的一种招标方式。它是在采购物品技术标准很难确定、公开招标方式无法采用的情况下，为了确定技术标准而设计的招标方式。采用这种方式时，先用公开招标，再用邀请招标，分两段进行。具体做法是先通过公开招标，进行资格预审和技术方案比较，经过开标、评标，淘汰不合格者，然后合格的承包者提交最终的技术建议书和带报价的投标文件，再从中选择业主认为合乎理想的投标人，并与之签订合同。

2）排他性、地区性和保留性招标

排他性、地区性和保留性招标属于限制性招标的范畴。排他性招标是指在利用政府贷款采购物资或者工程项目时，一般都规定必须在借款国和贷款国同时进行招标，且该工程只向贷款国和借款国的承包公司招标，第三国的承包者不得参加投标，有时甚至连借款国承包商和第三国承包商的合作投标也在排除之列。地区性招标是指由于项目资金来源于某一地区的组织，例如阿拉伯基金、沙特发展基金、地区性开发银行贷款等，因此招标限制只有属于该组织成员国的公司才能参加投标。保留性投标是指招标人所在国为了保护本国投标人的利益，将原来适合于公开招标的工程仅允许由本国承包商投标，或保留某些部分给本国承包商的招标形式。这种方式适合于资金来源是多渠道的，如世界银行贷款加国内配套投资的项目招标。

3）联合招标

联合招标是现代增值采购中的一种新兴方式，是指有共同需求的多个招标人联合起来或共同委托一个招标代理人，对合计数量的单个或多个相同标的进行一次批量招标，从而获得更多市场利益的行为。联合招标的好处具体表现在以下几个方面：集中采购带来规模效益；有利于推动完全竞争市场的形成；提高采购效率，节省采购费用。

1.1.4 招投标的程序

招投标程序都是类似的，一般都经过3个阶段：第一阶段为招标准备阶段，从成立招标机构开始到编制招标有关文件为止；第二阶段为招标投标阶段，从发布招标公告开始到投标截止为止；第三阶段为定标签约阶段，从开标开始到与中标人签订承包合同为止。整个过程是有步骤、有秩序进行的，无论业主还是承包商，都要进行大量的工作。其中招标是以业主为主体进行的活动，投标是以承包商为主体进行的活动，在招投标活动中，两者是不可分开的，它们既有各自单独完成的工作，也有双方合作完成的工作。招投标程序流程如图1.1所示。

下面就从招标方的角度具体介绍一下招投标过程中各阶段工作的主要内容。

1. 招标准备阶段

1）成立招标机构

业主在决定进行某项目的采购以后，为了使招标工作得以顺利进行，达到预期的目的，需要成立一个专门的机构，负责招标工作的整个过程。具体人员可根据采购项目的具

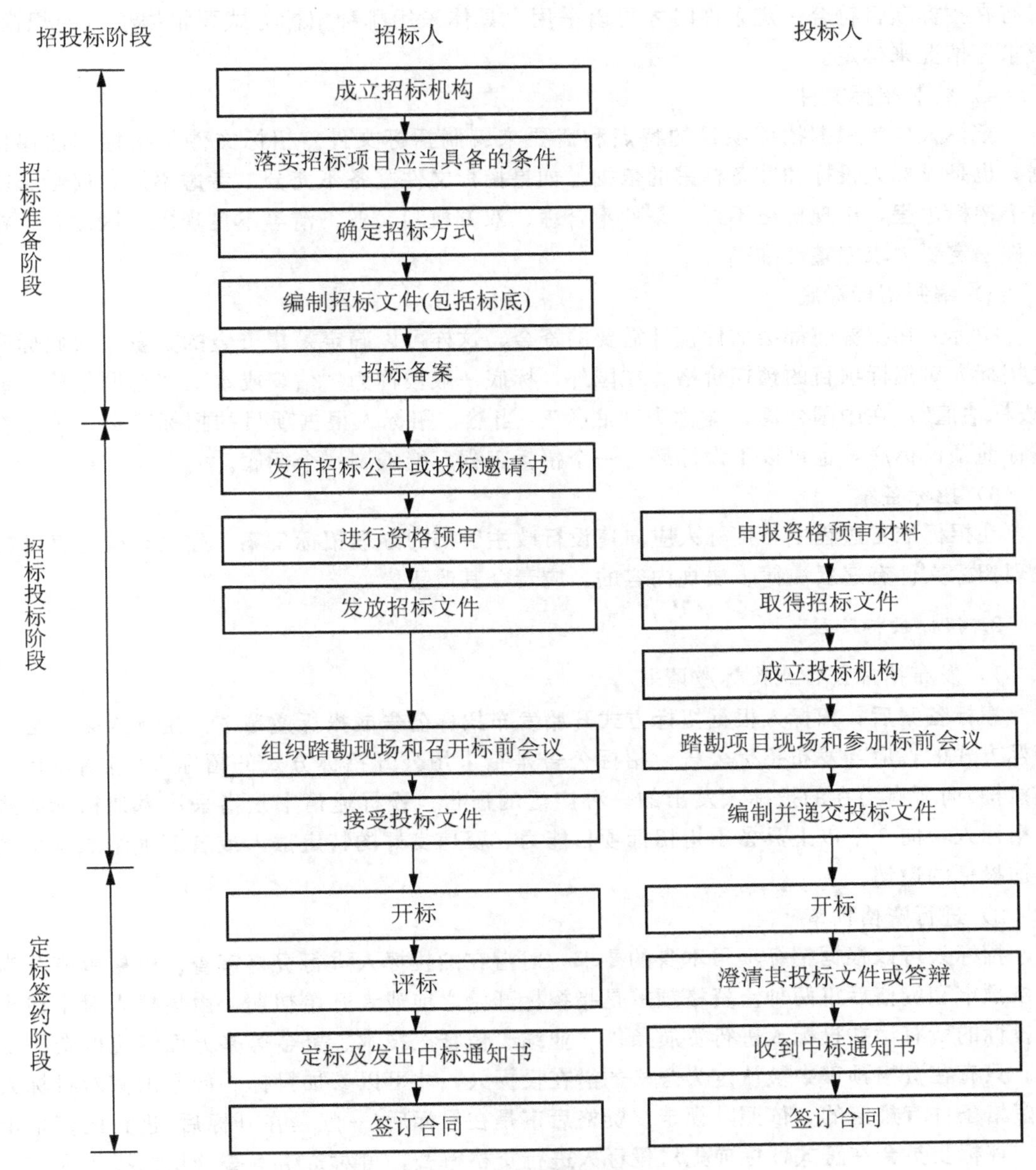

图 1.1 招投标程序流程图

体性质和要求而定。按照惯例，招标机构至少要由 3 名成员组成。招标机构的职责是审定招标项目；拟定招标方案和招标文件；组织投标、开标、评标和定标；组织签订合同。

2）落实招标项目应当具备的条件

在招标正式开始之前，招标人除了要成立相应的招标机构并对招标工作进行总体策划外，还应完成两项重要的准备工作：一是履行项目审批手续，二是落实资金来源。

3）确定招标方式

在招标正式开始之前，还应确定采用哪种方式进行招标。如前所述，在招标活动中，公开招标和邀请招标是最常采用的两种方式。而且一般情况下都采用公开招标，邀请招标

只有在招标项目符合一定条件时才可以采用。具体采用哪种招标方式要根据项目的规模、要求等情况来确定。

4）编制招标文件

招标人应当根据招标项目的特点和需要来编制招标文件。招标文件是招标的法律依据，也是投标人投标和准备标书的依据。如果招标文件准备不充分、考虑不周，就会影响整个招标过程，出现价格不好、条件不合理、双方权利义务不清等不良现象。因此，招标文件一定要力求完整和准确。

5）编制招标标底

招标人在招标前都会估计预计需要的资金，这样可以确定筹集资金的数量，因此标底是招标人对招标项目的预期价格。在国外，标底一般被称为“估算成本”、“合同估价”或“投标估值”；在中国台湾，被称为“底价”。当然，招标人根据项目的招标特点，可以在招标前预设标底，也可以不设标底。一个招标工程只能编制一个标底。

6）招标备案

在招标准备过程中，招标人应向建设行政主管部门办理招标备案，建设行政主管部门发现招标文件有违反法律、法规内容的，应责令其改正。

2. 招标投标阶段

1）发布招标公告或投标邀请书

招标备案后，招标人根据招标方式开始发布招标公告或投标邀请书。招标人采用公开招标方式的，应当发布招标公告。招标公告是指采用公开招标方式的招标人(包括招标代理机构)向所有潜在的投标人发出的一种广泛的通告。投标邀请书是指采用邀请招标方式的招标人，向3个以上具备承担招标项目能力、资信良好的特定法人或者其他组织发出的参加投标的邀请。

2）进行资格预审

招标人可以根据招标项目本身的要求，对潜在的投标人进行资格审查。资格审查分为资格预审和资格后审两种。资格预审是指招标开始之前或者开始初期，由招标人对申请参加投标的所有潜在投标人进行资质条件、业绩、信誉、技术、资金等多方面情况的资格审查。只有在资格预审中被认定为合格的潜在投标人，才可以参加投标。如果国家对投标人的资格条件有规定的，依照其规定。资格后审是在投标后(一般是在开标后)进行的资格审查。评标委员会在正式评标前先对投标人进行资格审查，再对资格审查合格的投标人进行评标，对不合格的投标人，不进行评标。两种审查的内容基本相同，通常公开招标采用资格预审，邀请招标则采用资格后审。资格预审委员会结束评审后，即向所有申请投标并报送资格预审资料的承包商发出合格或不合格的通知。

3）发放招标文件

经过资格预审之后，招标人可以按照合格投标人名单发放招标文件。采用邀请招标方式的，直接按照投标邀请书发放招标文件。招标文件是全面反映业主建设意图的技术经济文件，又是投标人编制标书的主要依据，因此招标文件的内容必须正确，原则上不能修改或补充。如果必须修改或补充的，须报相关主管部门备案。同时招标文件要澄清、修改或补充的内容应以书面形式通知所有招标文件收受人，并且作为招标文件的组成部分。招标人发放招标文件可以收取工本费，对其中的设计文件可以收取押金，这也是投标人应当负担的投标费用。在宣布中标人后，招标人对设计文件进行回收，可为投标人退还押金，但投标人购买招标文件的费用不论中标与否都不予退还。

4）组织踏勘现场和召开标前会议

组织踏勘现场是指招标人组织投标人对项目实施现场的经济、地理、地址、气候等客观条件和环境进行的现场调查。其目的在于让投标人了解工程现场场地情况和周围环境情况，收集有关信息，使投标人能够结合现场条件编制施工组织设计或施工方案以及提出合理的报价。同时也是要求投标人通过自己的实地考察确定投标的原则和策略，避免合同履行过程中出现以不了解现场情况为由推卸应承担的合同责任。但踏勘项目现场并不一定是必需的，是否实行要根据招标项目的具体情况。

按照惯例，对于大型采购项目尤其是大型工程的招标，招标人通常在投标人购买招标文件后安排一次投标人会议，即标前会议，也称投标预备会。标前会议的目的在于招标人解答投标人提出的招标文件和踏勘现场中的疑问或问题，包括会议前由投标人书面提出的和在答疑会上口头提出的质疑。标前会议后，招标人应整理会议记录和解答内容，并以书面形式将所有问题及解答向所有获得招标文件的投标人发放。这些文件常被视为招标文件的补充，成为招标文件的组成部分。

5）接受投标文件

投标人应当按照招标文件的要求编制投标文件。投标文件应当对招标文件提出的实质性要求和条件做出响应。投标人必须在投标截止时间前，将投标文件及投标保证金或保函送达指定的地点，并按规定进行密封和做好标志。投标担保的方式和金额，由招标人在招标文件中做出规定。在招标文件要求提交投标文件的截止时间后送达的投标文件，招标人应当拒收。投标人在要求提交投标文件的截止时间前，可以补充、修改或者撤回已提交的投标文件，并书面通知招标人。补充、修改的内容为投标文件的组成部分。

3. 定标签约阶段

1）开标

开标就是招标人按招标公告或投标邀请书规定的时间、地点将投标人的投标书当众拆开，宣布投标人名称、投标报价和投标文件的其他主要内容等的总称。这是定标签约阶段的第一个环节。

2）评标

投标文件一经拆开，即转送评标委员会进行评价，以选择最有利的投标，这一步骤就是评标。评标是审查确定中标人的必经程序，是一项关键性的而又十分细致的工作，它直接关系到招标人能否得到最有利的投标，是保证招标成功的重要环节。

在资格后审后，评标工作主要对投标书进行以下几方面的评审：投标文件的符合性鉴定、技术性和商务标评审，以及综合评审。

3）定标及发出中标通知书

定标又称决标，即在评标完成后确定中标人，是业主对满意的合同要约人做出承诺的法律行为。招标人可以根据评标委员会提出的书面评标报告和推荐的中标候选人确定中标人，也可以授权委托评标委员会直接确定中标人。中标人确定后，招标人就可以以电话、电报、电传等快捷的方式通知中标人，发出中标通知书。中标通知书对招标人和中标人都具有法律约束力。中标通知书发出后，招标人改变中标结果的，或者中标人放弃中标项目的，应当依法承担法律责任。招标人对未中标的投标人也应及时发出评标结果。

4）签订合同

中标人接到中标通知书以后，按照国际惯例，应立即向招标人提交履约担保，用履约担保换回投标保证金，并在规定的时间内与招标人签订承包合同。如果中标人拒绝在规定的时间内提交履约担保和签订合同，招标人报请招标管理机构批准后取消其中标资格，并按规定没收其投标保证金，并考虑与另一参加投标的投标人签订合同。同时招标人若拒绝与中标人签订合同的，除双倍返还投标保证金以外，还需赔偿有关损失。招标人应及时通知其他未被接受的投标人按要求退回招标文件、图纸和有关技术资料；收取投标保证金的，招标人应当将投标保证金退还给未中标人，但因违反规定被没收的投标保证金不予退回。

至此，招投标工作全部结束，中标人便可着手准备工程的开工建设。招标人应将开标、评标过程中的有关纪要、资料、评标报告、中标人的投标文件副本报招标管理机构备案。

1.2 工程合同管理基本知识

1.2.1 工程合同的概念及其作用

1. 建设工程合同的概念

根据《中华人民共和国合同法》第二条的规定，合同是指平等主体的自然人、法人、其他组织之间设立、变更、终止民事权利义务关系的协议。

工程合同是建设工程合同的简称，是指工程建设中的各平等主体之间，为达到一定的目标而明确各自权利义务关系的协议。

对于工程合同，可有广义和狭义的两种不同的理解。

广义的工程合同并不是一项独立的合同，而是一个合同体系，是一项工程项目实施过程中所有与建筑活动有关的合同的总和，包括勘察设计合同、施工合同、监理合同、咨询合同、材料供应合同、贷款合同、工程担保合同等，其合同主体包括业主、勘察设计单位、施工单位、监理单位、中介机构、材料设备供应商、保险公司等。这些众多合同互相依存、互相约束，共同促使工程建设的顺利开展。

狭义的工程合同仅指施工合同，即业主与施工承包商就施工任务的完成所签订的协议。施工阶段是工程建设中工作量最大、耗时最长、最复杂的部分，施工合同能否认真履约是工程顺利进行的关键。

2. 建设工程合同的作用

1）为工程实施和管理确定了主要目标

工程合同在合同条件、图纸、规范、工程量表、供应单中详尽具体地规定了工程质量、工程规模、功能等基本属性；在其工程量报价单、中标函或合同协议书中明确地规定了工程价格；在合同协议书、总工期计划、双方一致同意的详细的进度计划中明确地规定了工期。

2）明确了各方的权利义务关系

工程合同分配了合同各个主体的权利和义务，减少了利益冲突发生的可能性，合同中的违约责任使得合同各方不敢轻易违反约定，有利于合同的履行。

3）制定了各方行为的法律准则

工程建设过程中的一切活动都在合同中进行了详细的规定，工程建设的过程就是各方履行合同义务的过程。

合同一经签订，只要合法，各方必须全面地完成合同规定的义务。若某一方不认真履行自己的义务，甚至单方撕毁合同，则必须接受经济的甚至行政的处罚。除了特殊情况(如不可抗力因素等)使合同不能实施外，合同当事人即使亏损甚至破产，也不能摆脱这种法律约束力。

4）协调工程建设各方主体的关系

随着社会化大生产中专业分工的细化，一个工程往往有几个甚至几十个参与单位。专业分工越细，工程参加者越多，相互间的联系及关系的协调就越重要。

科学的合同管理可以协调和处理各方面的关系，使相关的各合同和合同规定的各工程活动之间不相矛盾，在内容、技术、组织、时间上协调一致，形成一个完整的、周密的、有序的体系，以保证工程有秩序、有计划地实施。

5）提供了双方解决争端的依据

由于双方经济利益不一致，在工程建设过程中发生冲突是普遍的。合同的相关规定可成为争端解决途径选择和各自应承担什么责任判定的依据。

1.2.2　建设工程合同主要关系及其体系

一个工程项目的建设就是一个复杂的社会生产过程，包括大量复杂的经济关系。

从阶段上看，可行性研究、勘察、设计、施工、运行、维护等各阶段包括大量的工作，如施工阶段又包括房建、市政、土建、水电、机械设备、通信等专业设计和施工活动。此外，在建设过程中，还需要各种材料、设备、资金和劳动力的供应。

从主体上说，直接参与工程建设的单位有业主、施工单位、勘察设计单位、监理单位、咨询机构、材料设备供应商、运输公司等，与工程建设有关联的单位有银行、保险公司等，此外社会公众也可能与工程建设发生关系。

一项工程需要有十几个甚至上百个合同，但主要的合同关系还是业主和承包商的合同关系。业主和承包商各自与其他主体所签订的相关经济合同构成了工程合同体系。

1. 业主的主要合同关系

业主作为工程(或服务)的买方，是工程的所有者，它可能是政府机关、企业、其他投资者，或几个企业的组合，或政府与企业的组合(例如合资项目，BOT项目的业主)。投资者出资建设一个项目，可以自己直接管理，充当业主，也可以委托代理人(或代表)以代业主的身份进行工程项目的管理。至于业主和代理业主，在工程项目管理中通常不区分，统一称为业主。

业主根据对工程的需求，确定工程项目的整体目标，这个目标是所有相关工程合同的核心。要实现该目标，业主必须将建筑工程的勘察设计、各专业施工、设备和材料供应等工作委托出去，与有关单位签订如下几种合同。

(1) 咨询(监理)合同。即业主与咨询(监理)公司签订的合同。咨询(监理)公司负责工程的可行性研究、设计监理、招标和施工阶段监理等某一项或几项工作。

(2) 工程施工合同。即业主与施工承包商签订的施工承包合同。一个或几个承包商共同承包或分别承包工程的土建、机械安装、电气安装、装饰装修、通信等项目。

(3) 勘察设计合同。即业主与勘察设计单位签订的合同。勘察设计单位负责工程的地质勘查和技术设计工作。

(4) 材料、设备供应合同。若合同约定由业主负责提供某些材料和设备，业主将与有关的材料和设备供应单位签订供应合同。

(5) 贷款合同。即业主与金融机构签订的合同。后者向业主提供资金保证。按照资金来源的不同，可能有贷款合同、合资合同或BOT合同等。

在不同的项目中，业主的主要经济合同关系大体相似，但具体的合同形式和范围可能会有很大差别。业主与其他单位的经济关系既可以出现在同一份合同中，也可以在不同的合同中分别规定，例如业主可将施工、材料供应、设备安装等分别委托，也可以将它们合并委托，如将施工和设备安装委托给一家承包商。同样，在施工阶段，业主既可以与多个承包商就工程的各部分签订平行承包合同，也可以与一个承包商签订总承包合同，还可以签订一揽子承包合同，由该承包商负责整个工程的设计、供应、施工甚至管理等工作。

2. 承包商的主要合同关系

承包商是工程施工的具体实施者，是工程承包合同的执行者。承包商通过投标获得承揽工程施工的权利，并与业主签订工程承包合同。工程承包合同和承包商是任何建筑工程中都不可缺少的。承包商要完成承包合同规定的内容，包括工程量表所确定的工程范围的施工和保修，为完成这些工程提供劳动力、施工设备、材料，有时也包括技术设计。任何承包商不可能也不必具备所有专业工程的施工能力、材料和设备的生产和供应能力，他们可以将各类专业工作委托出去，这样承包商与其他主体之间也会产生复杂的合同关系。

(1) 分包合同。即承包商把从业主处承包的工程任务中的某些分项工作分包给另一承包商，明确分包工程中各自的权利义务的合同。对于一些大的工程，承包商往往无力独自承担合同，而必须与其他承包商合作才能完成总包合同责任。

(2) 材料、设备供应合同。即承包商为工程建设提供必要的材料、设备采购，而与供应商签订的供应合同。

(3) 运输合同。即承包商为解决材料和设备的运输问题，而与运输单位签订的合同。

(4) 加工合同。即承包商将建筑构配件、特殊构件加工任务委托给加工承揽单位而签订的合同。

(5) 租赁合同。即承包商与设备租赁公司签订的租用设备的合同。在建筑工程中，承包商常需要施工设备、运输设备、周转材料。当有些设备、周转材料现场使用率较低，或自己购置需要大量资金投入而又不具备这个经济实力时，可以采用租赁方式。租赁有着非常好的经济效果。

(6) 劳务供应合同。即承包商与劳务供应商之间签订的合同，由劳务供应商向工程提供劳务。

(7) 保险合同。即承包商按合同要求对工程进行投保，与保险公司签订的合同。

业主和承包商的主要合同关系如图 1.2 所示。

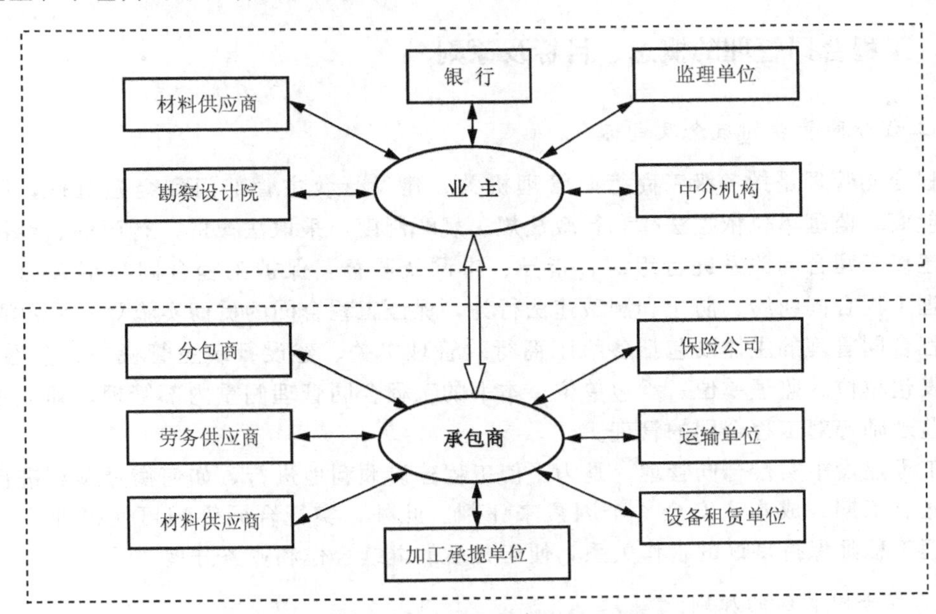

图 1.2　业主和承包商的主要合同关系

3. 建设工程合同体系

按照业主和承包商等主要合同关系分析和项目任务的结构分解，就得到不同层次、不同种类的合同，它们共同构成的合同体系如图 1.3 所示。在该合同体系中，这些合同都是为了完成业主的工程项目，并且围绕这个目标签订和实施。由于这些合同之间存在着复杂

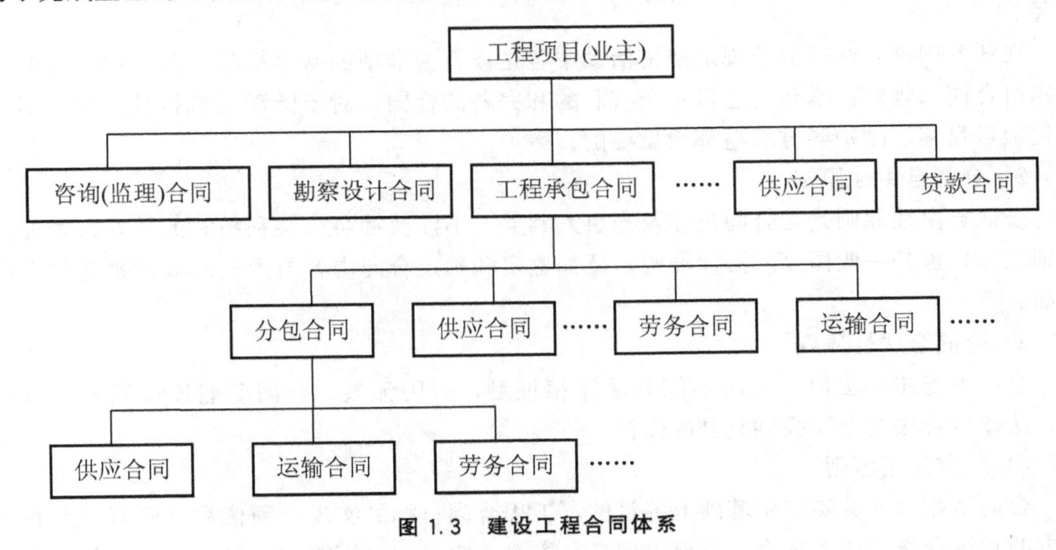

图 1.3　建设工程合同体系

的内部联系，构成了该工程的合同网络。其中，建设工程承包合同(或建设工程施工合同)是最复杂、最有代表性的合同类型，在建设工程合同体系中处于主导地位，因为它反映了项目任务范围和划分方式、项目的管理模式和组织形式，是整个建设工程项目合同管理的重点。无论是业主、监理工程师或承包商，都将它作为合同管理的主要对象。

1.2.3 工程合同管理的概念、目标及原则

1. 工程合同管理的概念及目标

工程合同管理是指各级工商行政管理机关、建设行政主管部门和金融机构，以及业主、承包商、监理单位依据法律和行政法规、规章制度，采取法律的、行政的、经济的手段，对建设工程合同关系进行组织、指导、协调及监督，保护工程合同当事人的合法权益，处理工程合同纠纷，防止和制裁违法行为，保证工程合同的贯彻实施等一系列活动。

工程合同管理的主体既包括各级工商行政管理机关、建设行政主管机关、金融机构，还包括发包单位、监理单位、承包单位。本书的工程合同管理侧重内部管理，即业主、承包商和监理师等对工程合同的管理。

在工程建设中实行合同管理，是为了使工程建设顺利地进行，如何衡量顺利进行，主要用质量、工期、成本、安全4个因素来评判。此外，实行合同管理可使得业主、承包商、监理工程师保持良好的合作关系，便于日后的继续合作和业务开展。

2. 工程合同管理的原则

合同管理应遵循以下几项基本原则。

1）合同权威性原则

在工程建设中，合同是具有权威性的，是双方的最高行为准则。工程合同规定和协调双方的权利、义务，约束各方的经济行为，确保工程建设顺利地进行；双方出现争端时，应首先按合同解决，只有当法律判定合同无效，或争执超过合同范围时，才借助于法律途径。

在任何国家，法律只能规定经济活动中各主体行为准则的基本框架，而具体行为的细节则由合同来规定。承包商签订一个有利的和完备的合同，对于圆满地执行其内容、实现工程项目目标、维护各方权益都很重要的。

2）合同自由性原则

合同自由性原则是当合同只涉及当事人利益、不涉及社会公共利益时的基本市场经济原则之一，也是一般国家的法律准则。例如鉴定和确定合同内容与形式时双方平等的自由协商。

3）合同合法性原则

合同不能违反法律，合同不能与法律相抵触，否则无效。合同不能违反社会公众利益，法律对合法的合同提供充分的保护。

4）诚实信用原则

合同是在双方诚实信用基础上签订的，工程合同目标的实现必须依靠合同双方及相关各方的真诚合作。这表现为双方提供信息、资料真实可靠，不欺诈不误导，真诚合作。

5）公平合理原则

经济合同调节合同双方经济关系时，应不偏不倚，维持合同双方在工程中一种公平合理的关系，这表现为承包商提供的工程(或服务)与业主支付的价格是公平合理的(以当时的市场价格为依据)，合同中的权利和义务是平衡对等的，风险的分担是合理的，工程合同应体现出工程惯例。工程惯例指工程中通常采用的做法，一般比较公平合理，如果合同中的规定或条款严重违反惯例，往往就违反了公平合理原则。

1.2.4 合同条件

合同条件也叫合同文本，是指合同当事双方在施工过程中，应各自遵守的职责，各自享有的权利，发生问题时所采取的措施，争议的解决方式的标准化的合同格式文件。这些内容是双方签订工程施工合同的基础，在签订具体合同的同时，还可对其中某些条款进行适当的修改。

国际上通用的工程合同条件一般分为“通用条件”和“专用条件”两大部分。“通用条件”适用于任何类型的工程项目，不论项目在何国均可适用，有着广泛的适应性；“专用条件”是针对某一特定工程项目，根据该工程项目的特点，对通用条件进行修改和补充，使其更加具体化。目前国际上经常采用的合同条件有以下几种：FIDIC合同条件、施工合同示范文本、EPC合同条件、ICE合同条件、JCT合同条件、AIA合同条件、BOT合同条件、施工监理合同范本和分包合同范本。

1.2.5 工程合同管理模式及其风险分配

针对上述诸多的合同条件的特点，从而形成不同的合同管理模式。目前国际工程承包界在理论和实践方面公认下列3种模式。

1. 3种工程合同管理模式

1）传统的工程施工合同管理模式

传统的(Traditional)施工合同管理模式是一百多年来国际工程界最早、最多采用的合同格式和管理模式，如国际通用的FIDIC合同条件、英国的ICE合同条件及JCT合同条件都采用这种管理模式。这种模式的设计和施工是分别进行的。

这种承包方式在国际工程采购(招标投标)过程中被称为“循序承包”(Sequential Contracting)，即在设计工作发包完成后再进行施工发包招标，合同双方之外可有第三方参加。

施工合同的双方是业主和承包商。但在合同实施过程中，作为第三方的“咨询工程师”(Consulting Engineer)起着十分重要的作用。他们就是FIDIC合同条件和ICE合同条件中所谓的“工程师”(The Engineer)，也是JCT合同条件中所谓的“建筑师”(The Architect)。名称虽有不同，但他们是施工合同实施过程中的监督者和管理者，拥有关键性的合同管理实权。他们都是业主方面的代表，同业主签有《技术服务合同》。在国际工程标准施工合同条件中，均要求工程师(建筑师或监理工程师)“行为公正”，即在解决涉及合同双方的利益问题时，做出的决定或意见要公平合理，符合合同的规定。

经过长期的实践和不断改进，传统的管理模式形成了整套的、相当完善的合同文件格式，它有详细的“工程量清单”(SOQ表)，有反映先进技术成就的“施工技术规程”(Specifications)，有相当完善的价格调整和工程款支付制度，有比较成熟的合同争端解决办法，等等。因此，传统的管理模式至今仍有强大的生命力，在国际工程施工管理方面仍占有主导地位。

2) 设计施工模式

设计施工(Design and Build)模式是把设计和施工连为一体，一并发包。通过招标投标公开竞争而中标的承包商，被业主委托既承担设计任务，又完成施工建设工作，设计和施工由一家公司承担，使设计和施工紧密结合，可以使设计更合理，施工更方便，从而降低了工程造价。对于一个大型工程，可以顺应设计的逐步完成，采用分阶段发包的方式，实际上采用了“边设计、边施工”的方式，使工程项目提早开工，压缩施工时间，达到早投产、早受益的目的。

在这种管理模式下，承包商肩负重任，也拥有较大的合同权责。为了检查承包商的工作，业主一般要聘请一个有经验的专业咨询公司，协助业主研究制定工程项目的规划设计原则，审查承包商的设计文件，检查承包商的施工状况。

3) 施工管理模式

施工管理模式是一个新的合同管理模式，目前在欧美国家采用较多。施工管理模式的特点是业主在发包工程项目时，把施工任务和施工管理工作一并发包出去，交给一个承包商或一个施工管理公司去承担。在这里，业主没有必要另外聘请咨询工程师(建筑师或监理工程师)来作为业主的代表来参加施工合同的管理工作，而是应该依靠竞争性招标选中“施工经理”(Construction Manager，CM)来进行合同管理工作。施工管理模式有两种：施工管理和管理承包商。

施工管理是业主聘请专门从事施工管理的法人作为业主代表，组织协调该工程项目数个专业承包商的工作，承办施工合同全面的管理任务。这些专业承包商直接与业主签订合同，而承担施工合同管理的企业法人——“施工经理”，则同专业承包商无合同关系，只与业主签订施工技术服务代理合同，受业主委托进行施工管理工作，而业主还要派自己的项目经理监督“施工经理”的工作。业主直接与设计工程师、施工经理CM和分包商1、2、3、4、5等签订合同，如图1.4所示。

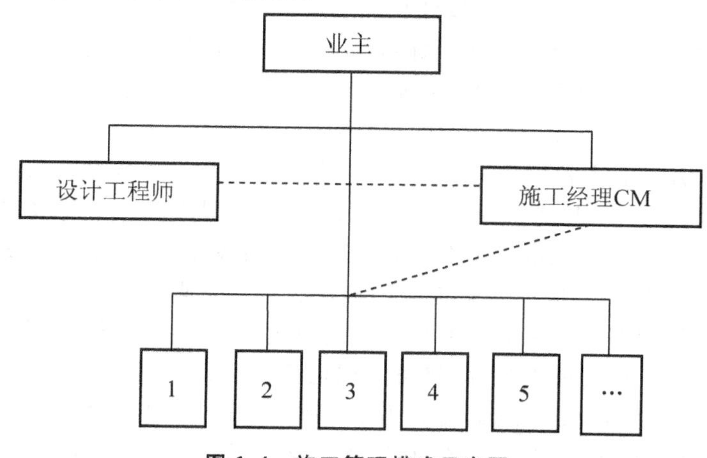

图1.4　施工管理模式示意图

管理承包商是指中标后的承包商既要完成工程项目的施工，又要承担“施工经理”的施工管理工作，集施工与管理于一身，肩负着双重任务。

承包商为了完成工程项目的各专业部分的施工，又选用数家专业承包商，并同他们分别签订专业分包合同，直接领导各专业分包商的施工，完成协调工作，使整个项目的实施顺利开展。业主和各个专业承包商没有合同关系。

这种既承担施工任务又负责施工管理的承包商，在国际工程承包界被称为“管理承包商”(Management Contractor)。这也是这种施工管理方式被称作“管理承包”的原因。业主直接与设计工程师和管理承包商签合同，而管理承包商又与分包商1、2、3、4、5等签订合同，如图1.5所示。

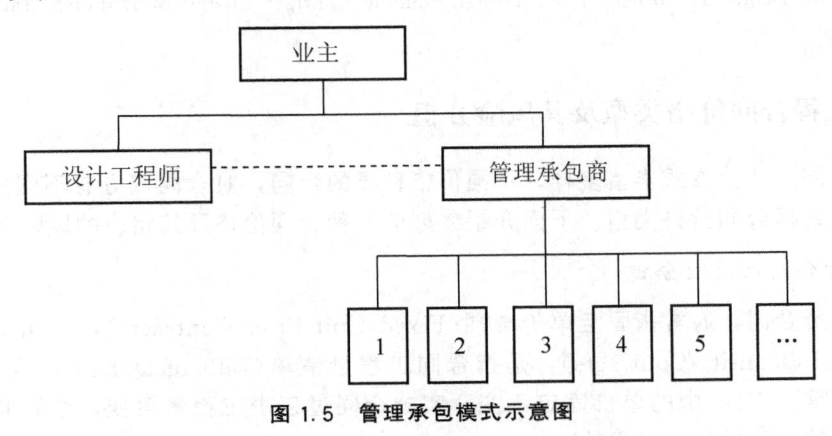

图1.5　管理承包模式示意图

2. 3种合同管理模式的风险分配

在上述3种不同的施工合同管理模式中，业主和承包商之间的风险分配各有特点，值得具体分析，以便合同双方(主要是业主)在选择采用何种形式的合同文件时有一个长远而周密的考虑。

在对每一种管理模式进行风险分配比例评估时，应对合同中所有重大问题的规定进行具体分析，以判断业主和承包商分别承担风险的程度，如工期、价格、质量、工程变更、管理风险等。

英国Longman出版社出版的Turners所著的《建筑合同索赔及争端》一书中，对3种不同的管理模式的风险分配状况做出概括性的估计，见表1-1。

表1-1　3种合同管理模式的风险分配

评估标准	传统管理		设计施工		施工管理	
	业主	承包商	业主	承包商	业主	承包商
1. 工期	50%	50%	20%	80%	20%	80%
2. 变更	50%	50%	20%	80%	80%	20%
3. 复杂性	80%	20%	20%	80%	80%	20%
4. 质量	20%	80%	60%	40%	20%	80%
5. 价格	20%	80%	20%	80%	80%	20%

续表

评估标准	传统管理		设计施工		施工管理	
	业主	承包商	业主	承包商	业主	承包商
6. 竞争性	50%	50%	20%	80%	80%	20%
7. 管理	50%	50%	20%	80%	80%	20%
8. 责任	80%	20%	40%	60%	80%	20%
9. 风险综合	40%	60%	20%	80%	80%	20%

资料来源：Dennis F. Turner，Alan Turner. Building Contract Claims & Disputes. Harlow，Essex：Longman. 1999.

1.2.6 工程合同价格类型及其风险分担

工程合同的计价方式丰富多样，不同价格种类的合同，对合同双方有不同的风险，应按具体情况选择合同价格类型。下面介绍典型的3种合同价格及其相应的风险分担。

1. 单价合同及风险分担

所谓单价合同，通常指固定单价合同(Fixed Unit Price Contracts)，也叫工程量清单合同(Bills-of-Quantity Contracts)，是指合同工程量清单(Bills-of-Quantity，BOQ，是投标书文件中重要文件)中的单价固定不变，实施合同过程中工程量可变，结算时按不变的单价和实际的工程量计算工程款。

这是最常见的合同种类，适用非常广，如FIDIC“新红皮书”和我国的(GF—1999—021)《建设工程施工合同(示范文本)》就是这一类。在这种合同中，承包商仅按合同规定承担报价的风险对报价(主要为单价)的正确性和适宜性承担责任，而工程量变化的风险由业主承担。单价合同风险分配比较合理，能够适应大多数工程，能调动承包商和业主双方的管理积极性。单价合同又分为固定单价和可调单价等形式。

单价合同的特点是单价优先，例如FIDIC的《土木工程施工合同条件》，业主给出的工程量表中的工程量是参考数字，而实际工程款按实际完成的工程量和承包商所报的单价计算。虽然在投标报价、评标、签订合同中，人们常常注重总价格，但在工程款结算中单价优先，所以单价是不能出现错误的。对于投标书中明显的数字计算的错误，业主有权先作修改后再评标，见表1-2。

表1-2 报价单

序　号	工程分项	单　位	数　量	单价/(元/m³)	合　价
1					
…					
n	钢筋混凝土	m³	2 000	300	60 000
…					
	总报价				9 200 000

由于单价优先，实际上承包商钢筋混凝土的总价应为600 000元(业主以后实际支付的)，所以评标时应将总报价修正。承包商的正确报价应为

$$9\ 200\ 000+(600\ 000-60\ 000)=9\ 740\ 000(\text{元})$$

而如果实际施工中承包商按施工图要求完成了3 000m^3钢筋混凝土(由于业主的工作量表是错的，或业主指令增加工程量)，则实际钢筋混凝土的总价格应为

$$300\times3\ 000=900\ 000(\text{元})$$

所以单价合同中，单价风险由承包商负担。如果承包商将300元/m^3误写成3 000元/m^3，尽管第n项钢筋混凝土的总价为正确值600 000元，但实际工程中仍按300元/m^3结算，而业主只承担工程量变更风险。采用单价合同时一定要注意工程量清单(即BOQ表)准确、无误、无漏。

单价合同适合于业主委托工程师管理的、普通建筑工程，即结构形式大同小异、标准化定型化设计的项目。

2. 固定总价合同及风险分担

固定总价合同是指在约定的风险范围内，价格不再调整的合同。其价格不因环境的变化和工程量的增减而变化，所以在这种合同中，承包商承担了全部的工作量和价格风险。除了设计有重大变更以外，一般不允许调整合同价格。

固定总价合同的特点是业主较省事，合同双方在工程中价格结算简单。业主避免了因需追加投资带来的麻烦(如报上级机关批准)，但由于承包商承担了全部风险，因此报价中的风险费用较高。承包商报价的确定必须考虑施工期间的物价变化以及工程量变化带来的影响。在这样的合同中，由于业主没有风险，所以他干预工程的权力较小，只负责工程总的目标和要求。

这种合同的应用前提是工程范围必须清楚明确，报价的工程量应准确而不能是估计数字，对此承包商必须认真复核。工程设计程度较深，设计施工图完整、详细、清楚；工程量小、工期短，估计在工程过程中环境因素(特别是物价)变化小，工程条件稳定并合理；工程结构、技术简单，风险小，报价估算方便；工程投标期相对宽裕，承包商可以详细进行现场调查、复核工作量招标文件、拟定计划；合同条件中双方的权利和义务十分清楚，合同条件完备。

目前，在国内外的工程中，总价合同的使用范围有扩大的趋势。甚至一些大型的全包工程、业主项目也使用总价合同。有些工程中业主只有初步设计资格招标，却要求承包商以固定总价合同承包，这对承包商而言，风险非常大。

固定总价合同和单价合同有时在形式上很相似。例如在有的总价合同的招标文件中也有工作量表，也要求承包商提出各分项的报价，与单价合同在形式上很相近，但两者是性质上完全不同的合同类型。

固定总价合同是总价优先，由承包商报总价，双方商讨并确定合同总价，最终按总价结算。通常只有设计变更，或合同中规定的调价条件(如法律)变化时，才允许调整合同价格。固定总价合同在招标投标中与单价合同的处理就有区别。

固定总价合同中，承包商要承担的风险特别大，即承担价格风险(包括漏报、误报和价格变动)，也承担工程量变更风险(包括误报、漏报和不确定因素的工程量变更)。我国

的一些承包商在国际上中标的项目由于漏报、误报而承担的损失都是几百万甚至上千万美元，教训惨痛。

3. 成本加酬金合同及风险分担

这是与固定总价合同截然相反的合同类型。工程最终合同价格按承包商的实际成本加一定比例的酬金计算，而在合同签订时不能确定一个具体的合同价格，只能确定酬金的比例。由于合同价格按承包商的实际成本结算，所以在这类合同中，承包商不承担任何风险，而业主承担了全部工作量和价格风险，由此导致承包商在工程中没有成本控制的积极性，常常不仅不愿意压缩成本，相反期望提高成本以提高自己的工程经济效益。这样会损害工程的整体效益，所以这类合同的使用应受到严格限制，通常应用于如下情况。

(1) 投标阶段依据不充分，无法准确估价，缺少工程的详细说明。

(2) 工程特别复杂，工程技术、结构方案不能预先确定。它们可能按工程中出现的新情况来确定。在国外，这一类合同经常被用于一些带研究、开发性质的工程中。

(3) 时间特别紧急，如抢救、抢险工程，人们无法详细地计划和商谈工程造价。

为了克服成本加酬金合同的缺点，扩大它的使用范围，人们对该种合同又做了以下许多改进，以调动承包商成本控制的积极性。

(1) 事先确定目标成本，实际成本在目标成本范围内按比例支付酬金，如果超过目标成本，酬金不再增加。

(2) 如果实际成本低于目标成本，除了支付合同规定的酬金外，另给承包商一定比例的奖励。

(3) 成本加固定额度的酬金，即酬金是定值，不随实际成本数量的变化而变化等。

在这种合同中，合同条款应十分严格。由于业主承担全部风险，所以他应加强对工程的控制，参与工程方案的选择和决策，否则容易造成不应有的损失。同时，合同中应明确规定成本的开支范围，规定业主有权对成本开支进行决策、监督和审查。

工程合同造价类型及其风险承担见表1-3。

表1-3 工程合同价格类型及其风险分担

合同价格类型	承包商	业主
单价合同	承担报价风险	承担工程量变更风险
固定总价合同	承担全部风险	不承担风险
成本加酬金合同	不承担风险	承担全部风险

1.2.7 建设工程合同管理的主要内容

建设工程合同管理的主要内容包括合同订立前的管理、工程合同订立阶段的管理、合同实施阶段的管理、合同运营阶段的管理及合同的信息管理。

1. 合同订立前的管理

合同订立前的管理也称为合同总体策划。合同签订意味着合同生效和全面履行，所以必须采取谨慎、严肃、认真的态度，做好签订前的准备工作，具体内容包括市场预测、资信调查和决策以及订立合同前行为的管理。

作为业主方，主要应通过合同总体策划对以下几方面内容做出决策：与业主签约的承包商的数量；招标方式的确定；合同种类的选择；合同条件的选择；重要合同条款的确定；以及其他战略性问题(如业主的相关合同关系的协调等)。

作为承包商，也有自己的合同策划问题，它服从于承包商的基本目标(取得利润)和企业经营战略，具体内容包括投标方向的选择、合同风险的总评价、合作方式的选择等。

合同订立意味着当事人双方经过工程招标投标活动，充分酝酿、协商一致，从而建立起建设工程合同的法律关系。订立合同是一种法律行为，双方应当认真、严肃拟定合同条款，做到合同合法、公平、有效。

2. 合同实施阶段的管理

合同依法订立后，当事人应认真做好履行过程中的组织和管理工作，严格按照合同条款，享有权利和义务。该阶段，合同管理人员(无论是业主方还是承包方)的主要工作是建立合同实施的保证体系、对合同实施情况进行跟踪并进行诊断分析、进行合同变更管理等。而且各个主体(业主、承包商、监理工程师等)有相应的风险管理、进度管理、质量管理、成本管理施工安全管理、分包管理、施工人员管理、施工索赔管理、合同争议的解决等。

3. 运营阶段的合同管理

项目建成移交后开始进入维修期。这一阶段也是“缺陷通知期”，主要合同管理工作包括按合同标准做好维修、移交工作和工程建设总结。

建设工程合同管理的主要工作及其相应的合同文件见表1-4。

表1-4　建设工程合同管理的主要工作及其相应的合同文件

合同管理阶段	合同管理工作	使用的合同文件	参与的主体
合同订立前的管理	1. 合同总体策划 2. 编好设计文件 3. 做好招标工作	1. 可行性研究协议 2. 咨询服务合同 3. 招标文件	业主
合同实施阶段的管理	1. 进度管理 2. 质量管理 3. 成本管理 4. 施工安全管理 5. 分包管理 6. 风险管理 7. 施工人员管理 8. 施工索赔管理 9. 合同争议处理	1. 施工合同示范文本 2. 设计、施工条件 3. EPC合同条件 4. 简明合同格式 5. JCE合同条件 6. JCT合同条件 7. AIA合同条件 8. BOT合同条件 9. 施工监理合同 10. 分包合同	1. 业主 2. 承包商 3. 监理工程师

续表

合同管理阶段	合同管理工作	使用的合同文件	参与的主体
运营阶段的合同管理	1. 按合同做好维修工作 2. 按合同做好移交工作 3. 工程建设总结	1. 维修期协议书 2. 运行培训协议书 3. 施工后评估 4. 合同完成通知书	1. 业主 2. 承包商 3. 监理工程师

案例分析

未经招标程序合同是否有效?

某年1月14日，J省某商务公司欲开发建设家纺城，遂发布招标公告，共有4家建筑公司参与投标。按照招标文件规定的时间，4家建筑公司递交了投标文件并参加了开标会议，经评标专家评审，确定了中标候选人。

但是，商务公司并未很快确定最终中标人，其后也未在这4家建筑公司之中确定中标人。同年2月9日，该商务公司向4家建筑公司之外的Y建设公司发出了所谓的“中标通知书”，并很快与之签订了施工承包合同，其中约定了:“家纺城工程由Y建设公司总承包，合同价款暂定为3 000万元人民币，决算审定价为最终价;发包方预付承包方合同价款300万元”等内容。

随后，商务公司预付了工程款，Y建设公司进入工地开始履行合同。但是，同年11月，商务公司又称上述承包合同未经招标，应属无效合同，要求Y建设公司离场、退还预付款。Y建设公司表示不满，遂向法院起诉。

案件审理中，存在以下两种意见。

第一种意见认为，根据《房屋建筑和市政基础设施的工程施工招投标管理办法》第三条的规定:房屋建筑和市政基础设施工程的施工单项合同估算价在200万元人民币以上，或者项目总投资在3 000万元人民币以上的，必须进行招标。本案中的工程项目施工承包合同中约定“合同价款暂定为3 000万元人民币”，因此应属强制招投标范围。由于Y建设公司未参与家纺城工程的招投标活动，其取得的“中标通知书”直接违反了《招标投标法》的相关规定，中标属无效，因此承包合同也应为无效。

第二种意见认为，衡量招投标活动是否合法有效，必须以法律、法规来判断。本案工程项目并不属于《招标投标法》及《工程建设项目招标范围和规模标准规定》中规定的必须强制进行招投标的项目。《工程建设项目招标范围和规模标准规定》中指出，关系社会公共利益、公众安全的基础设施项目，使用国有资金投资项目，国家融资项目，使用国际组织或者外国政府资金的项目，以及关系社会公共利益、公众安全的公用事业项目是必须进行招标的项目，并提出了具体范围和规模标准。上述案例所述工程不在《工程建设项目招标范围和规模标准规定》的范围内，故即使未经招标，但商务公司与Y建设公司签约的合同仍然有效。

最终，大家一致认同了第二种意见。

强制招标制度及其范围是《招标投标法》的核心内容之一，也是最能体现立法目的的条款之一。强制招标，是指法律规定的某些类型的采购项目，达到一定数额规模的，必须通过招标进行采购，否则采购单位要承担法律责任。基于中国的国情和市场现状，法律强制招标范围的重点是工程建设项目，而且是项目管理的全过程，包括勘察、设计、施工、监理、设备材料等采购。对强制招标的项目，《招标投标法》第三条明确界定有两点需要特别注意：第一是项目性质，即大型基础设施、公用事业等关系到社会公共利益、公众安全的项目；第二是资金来源，共分两类：一是全部或者部分使用国有资金投资或国家融资的项目，二是使用国际组织或者外国政府贷款、援助资金的项目。依据本条款，强制招标的具体范围和规模标准是报国务院批准的，法律或者国务院对必须进行招标的其他项目的范围是有规定的，在操作项目时应依照其规定。根据此条的规定及《工程建设项目招标范围和规模标准规定》的授权，各省、自治区、直辖市人民政府及国家有关部委可以根据实际情况，对必须进行招标的具体范围和规模标准进行调整，但不得缩小本规定确定的必须进行招标的范围。在此基础上，《房屋建筑和市政基础设施的工程施工招投标管理办法》作为部门管理办法，规定“施工单项合同结算价在200万元人民币以上或项目总投资在3 000万元人民币以上的，必须进行招标。”如以此为依据，上述工程“合同价款暂定为3 000万元人民币”，似乎确应属于强制招标范围。

但本案的主审法官认为，衡量招投标活动是否合法有效，必须以法律、法规来判断。《工程建设项目招标范围和规模标准规定》虽然授权各省、自治区、直辖市人民政府及国家有关部委可以对必须进行招标的具体范围和规模标准进行调整，但部门性规章和地方性规章不能作为判定中标有效与否及合同效力的法律依据，应属于有关部门和地方政府在国家有关规定的基础上对招标市场进行行业管理的一种规范，此类规定不能否定或抵触上位法的规定。

因此，本案中工程项目是否需要招标，在未招标的情况下确定承包方并签订合同的行为是否影响合同效力，这些问题应以法律、法规来衡量和判断，而不能仅以投资规模来判断。本案中所涉的建筑工程，无论是从项目性质、还是从资金来源上看，都不属于国家必须进行强制招标的范围。因此，商务公司自行采取招标活动，但又未依评标结果从参与投标的4家建筑公司中遴选中标者，而是另行确定了Y建设公司为所谓的“中标人”并与之签订了施工承包合同，这种行为确实有违诚信原则，违反了行业规定，但并未违反《招标投标法》，亦未违反《合同法》中有关合同无效的强制性规定，没有违反最高人民法院《关于审理建设工程施工合同纠纷案件适用法律问题的解释》第一条第三项认定合同无效的情形(建设工程必须进行招标而未招标或者中标无效的)之规定。

最终的判决结果为此次中标有效，商务公司与Y建设公司双方订立的承包合同有效，主张合同无效是没有法律依据的。

(资料来源：摘自《中国招标》2011年45期)

本章小结

通过学习本章，应全面理解招投标与合同管理的基本知识；了解招投标的概念和特点、招投标的起源与发展，工程合同和工程合同管理的概念，工程合同条件；熟悉招投标的方式和工程合同体系、管理模式；掌握招投标的程序，工程合同价格类型及工程合同管理的内容。通过教学使学生对招投标与合同管理建立一个初步的认识，并将理论联系实际，思考现实生活中遇到的实际问题，继而提高对招投标与合同管理相关知识的兴趣，增强对招投标与合同管理知识的理解能力。

习　　题

1. 名词解释

(1) 招标；(2) 投标；(3) 公开招标；(4) 邀请招标；(5) 议标；(6) 两阶段招标；(7) 联合招标。

2. 单项选择题

(1) 公开招标是指招标人以公开发布招标公告的方式邀请(　　)的、具备资格的投标人参加投标，并按《中华人民共和国招标投标法》和有关招标投标法规、规章的规定，择优选定中标人。

A. 特定　　B. 全国范围内　　C. 专业　　D. 不特定

(2) 采用邀请招标方式的，招标人应当向(　　)家以上具备承担招标项目的能力、资信良好的特定的法人或者其他组织发出投标邀请书。

A. 3　　B. 4　　C. 5　　D. 7

(3) 招标投标活动的公正原则与公平原则的共同之处在于创造一个公平合理、(　　)的投标机会。

A. 自由竞争　　B. 平等竞争　　C. 表现企业实力　　D. 展示企业业绩

3. 思考题

(1) 简述招标投标的特点。

(2) 试比较招投标与一般交易活动的异同。

(3) 国际上通常采用的招标方式有哪些？这些招标方式各有何优缺点？

(4) 招投标可分为哪几种类型？

(5) 简述招投标的程序。

4. 案例分析题

(1) 某国家重点大型工程，由于项目技术难度大，工艺先进，因此对承包商以往的施工经验和拥有的施工设备要求高，对工期也有严格的要求。根据本工程项目的情况，招标人决定邀请3家具有国有一级资质的施工企业参加投标。整个招投标工作的内容如下：成立招标工作小组；发出投标邀请书；编制招标文件；编制标底；发售招标文件；招标答疑；组织现场踏勘；接收投标文件；开标；确定中标单位；评标；签订承发包合同；发出中标通知书。

问题：上述招投标工作内容的先后顺序是否妥当？如果不妥，请给出合理的顺序。

(2) 某企业由于扩大产量的需要，准备筹资新建一条流水线。该工程设计已完成，施工图纸齐备，施工现场已完成“三通一平”工作，已具备开工条件。招标人对于此项目采用公开招标方式选择承包商，整个扩建工程的招标工作委托给一家招标代理机构。招标代理机构已根据招标人的要求编制了招标文件，计算出标底500万元，预计总工期为365天。

问题：根据该工程的实际条件，招标代理机构应向招标人推荐采用何种合同计价方式？为什么？

第2章 招标投标法规及其案例分析

教学目标

通过学习本章，应达到以下目标：

(1) 了解招标投标法的概念，以及招标投标法在空间上的效力；

(2) 熟悉招标、投标、开标、评标、中标的法律规定，以及招标投标中的法律责任；

(3) 掌握招标投标的主要法律法规及其条款。

学习要点

知识要点	能力要求	相关知识
招标投标法概述	(1) 了解招标投标法的概念； (2) 了解招标投标法在空间上的效力	(1) 招标投标法的概念； (2) 招标投标法在空间上的效力
招标的法律规定	(1) 了解招标人的概念； (2) 掌握招标方式以及强制招标的范围和规模； (3) 熟悉招标投标法中招标的法律规定	(1) 招标人的概念； (2) 招标方式； (3) 强制招标的范围和规模； (4) 招标文件的内容； (5) 招标文件的编制、修改的时间
投标的法律规定	(1) 了解投标人的概念； (2) 熟悉招标投标法中投标的法律规定	(1) 投标人的概念； (2) 投标文件的内容； (3) 投标文件的送达、修改及撤回； (4) 投标担保和联合体投标； (5) 投标的禁止性规定

续表

知识要点	能力要求	相关知识
开标、评标、中标的法律规定	(1) 熟悉招标投标法中开标的法律规定； (2) 熟悉招标投标法中评标的法律规定； (3) 熟悉招标投标法中中标的法律规定	(1) 开标的时间、地点和人； (2) 开标的法定程序； (3) 评标委员会及其组成； (4) 评标的程序； (5) 中标的条件
招标投标的法律责任	(1) 了解违反《招标投标法》的民事责任； (2) 了解违反《招标投标法》的行政责任； (3) 了解违反《招标投标法》的刑事责任	(1) 违反《招标投标法》的民事责任； (2) 违反《招标投标法》的行政责任； (3) 违反《招标投标法》的刑事责任

基本概念

招标投标法；招标人；招标代理机构；投标人；开标；评标；中标；法律责任；民事责任；行政责任；刑事责任。

引例

在现代企业中，招投标已经成为一种重要的采购手段和销售方式。曾几何时，“靠关系走后门”是很多企业获取投标业务的主要方式；但是随着国家招投标法律法规的进一步完善和执行力度的加大，这种违规的方式已经行不通，规范化的招投标运作成为大势所趋。《招标投标法》是工程建设领域的基本大法之一，无论是招投标人还是投标人，如果能够灵活而准确地运用这部法律，将会为自身交易附上安全的护身符；否则，不仅会错失良机，进而蒙受重大经济损失，甚至还会锒铛入狱。

2.1 招标投标法概述

2.1.1 招标投标法的概念

招标投标法是调整市场竞争中因招标投标活动而产生的社会关系的法律规范的总称。狭义的招标投标法是指《中华人民共和国招标投标法》(以下简称《招标投标法》)，已由第九届全国人大常委会第十一次会议于1999年8月30日通过，自2000年1月1日起施行。它是我国招标投标法律体系中的基本法律，标志着我国招标投标活动走入了法制的轨道，对引导招标投标活动的公平竞争和规范运作具有重要的意义。凡在我国境内进行招标的采购活动，必须依照该法的规定进行。广义的招标投标法是指所有调整招标投标活动的法律规范，除《招标投标法》以外，还包括《合同法》、《反不正当竞争法》、《刑法》、《建筑法》等法律中有关招标投标的规定，也包括《中华人民共和国招标投标法实施条例》、《工程建设项目招标范围和规模标准规定》、《招标公告发布暂行办法》、《评标委员会和评标方法暂行规定》、《工程建设项目勘察设计招标投标办法》、《工程建设项目施工招标投标办法》、《国家重大建设项目招标投标监督暂行办法》、《电子招标投标办法》等行政法规、规章。目前，我国招标投标法律体系已经初步建立，处于实施的起始阶段。我国市场经济的进一步发展，必将对招标投标法律制度提出更高的要求。

2.1.2 招标投标法在空间上的效力

招标投标法的空间效力是指招标投标法生效的地域范围，即招标投标法在哪些地方具有约束力。根据国家主权原则，一国的法律在其主权管辖的全部领域内有效，包括领土、领海和领空；此外，中华人民共和国的领域还包括延伸意义上的领土，即本国驻外大使馆、领事馆，在本国领域外的本国船舶和航空器。

根据招标投标法及其相关规定，凡在中华人民共和国境内进行的招标投标活动，均应适用于招标投标法。但是，对于利用外资的项目，也可适用资金提供方对招标的特殊规定。对使用国际组织或者外国政府贷款、援助资金的项目进行招标，而贷款方、资金提供方对招标投标的具体条件和程序有不同规定的，可以适用其规定，但不得违背中华人民共和国的社会公共利益。

2.2 招标的法律规定

招标是整个招标投标过程中的主要环节，也是对投标、评标、定标有直接影响的环节，所以《招标投标法》对这个环节确立了一系列明确的规范，要求在招标中有严格的程序、较高的透明度、严谨的行为规则，以便有效地调整招标过程中形成的社会经济关系。

2.2.1 招标人和招标代理机构

招标人是指依照招标投标法的规定提出招标项目，进行招标的法人或者其他组织。招标人一般可分为两类。

(1) 采购人自己。在招标结束后，一般招标人就成为招标项目的所有人，通常为该项建设工程的投资人，即项目业主。如果是国家投资的工程建设项目，经营性的，招标人通常为依法设立的项目法人；非经营性的，招标人为项目的建设单位。如果为货物招标采购，招标人通常为货物的买主。如果为服务项目招标采购，招标人通常为该服务项目的需求方。如果是采购人自行招标，应具备的条件有以下5条：①是法人或依法成立的其他组织；②有与招标工程相适应的经济、技术、管理人员；③有组织编制招标文件的能力；④有审查投标单位资质的能力；⑤有组织开标、评标、定标的能力。当不具备上述②、③、④、⑤项条件时，招标人应当委托招标代理机构代理招标。

(2) 招标代理机构。招标代理机构是主要从事招标代理业务的中介服务机构，是独立的法人，并获得国家认可的招标代理资格。招标代理机构的主要业务是接受政府、金融机构或企业等方面(以下简称为采购人)的委托，以采购人的名义，利用招标的方式，为采购人择优选定供应商或承包商。招标代理机构可以按照国家规定，向委托人(采购人)或中标人收取一定的服务费，少数机构也可从国家得到部分资金的支持。

2.2.2 招标方式

《招标投标法》第十条规定："招标分为公开招标和邀请招标。公开招标是指招标人以招标公告的方式邀请不特定的法人或者其他组织投标；邀请招标是指招标人以投标邀请书的方式邀请特定的法人或者其他组织投标。"因为公开招标公开程度高，参加竞争的投标人多，竞争比较充分，招标人的选择余地大，所以在《招标投标法》中鼓励采用公开招标方式。但在某些特定的情况下也可以采用邀请招标方式，如《招标投标法》第十一条规定："国务院发展计划部门确定的国家重点项目和省、自治区、直辖市人民政府确定的地方重点项目不适宜公开招标的，经国务院发展计划部门或者省、自治区、直辖市人民政府批准，可以进行邀请招标。"这项规定实质上也是要求在两种招标方式中，若有可能，尽量优先选用公开招标方式。

2.2.3 强制招标的范围和规模标准

根据招标当事人的意愿，招标可以分为自愿招标和强制招标两类。强制招标是指法律规定的某些类型的采购项目，凡是达到一定数额的，必须通过招标进行，否则采购单位要承担法律责任。但无论是法定强制招标项目，还是当事人自愿采用招标方式的项目，都应遵守《招标投标法》的规定。

1. 强制招标的范围

《招标投标法》第三条规定："在中华人民共和国境内进行的工程建设项目，包括项目的勘察、设计、施工、监理以及与工程建设有关的重要设备、材料等的采购，必须进行招标。"具体包括以下内容。

（1）大型基础设施、公用事业等关系社会公共利益、公众安全的项目。

大型基础设施是指为国民经济各行业发展提供基础性服务的设施，主要包括能源、交通运输、邮电通信、水利、城市设施、生态环境保护项目和其他基础设施项目。公用事业是指为公众提供服务的行业，包括水、电、气、热等市政工程项目，科学、教育、文化、体育、卫生等项目，商品住宅(包括经济适用住房)和其他公用事业项目。

由于大型基础设施和公用事业项目投资金额大、建设周期长，基本上以国家投资为主，特别是公用事业项目，国家投资更是占了绝对比重。而且基础设施和公用事业项目大多关系到社会公共利益和公众安全，为了保证项目的质量，保护公民的生命财产安全，无论其建设资金来源如何，都必须依法进行招投标。

（2）全部或者部分使用国有资金投资或者国家融资的项目。

国有资金是指国家财政性资金(包括预算内资金和预算外资金)和国家机关、国有企事业单位的自有资金。全部或者部分使用国有资金投资的项目是指一切使用国有资金(无论其在总投资中所占的比例大小)进行的工程建设项目。使用国有资金投资项目的范围包括：使用各级财政预算资金的项目；使用纳入财政管理的各种政府专项建设基金的项目；使用国有企业、事业单位自有资金，并且国有资产投资者实际拥有控制权的项目。

国家融资的工程项目是指使用国家通过对内履行政府债券或向外国政府及国际机构举借主权外债所筹资金进行的工程建设项目。这些以国家信用为担保进行筹集，由政府统一筹措、安排、使用、偿还的资金也应视为国有资金。国家融资项目的范围包括：使用国家发行债券所筹资金的项目；使用国家对外借款或者担保所筹资金的项目；使用国家政策性贷款的项目；国家授权投资主体融资的项目和国家特许的融资项目。

(3) 使用国际组织或者外国政府贷款、援助资金的项目。

这些贷款大多属于国家的主权债务，由政府统借统还，在性质上应视同为国有资金投资。使用国际组织或者外国政府贷款、援助资金的项目范围包括：使用世界银行、亚洲开发银行等国际组织贷款资金的项目；使用外国政府及其机构贷款资金的项目；使用国际组织或者外国政府援助资金的项目。

2. 强制招标的规模标准

根据《工程建设项目招标范围和规模标准规定》第七条规定：规定范围内的各类工程建设项目，包括项目的勘察、设计、施工、监理以及与工程建设有关的重要设备、材料等的采购，达到下列标准之一的，必须进行招标：①施工单项合同估算价在200万元人民币以上的；②重要设备、材料等货物的采购，单项合同估算价在100万元人民币以上的；③勘察、设计、监理等服务的采购，单项合同估算价在50万元人民币以上的；④ 单项合同估算价低于第①、②、③项规定的标准，但项目总投资额在3 000万元人民币以上的。

3. 可以不进行招标的范围

按照有关法律的规定，属于下列情形之一的，经相关建设行政主管部门批准，可以不进行招标。

(1)《招标投标法》第六十六条规定："涉及国家安全、国家秘密、抢险救灾或者属于利用扶贫资金实行以工代赈，需要使用农民工等特殊情况，不适宜进行招标的项目，按照国家规定可以不进行招标。"

(2)《招标投标法实施条例》第九条规定："需要采用不可替代的专利或者专有技术；采购人依法能够自行建设、生产或者提供；已通过招标方式选定的特许经营项目投资人依法能够自行建设、生产或者提供；需要向原中标人采购工程、货物或者服务，否则将影响施工或者功能配套要求，可以不进行招标。"

(3) 法律、行政法规规定的其他特殊情形，可以不进行招标。

随着招标投标制度的逐步建立和推行，我国实行招投标的领域不断拓宽，必须依法采用招标采购方式的项目，并不仅限于《招标投标法》所列的项目，例如《招标投标法》规定以外的、属于政府采购范围内的其他大额采购，也应纳入强制招标的范围。因此，除《招标投标法》以外，其他法律和国务院对必须招标的项目有规定的，也应纳入强制招标的范围。同时，国家发展和改革委员会也可以根据实际需要，会同国务院有关部门对《招标投标法》所确定的必须进行招标的具体范围和规模标准进行部分调整。

2.2.4　招标文件的禁止内容和招标人的保密义务

在招标文件的编制过程中，应注意其所禁止的内容。如《招标投标法》第二十条明确规定："招标文件不得要求或者标明特定的生产供应者及含有倾向或者排斥潜在投标人的其他内容。"因此，在招标文件中，标明的技术规格除有国家强制性标准以外，一般应当

采用国际或国内公认的标准。各项技术规格均不得要求或标明某一特定的生产厂家、供货商、施工单位或注明某一特定的商标、名称、专利、设计及原产地，以防止招标人和投标人恶意串通，变相指定投标人。但在招标文件中，确实无法准确或清楚地说明拟招标项目的特点和要求，而注明诸如“相当于”或“同等品”等字样，却是允许的。如果招标人在招标文件中虽然没有指定特定的厂家或产品，但招标文件特别是其技术规格中规定的内容，暗含有利于或排斥特定的潜在投标人，也属于针对有利于特定厂家或产品、而限制和排斥其他厂家或产品的做法。

招标投标是通过投标人之间的公平竞争来达到最优化效果，其基本原则是公开、公平、公正和诚实信用。在招标投标的实践中，常常会发生招标人泄露招标事宜的事情。如果潜在的投标人得到了其他潜在投标人的名称、数量及其他可能影响公平竞争的招标情况，可能会采用不正当竞争手段影响招标活动的正当竞争，就使招标投标的公平性失去意义，使招标投标流于形式，损害了其他投标人的利益。对此，《招标投标法》第二十二条做了禁止性规定，同时还规定如果招标人设有标底的，标底必须保密。

2.2.5 招标文件的澄清和更改

招标文件对招标人具有法律约束力，一经发出，不得随意更改。招标人在编制招标文件时，应当尽可能考虑到招标项目的各项要求，并在招标文件中做出相应的规定，力求使所编制的招标文件内容准确完整、含义明确。但有时也难免会出现招标文件内容的疏漏或意思表达不明确、含义不清，以及因情况变化而需要对招标文件进行修改的情况。允许招标人对已发出的招标文件在遵守法定条件的前提下做出必要的澄清或修改也是国际上通行的做法，这既是对招标人权益的合理保护，也有利于保证招标项目的投资合理而有效的利用。但《招标投标法》第二十三条规定：“招标人对已发出的招标文件进行必要的澄清或者修改的，应当在招标文件要求提交投标文件截止时间至少15天前，以书面形式通知所有招标文件收受人。该澄清或者修改的内容为招标文件的组成部分。”《招标投标法实施条例》第二十二条规定：“不足15天的，招标人应当顺延提交投标文件的截止时间。”因此，从招标人发出对招标文件进行澄清、修改的通知到规定的投标截止日期之间，应该为投标人留出一段合理的时间。这样既能照顾到招标人的利益，又能使投标人有合理的时间对自己的投标文件做出相应的调整。同时，每一位投标人应接到同样的澄清或修改通知，这样确保了投标人得到同等的待遇，也保证了投标竞争的公开和公平。投标单位在收到澄清和修改通知后，应书面予以确认。招标人和投标人都应保管好证明澄清或修改通知已发出的有关文件，如邮件回执等。

2.2.6 编制投标文件所需要的合理时间

投标人编制投标文件需要一定的时间。如果时间过短，则某些投标人可能因来不及编制投标文件而不得不放弃投标；如果时间过长，也会拖延招标采购的进程，损害招标人的利益。因此，《招标投标法》第二十四条规定：“招标人应当确定投标人编制投标文件所需要的合理时间；但是，依法必须进行招标的项目，自招标文件开始发出之日起至投标人提交投标文件截止之日止，最短不得少于20天。”具体的编制招标文件的时间由招标人根据采购项目的具体情况确定。但是招标投标法所确定的 20 天是由招标人确定的投标人编制投标文件的最短时间，而且只适用于依法必须进行的招标项目。不属于法定强制招标的项目，可以由采购人自愿选择招标采购方式的，不受规定的 20 天限制。

2.3 投标的法律规定

2.3.1 投标人

《招标投标法》规定投标人应符合以下 3 个条件。

(1) 应该是响应招标、参加投标竞争的法人或者其他组织。潜在投标人要符合投标资格，必须获得招标信息，购买招标文件，编制投标文件，准备参加投标活动。如果不响应招标，就不会成为投标人；没有准备投标的实际表现，就不会进入投标人的行列。

(2) 应当具备承担招标项目的能力。投标人具备承担招标项目的能力，主要表现在企业的资质等级上，资质等级证书是企业进入建筑市场的唯一合法证件。禁止任何部门采取资质等级以外的其他任何资信、许可等限制进入建筑市场。

(3) 应当符合其他条件。招标文件对投标人的资格条件有规定的，投标人应当符合该规定条件。但是，招标人不得以不合理的条件限制或排斥潜在投标人，不得对潜在投标人实行歧视待遇。

2.3.2 编制投标文件

招标文件是由招标人编制的、希望投标人向自己发出要约的意思表示，招标文件属于要约邀请，投标人编制的投标文件就为要约。投标人应当按照招标文件的要求编制投标文件。招标项目属于建设施工的，投标文件的内容应当包括拟派出的项目负责人与主要技术人员的简历、业绩和拟用于完成招标项目的机构设备等。

因此，为了达到中标的目的，投标人必须针对招标文件中所提出的实质性要求和条件，认真研究，结合自身条件争取提出符合招标人要求的报价及方案，不能泛泛而谈，不接触问题的实质，或者遗漏、回避招标文件中的问题，更不能提出任何附带条件。

2.3.3 投标文件的送达及补充、修改或撤回

《招标投标法》第二十八条规定："投标人应在招标文件要求提交投标文件的截止日期前，将投标文件送达投标地点。招标人收到投标文件后，应当签收保存，不得开启。"《工程建设项目施工招标投标办法》第三十八条规定："招标人收到投标文件后，应当向投标人出具表明签收人和签收时间的凭证，在开标前，任何单位和个人不得开启投标文件。"投标人向招标人递交的投标文件是决定投标人能否中标的依据，因此其必须稳妥和及时地送达。但是投标人在将认真编制完备的投标文件邮寄或直接送达招标人后，若发现自己的投标文件中有疏漏之处，则投标人可以在递交投标文件截止时间前，对投标文件进行补充、修改或撤回。因此，《招标投标法》第二十九条规定："投标人在招标文件要求提交投

标文件的截止时间前，可以补充、修改或者撤回已提交的投标文件，并书面通知招标人。补充、修改的内容作为投标文件的组成部分。”但是需要注意的是，根据有关规定，在提交投标文件截止时间后到招标文件规定的投标有效期终止之前，投标人不得撤回其投标文件，否则招标人可以不退还其投标保证金。

2.3.4　投标担保

投标担保就是为防止投标人不审慎地进行投标而设定的一种担保方式。投标保证金是指投标人按照招标文件的要求向招标人出具的、以一定金额表示的投标责任担保。投标人保证其投标被接受后，对其投标书中规定的责任不得撤销或反悔。

《工程建设项目施工招标投标办法》第三十七条规定：“招标人可以在招标文件中要求投标人提交投标保证金，投标保证金除现金以外，可以是银行出具的银行保函、保兑支票、银行汇票或现金支票。”

《招标投标法实施条例》第二十六条规定：“招标人在招标文件中要求投标人提交投标保证金的，投标保证金不得超过招标项目估算价的2%。投标保证金有效期应当与投标有效期一致。”投标人应当按照招标文件要求的方式和金额，将投标保证金随投标文件提交给招标人。投标人不按照招标文件的要求提交投标保证金的，该投标文件将被拒绝。

投标保证金是为了防止投标人不审慎投标而收取的保证金，若投标人在投标截止时间撤回已提交的投标文件、且书面通知招标人，招标人就应当自收到投标人书面撤回通知之日起5日内退还其投标保证金。但在下列两种情况下，投标保证金将被没收：①投标人在投标有效期内撤回其投标文件的；②中标人未能在规定的期限内提交履约保证金或签署合同协议。所以投标人一定要谨慎地对待投标活动，以避免由此带来的经济损失。

2.3.5　投标的禁止性规定

1. 串通投标

串通投标是共同违法行为，它破坏了招标投标制度“公开、公平、公正”的市场竞争原则。从形式上来说，串通投标可以分为投标人之间串通投标和投标人与招标人串通投标。

1）投标人之间串通投标

《招标投标法》第三十二条第一款规定：“投标人不得相互串通投标报价，不得排挤其他投标人的公平竞争，损害招标人或者其他投标人的合法权益。”《招标投标法实施条例》第三十九条和第四十条列举了以下几种表现形式。

(1) 投标人之间协商投标报价等投标文件的实质性内容；投标人之间约定中标人；投标人之间约定部分投标人放弃投标或者中标；属于同一集团、协会、商会等组织成员的投标人按照该组织要求协同投标；投标人之间为谋取中标或者排斥特定投标人而采取的其他联合行动。

(2) 不同投标人的投标文件内同一单位或者个人编制；不同投标人委托同一单位或者个人办理投标事宜；不同投标人的投标文件载明的项目管理成员为同一人；不同投标人的投标文件异常一致或者投标报价呈规律性差异；不同投标人投标文件相互混装；不同投标

人的投标保证金从同一单位或者个人的账户转出。

投标人串通投标的主体是所有参加投标的投标人，其目的是为了避免相互间竞争，协议轮流在类似项目中中标。这种行为损害了招标人的利益。

2）投标人与招标人串通投标

《招标投标法》第三十二条第二款规定："投标人不得与招标人串通投标，损害国家利益、社会公共利益或者他人的合法权益。"《招标投标法实施条例》第四十一条列举了以下几种表现形式。

（1）招标人在开标前开启投标文件并将有关信息泄露给其他投标人。

（2）招标人直接或者间接向投标人泄露标底、评标委员会成员等信息。

（3）招标人明示或者暗示投标人压低或抬高投标报价。

（4）招标人明示或者暗示投标人为特定投标人中标提供方便。

（5）招标人与投标人为谋求特定中标人中标而采取的其他串通行为。

投标人与招标人串通投标的主体是招标人与特定投标人，其目的是使招标投标流于形式，排挤竞争对手的公平竞争。这种行为损害了国家利益、社会公共利益或者其他任何合法权益行为。

2. 以行贿手段谋取中标

《招标投标法》第三十二条第三款规定："禁止投标人以向招标人或者评标委员会成员行贿的手段谋取中标。"

投标人以行贿的手段谋取中标是投标人以谋取中标为目的，给予招标人(包括其工作人员)或者评标委员会成员财物(包括有形财务和其他好处)的行为。它违背了《招标投标法》中规定的基本原则，破坏了招标投标活动的公平竞争，损害了其他投标人的利益，而且还可能损害到国家和社会公共利益。投标人以行贿手段谋取中标的法律后果是中标无效，有关责任单位应当承担相应的行政责任或刑事责任，给他人造成损失的，还应当承担民事赔偿责任。

3. 以低于成本的报价竞标

《招标投标法》第三十三条规定："投标人不得以低于成本的报价竞标。"

这里的成本是指个别企业的成本。投标人的报价一般由成本、税金和利润三部分组成，当报价为成本价时，企业利润为零。如果投标人以低于自己成本的报价竞标，就很难保证工程质量，偷工减料、以次充好的现象也会随之产生。因此，投标人以低于成本的报价竞标的手段是法律所不允许的。投标人以低于成本的报价竞标，其目的主要是为了排挤其他对手，但是这样不符合市场的竞争规则，对招标人和投标人自己都无益处。

4. 以非法手段骗取中标

《招标投标法》第三十三条规定："投标人不得以他人名义投标或者以其他方式弄虚作假骗取中标。"

在工程建设实践中，投标人以非法手段骗取中标的现象大量存在，《招标投标法实施条例》第四十二条列举了以下几种表现形式。

（1）投标人使用通过受让或者租借等方式获取的资格、资质证书投标的。

(2) 投标人使用伪造、变造的许可证件；提供虚假的财务状况或者业绩；提供虚假的项目负责人或者主要技术人员简历、劳动关系的证明；提供虚假的信用状况；其他弄虚作假的行为。

无论哪一种违法形式，在投标过程中都应该是被禁止的，因此，《评标委员会和评标方法暂行规定》第二十条规定："在评标过程中，评标委员会发现投标人以他人的名义投标、串通投标、以行贿手段谋取中标或者以其他弄虚作假方式投标的，应当否决该投标人的投标。"

2.4 开标、评标、中标的法律规定

2.4.1 开标

招标投标活动经过招标阶段和投标阶段之后，便进入了开标阶段。开标是指在投标人提交投标文件的截止日期后，招标人依据招标文件所规定的时间和地点，开启投标人提交的投标文件，公开宣布投标人的名称、投标价格及投标文件中的其他主要内容的活动。

1. 开标的时间和地点

为了保证招标投标的公平、公正，开标的时间和地点应遵守法律和招标文件中的规定。《招标投标法》第三十四条规定："开标应当在招标文件确定的提交投标文件截止日期的同一时间公开进行；开标地点应当为招标文件中预先确定的地点。"

根据这一规定，提交投标文件的截止日期即是开标时间，这样可以避免开标与投标截止时间有间隔，从而防止有人利用间隔时间对已提交的投标文件进行作弊或泄露投标。同时这也是顺应国际上的通行做法。

开标的时间、地点为招标文件预先确定，使每一投标人都能事先知道开标的准确时间和地点，以便届时参加，按时到达，确保开标过程的公开、透明。应该说明一点，招标活动并不都必须在有形的建筑市场内进行。

2. 开标的主持人和参加人

《招标投标法》第三十五条规定："开标由招标人主持，邀请所有投标人参加。"

开标既然是公开进行的，就应当有一定的相关人员参加，这样才能达到公开性，使投标人的投标为各投标人及有关方面所共知。开标的主持人可以是招标人，也可是招标人委托的招标代理机构。开标时，为了保证开标的公正性，除邀请所有投标人参加以外，也可以邀请招标监督部门、监察部门的有关人员参加，还可以委托公证部门参加。

3. 开标应当遵守的法定程序

根据《招标投标法》的相关规定，开标程序应当遵守以下3个步骤。

1) 开标前的检查

《招标投标法》第三十六条第一款规定："开标时，由投标人或者其推选的代表检查投标文件的密封情况，也可以由招标人委托的公证机构检查并公证。"

投标人数较少时，可由投标人自行检查；投标人数较多时，也可以由投标人推举代表进行检查。招标人也可以根据情况委托公证机关进行检查并公证。是否需要委托公证机关检查并公证，完全由招标人根据具体情况决定。招标人委托公证机构公证的，应当遵守《招标投标公证程序细则》的有关规定，若投标文件没有密封或有被开启的痕迹，应被认定为无效。

2）投标文件的拆封和当众宣读

《招标投标法》第三十六条第一、二款规定："经确认无误后，投标截止日期前收到的所有投标文件都应当众拆封，宣读投标人名称、投标价格和投标文件的其他主要内容。招标人在招标文件要求提交投标文件的截止日期前收到的所有投标文件，开标时都应当众予以拆封、宣读。"

投标人、投标人推选的代表或者公证机关对投标文件的密封情况进行检查后，确认密封情况良好、没有问题时，则可以由现场的工作人员在所有在场人员的监督下进行当众拆封。招标人不得以任何理由拒绝开封在规定时间前收到的投标文件，不得内定投标人，而使其他投标人成为陪衬。拆封后，现场工作人员应当高声宣读投标人的名称、每一个投标的投标价格及投标文件中的其他主要内容。如果要求或者允许替代方案，还应包括替代方案投标的总金额。这样做的目的是使全体投标人明确各家投标人的报价和自己在其中的顺序，了解其他投标人的基本情况，充分体现公开开标的透明度。投标人对开标有异议的，应当在开标现场提出，招标人应当当场作出答复。

3）开标过程的记录和存档

《招标投标法》第三十六条第三款规定："开标过程应当记录，并存档备查。"

在宣读投标人名称、投标价格和投标文件的其他主要内容时，主持开标的招标人应当安排人员对公开开标所读的每一页，按照开标时间先后顺序进行记录，开标机构应当事先准备好开标记录的登记表册，填写后作为正式记录，保存于开标机构。这是保证开标过程透明和公正、维护投标人利益的必要措施。要求对开标过程进行记录，可以使权益受到侵害的投标人行使要求复查的权利，有利于确保招标人尽可能自我完善，加强管理，少出漏洞。此外还有助于有关行政主管部门进行检查。同时，对开标过程进行记录，存档备查，也是国际上的通行做法。

开标记录的内容包括项目名称、投标号、刊登招标公告的日期、发售招标文件的日期、购买招标文件的单位名称、投标人的名称及报价、投标截止后收到投标文件的处理情况等。开标记录由主持人和其他工作人员签字确认后，存档备案。

2.4.2 评标

评标的质量决定着能否从众多投标竞争者中选出最能满足招标项目各项要求的中标者。

1. 评标委员会

1）评标委员会的组成

评标由招标人组建的评标委员会负责。评标委员会由招标人的代表及技术、经济等方面的专家组成，成员人数为5人以上，其中，技术、经济等方面的专家不得少于成员总数的2/3。

评标委员会设负责人的，评标委员会负责人由评标委员会成员推举产生或由招标人指定。评标委员会负责人与其他成员有同等表决权。

2）评标委员会专家的选取

评标委员会专家应当从事相关领域工作满8年并具有高级职称或者具有同等专业水平，由招标人从国务院有关部门或者省、自治区、直辖市人民政府有关部门提供的专家名册或招标代理机构的专家库内相关专业的专家名单中确定。

3）评标专家的确定方式

确定评标专家，可以采取随机抽取或者直接确定的方式。依法必须进行招标的项目，其评标委员会的专家成员应当从评标专家库内相关专业的专家名单中以随机抽取方式确定；技术复杂、专业性强或者国家有特殊要求，采取随机抽取方式确定的专家难以保证胜任评标工作的招标项目，评标委员会的专家成员可以由招标人直接确定。

4）评标委员会组成成员的回避和保密

与投标人有利害关系的人不得进入相关项目的评标委员会；已经进入的应当更换。评标委员会成员的名单在中标结果确定前应当保密。

5）评标委员会的权利和义务

(1) 独立评审权。评标委员会的评标活动应不受外界的非法干预与影响。

(2) 澄清权。评标委员会可以要求投标人对投标文件中含义不明确的内容做出必要的澄清或者说明，以确认其内容的正确性，但不得超出投标文件的范围或改变投标文件的实质性内容。

(3) 推荐权或确定权。评标委员会有推荐中标候选人的权利或根据招标人的授权直接确定中标人。

(4) 否决权。评标委员会经评审，认为所有招标都不符合招标文件的要求，可以否决投标。

(5) 保密义务。评标委员会不得透露对投标文件的评审和比较、中标候选人的推荐情况，以及与评标有关的其他情况。

2. 评标的程序

《招标投标法》第四十条规定："评标委员会应当按照招标文件确定的评标标准和方法，对投标文件进行评审和比较；设有标底的，应当参考标底；评标委员会完成评标后，应当向招标人提出书面评标报告，并推荐合格的中标候选人。招标人根据评标委员会提出的书面评标报告和推荐的中标候选人确定中标人。招标人也可以授权评标委员会直接确定中标人。国务院对特定招标项目的评标有特别规定的，从其规定。"依法必须进行招标的项目，招标人应当自收到评标报告之日起3日内公示中标候选人，公示期不得少于3日。

3. 中标的条件

《招标投标法》第四十一条规定："中标人的投标应当符合下列条件之一：能够最大限度地满足招标文件中规定的各项综合评价标准；能够满足招标文件的实质性要求，并且经评审的投标价格最低，但是投标价格低于成本的除外。"

中标的条件是与评标的方法相联系的。在这一规定中，第一种情况所采用的评标方法是综合评价法。综合评价法是指按照价格和非价格标准对投标文件进行总体评估和比较，以能够最大限度地满足招标文件规定的各项要求的投标作为中标，它侧重的是投标文件的技术性指标和商务性指标。因此，合同授予评标价最低的投标，但不一定是报价最低的投标。第二种情况所采用的评标方法是最低价中标法，就是投标报价最低的中标，但要注意投标必须符合招标文件的实质性要求和投标单位的个别成本要求。

4. 评标中否决投标和重新招标

1）应作为否决投标处理的几种情况

《招标投标法实施条例》第四十二条规定了评标委员会应当否决投标的几种情形。

（1）投标文件未经投标单位盖章和单位负责人签字。

（2）投标联合体没有提交共同投标协议。

（3）投标人不符合国家或者招标文件规定的资格条件。

（4）同一投标人提交两个以上不同的投标文件或者投标报价，但招标文件要求提交备选投标的除外。

（5）投标报价低于成本或者高于招标文件设定的最高投标限价。

（6）投标文件没有对招标文件的实质性要求和条件做出回应。

（7）投标人有串通投票、弄虚作假、行贿等违法行为。

2）否决所有投标的情况

评标委员会经评审，认为所有投标都不符合招标文件要求的，可以否决所有投标。

3）重新招标的情况

依法必须进行招标的项目，所有投标被否决的，招标人在分析招标失败的原因并采取相应措施后，应当依法重新招标。

2.4.3 中标

中标是指招标人依据评标委员提交的书面评标报告和推荐的中标候选人，经认真审查研究，最终决定中标人。中标人一经确定，招标人应当尽快向中标人发出书面的中标通知书。

1. 中标通知书

1）中标通知书的概念

中标通知书是指招标人在确定中标人后，向中标人通知其中标的书面凭证，是对招标人和中标人都有约束力的法律文书。《招标投标法》第四十五条规定："中标人确定后，招标人应当向中标人发出中标通知书，同时将中标结果通知所有未中标的投标人。"因此，中标通知书的内容应当简明扼要，只要告知中标人招标项目已经由其中标，并确定签订合同的时间、地点即可，时限上要在确定中标人后不延迟地发出。而且招标人还有义务将中标结果通知所有未中标的投标人，因为其既有权利监督整个招标投标过程，又有权利知道自己是否中标。

2）中标通知书的法律效力

中标通知书对招标人和中标人都具有法律效力。中标通知书发出后，招标人改变中标结果的，或者中标人放弃中标项目的，应当依法承担法律责任。

2. 订立招标合同

1) 招标合同

招标人和中标人应当自中标通知书发出之日起30天内，按照招标文件和中标人的投标文件订立书面合同；招标人和中标人不得再行订立背离合同实质性内容的其他协议。

招标合同是指招标人和中标人依照招标文件和投标文件订立的确定招标人和中标人之间的权利义务关系的书面协议。招标合同必须采用书面形式。招标合同的内容，应该是对招标文件和投标文件所载内容的肯定。承诺生效后，合同成立，但合同成立并不意味着合同马上生效，只有招标人和中标人在合同上签字或者盖章时合同才生效。招标人和投标人不得再行订立背离合同实质性内容的其他协议，否则就违背了招标投标活动的初衷，对其他投标人而言也是不公平的。

投标人提交投标保证金的，招标人最迟应当在与中标人签订合同后5日内，向中标人和未中标的投标人退还投标保证金及银行同期存款利息。

2) 履约保证金

《招标投标法》第四十六条规定："招标文件要求中标人提交履约保证金的，中标人应当提交。"

履约保证金是指招标人要求投标人在接到中标通知后，提交的保证履行合同各项义务的担保金。履约保证金一般有3种形式：银行保函、履约担保书和保留金。《招标投标法实施条例》第五十八条规定："履约保证金不得超过中标合同金额的10%。"

银行保函是由商业银行开具的担保证明。银行保函分为有条件保函和无条件保函。有条件的银行保函是指在投标人没有实施合同或者未履行合同义务时，由招标人出具证明并说明情况，并由担保人对已执行的合同部分和未执行的部分加以鉴定，确认后才能收兑银行保函，由招标人得到保函中的款项。建筑行业通常偏向于这种形式的保函。无条件的银行保函是指招标人不需要出具任何证明和理由，只要看到承包人违约，就可以对银行保函进行收兑。

履约担保书是指当中标人在履行合同过程中违约时，由开出担保书的担保公司和保险公司用该项担保金去完成施工任务或者向招标人支付该项保证金。

保留金是指在合同支付条款中规定一定百分比的保留金。如果作为中标人的承包商或者供应商没有按照合同规定履行其义务，招标人将扣留这部分金额作为损失补偿。

履约保证金的大小一般取决于招标项目的类型和规模，但大体上应当能够保证中标人违约时，招标人所受的损失能得到补偿。在招标须知中，招标人应当规定使用何种形式的履约保证金。中标人应当按照招标文件中的规定提交履约保证金。

3. 招标投标备案制度

《招标投标法》第四十七条规定："依法必须进行招标的项目，招标人应当自确定中标人之日起15天内，向有关行政监督部门提交招标投标情况的书面报告。"这是《招标投标法》规定的备案制度。需要指出的是，招标投标备案并不是说合法的中标结果和合同必须经行政部门审查批准后才生效，而是为了通过备案审查及时发现问题、解决问题，查处其中的违法行为。

4. 履行合同

《招标投标法》第四十八条规定了中标人履行合同的相应条件，主要有以下几方面内容。

(1) 中标人应当按照合同约定履行义务，完成中标项目。

招标投标实质上是一种特殊的订立合同的方式，招标人通过招标投标活动选择了符合自己需要的中标人，并与其订立合同。中标人应当全面履行合同约定的义务。所谓全面履行合同约定的义务，是指中标人应当按照合同约定的有关招标项目的质量、数量、工期、造价及结算办法等要求，全面履行义务，不得擅自变更或者解除合同。如果中标人不依照合同约定履行义务或者不适当履行义务，则必须依法承担违约责任。当然，招标人也同样应当按照合同的约定履行义务。

(2) 中标人不得转让中标项目。

合同订立后，中标人应当按照合同约定亲自履行义务，完成中标项目。中标人不得向他人转让中标项目，也不得将中标项目肢解后分别向他人转让。一些中标人就是通过将其承包的中标项目压价倒手、转让来牟取不正当利益。在工程建设领域，中标人转让中标项目往往形成“层层转包，层层扒皮”的现象，使得一些建设工程转包后由不具备相应资质条件的包工队承揽，留下严重的工程质量隐患，甚至造成重大质量事故。而且转让行为也有损合同的严肃性，还可能损害招标人和其他投标人的合法权益。中标人转让中标项目，从合同法律关系上来说，属于擅自变更合同主体的违约行为。因此，《招标投标法》对转让中标项目做出了禁止性规定。

(3) 中标人可以依法将中标项目分包。

分包与转让不同。中标项目虽然不能转让，但是可以依法分包。所谓分包，是指对中标项目实行总承包的中标人，将中标项目的部分工作再发包给其他人的行为。中标人应当独立完成中标项目，但是由于有的招标项目比较庞大、复杂，实行总承包与分包结合的方式，可以扬长避短，发挥各自的优势，对提高工作效率、降低工程造价、保证工程质量以及缩短工期等都有好处。

但是，分包必须按照法律的规定进行。依照有关规定，分包必须满足以下条件：①分包必须经招标人同意或按照合同约定进行；②中标人分包的只能是中标项目的部分非主体、非关键性工程，主体或关键性工程不得进行分包；③接受分包的人必须具有完成分包任务的相应资格条件；④分包只能进行一次，接受分包的人不得再次分包；⑤中标人应当就分包项目向招标人负责，接受分包的人就分包项目承担连带责任。如果分包工程出现问题，招标人既可以要求中标人承担责任，也可以直接要求分包人承担责任。

2.5 招标投标的法律责任

法律责任通常可以分为民事责任、行政责任和刑事责任。《招标投标法》第五章共16个条款，较为全面地规定了招标投标活动中当事人违反法定义务时所应承担的民事、行政及刑事法律责任。法律责任制度是招标投标法的重要组成部分，对于促进招标投标法的遵守和实施起着积极而重要的作用。

2.5.1 违反《招标投标法》的民事责任

民事责任是指违反民事法律所规定的义务而应当承担的不利后果。民事责任又可主要分为侵权责任和违约责任。侵权责任是指行为人直接违反民事法律所规定的义务或侵害他人的权利而应当承担的责任。违约责任是指行为人违反与他人订立的合同所规定的义务而所承担的责任。根据《招标投标法》的相关规定，违反《招标投标法》的民事责任包括：中标无效；转让、分包无效；履约保证金不予退还；承担赔偿责任；等等。

1. 中标无效及转包、分包无效

在下列情况下，中标无效或转包、分包无效。

(1) 招标代理机构泄密或者与招标人、投标人串通，影响中标结果的。

(2) 招标人向他人泄密，影响中标结果的。

(3) 投标人相互串通投标或者与招标人串通投标，以及采用行贿手段谋取中标的。

(4) 投标人弄虚作假，骗取中标的。

(5) 招标人与投标人就投标的实质性内容进行谈判影响中标结果的。

(6) 招标人在评标委员会依法推荐的中标候选人以外确定中标人的，或依法必须进行招标的项目在所有投标被评标委员会否决后自行确定中标人的。

(7) 中标人转让中标项目，或者中标人非法分包的。

以上各种行为，实际上是由于违反了《招标投标法》的规定而成为无效的民事行为。对于导致民事行为无效的、有过错的当事人，根据《招标投标法》的规定，给他人造成损失的，应当依法承担赔偿责任。

2. 履约保证金的处理

中标人不履行与招标人订立合同的义务的，履约保证金不予退还，给招标人造成的损失超过履约保证金数额的，还应当对超过部分予以赔偿；没有提交履约保证金的，应当对招标人的损失承担赔偿责任。

实践中，经常出现投标人拼命压低投标价格，以获取中标，但在履约过程中，尤其在项目后期以面临破产或其他理由来要挟招标人，提出加价要求，给招标人带来极大损失的情况。因此，法律规定招标人可以要求中标人提交履约保证金，以保证其按照合同约定履行义务。当出现中标人违约的情况时，根据《招标投标法》的规定，履约保证金归招标人所有，投标人无权要求返还。

另外，如果投标人不能按照约定履行义务是由于不可抗力的缘故，则不适用履约保证金的规则。因不可抗力不履行合同的当事人不承担违约责任，这也是合同法理论的基本原则之一。

2.5.2 违反《招标投标法》的行政责任

行政责任是指因行为人违反行政法或行政法律规范所规定的义务而引起的责任和承担的不利后果。根据承担行政责任主体的不同，行政责任一般可分为行政主体承担的行政责任，国家公务员承担的行政责任和行政相对人承担的行政责任。违反《招标投标法》的行政责任包括责令改正、警告、罚款、暂停项目执行或暂停资金拨付、对主管人员和其他直接责任人员给予行政处分或纪律处分、没收违法所得、吊销营业执照等。

1. 招标人的违法行为及应承担的行政责任

(1) 招标人对必须招标的项目规避招标的，责令限期改正，可并处罚款；对使用国有资金的项目，暂停项目执行或者暂停资金拨付；对单位直接负责的主管人员和其他直接责任人员给予行政或者纪律处分。

(2) 招标代理机构违法泄密或者与招标人、投标人串通的，处以罚款，没收违法所得；对单位直接负责的主管人员和其他直接责任人员处以罚款；情节严重的，暂停直至取消其招标代理资格。

(3) 招标人以不合理的条件限制或者排斥潜在投标人的，对潜在投标人实行歧视待遇的，强制要求投标人组成联合共同体共同投标的，或者限制投标人之间竞争的，责令其改正，可并处罚款。

(4) 招标人向他人泄密的，给予警告，可以并处罚款；对单位直接负责的主管人员和其他直接责任人员依法给予处分。

(5) 招标人与投标人违法进行实质性内容谈判的，给予警告；对单位直接负责的主管人员和其他直接责任人员依法给予处分。

(6) 招标人违法确定中标人的，责令改正，可以并处罚款；对单位直接负责的主管人员和其他直接责任人员依法给予处分。

(7) 招标人与中标人不按照招标文件和中标人的投标文件订立合同的，或者招标人、中标人订立背离合同实质性内容的协议的，责令其改正，可以并处罚款。

2. 投标人的违法行为及应承担的行政责任

(1) 投标人相互串通投标或者与招标人串通投标以及用行贿手段谋取中标的，对单位处以罚款；对单位直接负责的主管人员和其他直接责任人员处以罚款；有违法所得的，并处没收违法所得；情节严重的，取消投标资格直至吊销营业执照。

(2) 投标人弄虚作假，骗取中标的，处以罚款；有违法所得的，并处没收违法所得；情节严重的，取消投标资格直至吊销营业执照。

3. 中标人的违法行为及应承担的行政责任

(1) 中标人转包或者违法分包中标项目的，处以罚款；有违法所得的，并处没收违法所得；可以责令停业整顿；情节严重的，吊销营业执照。

(2) 中标人和招标人背离投标规则，不订立合同或者违反规定订立其他协议的，责令改正；并可处罚款。

(3) 中标人不履行合同情节严重的，取消其2～5年内参加依法必须进行招标的项目的投标资格，并予以公告直至吊销营业执照。

4. 其他违法行为及应承担的行政责任

(1) 任何单位和个人违法限制和排斥正常的投标竞争或者妨碍招标人招标的，责令改正；对单位直接负责的主管人员和其他直接责任人员依法给予行政处分。

(2) 有关国家机关工作人员徇私舞弊、滥用职权或者玩忽职守，不构成犯罪的，依法给予行政处分。

(3) 评标委员会成员收受投标人好处的，评标委员会成员或者有关工作人员泄密的，给予警告，没收收受的财物，可并处罚款，取消有违法行为的评标委员会成员担任评标委员会成员的资格。

5. 行政罚款的双罚制与罚款幅度

行政罚款的双罚制是指当违法人是单位时，不仅应当对单位进行罚款，同时还应当追究直接负责的主管人员及直接责任人员的经济责任，即对个人进行罚款。这种“双罚”原则可以增加对违法人的警示和制裁力度。

《招标投标法》规定的罚款，一般以比例数额表示，其罚款幅度为招标或者中标项目金额的 0.5%以上 1%以下；个人罚款数额为单位罚款数额的 5%以上 10%以下。另外，在下列 3 种情况下，罚款以绝对数额表示：①招标代理机构违反《招标投标法》，可处 5 万元以上 25 万元以下的罚款；②招标人对投标人实行歧视待遇或者强制投标人联合投标的，可处 1 万元以上 10 万元以下的罚款；③评标委员会成员收受投标人的好处或者有其他违法行为的，可处 3 000 元以上 5 万元以下的罚款。

2.5.3 违反《招标投标法》的刑事责任

刑事责任是指行为人违反刑事法律所规定的义务而应当承担的不利后果。刑事责任是一种最严重的法律责任。违反刑事法律所规定的义务要比违反其他法律规定的义务要承担更为严重的不利后果。根据规定，违反《招标投标法》的刑事责任针对的是招标投标活动中的严重违法行为。主要的情形包括以下方面。

(1) 招标代理机构违反法律规定，泄露应当保密的、与招标投标活动有关的情况和资料，或者与招标人、投标人串通损害国家利益、社会公共利益或者其他合法权益，构成犯罪的，依法追究刑事责任，也就是《刑法》第二百一十九条和第二百二十条规定的侵犯商业秘密罪的刑事责任。

(2) 依法必须进行招标的项目的招标人向他人透露已获取招标文件的潜在投标人的名称、数量或者可能影响公平竞争的有关招标投标的其他情况，或者泄露标底，构成犯罪的，依法追究刑事责任，也就是《刑法》第二百一十九条和二百二十条规定的侵犯商业秘密罪的刑事责任。

(3) 投标人相互串通投标，或者投标人与招标人串通投标，构成犯罪的，依法追究刑事责任，也就是《刑法》第二百三十二条规定的串通投标罪的刑事责任。

(4) 投标人以他人名义投标或者以其他方式弄虚作假，骗取中标，构成犯罪的，依法追究刑事责任，也就是《刑法》第二百二十四条规定的合同诈骗罪的刑事责任。

(5) 投标人以向招标人或者评标委员会成员行贿的手段谋取中标，构成犯罪的，依法追究刑事责任。对于这种情况，应当按照《刑法》第三百九十一条“对单位行贿罪”和第一百六十四条“对公司、企业人员行贿罪”，追究刑事责任。

(6) 评标委员会成员接受投标人的财物或者其他好处的，评标委员会成员或者参加评标的有关工作人员向他人透露对投标文件的评审和比较、中标候选人的推荐以及与评标有关的其他情况，构成犯罪的，依法追究刑事责任，也就是《刑法》规定的受贿罪和侵犯商业秘密罪的刑事责任。

(7) 对招标投标活动依法负有行政监督管理职责的国家工作人员徇私舞弊、滥用职权或者玩忽职守，构成犯罪的，依法追究刑事责任。也就是《刑法》规定的国家工作人员徇私舞弊罪、滥用职权罪或者玩忽职守罪的刑事责任。

从以上分析可以看出，根据《招标投标法》的规定，依据行为人违反的法律义务性质和侵害客体的不同，法律责任承担的形式可以是单一的，也可以是多重的。因此，违反招标投标法应当承担的法律责任既可能是单一的民事责任，也可能是复合的责任形式，即当事人同时承担民事责任、行政责任，甚至刑事责任。

案例分析

市政工程招标的不正当竞争

某市欲投资修建一项市政工程，因该项目结构简单、易于施工，且投资额较大，因此引起了各建筑公司的兴趣。甲建筑公司已有几个月未接到项目，很想借助这一工程使企业扭亏增盈。因此，该公司的领导经多方打听，得知本次招标负责人赵某是本公司职员孙某的亲属。于是，甲建筑公司通过孙某以 3 万元收买了赵某。赵某在收到钱之后答应帮忙，同时告知甲建筑公司，省内还有一家乙建筑公司很有实力，是其最大的竞争对手，并且乙已决定参加投标，可能开出的价格和条件都非常优惠，因此建议甲建筑公司先和乙建筑公司沟通一下。

投标前，甲建筑公司老总与乙建筑公司老总经过谈判达成协议，约定在这次投标中，乙建筑公司将全力支持甲建筑公司，提高自己的标价，减少提出的优惠条件；作为补偿，甲建筑公司将给乙建筑公司 15 万元的协助费；并且双方以后将长期“友好合作”。在投标截止日的前一天，招标负责人赵某又将其他建筑公司的投标价和投标文件等重要信息悄悄转交给甲建筑公司，使甲公司在投标截止日之前修改并递交了投标文件。经过当众开标，评标委员会评审，甲建筑公司以低于其他投标人的最低投标价和相对更优惠的条件中标。

问题：招标负责人赵某的行为违反了哪些法律规定？甲建筑公司和乙建筑公司在案例中应承担什么责任？

分析：

(1) 赵某作为招标项目的负责人在工程招标发包过程中违反了如下法律法规。

① 收受了投标人 3 万元的贿赂，违反了《建筑法》的有关规定。《建筑法》第十七条规定：“发包单位及其工作人员在建筑工程发包中不得收受贿赂、回扣或者索取其他好处。”对于该行为的处罚应依据《建筑法》第六十八条的规定：“在工程发包与承包中，索贿、受贿、行贿，构成犯罪的，依法追究刑事责任；不构成犯罪的，分别处以罚款，没收贿赂的财物，对直接负责的主管人员和其他直接责任人员给予处分。”

② 向甲建筑公司透露了乙建筑公司以及其他建筑公司的投标价和投标文件等重要信息，违反了《招标投标法》的有关规定。《招标投标法》第二十二条规定：“招标人不得向他人透露已获取招标文件的潜在投标人的名称、数量以及可能影响公平竞争的有关招标投标的其他情况。”对于该行为的处罚应依据《招标投标法》第五十二条规定：“依法必须进行招标的项目的招标人向他人透露已获取招标文件的潜在投标人的名称、数量，或者可能影响公平竞争的有关

招标投标的其他情况的，或者泄露标底的，给予警告，可以并处1万元以上10万元以下的罚款；对单位直接负责的主管人员和其他直接责任人员依法给予处分；构成犯罪的，依法追究刑事责任。”前款所列行为影响中标结果的，中标无效。

③ 建议甲建筑公司和乙建筑公司先谈判一下，违反了《招标投标法》的有关规定。《招标投标法》第三十二条规定：“投标人不得与招标人串通投标，损害国家利益、社会公共利益或者他人的合法权益。”对于该行为的处罚应依据《招标投标法》第五十三条的规定，即“投标人相互串通投标或者与招标人串通投标的，中标无效，处中标项目金额5‰以上10‰以下的罚款，对单位直接负责的主管人员和其他直接责任人员处单位罚款数额5%以上10%以下的罚款；有违法所得的，并处没收违法所得；情节严重的，取消其1年至2年内参加依法必须进行招标的项目的投标资格并予以公告，直至由工商行政管理机关吊销营业执照；构成犯罪的，依法追究刑事责任。给他人造成损失的，依法承担赔偿责任。”

(2) 甲公司作为投标人及中标人，在工程招标发包过程中违反了如下法律法规。

① 向招标人行贿，违反了《招标投标法》的有关规定。《招标投标法》第三十二条规定：“禁止投标人以向招标人或者评标委员会成员行贿的手段谋取中标。”《招标投标法》第五十三条规定：“投标人以向招标人或者评标委员会成员行贿的手段谋取中标的，中标无效，处中标项目金额5‰以上10‰以下的罚款，对单位直接负责的主管人员和其他直接责任人员处单位罚款数额5%以上10%以下的罚款；情节严重的，取消其1年至2年内参加依法必须进行招标的项目的投标资格，并予以公告，直至由工商行政管理机关吊销营业执照；构成犯罪的，依法追究刑事责任，给他人造成损失的，依法承担赔偿责任。”

② 甲建筑公司与乙建筑公司经过谈判达成协议，乙建筑公司全力支持甲建筑公司谋取中标，违反了《招标投标法》的有关规定。《招标投标法》第三十二条规定：“投标人不得相互串通投标报价，不得排挤其他投标人的公平竞争，损害招标人或者其他投标人的合法权益。”对于该行为的处罚应依据《招标投标法》第五十三条的规定进行。该公司的中标属法定无效。

(3) 乙公司虽未中标，但在工程招标发包过程中也违反了相关法律法规。

乙建筑公司与甲建筑公司达成全力支持甲建筑公司中标的协议，提高自己的标价，减少提出的优惠条件，并从甲建筑公司获得20万元的协助费。这个行为属于串通投标的行为，违反了《招标投标法》的第三十二条规定，应依据《招标投标法》第五十三条的规定进行处罚。《中华人民共和国刑法》第二百二十三条规定：“投标人相互串通投标报价，损害招标人或者其他投标人利益，情节严重的，处3年以下有期徒刑或者拘役，并处或者单处罚金。”投标人与招标人串通投标，损害国家、集体、公民的合法利益的，依照前款的规定处罚。

本章小结

通过学习本章，应全面了解《招标投标法》的主要内容，理解招标投标法的概念及招标投标法在空间上的效力，熟悉招标、投标、开标、评标、中标的法律规定以及招标投标中的法律责任；主要掌握招标投标的主要法律法规及其条款，提高应用所学知识解决招标投标实际法律问题的能力，增强规避招投标纠纷的法律意识。

习　题

1. 名词解释

(1) 招标投标法；(2) 招标人；(3) 招标代理机构；(4) 投标人；(5) 开标；(6) 评标；(7) 中标；(8) 法律责任；(9) 民事责任；(10) 行政责任；(11) 刑事责任。

2. 单项选择题

(1) 应当招标的工程项目，根据招标人是否具有(　　)，可以将组织招标分为自行招标和委托招标两种情况。

A. 招标资质　　B. 招标许可
C. 招标条件与能力　　D. 评标专家

(2) 下列不属于《工程建设项目招标范围和规模标准规定》中关系社会公共利益、公众安全的基础设施项目的是(　　)。

A. 煤炭、石油、天然气、电力、新能源等能源项目
B. 铁路、公路、管道、水运、航空等交通运输项目
C. 商品住宅，包括经济适用住房
D. 生态环境保护项目

(3) 投标保证金一般不得超过投标总价的(　　)，但最高不得超过(　　)万元人民币。

A. 1%，80　　B. 2%，80　　C. 1%，100　　D. 2%，100

(4) 一般招标项目评标专家的产生可以采取(　　)方式，特殊招标项目可以(　　)。

A. 招标人直接确定，随机抽取　　B. 随机抽取，招标人直接确定
C. 招标人直接确定，不需专家评审　　D. 随机抽取，不需专家评审

(5) 招标人和中标人应当自中标通知书发出之日起(　　)天内，按照招标文件和中标人的投标文件订立书面合同。

A. 20　　B. 30　　C. 45　　D. 60

3. 思考题

(1) 简述招标投标法调整的法律关系。
(2) 强制招标的范围和规模标准是什么？
(3) 联合体各方的权利和义务有哪些？
(4) 开标应当遵守怎样的法定程序？
(5) 什么是法律责任？招标投标的法律责任有哪些？

4. 案例分析题

(1) 根据国防需要，某部队需要在某地建设一雷达生产厂，军方原计划在与其合作过的承包商中通过招标选择一家，可是由于合作单位多达20家，军方为达到保密要求，决定在这20家施工单位内选择3家军队施工单位投标。

问题：上述招标人的做法是否符合《中华人民共和国招标投标法》的规定？该部队可以采取何种方式选择承包商？

(2) 某建设单位准备建设一幢办公楼，拟采用公开招标方式选择承包商。招标文件中规定提交投标文件截止时间为4月30日12:00，投标保证金有效期时间同投标有效期。3月5日，该建设单位发出招标公告，共有6家建筑施工单位参加了投标。其中A单位由于工作人员疏忽于5月1日8:30提交投标保证金。开标会于5月1日8:30开始，由该市建委负责人主持。B单位在5月1日开标前向建设单位要求撤回投标文件。经过综合评选，最终确定C单位中标。双方按规定签订了施工承包合同。

问题：① A单位的投标文件按规定应如何处理？为什么？

② 对B单位撤回投标文件的要求应当如何处理？为什么？

③ 上述招标投标程序中，有哪些不妥之处？请说明理由。

第3章 国际工程招投标及贷款采购指南

教学目标

通过学习本章，应达到以下目标：

(1) 了解国际工程招投标的概念和特点、国际金融组织概况；

(2) 熟悉国际招投标代理的选择、国际金融组织招标采购的相关规定；

(3) 掌握国际工程招标的方式与程序。

学习要点

知识要点	能力要求	相关知识
国际工程招投标	(1) 了解国际工程招投标的概念和特点； (2) 掌握国际工程招标的方式与程序； (3) 熟悉国际招投标代理的选择	(1) 国际工程招投标的概念； (2) 国际工程招投标的特点； (3) 国际工程招标的方式； (4) 国际工程招标的程序； (5) 国际招投标代理的选择
国际金融组织贷款采购指南	(1) 了解国际金融组织概况； (2) 熟悉国际金融组织招标采购规定	(1) 国际金融组织简介； (2) 国际金融组织的特点； (3) 世界银行招标采购规定； (4) 亚洲开发银行招标采购规定

基本概念

国际工程招标；国际金融组织；世界银行；泛美开发银行；亚洲开发银行。

引例

中华人民共和国成立初期，我国的工程建设领域一直实行的是自营式管理，即：由国家拨款，国营工程局施工，建成后移交运行单位，收益上交国家。有人戏称这是“爸爸管儿子”的方法，“儿子”没钱了，自然向“爸爸”去要，结果导致“工程马拉松，投资无底洞”的严重后果。而20世纪80年代的鲁布革水电站工程却给了中国建筑业一个巨大的震撼。当时负责建设的日本大成公司，在比标底低43%的报价中标的情况下，仅派了30人的管理队伍，雇用了当地423名劳务工人，却以中国同类工程2.5倍的速度，创下了提前5个月完工，质量优秀的业绩。这是中国第一个引进世界银行贷款和国际招投标的工程。正是鲁布革人置身历史与现实的巨大反差之中，才使我国建设领域开始审视自己，也才使中国建设管理体制与国际惯例逐渐接轨。

3.1 国际工程招投标

3.1.1 国际工程招投标的概念和特点

1. 国际工程招标的概念

国际工程是指一个工程项目从咨询、投资，到招标承包(包括分包)、设备采购及其监理，各个阶段的参与者来自不止一个国家，并且按照国际上通用的工程项目管理模式进行管理的工程。根据这个定义，国际工程既包括某一国家的企业去国外投资，参与咨询、监理和承包的工程，也包括某国根据项目建设资金来源、技术复杂程度和本国工程公司的能力等情况，允许外国公司承包的某些工程。另外，外国政府贷款、世界银行贷款或者地区性发展银行(如亚洲开发银行、非洲开发银行和多国合作基金等)贷款的项目，必须按贷款银行的规定允许一定范围的外国公司投标，也属于国际工程。因此，各国的投资单位、咨询公司和工程承包公司在本国以外地区参与投资和建设的工程的总和，就组成了世界上全部的国际工程。我国习惯称呼的“涉外工程”，指的就是由外国公司参与投资、咨询、承包(包括分包)、监理的我国国内的国际工程。

国际工程招标就是指发包方通过国内和国际的新闻媒体发布招标信息，所有感兴趣的投标人均可参与投标竞争，通过评标、比较、优选，确定中标人。中标人可能是发包方的施工企业，也可能是国外承包商。

2. 国际工程招投标的特点

国际工程招投标作为国际经济贸易活动，是国际经济合作的一个重要组成部分。它和普通的工程招投标活动相比，除了具有工程项目的固定性、施工周期的长期性以及履约过程的渐进连续性等共性以外，还具有其独特的特点。当然，这些独特的特点是与其国际性密不可分的，主要体现在以下几个方面。

1）参与方的多国性

国际工程招投标活动是一项跨国性的、有不止一个国家的企业参与的经济活动。国际工程的参与者不能完全按某一国的法律法规或取某一方的行政指令来管理，而应该采用国际上已形成多年的严格的合同条件和规范化的工程管理的国际惯例来进行管理。

2）标准的规范性

国际工程招投标合同文件中，需要详细规定材料、设备、工艺等技术要求，通常采用国际上被广泛接受的标准、规范和规程，如ANSI(美国国家标准协会标准)、BS(英国国家标准)等。

3）国际政治、经济因素的风险性

国际工程项目除了一般工程中存在的自然风险以外，还可能会受到国际政治和经济形势变化的影响。承包国际工程不仅要关心工程本身的问题，而且还要关注工程所在国及其周围地区和国际大环境的变化带来的影响。

4）参与各方关系的复杂性

国际工程招投标活动的内容一般较为复杂，建设周期长，涉及领域广泛，实施难度大。一个工地上常常聚集了多个来自不同国家的工程公司，各自分包一项或若干项工程。总包商往往要花很大的精力去协调同业主、监理工程师各分包商，特别是与业主指定的分包商的关系。

5）货币和支付方式的多样性

国际工程招投标活动是一种综合性的商业交易行为，因为涉及多个国家的关系人，所以要使用多种货币。其中包括承包商要使用部分国内货币来支付其国内应缴纳的费用和总部开支；要使用工程所在国的货币支付当地费用；还要使用多种外汇用以支付材料、设备采购费用等。除了用现金和支票支付以外，国际工程还采用银行信用证、国际托收、银行汇付等不同的支付方式。

6）竞争的激烈性

国际市场对工程的需求量具有相当大的弹性，它直接受到国民经济发展趋势、固定资产投资规模和方向的影响。经济发展稳定时，需求量会大幅度增长，而当经济不景气时，需求量又可能急剧下降。国际工程招投标活动的业主可以从全球的角度来挑选承包商，涉及面广，因此竞争激烈。

3.1.2 国际工程招标的方式与程序

1. 国际工程招标的方式

国际工程招标方式一般有4种类型，即国际竞争性招标、国际有限招标、两阶段招标和议标。

1）国际竞争性招标

国际竞争性招标又称国际公开招标、国际无限竞争性招标，是指在国际范围内，对一切有能力的承包商一视同仁，凡有兴趣的承包商均可报名参加投标，通过公开、公平、无限竞争，择优选定中标人。采用这种方式可以最大限度地挑起竞争，形成买方市场，使招标人有最充分的挑选余地，取得最有利的成交条件。

国际竞争性招标适用的国际工程主要有以下几种。

(1) 按照工程项目的全部或部分资金来源划分，实行国际竞争性招标的情况包括：由世界银行及其附属组织国际开发协会和国际金融公司提供优惠贷款的工程项目；由联合国多边援助机构和国际开发组织地区性金融机构(如亚洲开发银行)提供援助性贷款的工程项目；由某些国家的基金会(如科威特基金会)和一些政府(如美国)提供资助的工程项目；由国际财团或多家金融机构投资的工程项目；两国或两国以上合资的工程项目；需要承包商提供资金，即带资承包或延期付款的工程项目；以实物偿付(如石油、矿产或其他实物)的工程项目；发包国拥有足够的自有资金，而自己无力实施的工程项目。

(2) 按工程性质划分，实行国际竞争性招标的情况包括：大型土木工程，如水坝、电站、高速公路等；施工难度大、发包国在技术或人力方面均无实施能力的工程，如工业综合设施、海底工程等；跨越国境的国际工程，如非洲公路、连接欧亚两大洲的陆上贸易通道等；极其巨大的现代工程，如英法海峡过海隧道、日本的海下工程等。

2) 国际有限招标

国际有限招标是一种有限竞争招标。与国际竞争性招标相比，投标人的选择有一定的限制，即不是任何对发包项目感兴趣的承包商都有资格投标。国际有限招标又可分为一般限制性招标和特邀招标两种方式。

一般限制性招标与国际竞争性招标颇为近似，只是更强调投标人的资信。这种招标方式虽然也是在世界范围内选择投标人，在国内外主要报刊上刊登广告，但必须注明是有限招标和对投标人选的限制范围。

特邀招标就是特别邀请性招标。采用这种方式时，一般不在报刊上刊登广告，而是根据招标人自己积累的经验和资料或咨询公司提供的承包商名单，由招标人在征得世界银行或其他项目资助机构的同意后对某些承包商发出邀请，经过对应邀人进行资格预审后，再行通知其递交投标书，提出报价。这种方式的优点是邀请的承包商大都有经验，信誉可靠。缺点是可能漏掉一些在技术上、报价上有竞争力的后起之秀。

国际有限招标适用的国际工程主要有以下几种。

(1) 工程量不大、承包商数目有限或其他不宜采用国际竞争性招标的项目，如有特殊要求的工程项目。

(2) 某些大而复杂的，且专业性很强的工程项目，如石油化工项目。招标人为了节省时间和费用，取得较好的报价，可以将投标人限制在少数几家合格企业的范围内，使每家企业都有争取合同的较好机会。

(3) 工程性质特殊，要求有专门经验的技术队伍和熟练的技工及专门技术设备，只有少数承包商能够胜任的工程项目。

(4) 工程项目招标通知发出后无人投标，或承包商数目不足法定人数(至少3家)，招标人可再邀请少数公司投标。

(5) 由于工期紧迫，或是出于保密要求或其他原因不宜公开招标的工程项目。

3）两阶段招标

两阶段招标适用于大型的复杂项目。其先要求投标人投“技术标”，即进行技术方案招标，评标后，技术标通过者才允许投“商务标”。

两阶段招标适用的国际工程主要有以下几种。

（1）高新技术的工程项目，需在第一阶段招标中博采众议，进行评价，选出最新最优设计方案，然后在第二阶段中邀请选中方案的投标人进行详细的报价。

（2）招标人对项目的建造方案尚未最后确定的新型大型项目，招标人可以在第一阶段向投标人提出要求，就其最擅长的建造方案进行报价。经过评价，选出其中最佳方案的投标人，再进行第二阶段具体方案的详细报价。

4）议标

议标就其本意而言，是一种非竞争性招标。严格来说，它只是一种“谈判合同”。最初议标的习惯做法是由发包人物色一家承包商直接进行合同谈判。随着招投标活动的广泛开展，议标的含义和做法也在不断地发展和改变。在目前的国际工程招投标实践中，招标人已不再仅仅是同一家承包商议标，而是同时与多家承包商进行谈判，最后无任何约束地将合同授予其中的一家，无需优先授予报价最优惠者。

议标虽然不像国际竞争性招标那样能够有众多承包商参与，但是在国际工程招投标活动中，议标常常是获取巨额合同的主要手段。综观近十年来国际工程承包市场的成交情况，国际上225家大承包商公司每年的成交额约占世界总发包额的40%，而他们的合同竟有90%是通过议标取得的，由此可见，议标在国际工程招投标活动中所占的重要地位。

议标适用的国际工程主要有以下几种。

（1）临时签约且在业主监督下执行的工程项目。

（2）属于研究、试验或实验及有待完善的工程项目。

（3）出于紧急情况或急迫需求的工程项目。

（4）秘密工程或属于国防需要的工程项目。

（5）已为业主实施过项目且已取得业主满意的承包商重新承担技术基本相同的工程项目。

（6）项目已经招标，但没有中标者或理想的承包商，业主通过议标重新委托其他承包商实施的工程项目。

（7）因为技术的需要或重大投资，只能委托给特定的承包商或制造商实施的工程项目，执行政府协议签订的招投标合同。

这四种招标方式虽然有各自的适用情况，但也并不是绝对的。在项目招标时，各国和国际组织通常允许业主自由选择招标方式，但一般强调要求优先采用竞争性强的招标方式，以确保最佳效益。如《世行采购指南》把国际竞争性招标作为最能充分实现资金的经济和效率要求的方式，要求借款国以此作为最基本的采购方式，只有在国际竞争性招标不是最经济和有效的情况下，才可采用其他方式。而《欧盟采购指令》规定，如果采购金额达到法定招标限额，采购单位有权在公开和邀请招标中自由选择。但在欧盟的成员国中，邀请招标的特点十分被看重，所以邀请招标得到了广泛的使用。对于竞争性最弱的议标，虽然大多数国家允许采用，但都对其进行了严格的限制，主要表现在两个方面：一是对议标适用的范围做出限制，规定议标方式通常仅适用于少数有特殊情况的工程项目；二是对议标的程序进行规范，如美国、比利时、奥地利等国规定：采用议标一般情况下也必须引入竞争机制，事先必须公布招标通告；招标过程中，招标人与投标人可以就价格等实质性内容进行协商，一般情况下不需开标，谈判后直接决定中标结果；定标后也应当发布通告，让其他投标人知道中标结果，以便其他投标人询问原因直到向行政机关或司法部门提出异议或诉讼。但有些国家和国际组织不允许采用议标方式，如世界银行规定借款人不得采用议标方式。

2. 国际工程招标的程序

各国和国际组织规定的招标程序不尽相同，但其主要步骤和环节一般都是大同小异。国际上招标程序可以分三大步骤，即对投标人进行资格预审；向有资格的投标人发售招标文件，以及投标人准备并递交投标文件；开标、评标、合同谈判和签订合同。三大步骤依次连接就是整个招标的全过程。经过几十年的实践，国际上已基本形成了相对固定的招标投标程序。国际咨询工程师联合会FIDIC制定的招标流程图，是世界上比较有代表性的招标流程图，如图3.1～图3.4所示。从图中我们可以看出，国际工程招标投标程序与国内工程招标投标程序的差别不大。但由于国际工程涉及的主体较多，其工作内容会在招标投标的某些阶段有所不同。

1）招标公告

国际工程项目采用公开招标的，招标公告的内容与国内招标公告的内容基本相同，同时也应在官方报纸上刊登，但是有些招标公告可寄送给有关国家驻在工程所在国的大使馆。世界银行贷款项目的招标公告除在工程所在国的报纸上刊登以外，还要求在此之前60天向世界银行递交一份总公告，以便刊登在《开发论坛报》商业版(*Development Business*)、世界银行的《国际商务机会周报》(*IBOS*)及《业务汇编月报》(*MOS*)等刊物上。亚洲开发银行贷款项目的招标公告，也同样要求提前报送该银行，除在亚洲开发银行出版的《项目信息》上公布以外，还将刊登在《开发论坛报》商业版中的“亚洲开发银行采购公告专栏”内。国际公开招标公告发出时间通常为开标前1～3个月，也有开标前6个月的。

2）资格预审

大型工程项目进行国际竞争性招标，可能会吸引许多国际承包商的极大兴趣。一些大型项目国际招标，往往会有数十名甚至上百名承包商报名要求参加投标，所以资格预审是一项经常进行的工作。在公布招标公告之前，可能先发布一份投标资格预审公告，严格审查承包商的投标资格，将投标人控制在10名以内，最多不要超过20名。

资格预审文件中要求与国内资格预审文件的要求基本相同，但是在投标人的限制条件中，要说明对参加投标的公司是否有国别和等级的限制。例如，有些工程项目由于资金来源的关系，对投标人的国别有所限制；有些工程项目不允许外国公司单独投标，必须与当地公司联合；还有些工程项目由于其性质和规模特点，不允许当地公司独立投标，必须与有经验的外国公司合作；有些工程指定限于经注册和审定某一资质级别的公司才能参加投标。此外，关于支付货币的限制也可在此列出。

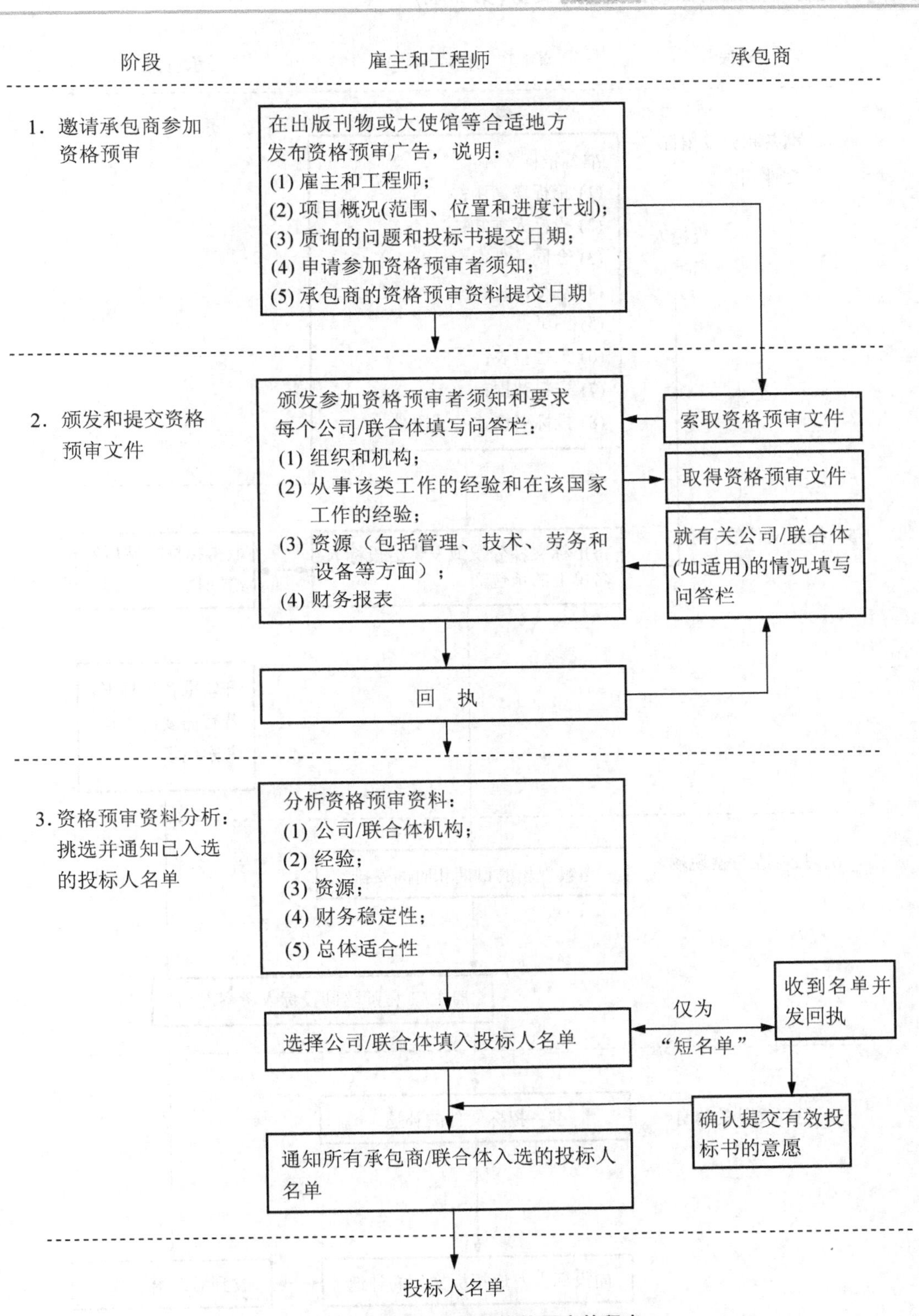

图 3.1 对投标者进行资格预审的程序

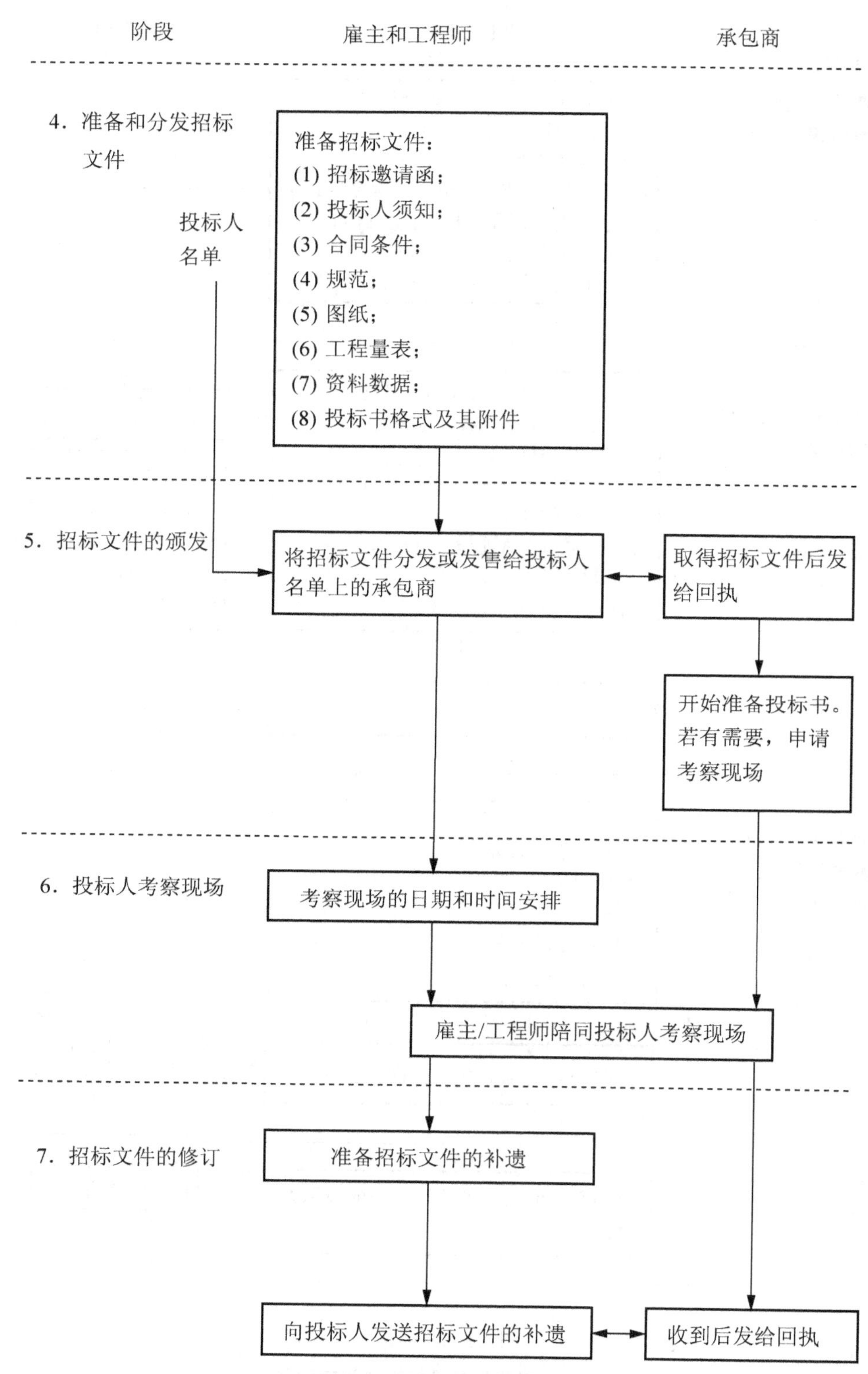

图 3.2　发售招标文件并接受投标文件的程序(1)

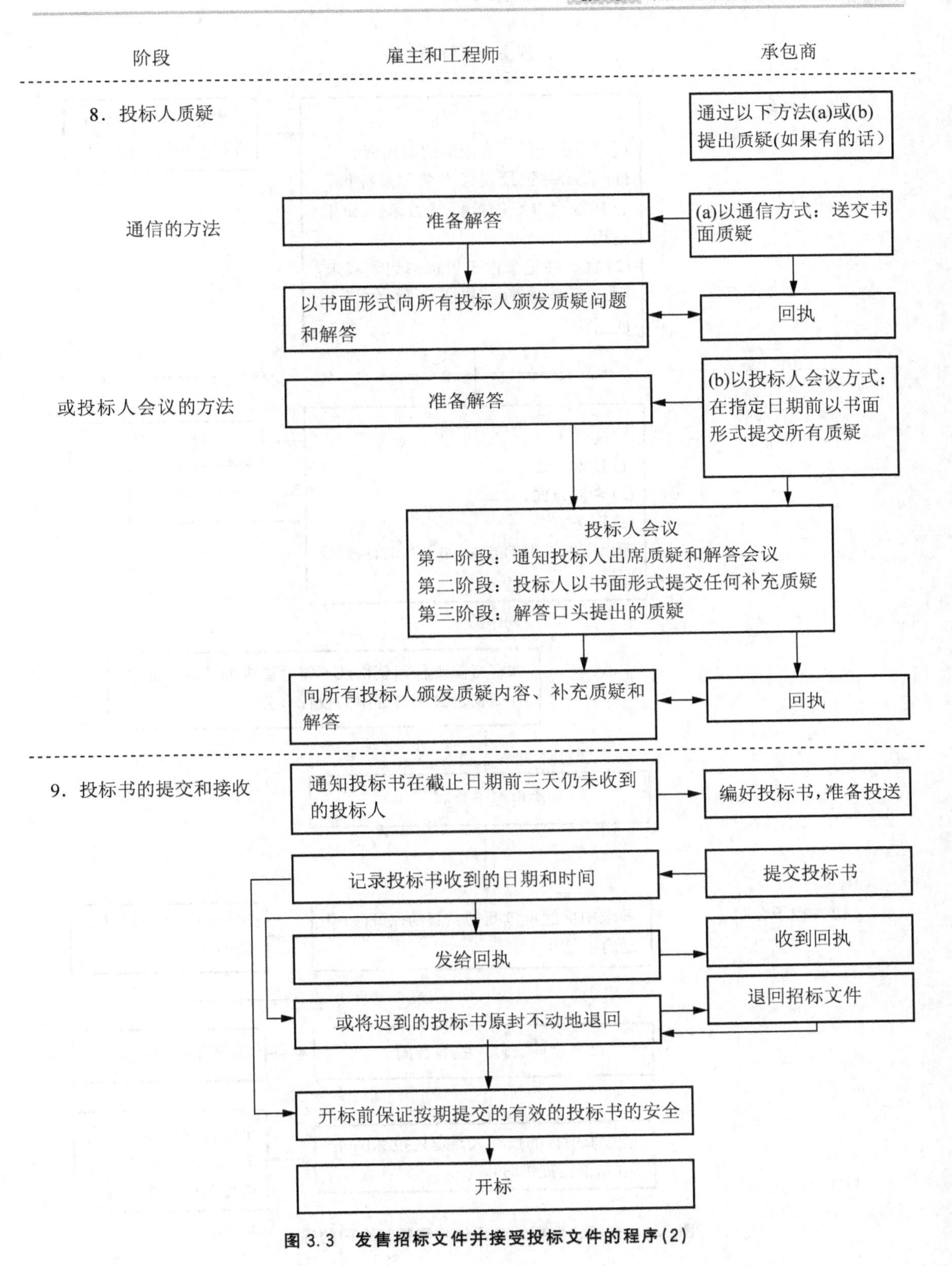

图 3.3 发售招标文件并接受投标文件的程序(2)

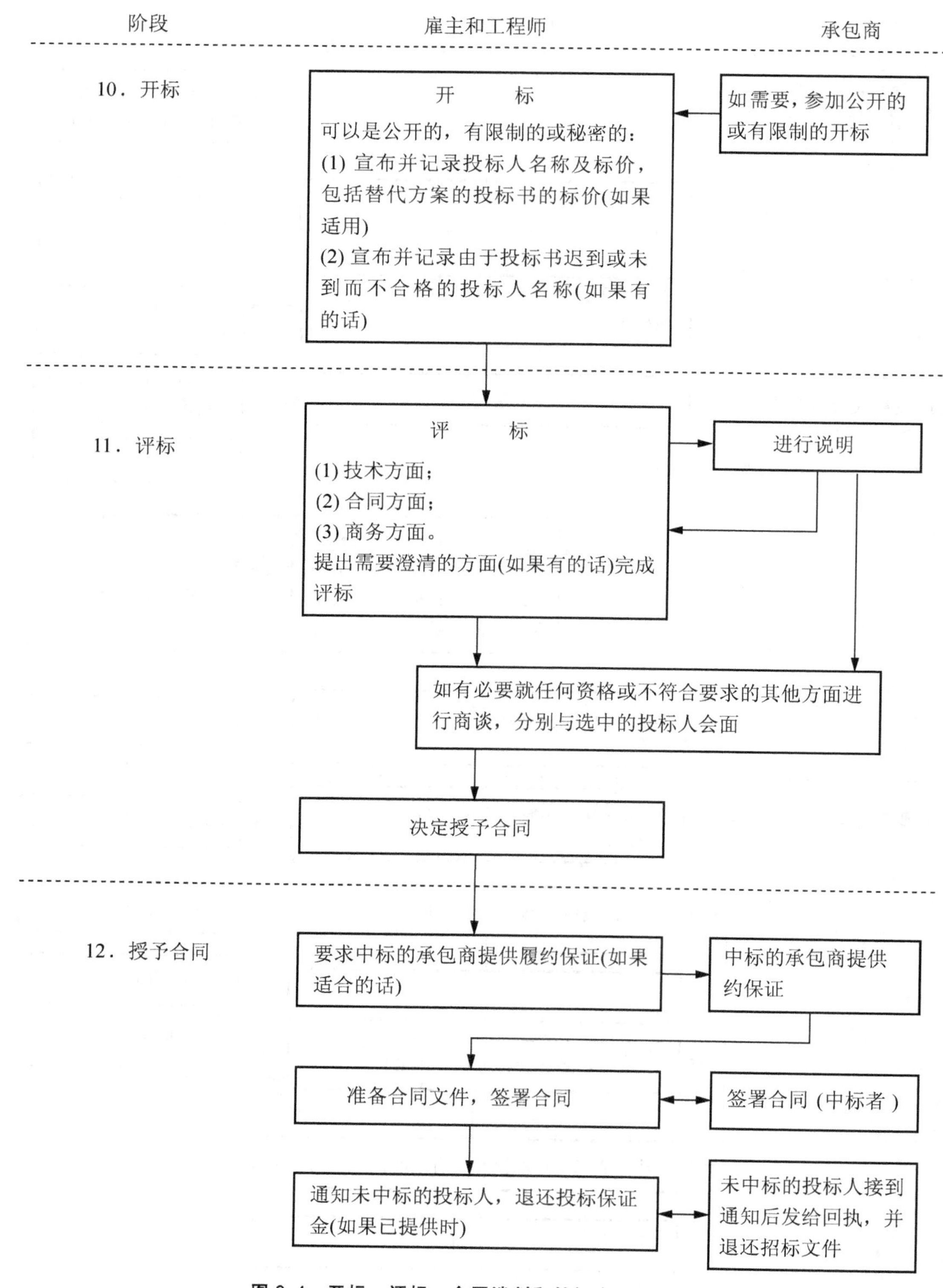

图 3.4　开标、评标、合同谈判和签订合同的程序

3）投标

在国际工程招标中，外国公司常常需要寻求与工程所在国的公司进行合作。合作的主要方式是临时或长期组成联合组织，如合资公司(成立新法人)、联合集团(不一定成立新法人)、联合体(为特定项目成立的非永久性团体)等。这种合作主要源于在国际工程投标中的一些特有的原因。

(1) 某些国际资助机构对当地承包商会有一些优惠。如由世界银行提供贷款的项目，在评标时对借款国公司报价或外国公司与借款国公司联合投标报价优惠7.5%，即借款国公司的报价或与借款国公司联合投标的报价可以比最低报价高7.5%而中标。

(2) 世界上多数国家要求外国公司与本国公司合作。如有的国家以指定分包或联合承包的形式让外国企业与本国企业合作，有的国家要求成立合作企业并让本国人出任董事甚至董事长，有的国家规定本国的合作者必须占一定股份，如51%等。

4）决标

在国际工程招投标中，中标人通常由招标机构和工程项目的业主共同商讨裁定。如果业主是一家公司，通常由公司的董事会根据综合评审报告讨论并做出裁定中标人的决定；如果是政府部门的项目招标，则政府授予该部门首脑权利，由部门首脑召集会议讨论后做出决定；如果是国际金融组织或财团贷款建设的项目，除借贷国有关机构做出决定以外，还要征询贷款金融机构的意见；如果贷款组织认为这项决定不合理或不公平，可能要求借贷国的有关机构重新审议后再做决定；如果借贷国和国际贷款组织之间对中标人的选择有严重分歧而不能协调时，有可能导致重新招标。

5）合同授予

国际工程招投标往往允许决标后谈判，目的是将双方已达成的原则协议进一步具体化，以便正式授予合同，签署协议书。国际工程招标的合同订立，一般是承发包双方同时签字，合同自签字之日起生效。有的国家规定，协议书还需经主管机关认证。例如，法语地区国家的做法分为两种情况：①对于私法合同，双方须同时签字，签字后即生效；②对于公共合同(公法合同)，双方不能同时签字，应先由承包方签字，再由招标方签字，并报送主管部门(如省级、中央合同委员会、财政部、外贸部、商业部等)审批(期限一般为3个月)，经主管部门批准后方可给承包商发出合同批准通知书，合同才能生效。

在国际工程招投标中，各国一方面要求平等对待投标人，另一方面又常常给予国内投标人一定的优惠的同时，对外国承包商进入本国招标市场做出种种限制，以达到保护本国、本地区产品和企业的目的。各国对外国承包商的限制，主要采取两种方法。

(1) 有些国家在缔结或参加有关国际条约、协议时声明保留。例如，美国和欧盟在加入世贸组织的《政府采购协议》时，都对本国公共采购市场的对外开放做了很多保留。如在公用事业采购方面，美国就不对欧盟开放其电信领域的采购市场。

(2) 通过本国立法，采取市场准入、优惠政策等方面的措施加以限制。如美国的《购买美国产品法》规定，10万美元以上的招标采购都必须购买相当比例的美国产品，除非美国没有该产品或该产品不多，或外国产品价格低到对本国产品给予25%的价格优惠后仍然高于外国产品。而且招标人在招标文件中必须根据法律规定说明给予国内企业的优惠幅度。联合国贸易法委员会的《货物、工程、服务采购示范法》也允许在招标采购中给予本国投标人一定的优惠。欧盟规定，欧盟范围内的招标采购，不得给予发展水平较低的成员国以一定优惠，但在统一对外的基础上，欧盟也采取保护政策，在招标采购中对欧盟成员国的投标人给予一定优惠，而对非欧盟成员国的投标人实行限制政策。

在国际范围内的招标投标中，对本国、本地区的产品和企业进行保护，是各国招标投标中的一个重要而敏感的问题，也是国际上的一种流行做法，但这种做法也是被广泛认可的。因此，在国际工程招投标中，应该坚持国家主权原则和对等原则，既要考虑实行国民待遇和非歧视性待遇原则，又要采取国家之间彼此可接受的适当措施来限制本国招标投标市场的开放程度。

3.1.3 国际招投标代理的选择

国际工程招标是一个系统工程，有一套完整的程序，每个环节都需要经过精心的策划、周密的组织、科学的决策，因此，聘请代理机构进行代理招标投标的做法就比较普遍。

在国际工程招标中，不仅私人采购中通常请代理机构进行代理招标，以减少因缺乏经验而带来的风险，而且在政府采购中也常常请代理机构代理招标，特别是在政府部门未设立专门采购机构，不具备采购必需的专门知识和技能，或者采购量大、工程量过于庞大繁杂，或者经济、技术复杂，自行组织招标投标困难的情况下，都要聘请代理机构进行代理招标。有的国际或地区金融组织(如世界银行、亚洲开发银行等)规定，对其资助项目强制实行的，由其认可的代理机构进行代理招标，如果项目单位不按他们的要求聘请代理机构进行代理招标的，就不能获得项目的贷款。

在国际工程投标中，聘请专业的代理机构为承包商代理投标则更为普遍。据统计，在世界范围内，国际工程承包业务的80%都是通过代理机构和中介机构完成的。专业的代理机构拥有经济、技术、法律和管理等各方面的专家，而且经常搜集、积累各种资料和信息，因此在激烈竞争的公开招标形势下，能够全面而快速地为投标人提供决策所需要的资料。特别是投标人到一个新的地区去投标时，若能选择一个理想的当地代理机构来提供情报，出谋划策以至协助编制投标书，则可以帮助自己尽快进入市场、开拓业务。如果这一代理机构在工商界有一定的社会活动能力和较好的声誉，则能够在项目的实施中协助投标人在有关方面进行必要的协调，可使投标人大大提高中标机会。

一般投标代理机构的职责是：向其雇主传递招标信息，协助投标人通过资格预审；传递雇主与其他承包商间的信息往来；提供当地法律咨询服务(包括代请律师)、当地物资、劳力、市场行情及商业活动经验；如果中标，协助雇主办理入境签证、居留证、劳工证、物资进出口许可证等多种手续，以及协助雇主租用土地、房屋、建立电话、电传、邮政信箱等。承包商雇佣代理机构的最终目的是拿到工程，因此双方必须签订代理合同，规定双方的权利和义务，有时还需按照当地惯例去法院办理委托手续。代理机构只有协助投标人拿到工程，并获得该项工程的承包权后，才能得到较高的代理费，通常约为合同总价的1%～3%。

有些国家法律还明确规定，任何外国公司必须指定当地代理机构进行代理服务，才能参加该国建设项目的投标和承包，如科威特、沙特阿拉伯等国。除此以外，有的国家还要求外国承包商找一个本国的担保人，担保人可以是个人、公司或集团。承包商与担保人签订担保合同，商定担保金额和支付方式。若外国承包商能请到有威望、有影响的担保人，也将有助于招投标业务的开展。

可以这样说，选择一家优秀的国际招投标代理机构是项目招投标成败的关键，也是业主和承包商在国际工程招投标前应完成的具有战略意义的工作。

3.2 国际金融组织贷款采购指南

3.2.1 国际金融组织概况

1. 国际金融组织简介

国际工程具有建设周期长、投资大等特点，而项目所在国往往在短时间内无法拥有大量的资金来对项目进行招标，进而实施项目，因此就需要通过一些融资手段来获得资金支持。国际金融组织贷款就是各个国家，尤其是发展中国家最常获得的一种资金来源。

国际金融组织是致力于发展的国际金融组织，包括世界性金融组织和地区性金融组织。国际金融组织很多，范围很广泛，主要有世界银行(The World Bank)、泛美开发银行(IDB/IADB)、亚洲开发银行(ADB or AsDB)、非洲开发银行(ADB or AfDB)、欧洲复兴开发银行(EBRD)、加勒比开发银行(CDB)、欧洲投资银行(EIB)、中美洲经济一体化银行(CABEI)、西非开发银行(WADB)、东非开发银行(EADB)、国际农业发展基金(IFAD)、联合国粮农组织(FAO)、联合国工业组织(UNIDO)、阿拉伯非洲发展银行等。国际金融组织作为世界或地区的大银行，专门组织国家之间的金融互助活动。它向各国发放贷款不为赢利，而是希望通过贷款促进该国经济的发展。因此，各国际发展金融机构不但要对贷款的使用实行监督，并且要求采用最节省、合理的方式进行采购。这样，招标就成为这些机构要求必须采用的采购方式。下面就介绍一下世界银行、泛美开发银行、亚洲开发银行的简单情况。

1) 世界银行

世界银行(The World Bank)是世界银行集体的俗称。在世界银行集体中，国际复兴开发银行(International Bank for Reconstruction and Development，IBRD)是其重要的组成部分。国际复兴开发银行是根据布雷顿森林会议通过的《国际复兴开发银行协定》于1945年12月成立的企业性国际金融组织，世界银行的主要任务是向会员国提供长期贷款，促进战后的复兴建设，协助不发达国家的发展生产，开发资源，并通过为私人投资提供担保或与私人资本一起联合对会员国政府进行贷款和投资，从而为私人资本的扩张与输出服务。

除了国际复兴开发银行以外，世界银行还包括世界金融公司(IFC，1956年成立)、国际开发协会(IDA，1960年成立)、多边投资担保机构(MIGA，1988年成立)和国际投资争端解决中心(ICSID，1966年成立)。截至2012年6月，世界银行拥有188个成员，在全球设有100多个代表处，员工总数超过9 000人。2012财年，世行集团向其成员国和私营企业承诺贷款、赠款、股权投资和担保共526亿美元。世界银行集团的所有组织都由一个25成员组成的董事会领导，每个董事代表一个国家或一组国家，董事由该国或国家群任命。

世界银行的总部设在华盛顿哥伦比亚特区。1980年5月，中国恢复了世界银行的合法席位。1981年起，中国开始借用该行资金。

世界银行也是联合国全球环境基金的执行机构，因此从技术上来说，它是联合国的一部分，但它的管理结构与联合国相差很大：每个世界银行集团机构的拥有权在于其成员国政府，这些成员国的表决权按其所占股份比例的不同而不同。每个成员国的表决权分两个部分：第一个部分对所有成员国是相同的，第二个部分按每个成员国缴纳会费的不同而不同。如2010年4月25日，美国拥有15.85%的表决权，日本占6.84%，中国占4.42%，德国占4%，英国和法国各占3.75%。由于任何重要的决议必须由85%以上的表决权决定，美国一国可以否决任何改革。因此，由于发达国家所缴纳的会费较高，尽管世界银行的大多数成员国是发展中国家，它也受发达国家控制。这个结构始终受到批评，批评家认为一个更民主的管理方式可以更加符合发展中国家的需要。

世界银行的资金来源有3个方面，分别是各成员国缴纳的股金、向国际金融市场借款、发行债券和收取贷款的利息。世界银行的贷款发放也有3个限制条件：只有参加国际货币基金组织的国家，才允许申请成为世界银行的成员，贷款是长期的，一般为15～20年不等，宽限期为5年左右，利率为6.3%左右；只有成员国才能申请贷款，私人生产性企业申请贷款要由政府担保；成员国申请贷款一定要有工程项目计划，贷款专款专用，世界银行每隔两年要对其贷款项目进行一次大检查。

今天，世界银行的主要帮助对象是发展中国家，帮助他们建设教育、农业和工业设施。它向成员国提供优惠贷款的同时，也向受贷国提出一定的要求，如减少贪污或建立民主等。由于世界银行对世界经济发展的重要贡献，它成了一个十分重要而成功的发展金融机构，并得到一致好评。

2）泛美开发银行

泛美开发银行(Inter-American Development Bank，IDB/IADB)主要由美洲国家组成，是向拉丁美洲国家提供信贷资金的区域性金融组织。它是于20世纪50年代末仿照世界银行的模式建立的。泛美开发银行是第一家洲级发展银行，行址设在华盛顿。该行的创始成员国是美国国家组织的21个国家，包括20个拉美国家和美国，后因资金逐渐增加，美洲以外的国家先后参加，其成员国达到48个，其中美洲国家26个，美洲以外的成员国22个。2009年1月12日中国正式加入泛美开发银行。其宗旨是：集中各成员国的力量，对拉丁美洲国家的经济、社会发展计划提供资金和技术援助，并协助他们单独地或集体地为加速经济发展和社会进步做出贡献。

泛美开发银行就其股东而言，是国际性的，因为它的股东既有来自美洲的，即本地区的，也有来自其他洲的，即非本地区的。但就其援助的地域而言，只限于美洲，而且只限于拉丁美洲，也就是说是洲级性的。泛美开发银行的贷款分为普通业务贷款和特种业务基金贷款。前者贷放的对象是政府和公、私机构的经济项目，期限一般为10～25年，还款时须用所贷货币偿还。后者主要用于条件较宽、利率较低、期限较长的贷款，期限多为10～30年，可全部或部分用本国货币偿还。社会进步信托基金的贷款用于资助拉丁美洲国家的社会发展和低收入地区的住房建筑、卫生设施、土地和乡村开发、高等教育和训练等方面，其他基金的贷款也各有侧重。参加泛美开发银行的工业发达和比较发达的国家，在银行业务活动中主要是提供资金，他们得到的好处是通过资本输出，加强对拉丁美洲各国商品和劳务的出口。泛美开发银行的建立有力地促进了拉丁美洲国家的经济发展。

3）亚洲开发银行

亚洲开发银行(Asian Development Bank，ADB)简称“亚行”，是亚洲、太平洋地区的区域性金融机构。它不是联合国的下属机构，但却是联合国亚洲及太平洋经济社会委员会专家小组会建议，并经1963年12月在马尼拉举行的第一次亚洲经济合作部长级会议决定，于1966年11月正式建立，同年12月19日正式营业，总部设在菲律宾首都马尼拉。其同联合国及其区域和专门机构有密切的联系。

亚洲开发银行的宗旨是向其会员国或地区成员提供贷款和技术援助，帮助协调会员国或地区成员在经济、贸易和发展方面的政策，同联合国及其专门机构进行合作，以促进亚太地区的经济发展。其具体任务是为亚太地区发展中会员国或地区成员的经济发展筹集与提供资金；促进公、私资本对亚太地区各会员国或地区成员的投资；帮助亚太地区各会员国或地区成员协调经济发展政策，以更好地利用自己的资源，在经济上取长补短，并促进其对外贸易的发展；对会员国或地区成员拟定和执行发展项目与规划提供技术援助；以亚洲开发银行认为合适的方式，同联合国及其附属机构，亚太地区发展基金投资的国际公益组织，以及其他国际机构、各国公营和私营实体进行合作，并向他们展示投资与援助的机会；发展符合亚洲开发银行宗旨的其他活动与服务。

参加亚洲开发银行的，不仅有亚洲及太平洋经济社会委员会成员国和亚太地区的其他国家或地区，而且还有亚太地区以外的，如欧洲和北美洲的非区域成员。亚行共有67个成员，其中包括48个区域成员，19个非区域成员。日本和美国同为亚行最大股东，各持有15.571%的股份和拥有12.756%的投票权。1986年2月17日，亚洲开发银行理事会通过决议，接纳中华人民共和国加入亚洲开发银行。中国是亚行第三大股东国，持股6.429%，拥有5.442%的投票权。

亚行对发展中成员国的援助主要采取5种形式：贷款、股本投资、技术援助、联合融资和担保。亚行提供的贷款总体来说都具有一定的优惠性，这当然是相对于商业贷款而言的。亚行贷款的优惠性主要表现为贷款时间长、利率低、其他费用少。亚行贷款分为硬贷款和软贷款。硬贷款的贷款期限为10～30年，宽限期为2～7年，利率是浮动的，每半年浮动一次，为亚行的平均借款成本加0.4%的手续费。对于硬贷款，自贷款协定正式签字2个月后计收承诺费，计收基数不是承诺额全额，而是承诺额全额的一定百分比，即第一年的基数是15%，第二年是45%，第三年是85%，3年过后是承诺余额的全额，每年的基数减去累计支付金额，构成承诺的计收基数。年承诺费率为0.75%，承诺费按天计算。软贷款是亚洲开发基金提供的贷款，仅提供给人均国民收入低于670美元，而且还款能力有限的发展中成员。软贷款期限为40年，软硬混合贷款的期限为35年，含10年的宽限期。软贷款不收取利息，只收取1%的手续费。如前所述，不管是硬贷款还是软贷款，一般都直接贷给发展中成员政府，或在成员政府的担保下贷给成员国的其他机构。中国自1986年加入亚行以来，双方在发展经济、消除贫困、保护环境等方面开展了广泛的合作，合作项目从开始的几个已发展到2013年的90多个。到2013年中国已是亚行世界范围内第二大借款国、技术援助和赠款的第一大使用国。

2. 国际金融组织的特点

国际金融组织具有以下几方面特点。

1）政府性

国际金融组织都具有很强的政府性，它们的成员都是各国政府。因此，国际金融组织是政府间的金融机构。国际金融组织的最高权力机构一般都是理事会，由国际金融组织的成员国或成员国集团政府各任命一位理事和副理事组成。国际金融组织的贷款，也是提供给其成员国政府或由其成员国政府出面对贷款进行担保的企业。

2）非营利性

国际金融组织一般都属于非营利性，向其发展中成员提供贷款的形式分为硬贷款和软贷款。软贷款的期限一般为40～50年，不收取利息，只收取一点手续费。例如，世界银行收0.75%、亚行收1%的手续费。有时收得更少，甚至不收。硬贷款的资金主要从国际金融市场上筹措，其贷款期限比软贷款的短得多，一般视项目而定，通常为15～25年，贷款利率很低。例如，亚行的贷款利率其平均借款成本加上0.4%的手续费。无论国际金融组织的经营盈利与否，其成员都不分红。

3）贷款一般须与特定的工程项目相联系

国际金融组织的重点贷款领域是以农业、农村发展和能源运输等基础设施项目，以及教育、环保等为重点贷款方向。这些项目可以是一个借款国发展规划的一部分，也可以是借款国一个地区发展规划的一部分。对项目的选择通常有3个原则：一是项目的经济效益；二是项目必须有利于借款国的经济发展；三是项目要符合环保的要求，而且项目必须具备实施的条件。

4）贷款的资金来源广泛

国际金融组织用于硬贷款的资金基本上都是在国际金融市场上筹措的。由于经营情况良好，国际金融组织的资信一般都比较高，常常被金融评级机构评为AAA级或更高级。国际金融组织又是国际金融机构，在国际上享有很高的知名度，其成员国以雄厚的征缴股本支持它。国际金融组织对任何项目的贷款都只占项目所需资金的一定比例，通常为40%～50%，个别项目可高达70%，这个比例根据各国情况来确定，借款国必须匹配足够的配套资金。

3.2.2 国际金融组织招标采购规定

国际金融组织作为世界或地区的大银行，专门组织国家之间的金融互助活动。它向各国发放贷款是为了促进该国经济的发展，因此各国际金融机构不但要对贷款的使用实行监督，并且要求采用最节省、合理的方式采购。以下就来介绍一下与我国密切相关的世界银行和亚洲开发银行的招标采购规定。

1. 世界银行招标采购规定

1）世界银行项目贷款周期

世界银行项目贷款周期是指贷款项目的实施过程，由6个阶段组成，即选定、准备、评估、谈判、执行和总结评价。各个阶段的主要要求有以下方面。

（1）项目的选定。

项目的选定是项目周期的第一个阶段，这个阶段的主要任务是申请借款国选定那些需要优先考虑并且符合世界银行贷款原则的项目。所选的项目必须是有助于实现国家和地区的发展计划，并且是世界银行认为可行的项目。

（2）项目的准备。

申请借款国选定项目并取得世界银行初步同意之后，便进入项目的准备阶段，这主要是业主的工作。业主要提出一个考虑技术、经济、服务、社会和组织结构等各方面而形成发展构想的详细建议书。准备阶段的关键是对选定的项目进行可行性研究。

（3）项目的评估。

申请借款国完成项目的准备工作以后，世界银行还要进行审查，即对建议书的技术、经济、财务、组织结构等方面进行综合审查，这就是项目的评估阶段。一般集中于以下几个方面：①技术方面，要求设计合理，工程技术处理得当；②组织方面，评估的目的在于保证该项目建设能够顺利和有效地执行，并建立一个由当地人员组成的管理机构；③经济方面，评估是从整个经济角度来分析项目提供的效益，从而做出是否进行投资的决策；④财务方面，要审查项目在执行过程中是否有足够的资金来源。

（4）项目的谈判。

谈判不是纯技术问题，而是前3个阶段的继续，是进一步明确所应采取措施的阶段，也是世界银行和借款国为保证项目的成功，就双方所采取的共同对策达成协议的阶段。在评估报告完成并审查后，世界银行与借款方就贷款协议举行谈判，内容除贷款额、期限及偿还方式以外，更重要的是为保证项目的顺利执行而应采取的措施。谈判达成一致后，双方共同签署协议，提交世界银行执行董事会批准。

（5）项目的执行。

这个阶段，借款国负责项目的执行和经营，内容包括建立管理机构、拟定技术措施、招标和签订合同、聘请专家、人员培训等。世界银行负责对项目的实施进行监督，如借款人应在满足世界银行要求的基础上选定中标人。

（6）项目的总结评价。

一旦项目完成，世界银行要进行一次独立的评价。在项目运营中，经过5～10年之后，可能还要进行再评价。评价的内容主要集中在人员、政策、组织机构和自然环境的影响等方面。

2）世界银行的招标方式

世界银行推行的招标方式主要突出3个基本观点：①项目的实施必须强调经济效益；②对所有会员国的所有合格企业给予同等的竞争机会；③通过在招标和签署合同时采取优惠措施鼓励借款国发展本国制造商和承包商，如在评标时，若是土建工程投标，可享受7.5%的评标价优惠；若为设备供货的投标，可享受15%的评标价优惠。在某些情况下，如果土建工程招标同时发出几个合同包，符合资格的投标人可以投其中的一项、几项或全部合同包。为了鼓励实力较强的投标人承担更多的施工任务且能减少发包人的实施管理费用，世界银行允许在招标文件中说明情况，如果投了两项以上项目，则在评比价格时可将其报价总额减少X%（如4%）后，再与其他投标人的标书进行比较。

凡有世界银行参与投资或提供优惠贷款的项目，通常采用以下几种方式发包：国际竞争性招标、国际有限招标、国内竞争性招标、国际或国内选购、直接采购和政府承包或自营方式。世界银行对贷款项目的设备、物资采购和建筑安装工程承包，一般都要求通过国际竞争性招标，向合格的承包商提供公平、平等的投标机会，使业主在项目实施过程中能获得成本最低、效果最好的商品和劳务。

3）我国国内的优惠规定

世界银行对土建工程项目的各国国内优惠是自 1974 年开始实行的。按照规定，国民人均收入每年在 370 美元以下的世界银行成员国在土建工程项目投标时，可享受 7.5%的优惠待遇，其目的在于鼓励、扶持发展中国家国内承包业的发展。我国国内优惠有下述两种。

（1）我国国内承包商的优惠。

根据《采购指南》的规定，只有满足条件的我国国内的单独承包商或由国内若干承包商组成的国内联合体，同时又提出申请并根据资格预审文件的要求提交了有关证明文件和资料，才能在其投标书的标价与其他国外投标人的标价比较时，享受 7.5%的优惠待遇。承包商需要满足的条件有以下 4 条：①在中华人民共和国注册的公司；②公司的绝大部分所有权应属于中华人民共和国公民所有；③准备分包给外国承包商的合同工程，按除去暂定金额外的合同价格计算，不得超过 50%；④满足招标资料表中规定的其他标准。

（2）中外联合体的优惠。

中外联合体指的是为了某土建工程项目投标的需要，中国承包商和外国承包商所组成的联合体。该联合体必须向招标公司和业主提交具有法人地位的联合体协议，即由联合体内各成员的法人代表所签订的就该工程项目进行联合投标的协议。根据世界银行的惯例和我国的具体情况，世界银行同意：对满足条件的中外联合体，在其投标书的标价和其他国外投标人的标价相比较时，可以获得 7.5%的优惠待遇。中外联合体需要满足的条件有以下 5 条：①国内的一个或几个合伙人分别满足在中华人民共和国境内注册和绝大部分所有权为中华人民共和国全民所有；②国内合伙人或合伙人们应证明他们在联合体中的收益不少于 50%，并通过联合体协议中的利润和损失分配条款加以证实；③如果没有国外承包商的参加，国内的一个或几个合伙人将不具备投标资格；④国内一个或几个合伙人采用联营方案，则至少应完成除去暂定金额外合同价格 50%的工程量，且这 50%中不应包括国内合伙人拟进口的任何材料或设备；⑤满足招标资料表中规定的其他标准。

值得注意的是，只有在通过国际竞争性招标方式选定承包商时，才能有国内优惠。对于其他采购方式，如国际有限招标方式、国内竞争性招标方式、国内有限招标方式等，则没有国内优惠。

4）世界银行采购指南

为了使招标采购工作标准化、规范化，世界银行于 1951 年公布了国际竞争性招标的采购规则。之后，为了适应采购工作发展的需要，世界银行先后对其采购政策进行了 13 次修订。现在正在使用的是 2011 年 1 月世界银行发布的《采购指南》最新修订版，其主要内容包括 4 个主要部分，即指南概述、国际竞争性招标、其他采购方式及指南附录。

2. 亚洲开发银行招标采购规定

1）亚洲开发银行的规定性文件

亚洲开发银行对亚太地区各国的经济建设，发挥了很大的促进作用。与世界银行一样，亚行对于其贷款项目的工程招标，也提出了一系列的规定性文件，要求借款国遵照执行。亚行发布的《采购指南》和《招标采购文件范本》，内容基本上与世界银行发布的有关文件相同。尤其对于土建合同，两大金融机构都全文引用 FIDIC 合同条款蓝本的“通用条款”部分，其合同特殊条款的编制方法也与世界银行项目相类似。

2）亚洲开发银行对项目使用贷款情况的检查方法

亚洲开发银行对项目使用贷款情况，进行定期的监督检查，其检查方法主要是：①审查批准借款人的资格预审文件；②审查批准借款人的资格预审的评审标准；③审查批准借款人的资格预审评审报告；④审查批准借款人的招标采购文件；⑤审查批准借款人的评标报告；⑥确定派出检查团到项目实地考察；⑦必要时派出专门贷款使用检查团。

3）亚洲开发银行的招标方式

在项目准备过程中，借款人在与亚行项目官员进行广泛的磋商之后，提出每种工程、货物、设备的采购方式。一般来说，亚行贷款项目采购中，凡属亚行支付的部分，尤其中、大型基础设施的土建工程采购，均要求采用国际竞争性招标方式进行。除国际竞争性招标以外，亚行还提供了几种采购方式，供借款人在项目采购时使用，如国际采购、国内竞争性招标、直接购买或指定投标人、有限招标或重复订货、自营工程和为小型私营间接借款者购买设备等。

案例分析

印尼萨古林电站工程的投标评审

印尼萨古林电站一次招标同时发出 4 个合同包：第一项是坝和溢洪道包；第二项是输水管道包；第三项是电站厂房和开关站包；第四项是闸门包。招标文件中明确规定，投标人可以选择投标币种，但以美元作为评标货币；如果投标人承担两个以上的项目，可以享受 4%的评标价优惠。前 3 项的投标情况见表 3-1。由于第四项评标比较正常，故未列入表内。

表 3-1 前 3 项合同包的投标、评标情况表

工程项目	投标人	报价/万美元	评标委员会推荐中标人	世行批准中标人
坝和溢洪道	杜梅兹(法)	6 550		√
	鹿岛(日)	7 820	√	
	海安达(韩)	7 920		
	青木(日)	8 060		
	青水(日)	8 250		
输水管道	海安达(韩)	7 270		
	5月5日投标值	7 260		
	SBTP(法)	7 330		
	5月5日投标值	6 730	√	√
	洛辛格(瑞士)	8 230		
	大成(日)	8 550		
	鹿岛(日)	8 760		

续表

工程项目	投标人	报价/万美元	评标委员会推荐中标人	世行批准中标人
电站厂房和开关站	前田(日)	3 680	√	
	海安达(韩)	3 970		
	杜梅兹(法)	4 000		√
	鹿岛(日)	4 330		
	洛辛格(瑞士)	4 660		

由咨询公司组成的评标委员会评审后，向世行的评标报告内推荐中标人分别为以下几个公司。

第一项为鹿岛公司。理由是该公司虽然杜梅兹比鹿岛报价低，但计划投入的施工机械不足，不能承担此项工程。如果补充施工机械，将会增加报价。

第二项为SBTP公司。理由是在报价中虽然是第二低标，但用5月5日的评标汇率分别对SBTP公司和海安达公司的报价进行换算后，其标价低于第一低标的价格。

第三项为前田公司。理由是其报价最低。

世行收到评标报告后派去工作组，对各项报价进行了详细的研究和对比后，同意第二项的推荐中标人，但对第一项和第三项推荐的中标人表示了不同意见。世行工作组认为，在满足招标文件的有关要求及技术方案合理的情况下，无特殊理由时应取报价最低的投标。为此，与业主和咨询公司协商后共同召集几个投标人分别开会，让他们澄清对投标方案的设想和有关问题。杜梅兹公司表示同意咨询公司的看法，但表示可以再增加部分施工机械保证有足够的能力承担这项施工且不改变报价。在此前提下，世行同意让杜梅兹公司中标来承包第一项工程。

对于第三项工程的比较来说，由于杜梅兹公司在第一项中标，因此要对综合价格进行重新比较。针对第三项评比是：杜梅兹公司应享受组合报价的4%评标价优惠。则组合评标价为：

$$(6\ 550+4\ 000)\times(1-0.04)=10\ 128(万美元)$$

前田公司在第一项内没有参与投标竞争，为了体现评标的公平性，第一项报价取用杜梅兹公司的投标价，则前田公司的组合报价为：

$$6\ 550+3\ 680=10\ 230(万美元)$$

经过上述组合标价的比较，所以第三项应授予杜梅兹公司。如果考虑第二项比较时的法郎贬值，杜梅兹的组合价会更低。

问题：此案例反映了哪些问题？

分析：

此案例是世行在很多文件中都推荐的实例，其中反映了如下几个问题。

(1) 在投标书实质性地对招标文件予以响应后，不要因某些偏离而予以放弃，可以通过澄清会的形式由投标人加以澄清，并将澄清的问题经过投标人确认后，作为投标书的组成部分。

(2) 允许投标人选择支付货币的币种时，要用招标文件确定日期的评标汇率对各投标书的报价加以换算，有可能在此期间因汇率的变化改变报价次序。

(3) 评标优惠的计算是对组合标价而言，不是针对单一合同包。如果仅就第三项报价给杜梅兹公司4%的优惠，则其折算价格为3 840万美元，仍高于前田公司的报价3 680万美元。

(4) 对组合报价的评标优惠只适用于投标人在其中的某一合同包中标情况，这样才会对招标人有利。虽然海安达公司在3个项目中都投了标，但由于他在哪一项都未中标，因此组合标价的优惠条件对他不适用。

本章小结

通过学习本章，应全面掌握国际工程招投标制度及国际金融组织贷款采购；理解国际工程招标的概念和特点，国际金融组织的概况和特点；主要掌握国际工程招投标的方式、程序及国际金融组织采购的相关规定；领悟国际工程招投标的技巧。

习　题

1. 名词解释

(1) 国际招标；(2) 国际投标；(3) 国际工程；(4) 国际工程招标；(5) 国际金融组织。

2. 单项选择题

(1) 国际工程通常是指(　　)。

A. 由世界银行出资的工程　　B. 由国外企业投资建设的工程

C. 面向国际进行招标的工程　　D. 发包人是国外企业的工程

(2) 在国际上通过公开的广泛征集投标人，引起投标人之间的充分竞争，从而使招标人能以较低的价格和较高的质量获得项目的实施，这种招标方式叫作(　　)。

A. 国际竞争性招标　　B. 有限国际竞争性招标

C. 询价采购　　D. 直接订购

(3) 一个建设项目建设全过程或其中某个阶段的全部工作，由一个承包商负责组织实施。这个承包商可以将若干专业性工作交给不同的专业承包商去完成，并统一协调和监督他们的工作。在一般情况下，建设单位(业主)仅与这个承包商发生直接关系，而不与各专业承包商发生直接关系，该承包方式称为(　　)。

A. 分承包　　B. 总承包　　C. 阶段承包　　D. 专项承包

(4) (　　)承包方式的基本做法是按工程实际发生的直接成本(直接费)，加上商定的企业管理费(间接费)、利润和税金来确定工程总造价。它主要适用于签约时对工程的情况和内容尚不清楚、工程量不详(如采用设计—施工连贯式的承包方式，签约时尚无施工图纸及详细设计文件)的情形，如紧急工程、抢险救灾工程、国防工程等。

A. 固定总价合同　　　　　　　　　B. 可调总价合同

C. 固定单价合同　　　　　　　　　D. 成本加酬金合同

(5) 业主在(　　)合同中承担的风险最小。

A. 可调总价　　　B. 固定总价　　　C. 固定单价　　　D. 成本加酬金

3. 思考题

(1) 国际工程招投标有哪些特点?

(2) 简述国际工程招标投标的程序。

(3) 如何选择国际工程的合同类型?

(4) 国际工程投标代理机构的职责是什么?

(5) 国际金融组织包括哪些机构?简述其中的一种。

4. 案例分析题

(1) 某项目采用国内资金,通过国际竞争性招标采购起重机。招标文件规定了投标保证金为2万美元,同时还规定投标文件需逐页小签、保修期14个月、投标文件的技术说明书采用英文编写等内容,但未规定这些要求为实质性要求和条件。本项目收到了6份投标文件。开标后,工作人员将简要情况列表报告评标委员会,相关数据见表3-2。评标委员会直接根据投标情况简表所列情况,决定拒绝A、C、D及F的投标。随后,评标委员会又以符合要求的投标人不到3家,直接否决了本次投标,要求此项采购重新进行招标。

表3-2　投标人基本情况

投标人	国家	报价/万美元	备考
A	美	791.5	未按要求在每页上签字
B	英	821.8	无其他问题
C	德	779.9	保修期12个月,而要求为14个月
D	法	798.8	技术说明用法文,而招标文件要求用英文
E	英	790.5	无其他问题
F	日	792.9	无投标保证金

问题:评标委员会的做法是否正确?其决定是否合理?

(2) 使用世界银行贷款建设的两段互相衔接的公路施工招标,招标人在招标时将这两段公路分为1、2两个标段。招标文件规定:运用最低评标价法进行评标,国内投标人有7.5%的评标价优惠;同时投两个标段的投标人如果第一个标段中标,第二个标段有4%评标扣减;投标工期以24～30个月内为合理工期,评标时两个标段都以24个月为基准,每增加1个月在评标时加上10万元。有A、B、C、D、E五个承包商的投标文件是合格的,其中A、B两投标人同时对两个标段进行投标,B、D、E为国内承包商。A、C为国外承包人。承包人的投标情况见表3-3。

表 3-3 投标情况

投标人	报价/百万元		投标工期/月	
	1标段	2标段	1标段	2标段
A	10	10	24	24
B	9.7	10.3	26	28
C	—	9.8	—	24
D	9.9	—	25	—
E	—	9.5	—	30

问题：计算1、2两个标段投标人的评标价。如各投标均实质性响应招标文件要求，确定各标段排名第一的中标候选人。

第4章 合同法规及其案例分析

教学目标

通过学习本章，应达到以下目标：

(1) 熟练掌握合同法规；

(2) 并能运用合同法的原理和规则为工程建设实践服务。

学习要点

知识要点	能力要求	相关知识
合同法的原则和规则	(1) 掌握合同法的五大基本原则； (2) 掌握合同法的7项规则； (3) 能运用上述原则和规则分析合同缺陷	(1) 合同的概念、合同的法律特征； (2) 合同法的概念、合同法调整范围
合同的订立程序	(1) 掌握合同订立的程序与注意的问题； (2) 掌握订立合同的主要条款年	(1) 合同的形式、合同主要内容； (2) 要约与承诺、合同订立的时间地点； (3) 格式条款和缔约过失责任
合同的效力	(1) 能够判别有效合同和无效合同； (2) 掌握合同的生效条件和时间	(1) 无权代理、表见代理、表见代表； (2) 附款合同、效力待定合同类型； (3) 可变更、可撤销合同
合同履行中的权利与合同的变更和终止	(1) 掌握合同履行中的权利； (2) 掌握合同的变更和终止程序	(1) 抗辩权、代位权、撤销权； (2) 合同变更和终止的条件
担保合同履行的5种担保和违约责任	(1) 掌握合同履行中的5种担保形式； (2) 掌握合同履行的违约责任	(1) 保证、抵押、质押、留置、定金； (2) 违约责任的种类和违约责任免除

基本概念

合同；合同法；要约；承诺；有效合同；效力待定合同；附款合同法；格式条款；抗辩权；代位权；撤销权；担保；违约责任。

引例

设计怎样的合同，才有对合同履行效率的激励呢？才能使合同一方对对方的忠诚，产生对方对己的忠诚呢？这里我们借用罗伯特．爱克斯罗德的实验结论：“善意的”；“宽容的”；“强硬的”；“简单明了的”。“善意的”是指：合同体现遵守公平、诚信原则，体现“己所不欲，勿施于人”(就是自己不想要的东西，切勿强加给别人)的伦理，同时还要体现对履行合同效率做出贡献的奖励的精神。“宽容的”是指：合同体现允许对方犯错误、并允许对方前一次背叛后一次改正的精神。“强硬的”是指：合同还要体现“人所不欲，勿施于我”的约束、体现预防双方道德风险的约束，谁实施败德行为所承担的成本要远远高于其所得到的收益。“简单明了的”是指合同要双方都懂的语言，能用简单准确的词句来叙述就不用复杂易引起歧义的词句来叙述。合同结构的设计应该增加合同各方博弈中的失信和欺诈的成本，使其欺诈的预期收益降为负值。

合同法规是合同管理的法律依据，招投标和施工、验收管理都离不开合同及合同法规的规范和保护。掌握合同法规主要是掌握合同订立的法律规定、合同效力的法律规定、合同履行中的权利与担保、合同的变更与终止，以及违约责任等法律规定。

4.1 合同法调整的范围及基本原则

4.1.1 合同的概念与特征

1. 合同的概念

我国《合同法》第二条采用狭义的合同定义：“本法所称合同是平等主体的自然人、法人、其他组织之间设立、变更、终止民事权利义务关系的协议。”

2. 合同的法律特征

(1) 合同的主体是经法律认可的自然人、法人和其他组织。

自然人包括我国公民和外国自然人，其他组织包括个人独资企业、合伙企业等。

(2) 合同当事人的法律地位平等。

合同是当事人之间意思表示一致的法律行为，只有合同各方的法律地位平等时，才能保证当事人真实地表达自己的意志。所谓平等，是指当事人在合同关系中法律地位是平等的，不存在谁领导谁的问题，也不允许任何一方将自己的意志强加于对方。

(3) 合同是设立、变更、终止债权债务关系的协议。

首先，合同是以设立、变更和终止债权债务关系为目的的；其次，合同只涉及债权债务关系；再次，合同之所以称为协议，是指当事人意思表示一致，即指当事人之间形成了合意。

4.1.2 合同法的概念与调整范围

1. 合同法的概念

广义的合同法是指由国家制定的，并由国家强制力保证实施的，调整合同关系的法律规范的总称。广义合同法是由宪法、民法通则、合同法(1999年3月15日全国人大通过的，1999年10月1日起施行的《中华人民共和国合同法》)、合同法规、地方性合同法规、最高人民法院关于合同法规的司法解释，以及中国缔结、参加或承认的国际条约和国际惯例组成的。狭义的合同法仅指《中华人民共和国合同法》(以下简称《合同法》)。本书讲的合同法是狭义的。

2. 合同法调整的范围

合同法调整的范围是平等主体：法人、经济组织、自然人之间的买卖、借贷、租赁、赠与等合同关系。婚姻、收养、监护等有关身份关系的协议，适用于其他法律的规定。

4.1.3 合同法的基本原则

合同法的基本原则是指贯穿整个合同法律制度之中的总的指导思想。它是指导立法机关制定合同法律、法规的基本准则，也是司法机关或仲裁机构处理合同纠纷应当遵循的基本准则及当事人订立合同、实施合同必须遵循的基本准则。

1. 平等原则

平等原则是指合同当事人的法律地位平等，一方不得将自己的意志强加给另一方。这项原则要求当事人在订立合同、履行合同、承担合同责任时的法律地位平等。

2. 自愿原则

自愿原则又称为意思自治原则，是指当事人依法享有自愿订立合同的权利，任何单位和个人不得非法干预。

3. 公平原则

公平原则是指当事人应当遵循公平的原则来确定各方的义务。

4. 诚实信用原则

诚实信用原则是指当事人在行使权利、履行义务时，应该诚实、守信，以善意的方式履行其义务，不得滥用权利及规避法律或合同规定的义务。诚实信用原则源于罗马法，被称为帝王原则。

5. 遵守法律和公共秩序原则

遵守法律和公共秩序原则是指当事人订立、履行合同时，应当遵守国家法律、行政法规，尊重社会公德，不得扰乱社会经济秩序、损害社会公共利益。

4.1.4 合同的法律约束力

我国《合同法》规定，依法成立的合同，对当事人具法律约束力。当事人应当按照合同的约定来履行自己的义务，不得擅自变更和解除合同。所以合同一旦依法成立，即对当事人产生约束力，合同的约束力表现为当事人必须遵守合同的约定，依法成立的合同是受法律保护的。

4.2 合同的订立及实例分析

所谓合同的订立，是指当事人之间互为意思表示并趋于一致的过程。在人们的实际生活中，订立合同的行为是人们社会交往、协作劳动、从事商品交换以实现自己实际目的最主要和最重要的法律手段。

4.2.1 合同的形式与内容

1. 合同的形式

合同的形式又称合同的方式，是当事人合意的表现形式，是合同内容的外在表现，是合同内容的载体。我国的合同形式主要有口头、书面和其他 3 种形式。

2. 合同的内容

(1) 当事人的名称和住所。合同当事人包括自然人、法人、其他组织。合同当事人是自然人时，如果不写明当事人，就无法确定权利的享受者和义务的承担者，发生纠纷也无法解决。

(2) 标的。标的是合同权利义务指向的对象。没有标的或标的不明确时，权利义务就没有依托，所以标的是合同必备的内容。合同标的的种类有 4 种：有形财产、无形财产、劳务、工作成果，如建设工程、专利使用权、保管行为、有价证券等。但法律禁止的行为或禁止转让的物品，不得作为合同的标的。

(3) 数量和质量。数量是标的的计量，在大多数合同中，如果没有数量，合同就不能成立。对质量要有明确规定，国家有强制性标准的，必须按照规定的标准执行。

(4) 价款或者报酬。报酬又称为价金，是一方取得标的所支付的代价。在以物为标的的合同中，这一代价称为价款，如货款、财产租赁的租金等；在以劳务和工作成果为标的的合同中，这种代价称报酬，如货物运输费、加工承揽费等。对于有偿合同来说，价金条款是关键的条款之一。

(5) 履行的期限、地点和方式。履行期限是指享有权利的一方要求对方履行义务的时间范围；履行地点是指合同当事人履行或接受履行合同规定义务的地点；履行方式是指当事人采取什么办法来履行合同规定的义务。

(6) 违约责任。违约责任是当事人不履行或者不适当履行合同规定的义务所应承担的法律责任。

(7) 解决争议的方法。当事人在合同订立、履行过程中发生争议如何解决，最好能在合同中载明，以利于合同争议的管辖和尽快解决。

4.2.2 合同的格式条款

格式条款是指当事人因重复使用而预先拟订的，并在订立合同时未与对方协商的条款。对格式条款的限制有以下几点：第一，提供格式条款的一方有提示、说明的义务，应当采取合理的方式提请对方注意免除或者限制其责任的条款，按照对方的要求，对该条款予以说明；第二，提供格式条款一方免除其责任、加重对方责任、排除对方主要权利的条款无效；第三，对格式条款有两种以上解释的，应当做出不利于提供格式条款一方的解释；在格式条款和非格式条款不一致时，应当采用非格式条款。

实例分析：王某与包工头陈某签订的雇佣合同中，有“若不注意安全，受伤后责任自己承担”的条款。2013年7月，李某摔伤，用去医疗费15 000余元。王某找包工头陈某要求给予赔偿，被拒绝。李某咨询律师能要求陈某赔偿吗?

律师回答：这是典型的格式条款中的免责条款。《合同法》明确规定，格式条款中的免责条款无效。李某与陈某约定的该条款属无效条款。陈某作为雇主，应赔偿李某的摔伤损失。

4.2.3 要约与承诺

订立合同的程序是指订立合同的步骤和阶段。一般而言，订立合同要经过要约和承诺两个阶段。

1. 要约

(1) 要约是希望和他人订立合同的意思表示。提出要约方为要约人，接受要约方为受要约人。要约必须具备两个条件：内容具体确定和表明经受要约人承诺，要约人受该意思表示的约束。要约可以撤销，但附期限的要约和受要约人有理由认为要约不可撤销并为此付出代价的要约，不能撤销。

(2) 要约邀请。要约邀请又称要约引诱，是指一方希望他人向自己发出要约的意思表示。要约邀请与要约虽然最终的目的都是为了订立合同，但两者存在较大区别。最重要的区别就是法律拘束力不同。要约邀请对行为人无法律拘束力，在发出要约邀请后可随时撤回其邀请，只要没有造成信赖利益损失的，要约邀请人一般不承担法律责任。而要约一经受要约人承诺，合同便成立。即使受要约人不承诺，要约人在一定时间内也应受到要约的约束，不得违反法律规定擅自撤回或撤销要约，不得随意变更要约的内容。

实例分析：育才中学要建立实验室，分别向几个计算机商发函，称“我校急需计算机100台，若贵公司有货，请速告”。第二天新河公司就将100台计算机送到学校，而此时育才中学已经决定购买另一家计算机商的计算机，故拒绝新河公司的计算机，由此产生纠纷。育才中学发函属于要约邀请，育才中学的拒绝不属于违约行为。

(3) 要约生效的时间。要约到达受要约人时生效。因要约的送达方式不同，其“到达”的时间界定也不同。采用直接送达的方式发出要约的，记载要约的文件交给受要约人即为到达；采用普通邮寄方式送达要约的，受要约人收到要约文件或要约送达到受要约人信箱的时间为到达时间；采用数据电文形式(包括电报、电传、传真、电子数据交换和电子邮件)发出要约的，数据电文进入收件人指定的特定系统的时间或者在未指定特定系统情况下数据电文进入收件人的任何系统的首次时间作为要约的到达时间。

(4) 要约的撤回和撤销。要约的撤回是指要约在发生法律效力之前，要约人宣布收回发出的要约，使其不产生法律效力的行为。撤回要约的通知应当在要约到达受要约人之前或者与要约到达受要约人的同时。要约的撤销是指要约在发生法律效力之后，要约人取消该要约，使该要约的效力归于消灭的行为。撤销要约的通知应当在受要约人发出承诺通知之前到达受要约人。但有下列情形之一的，要约不得撤销：①要约人确定了承诺期限或者以其他形式明示要约不可撤销；②受要约人有理由认为要约是不可撤销的，并已经为履行合同做了准备工作。

(5) 要约的失效。要约失效也称要约消灭，是指要约丧失了法律效力，要约人和受要约人均不再受其约束。要约在以下4种情况下失效：①受要约人拒绝要约。受要约人拒绝要约是因为受要约人不接受要约所确立的条件，或者没有与要约人订立合同的意愿。②要约人依法撤销要约。③承诺期限届满，受要约人未做承诺。④受要约人对要约的内容做出实质性变更。如果受要约人对要约的主要内容做出限制、更改或扩大，则构成反要约，即受要约人拒绝了要约，同时又向原要约人提出了新的要约。但如果受要约人只是更改了要约的非实质内容，则不构成新要约，要约亦不会失效，除非要约人及时表示反对或要约表明承诺不得对要约内容做任何改变。

实例分析： 2013年7月5日，我国某钢铁公司向一家泰国公司发盘：以5 000元/t人民币的价格出售冷轧板卷100t，7月25日前承诺有效。泰国公司总经理接到电话后，要求我方将价格降至4 800元。经研究，我方决定将价格降为4 900元。并于8月1日通知对方，“此为我方最后出价，8月10日前承诺有效”。可是发出这个要约以后，我方就收到国际市场冷轧板卷涨价的消息，每吨冷轧板卷涨价约400元人民币。于是，我方在8月6日致函撤盘，泰国公司于8月8日来电接受我方最后发盘，泰国公司认为合同已成立，我方撤盘系违约行为，后经仲裁，以我方赔偿泰国公司5万元人民币而告终。本案例中的要约承诺了期限不可撤销，泰国公司要求我方赔偿其5万元人民币属于合法，我国公司因忽略了这个问题而导致赔偿。

2. 承诺

(1) 承诺也称接受，是指受要约人同意要约的意思表示。受要约人无条件同意要约的承诺一经送达到要约人则发生法律效力，这是合同成立的必经程序。

一项有效的承诺须具备以下条件：①承诺必须由受要约人做出；②承诺必须在规定的期限内到达要约人；③承诺的内容应当与要约的内容一致。

(2) 承诺的方式。承诺应当以通知的方式做出，但根据交易习惯或者要约表明可以通过行为做出承诺的除外。也就是说，承诺方式原则上是以通知的方式做出的，包括口头、书面等明示的形式。通知的方式是实践中最常见的方式，也有例外，即当事人可以根据交易习惯或者要约表明可以通过行为做出承诺的，则不需要以“通知”的方式做出。行为本身包括作为和不作为。

(3) 承诺的生效时间。承诺生效的时间也就是合同成立的时间。承诺需要通知的，承诺通知到达要约人时生效；承诺不需要通知的，根据交易习惯或者要约的要求做出承诺的行为时生效。

(4) 承诺的撤回。承诺撤回是指受要约人在发出承诺通知后，在承诺生效之前撤回其承诺的行为。撤回承诺的通知应当在承诺通知到达要约人之前或者与承诺通知同时到达要约人。承诺撤回视为承诺未发出。

4.2.4 合同成立的时间和地点

1. 合同成立的时间

《合同法》第二十五条规定："承诺生效时合同成立。"合同订立的方式决定合同成立的时间。

(1) 采用口头形式订立合同的，自口头承诺生效时成立。

(2) 采用合同书形式订立合同的，自双方当事人签字或者盖章时合同成立。当事人签字或盖章的时间不一致的，应当以最后一方签字或盖章的时间作为合同成立的时间。

(3) 采用信件、数据电文形式订立合同的，一方要求在合同成立之前签订确认书的，签订确认书时合同成立。如果双方都未提出签订确认书，则仍然是承诺生效时合同成立。

(4) 法定或约定采用书面形式订立合同的，当事人未采用书面形式，或者采用合同书形式订立合同，在签字或盖章之前，一方已履行主要义务，对方接受的，该合同成立。

2. 合同成立的地点

合同成立的地点即承诺生效的地点。根据承诺的方式和承诺生效时间规定的不同，合同成立的地点也不同。

(1) 承诺需要通知的，要约人所在地为合同成立地。

(2) 承诺不需要通知的，受要约人根据交易习惯或者要约的要求做出承诺行为的地点为合同成立的地点。

(3) 采用合同书形式订立合同的，双方当事人签字或者盖章的地点为合同成立的地点。

(4) 采用数据电文形式订立合同的，收件人的主营业地为合同成立的地点；没有主营业地的，其经常居住地为合同成立的地点。当事人另有约定的，按照其约定。

4.2.5 缔约过失责任

1. 缔约过失责任的概念和特点

缔约过失责任是指在合同订立过程中，由于当事人一方实施了违背诚实信用原则的行为而应承担的损害赔偿责任。其具有以下特点：①缔约过失责任发生在合同订立过程中；②一方违背其依据诚实信用原则所应负的义务；③造成他人信赖利益的损失。

2. 缔约过失责任的类型

(1) 假借订立合同，恶意进行磋商。主要是指当事人一方违背"诚实信用"原则，以损害对方利益为目的，在根本无意与之签订合同的情况下，与对方谈判而造成对方损失。

(2) 故意隐瞒与订立合同有关的重要事实或提供虚假情况。“诚实信用”原则要求订立合同时，当事人应提供真实的信息，如实向对方陈述有关重要的事实，诚实守信，不得欺诈对方，否则要承担损害赔偿的责任。

(3) 泄露或者不正当使用在订立合同中知悉的对方的商业秘密，给对方造成损失。在订立合同过程中，当事人负有保守商业秘密的义务，无论合同是否成立，不得泄露或不正当使用。

(4) 其他违背诚实信用原则的行为。

实例分析：张先生欲买楼，口头与楼宇发展商约定看楼时间。某日，楼宇发展商陪同张先生一起去看房，因为后期施工未完毕，张先生因大厅地面太滑摔跤骨折。在这种情况下，张先生是追究发展商的违约责任呢，还是追究发展商的侵权责任？

张先生因为购房与发展商发生了缔约关系，发展商应告诉张先生地面较滑、走路小心，或采取防滑措施，发展商未尽义务，存在缔约过失，张先生可要求发展商承担缔约过失责任，赔偿其损失。

4.3 合同的效力及实例分析

4.3.1 合同的效力及合同生效条件

1. 合同的效力

合同的效力又称合同的法律效力，是法律赋予依法成立的合同具有约束当事人乃至第三人的强制力。

2. 合同生效的条件

(1) 当事人须有缔约能力。当事人的缔约能力是指当事人应具备相应的民事权利能力和民事行为能力。民事权利能力是指法律赋予民事主体享有民事权利和承担民事义务的资格；民事行为能力是指民事主体独立实施民事法律行为的资格。我国法律规定，我国公民从出生开始到死亡都享有民事权利能力；法人和其他组织从成立始至终止在其法定经营范围内享有民事权利能力。法人和其他组织的民事行为能力的享有与其民事权利能力相同；公民的民事行为能力则分为完全行为能力、限制行为能力和无行为能力 3 种。完全行为能力人方能订立合同，限制行为能力人订立的合同，经法定代理人追认后有效；如果是纯获利益的合同或者与当事人年龄、智力、精神健康状况相适应而订立的合同，不经法定代理人追认，也有效。

(2) 意思表示真实。意思表示真实是指当事人在自觉自愿的基础上，做符合其内在意志的表示行为。在正常情况下，行为人的意志是与其外在表现相符的，但有时由于某些主观或客观的原因，也可能出现两者不相符的情形，行为人的意思表示就会不真实，所订立的合同亦不具有法律效力或者可以撤销。

(3) 不违反法律和社会公共利益。合同如果不具备合法性，只能归于无效。所以合同的内容和目的都不得违反国家法律和社会公共利益。

(4) 合同的形式合法。合同的形式合法是指订立合同必须采取符合法律规定的形式。法律规定用特定形式的，应当依照法律规定。例如，法律、行政法规规定应当办理批准、登记等手续的，依照其规定。

4.3.2 合同的生效时间及附款合同

1. 合同生效的时间

合同生效的一般原则是依法成立的合同，自成立时生效，但合同生效与合同成立是两个不同的概念。合同成立是合同订立过程的完成，是当事人合意的结果，较多地体现了当事人的自主性，而合同生效取决于国家对已成立的合同的态度和评价，符合国家法律规定成立的合同才具有法律约束力。如果合同生效附加了条件或期限，则合同在符合所附条件时或在所附期限到来时生效或失效。此外，有些合同仅有双方当事人合意还无法使合同生效。例如，法律、行政法规规定应当办理批准、登记等手续的，办理完这些手续后合同才能生效。

2. 附款的合同

附款的合同是指附条件的合同和附期限的合同，所附条件和期限即为合同的附款，它们控制合同效力的发生和消灭。《合同法》第四十五条规定："当事人为了自己的利益，不正当地阻止条件成就时，视为条件成就；不正当地促成条件成就时，视为条件不成就。"

实例分析：甲要购进设备建塑料厂，向朋友乙借款20万元，说开工后，资金周转过来就还钱。甲给乙打了一张借条写着："暂借乙20万元整，塑料厂开工第二个月即奉还。"甲将购买的设备转让给他人，自己拿着这笔不计利息的借款倒卖其他物质。半年后仍没给乙还钱。乙催要，甲不给，并称合同写的是开工后两个月内还钱，一直没开工所以不能还钱。乙向法院提起诉讼。这是一个附条件合同。甲不正当地阻止条件成就(不开工)视为条件成就(开工)，法院判甲归还乙借款，并赔偿由此给乙造成的经济损失。

4.3.3 无权代理、表见代理与表见代表

1. 无权代理

行为人在无权代理的情况下(无代理权、超越代理权或代理权终止)，与被代理人订立的合同，未经被代理人追认，对被代理人不发生效力，由行为人承担责任。相对人可以催告被代理人在一个月内予以追认。被代理人表示同意的，由被代理人承担合同责任，被代理人未做表示的，视为拒绝追认，合同对被代理人不发生效力。

2. 表见代理

行为人没有代理权、超越代理权或代理权终止后，以被代理人的名义订立合同，相对人"有理由"相信行为人有代理权的，该代理行为称表见代理。表见代理行为有效。

实例分析：某百货公司甲书面授权其采购员乙赴丙公司代理其购买"陶瓷制品"，并向乙发放授权委托书，然后法定代表人向乙口头交代"不要购买韩国陶瓷"，丙公司在审

查了乙的授权委托书后，按照乙的要求，签订了包括“500件韩国陶瓷”在内的总计20万元人民币的陶瓷制品购销合同。此后，丙公司按合同约定的时间、地点、方式、品种、数量等全面、正确地向甲百货公司发货，而甲公司却拒绝受领乙“超越代理权”购买的500件韩国陶瓷，并拒付其货款。丙公司认为乙向其出示的授权委托书表明乙具有购买此货的代理权，坚持要求甲百货公司受领该500件韩国陶瓷并支付其货款。

此案例乙与丙合同中的500件韩国陶瓷属于表见代理，因为甲对乙的口头指令，乙如果不说，丙怎么能知道？丙看到的是甲给乙的书面委托，甲公司应受领丙的500件韩国陶瓷并付货款。

3. 表见代表

法人的法定代表人超越权限订立的合同，除相对人知道或者应当知道超越权限的以外，该代表行为称表见代表，表见代表行为有效。

实例分析：王某投资实业，欲向一家银行贷款。银行认为王某资信状况不好，偿债能力有限，拒绝贷款。王某找到好友刘某，刘某是该市一商场的法定代表人。王某要求刘某以该商场的名义为其贷款提供担保，刘告诉王，他已离职，商场已有新的法定代表人，正在办理交接手续。王某则称只需借用一下商场的印章，法定代表人身份证明即可，刘某推却不过，于是以该商场法定代表人的身份，以商场的固定资产为王某的贷款签订了抵押合同并办理了登记。银行认定该商场有足够的偿债能力，刘某法定代表人的身份也确信无疑，于是签署该借贷合同，将100万元贷给了王某。不久，王破产，银行遂向该商场要求其偿付贷款，商场新任董事长则称完全不知抵押合同的事，而且商场的章程规定，以商场的固定资产进行抵押，必须由董事会决议通过才能有效，并且刘某在签订合同时已不是商场的法定代表人，抵押合同是其前任刘某的个人行为，与商场无关，因此拒绝付款。银行当即向当地基层法院起诉，要求商场履行抵押合同。法院认定刘某的行为属于法定代表人超越权限的代表行为，是表见代表，行为有效，商场要履行抵押合同，并赔偿银行因此遭受的损失。

4.3.4 效力待定合同及类型

1. 效力待定合同的概念

效力待定的合同是指合同欠缺有效要件，能否发生当事人预期的法律效力尚未确定，只有经过有权人的追认，才能化欠缺有效要件为符合有效要件，发生当事人预期的法律效力。若有权人在一定期间内不予追认，合同归于无效。

2. 效力待定合同的类型

(1) 限制行为能力人订立的合同。限制行为能力人订立的合同，经法定代理人追认后，该合同有效，但纯获利益的合同或者与其年龄、智力、精神健康状况相适应而订立的合同，不必经法定代理人追认。相对人可以催告法定代理人在一个月内予以追认。法定代理人未做表示的，视为拒绝确认。合同被追认之前，善意相对人有撤销该合同的权利。撤销应当以通知的方式做出。

(2) 无代理权人以他人名义订立的合同。行为人没有代理权、超越代理权或者代理权终止后以被代理人的名义订立的合同，未经被代理人追认，对被代理人不发生效力，由行为人承担责任。但相对人有理由相信行为人有代理权的，该代理行为有效。例如，相对人见到了行为人所持有效的某法人的介绍信，则应认定行为人与该单位之间的代理关系有效。这样规定的目的在于保护善意第三人的利益，维护交易安全，但却增加了被代理人的风险。相对人可以催告被代理人在一个月内予以追认，被代理人未做表示的，视为拒绝追认。合同被追认之前，善意相对人有撤销的权利。撤销应当以通知的方式做出。

(3) 无处分权人处分他人财产的合同。财产的处分权只能由享有处分权的人行使，无处分权的人不得擅自处分他人的财产。无处分权的人处分他人财产，经权利人追认或者无处分权的人订立合同后取得处分权的，该合同有效。

4.3.5 无效合同及可撤销、可变更合同

1. 无效合同

无效合同的基本特征就是违反法律或者社会公共利益。无效合同天生有缺陷，自始不具有法律约束力，也称为绝对无效的合同。无效合同与可撤销的合同区别关键在于：一方以欺诈、胁迫的手段订立合同，损害国家利益，“未损害国家利益”的属于可撤销的合同。有的合同属于格式条款，在格式条款中免责条款无效的情形有以下方面。

(1) 造成对方人身伤害的。例如：甲在街头卖艺，声称自己刀枪不入，并强拉乙用力刺其颈部，乙怕出事，甲称：“若刺死了我，不用你负责。”乙刺甲，结果甲死亡。甲的家属据此告到法院要求乙赔偿。此案免责条款无效，乙要依法进行赔偿。

(2) 因故意或重大过失造成对方财产损失的。

(3) 当事人超越经营范围的，人民法院不因此而认定合同无效，但违反国家限制经营、特许经营及法律、行政法规禁止经营规定的除外。

2. 可变更、可撤销合同的概念

可变更、可撤销的合同又称相对无效的合同，是指欠缺合同有效要件，一方当事人有权请求人民法院或仲裁机构予以变更或撤销的合同。其中，可变更是指因意思表示不真实，当事人之间通过协商改变原合同的某些内容，使合同仍然有效。可撤销是指因意思表示不真实，通过撤销权人行使撤销权，使已生效的合同归于无效。可变更或可撤销的合同有如下法律特征：①当事人的意思表示不真实；②可撤销合同的撤销权由当事人行使，其他人无权主张撤销合同；③具有撤销权的当事人，对撤销权的行使拥有选择权；④可撤销的合同在被撤销前，其效力已经发生，只是在被撤销后才开始失效。

3. 可变更、可撤销合同的种类

(1) 因重大误解订立的合同。重大误解的合同是指当事人对合同的重要内容产生错误理解，并基于这种错误理解而订立的合同。在司法实践中，重大误解主要有以下几种。

① 对合同性质的误解。如误以借贷为赠与，误以出租为出卖；在信托、委托、保管、信贷等以信用为基础的合同中，将甲公司误认为乙公司而与之订立合同。

② 对标的物品种类的误解。如将轧铝机误认为轧钢机而购买，从而使订立合同的目的落空。

③ 对标的物质量、数量、规格、包装、履行方式、履行地点等内容的误解，在给误解人造成较大损失时，构成重大误解。

(2) 在订立合同时显失公平的合同。显失公平的合同是指对一方当事人明显有利而对另一方当事人有重大不利的合同。这类合同往往表现为当事人双方的权利和义务极不对等、经济利益上不平衡，因而违反了公平原则，并且超过了法律允许的限度。这类合同一般是在受害人缺乏经验或紧迫的情况下订立的。

(3) 一方以欺诈、胁迫的手段或者乘人之危，使对方在违背真实意思的情况下订立的合同。

实例分析：2013 年 7 月 15 日，某村遭受虫灾，某村委会与本县农资公司于县城签订买卖杀虫剂的合同。合同约定：由农资公司供给村委会杀虫剂 1 000 瓶，每瓶单价 100 元(当时市场价格是 50 元一瓶)，价款总计 10 万元。由农资公司于同年 8 月 8 日将货送到村委会所在地，村委会验收无误后，货款于交货第二天即 8 月 9 日一次性付清。合同签订后，农资公司按合同规定将 1 000 瓶农药送到村委会。村委会验收无误，于 8 月 9 日一次付给农资公司款项 5 万元，并言：每瓶 100 元的价格是被迫所承诺，因而只能按本地区市场价格付款。农资公司多次向村委会要款未成，遂起诉到法院，要求村委会支付余款 5 万元及逾期付款的利息，村委会当庭提出撤销合同价款，改为为市场价每瓶 50 元的请求。本案中法院判决：认定县农资公司属于乘人之危，双方签订的合同属于可撤销、可变更的合同。本合同只是部分无效，除价格条款以外，其余条款都合法有效，并且已经履行完毕。因此，村委会申请撤销合同价款的请求予以支持，农资公司应对价格条款的无效负全部责任。

4. 撤销权的行使和消灭

对于可变更或可撤销的合同，当事人应通过诉讼或仲裁的方式，请求人民法院或仲裁机构予以变更或撤销。当事人请求变更的，人民法院或仲裁机构不得撤销。具有撤销权的当事人如果知道或应当知道撤销事由之日起一年内不行使撤销权的，该撤销权消灭。具有撤销权的当事人知道撤销事由后，可以明确表示或者以自己的行为放弃撤销权。

5. 合同无效或被撤销的法律后果

无效的合同或者被撤销的合同自始无效。部分无效且不影响其他部分效力的合同，其他部分仍然有效。例如，《合同法》第五十三条规定："如果合同中有造成对方人身伤害及因故意或者重大过失造成对方财产损失的免责条款，该条款无效，但并不影响其他条款的有效性。"另外，合同中有关解决争议方法的条款具有独立性，合同无效、被撤销或者终止，不影响该条款的效力。对于无效合同和可撤销合同的处理，应当根据合同无效的具体情况以及当事人过错的有无和大小，分别做出如下处理。

(1) 返还财产或折价赔偿。返还财产是指合同无效或被撤销后，因该合同取得的财产，应当予以返还。如果财产已不存在，无法返还的应当折价赔偿。

(2) 赔偿损失。合同被确认无效或宣布撤销后，有过错的一方应当赔偿对方因此所受到的损失，如果双方都有过错，应当按照责任的主次、轻重，分别承担经济损失中与其责任相当的份额。

(3) 财产收归国家所有或者返还集体、第三人对于当事人恶意串通，故意订立损害国家、集体或者第三人利益的合同，因此取得的财产应收归国家所有或者返还集体、第三人。

4.4 合同的履行及实例分析

合同的履行是指合同当事人按照合同的约定完成各自应尽的全部义务。为了保证合同履行的质量，就需要保证合同履行的原则和规则、需要注意行使合同履行中的权利和保证措施。

4.4.1 合同履行的原则与规则

合同履行的原则是指当事人在履行合同义务时必须遵守的基本准则。它是合同法的基本原则在合同履行中的具体体现。

1. 合同履行的原则

(1) 全面履行原则。履行主体适当，即当事人亲自履行，在保证债权人利益的前提下，有条件地允许第三人履行也是可以的，否则，禁止第三人代为履行。履行标的适当，即按合同标的履行。履行期限、履行方式、履行地点均适当。

(2) 协作履行的原则。合同当事人对合同的有关事项，有通知的义务、协助的义务、保密的义务，以及其他随附义务(即提供必要条件以防止损失扩大的义务)。

2. 合同履行的基本规则

《合同法》规定，合同生效后，当事人就质量、价款或者报酬、履行地点等内容没有约定或者约定不明确的，可以协议补充；不能达成补充协议的，按照合同有关条款或者交易习惯确定。依照上述规定仍不能确定的，适用下列规定。

(1) 质量要求不明确的，按照国家标准、行业标准履行；没有国家标准、行业标准的，按照通常标准或者符合合同目的的特定标准履行。

(2) 价款或者报酬不明确的，按照订立合同时履行地的市场价格履行；依法应当执行政府定价或者政府指导价的，按照规定履行。

(3) 履行地点不明确的，给付货币的，在接受货币一方所在地履行；交付不动产的，在不动产所在地履行；其他标的在履行义务一方所在地履行。

(4) 履行期限不明确的，债务人可以随时履行，债权人也可以随时要求履行，但应当给对方必要的准备时间。

(5) 履行方式不明确的，按照有利于实现合同目的的方式履行。

(6) 履行费用的负担不明确的，由履行义务的一方负担。

(7) 执行政府定价的在合同约定的交付期限内政府价格调整时，按照交付时的价格计价。逾期交付标的物的，遇到价格上涨时，按照原价格执行；价格下降时，按照新价格执行。逾期提取标的物或者逾期付款的，遇到价格上涨时，按照新价格执行；价格下降时，按照原价格执行。

4.4.2 合同履行中的抗辩权

抗辩权又称异议权，是指对抗请求权或者否认他人权利主张的权利，其作用是使对方的权利受到阻碍或者消灭。

1. 同时履行抗辩权

当事人互负债务，没有先后履行顺序的，应当同时履行。一方在对方履行之前有权拒绝其履行要求；一方在对方履行债务不符合约定时，有权拒绝其相应的履行要求。这种情形就是常说的“一手交钱一手交货”。

实例分析：甲建筑公司与乙水泥厂签订一份买卖水泥的合同，约定提货时付款。甲建筑公司提货时称公司出纳员突发急病，支票一时拿不出来，要求先提货，过两天再把货款送来，乙水泥厂拒绝了甲公司的要求。乙水泥厂行使的这种权利在法律上称为同时履行抗辩权。

2. 后履行抗辩权

当事人互负债务，有先后履行顺序，先履行一方未履行的，后履行一方有权拒绝其履行要求；先履行一方履行债务不符合约定的，后履行一方有权拒绝其相应的履行要求。

实例分析：甲建筑公司与乙建材公司订立的买卖合同约定：甲公司向乙公司购买建材价值90万元，甲公司于8月1日前向乙公司预先支付货款60万元，余款于10月15日在乙公司交付全部建材后2日内一次付清。甲公司以资金周转困难为由未按合同约定预先支付货款60万元。10月15日，甲公司要求乙公司交付建材。根据合同法律制度的规定，乙公司可以行使的权利是后履行抗辩权，即可以拒不交付建材。

3. 不安抗辩权

应当先履行义务的当事人，有确切证据证明后履行一方有未来不履行或者无力履行合同的情形时，可以中止履行。先履行一方可以中止履行的情形有：①对方经营状况严重恶化；②对方转移财产、抽逃资金以逃避债务；③对方丧失商业信誉；④对方有丧失或者可能丧失履行债务能力的其他情形。

不安抗辩权行使后，有3种后果产生。

(1) 中止履行。先履行义务人暂时停止履行自己承担的合同义务，但必须及时通知对方当事人。

(2) 恢复履行。先履行义务人通知对方中止履行后，如果对方提供了适当的担保或在合理期限内恢复了履行能力，则先履行义务人应当恢复履行。

(3) 解除合同。如果对方既无法在合理期限内恢复履行能力，又不能提供适当的担保，中止履行的一方可以解除合同。

实例分析：甲与乙订立挖掘机买卖合同，规定甲应于8月1日交货，乙应于同年8月7日付款。7月底，甲发现乙经营状况恶化，没有支付货款的能力，并有确切证据，遂要求乙提供担保，但乙不同意，于是甲于8月1日未按约定交货。依据《合同法》的有关规定，甲实行了不安抗辩权。

4.4.3 合同履行中的代位权

债权人的代位权是指债务人怠于行使其到期债务，而危害到债务人的权利时，债权人可以取代债务人的地位，行使债务人的权利。债权人以自己的名义行使代位权时，应通过人民法院，即向人民法院请求以自己的名义代位行使债务人的债权。债权人行使该项权利时应以债务人的债权为限。债权人行使代位权的必要费用，由债务人负担。但是，债权人对专属于债务人自身的债权不能行使代位权。

实例分析：B公司与A公司于2011年1月订有一份借款合同，约定A借款1 000万元给B公司，期限自合同订立时起至2011年10月底。直到2012年1月，B公司仍未归还此笔款项，经查账，B公司账上资金仅200万，不足以清偿借款，又获知B公司曾借款1 000万元给C公司，约定2011年7月还款，迟迟未还，也未见B公司上门催讨。A公司遂向法院起诉，请求以自己的名义行使B公司对C的债权，即要求C公司将欠B公司的1 000万元直接还给自己。法院审理过程中，又有一家D主张自己的权利，B欠D 600万元，若A公司代位获偿，本案中A公司不享有优先受偿权，D可以和A公司按比例受偿。B公司的总资金为1 200万元，总债权为1 600万元，1 200÷1 600＝0.75，结果A公司只拿到了0.75×1 000＝750(万元)，D只拿到了0.75×600＝450(万元)的部分债权款。

4.4.4 合同履行中的撤销权

债权人的撤销权是指债务人及第三人有损害债权人债权的行为时，债权人享有撤销该行为的权利。如果债务人放弃其到期债权或无偿转让财产，对债权人造成损害的，以及债务人以明显不合理的低价转让财产，对债权人造成损害的，债权人可以请求人民法院撤销债务人的行为。撤销权的范围仅限于债权人的债权。

债权人的撤销权自债权人知道或者应当知道撤销事由之日起一年内行使。自债务人的行为发生之日起5年内未行使撤销权的，该撤销权消灭。债权人行使撤销权的必要费用由债务人负担。

实例分析：A与B于2012年9月订立了一宗轿车买卖合同，合同约定A应于2012年11月底付清货款。但直到2012年12月底，A还欠B 1 000万元人民币。因中A正投资一个开发项目，占用了大笔流动资金，B同意其延迟履行。2012年7月工程项目竣工，A却将其在开发项目中价值约2 000万元的股份赠与合作商C，并立即办理了赠与公证，B认为这是A有意躲避债务的骗局，B诉请法院撤销A的行为。B行使撤销权的行为生效后，A的赠与行为被视为自始无效，因此C将所获的财产返还给A。

4.4.5 合同履行中的担保

担保是指依照法律规定，或由当事人双方经过协商一致而约定的，为保障当事人一方债权得以实现的法律措施。担保具有从属性，担保以主合同的成立为前提，随主合同的消灭而消灭，主合同无效，担保合同也无效；担保具有预防性，当主合同的当事人不履行或不完全履行合同规定的义务时，担保关系的义务人便依约定的担保措施承担法律责任；担保是当事人双方自愿的民事行为，债权人为了保证自己的债权得以实施，可以请求债务人提供担保，但不能把自己的意志强加给对方。我国《担保法》设定了5种担保方式，即保证、抵押、质押、留置和定金。

1. 保证

保证是第三人和债权人约定，当债务人不履行债务时，该第三人按照约定履行债务或者承担责任的担保方式。这里的第三人称为保证人，债权人既是主合同等主债的债权人，又是保证合同中的债权人，"按照约定履行债务或者承担责任"称为保证责任。

1）保证人

保证人是指具有代为清偿债务能力的法人、其他组织或者公民。但不是所有具有代为清偿债务能力的法人、其他组织或者公民都可以作为保证人。《担保法》明确规定：①国家机关不得作为保证人，但经国务院批准为使用外国政府或者国际经济组织贷款进行转贷的除外；②学校、幼儿园、医院等以公益为目的的事业单位、社会团体不得作为保证人；③企业法人的分支机构、职能部门不得作为保证人，但如果企业法人的分支机构有法人书面授权的，可以在授权范围内提供保证；④任何单位和个人不得强令银行等金融机构或者企业为他人提供保证，银行等金融机构或者企业对强令其为他人提供保证的行为，有权拒绝。

2）保证合同

保证合同是指保证人与债权人订立的在主债务人不履行其债务时，由保证人承担保证责任的协议。《担保法》规定："保证合同必须采用书面形式订立。"保证合同具有以下内容：①被保证的主债权种类、数额；②债务人履行债务的期限；③保证的方式；④保证担保的范围；⑤保证的期间；⑥双方认为需要约定的其他事项。

3）保证方式

（1）一般保证是指当事人在保证合同中约定，债务人不能履行债务时，由保证人承担保证责任的保证。一般保证的保证人在主合同纠纷未经审判或者仲裁，并就债务人财产依法强制执行仍不能履行债务前，对债权人可以拒绝承担保证责任。

（2）连带责任保证是指当事人在保证合同中约定保证人与债务人对债务承担连带责任的保证。连带责任保证的债务人在主合同规定的债务履行期届满没有履行债务的，债权人可以要求债务人履行债务，也可以要求保证人在其保证范围内承担保证责任。当事人对保证方式没有约定或者约定不明确的，按照连带责任保证承担保证责任。

4）保证责任及范围

保证责任是指当债务人不履行债务时，保证人依据保证合同的约定所应承担的责任。保证责任通常有两种：保证人代替债务人履行债务；保证人负责赔偿损失。保证人承担保证责任的形式依保证合同的约定。保证人只对保证合同约定的保证期间内的保证事项承担责任。因此保证责任的确定，与保证期间和保证范围紧密相关。

保证责任范围。《担保法》规定："保证担保的范围包括主债权及利息、违约金、损害赔偿金和实现债权的费用。"保证合同当事人各方应当在合同中约定保证人担保的范围。如果当事人对保证担保的范围没有约定，或约定不明确的，保证人应当对全部债务承担保证责任。

5）保证期间

保证人与债权人应在保证合同内约定保证期间。如果未约定保证期间的，保证期间为主债务履行期届满之日起6个月，在此期间债权人可以要求保证人承担保证责任。

2. 抵押

所谓抵押，是指债务人或者第三人不转移对特定财产的占有，将该财产作为债权的担保。债务人不履行债务时，债权人有权依法以该财产折价或者以拍卖、变卖该财产的价款优先受偿。其中的债务人或者第三人是抵押人，债权人是抵押权人，用来抵押的财产是抵押物。

1）抵押物

债务人用来抵押的财产是抵押物。根据《担保法》的规定，依法可以抵押的财产包括：①抵押人所有的房屋和其他地上定着物；②抵押人所有的机器、交通运输工具和其他财产；③抵押人依法有权处分的国有土地的使用权、房屋和其他地上定着物；④抵押人依法有权处分的国有机器、交通运输工具和其他财产；⑤抵押人依法承包并经发包方同意抵押的荒山、荒沟、荒丘、荒滩等荒地的土地使用权；⑥依法可以抵押的其他财产。

根据我国法律规定，下列财产不得抵押：①土地所有权；②耕地、宅基地、自留地、自留山等集体所有的土地使用权；③学校、幼儿园、医院等以公益为目的的事业单位和社会团体的教育设施、医疗卫生设施和其他社会公益设施；④所有权、使用权不明或有争议的财产；⑤依法被查封、扣押、监管的财产；⑥依法不能抵押的其他财产。

2）抵押合同

抵押人和抵押权人应当以书面形式订立抵押合同。抵押合同应当包括以下内容：①被担保的主债权种类、数额；②债务人履行债务的期限；③抵押物的名称、数量、质量、状况、所在地、所有权权属或使用权权属；④抵押担保的范围；⑤当事人认为需要约定的其他事项。

抵押合同不完全具备上述规定内容的，可以补正。订立抵押合同时，抵押权人和抵押人在合同中不得约定在债务履行期限届满抵押权人未受清偿时，抵押物的所有权转移为债权人所有。

3）抵押物登记

《担保法》规定，以下列财产作为抵押物时应进行登记，抵押合同自登记之日起生效：①以地上定着物的土地使用权抵押的，应向核发土地使用权证书的土地管理部门办理登记；②以城市房地产或者乡(镇)、村企业的厂房等建筑物抵押的，应向县级以上地方人民政府规定的部门办理登记；③以林木抵押的，应向县级以上林木主管部门办理登记；④以航空器、船舶、车辆抵押的，应向运输工具的登记部门办理登记；⑤以企业的设备和其他动产抵押的，应向财产所在地的工商行政管理部门办理登记。当事人以上述5种财产以外的其他财产抵押的，可以自愿办理抵押物登记，这时，抵押合同自签订之日起生效。当事人未办理抵押登记的，不得对抗第三人。当事人如果办理抵押物登记，登记部门为抵押人所在地的公证部门。

4）抵押的效力

(1) 抵押担保的范围包括主债权及利息、违约金、损害赔偿金和实现抵押权的费用。

抵押合同对此亦可另作约定。

(2) 抵押物的转让。抵押期间，抵押人转让已办理登记的抵押物的，应当通知抵押权人并告知受让人转让物已经抵押的情况；抵押人未通知抵押权人或者未告知受让人的，转让行为无效。转让抵押物的价款明显低于其价值的，抵押权人可以要求抵押人提供相应的担保；抵押人不提供担保的，不得转让抵押物。

(3) 抵押权人的救济权利在抵押期间，如果抵押人的行为足以使抵押物价值减少的，抵押权人有权要求抵押人停止其行为。如果抵押物价值减少，抵押权人有权要求抵押人恢复抵押物的价值，或者提供与减少的价值相当的担保。抵押人对抵押物价值的减少无过错的，抵押权人有权在抵押人因损害而得到的赔偿。

(4) 所有权、使用权不明或有争议的财产。

(5) 依法被查封、扣押、监管的财产。

(6) 依法不能抵押的其他财产。

3. 质押

质押是指债务人或者第三人将其特定的动产或权利移交债权人占有，当债务人不履行债务时，债权人有权就其占有的财产优先受偿的担保。质押中的债权人称为质权人，债务人或第三人称为出质人，用作质押的财产称为质物。质押的形式因质物的不同，可分为动产质押和权利质押两种。

1) 动产质押

动产质押是指债务人或者第三人将其动产移交债权人占有，将该动产作为债权的担保。动产质押的标为可转移占有之动产，如一批木材、一辆汽车、一件古董等。

2) 权利质押

权利质押是指债务人或者第三人将其特定的权利凭证交付给债权人占有，作为债权的担保，当债务人不履行债务时，债权人有权通过将该权利转让，以获取的价款优先受偿。《担保法》规定，下列权利可以质押：汇票、支票、本票、债券、存款单、仓单、提单；依法可以转让的股份、股票；依法可以转让的商标专用权、专利权、著作权中的财产权；依法可以质押的其他权利。

4. 留置

留置是指债权人按照合同约定占有债务人的动产，在债务人逾期不履行债务时，债权人有权依法留置该财产，以该财产折价或者以拍卖、变卖该财产的价款优先受偿。债权人所享有的权利称为留置权，债权人因对留置权的享有而成为留置权人。留置权是一种法定担保形式。

1) 留置权的适用范围与留置担保的范围

因保管合同、运输合同、加工承揽合同发生的债权，债务人不履行债务的，债权人有留置权；法律规定可以留置的其他合同，适用留置的规定。留置担保范围包括主债权及利息、违约金、损害赔偿金、留置物保管费用和实现留置权的费用。

2) 留置权的成立条件

留置权的成立条件包括：①留置的财产必须是债权人以合法方式占有的债务人的动产。②留置的财产必须与债权人的债权有牵连关系，即债权人对动产的留置权与债务的产生是基于同一法律关系而发生的，如果动产与债权无关，则不能成立留置权。③必须是债务已届清偿期。债务清偿期有约定的，依约定行事；无约定的，依债权人发出的履行催告来确定。

3）留置权人的权利和义务

(1）留置权人的权利包括：①留置债务人的财产；②通知债务人在法定期限(两个月以上的期限)或约定的期限内履行债务；③债务人逾期不履行债务的，留置权人可以与债务人协议以留置物折价或依法拍卖、变卖；④对折价、拍卖、变卖留置物的价款有优先受偿权，若价款不足以清偿债务，由债务人补足。

(2）留置权人的义务包括：①妥善保管留置物，因保管不善致使留置物消失或毁损的，应负民事责任；②返还留置物，在留置权所担保的债权消灭，或者债权虽未消灭，债务人另行提供担保时，债权人应当返还留置物给债务人；③留置物折价或拍卖、变卖后所得价款超过债权数额的，超过部分应返还债务人。

4）留置权的实现

债权人与债务人应当在合同中约定，债权人留置财产后，债务人应当在不少于2个月的期限内履行债务。债务人逾期仍不履行债务的，债权人可以与债务人协议以留置物折价，也可以依法拍卖、变卖留置物。留置物折价或者拍卖、变卖后，其价款超过债权数额的部分归债务人所有，不足部分由债务人清偿。

5. 定金

定金是指当事人在签订合同时约定一方向另一方支付一定的金钱作为履行合同的担保。合同履行后，该定金抵作价款或者由支付方收回。

1）定金合同

定金合同应当以书面形式订立。既可以单独订立，也可以作为主合同中的担保条款，但必须明确写明“定金”字样。定金合同的成立，不仅须有当事人的合意，而且要有定金的现实交付，具有实践性。故其生效期从支付定金之日算起，无支付行为则合同不成立。在现实经济生活中，定金合同一般以在主合同中订立担保条款的形式出现。

2）定金数额的限制

《担保法》规定：“定金的数额由当事人约定，但不得超过主合同标的额的20%，超过部分不按定金处理。”

3）定金的效力

当事人一方不履行合同或者拒绝履行合同时，适用定金罚则，即给付定金的一方不履行约定的债务的，无权要求返还定金；收受定金的一方不履行约定的债务的，应当双倍返还定金。

4.5 合同的变更、转让与终止

4.5.1 合同的变更

合同变更包括广义的变更和狭义的变更。广义的合同变更包括合同内容的变更和合同主体的变更，而狭义的合同变更只包括合同内容的变更。我国《合同法》中的合同变更是指狭义的合同变更，即指合同成立后，没有履行或没有完全履行以前，合同当事人就合同的内容进行修改或补充的行为。

1. 合同变更的法律特征

（1）合同变更需当事人协商一致。
（2）合同变更需在原合同履行完毕之前进行。
（3）合同变更只是部分变更而不是全部变更。

2. 合同变更的条件

（1）必须有原合同关系的存在。
（2）须有双方当事人的变更协议。
（3）须有内容的变化，即合同当事人对合同内容进行了修改或补充。
（4）须遵循法定的形式。
一般而言，当事人变更合同采用何种形式，由当事人自行选择，但如果法律、行政法规规定变更合同应当办理批准、登记等手续的，依法律规定。

3. 合同变更的法律效力

（1）变更合同的协议生效后，原合同的效力即终止。
（2）合同的变更只对合同未履行的部分有效，但当事人另有约定的，从其约定。
（3）合同的变更不影响当事人请求损害赔偿的权利，即合同的变更并不能免除当事人的损害赔偿责任。
（4）当事人对合同变更的内容约定不明确的，推定为未变更。

4.5.2 合同的转让及其转让内容

1. 合同转让的概念和法律特征

合同转让是指合同当事人一方将其合同的权利和义务全部或部分转让给第三人的行为。其法律特征包括：①合同转让不改变原合同的内容；②合同转让的结果是合同主体发生了变更；③合同转让含两个法律关系。合同转让分为合同权利的转让、合同义务的转移以及合同权利义务的一并转让。

2. 合同权利的转让

合同权利的转让又称债权转让，是指合同的债权人通过协议将债权转移给第三人的行为。债权人可以转让全部债权，也可以转让部分债权。债权转让的要件包括：①存在有效的合同；②债权人与受让人达成转让协议；③债权人转让权利，应通知债务人，未经通知的，该转让对债务人不发生法律效力。如果法律、行政法规定债权转让应当办理批准、登记等手续，需依法办理。

对债权转让的限制：合同债权人可以不经债务人的同意转让合同权利，但并非所有合同债权人都可以转让债权。我国《合同法》规定，债权人可以将合同的权利全部或者部分转让给第三人，但有下列情形之一的除外：①根据合同性质不得转让；②按照当事人约定不得转让；③依照法律规定不得转让。

实例分析：2012年6月，A公司与B公司签订一份合同，约定B公司在12月底提供建筑钢材2 000t给A公司，价格4 000元/t。合同签订后，A公司即把货款全部支付给B公司。9月底，A公司为了赶工，遂与B公司协商提前交货事宜。B公司无提前交货能力，A公司只好另从其他渠道购得建筑钢材2 000t。原订建筑钢材2 000t恰好满足C公司的要求，A公司遂将合同全部转让给C公司。合同转让时市场钢材价格上涨，因此，C公司按4 300元/t支付A公司860万元。12月底，C公司前往B公司提货遭拒绝，B公司提出原合同是和A公司签的，没有得到任何合同转让通知，如果要交货，A公司就要补偿其与市场差价60万元。C公司不同意B公司的要求，遂以A公司和B公司为被告，诉至法院。法院判令合同转让因未尽通知义务而无效，判令A公司返还860万元给C公司，并继续履行与B公司的合同。

3. 合同义务的转移

合同义务转移又称债务承担，是指债务人将其在合同中的义务全部或部分转移给第三人的行为。在债务全部转移的情况下，债务人脱离原来的合同关系而由第三人取代原债务人，原债务人不再承担原合同中的责任。在债务部分转移的情况下，原债务人并没有脱离债务的关系，而第三人加入债务关系，并与债务人共同向同一债权人承担责任。

4. 债务承担的构成要件

(1) 存在有效的债务。

(2) 债务可以转移。

(3) 债务人转移债务应取得债权人的同意。

如果法律、行政法规定债务转移应当办理批准、登记等手续，需依法办理。

实例分析：宏大房地产开发公司(以下简称“宏大公司”)和怡景房地产销售公司(以下简称“怡景公司”)于2012年1月签订了一份房产买卖合同，怡景房地产销售公司以2亿元的价格购买宏大公司开发的一高档住宅小区，并由新达集团公司为怡景公司提供履约担保。怡景公司首期支付了4 000万元给宏大公司。怡景公司在销售该区楼盘时，由于策划不成功而销售不理想。眼看不能依约支付余款16 000万元给宏大公司，于是怡景公司找到金海公司代为履行其债务，宏大公司也表示同意。但到还款期限，金海公司也无法履约。宏大公司将担保人新达集团公司作为被告诉于法院，法院判决新达公司不承担担保责任。

本案例中怡景公司与金海集团间的债务转让既未通知新达公司，更未获经新达公司的同意，因而新达公司的担保义务自债务转让之时已免除。

5. 合同权利义务一并转让

当事人一方经对方同意，可以将自己在合同中的权利和义务一并转让给第三人。一般是由合同的一方当事人与第三人签订转让协议，约定由第三人享有合同转让人的一切权利，一并承担转让人在合同中的所有义务。由于合同权利义务的一并转让，既有权利的转让，也有义务的转移，所以法律规定，该转让必须经对方当事人同意，否则转让协议无效。另外，合同权利义务一并转让还需符合合同权利转让和合同义务转移的有关法律规定。

6. 合同转让的特殊形式

合同转让的特殊形式是指当事人合并、分立引起的债权债务的转移，它不是当事人之间通过协商的结果，而是由法律规定来确定的。我国《合同法》第九十条规定“当事人订立合同后合并的，由合并后的法人或者其他组织行使合同权利，履行合同义务。当事人订立合同后分立的，除债权人和债务人另有约定的以外，由分立的法人或者其他组织对合同的权利和义务享有连带债权，承担连带债务”。

4.5.3 合同终止及其原因

合同的终止又称合同的消灭，是指合同当事人之间的权利义务关系因一定法律事实的出现而不复存在。我国《合同法》规定了合同终止的7种情形。

1. 债务已经按照约定履行

债务按照约定履行，即合同因未履行而终止，当事人订立合同的目的未得到实现。这是合同终止的最主要形式。

2. 合同解除

合同解除是指提前消灭合同设立的权利和义务关系，是一种非自然的合同终止。

1）合同解除的方式

（1）协议解除即双方当事人通过协商一致的方式终止原有的债权债务关系，包括事先约定合同解除条件和事后协商解除合同。前者是指当事人在订立合同时就在合同中约定了可以解除合同的条件，一旦解除合同的条件成就时，解除权人可以解除合同；后者是指合同履行过程中双方当事人经协商一致，合意解除合同。

（2）法定解除又称单方面解除，是指合同一方基于法律规定的情形，可以依法单方面解除合同。《合同法》规定，有下列情形之一的，当事人可依法解除合同：①因不可抗力而不能实现合同目的的；②在合同履行期限届满之前，当事人一方明确表示或者以自己的行为表明不履行主要债务的；③当事人一方迟延履行主要债务，经催告后在合理期限内仍未履行的；④当事人一方迟延履行债务或有其他违约行为，致使不能实现合同目的和法律规定的其他情形。

2）合同解除权的行使和消灭

合同当事人一方依法主张解除合同的，应当通知对方，合同自通知到达对方时解除。对方有异议的，可以请求人民法院或仲裁机构确认解除合同的效力。法律、行政法规规定解除合同应当办理批准、登记等手续的，依照其规定。合同当事人约定或者法律规定有解除权行使期限的，期限届满当事人不行使的，该权利消灭；如果当事人没有约定，又无法律规定解除权行使期限的，经过对方当事人催告后在合理期限内不行使解除权的，该权利也消灭。

3）合同解除的法律后果

合同解除的法律后果包括：合同解除后，尚未履行的，终止履行；合同解除后，已经履行的，根据履行情况和合同性质，当事人可以要求恢复原状或采取其他补救措施，并有权要求赔偿损失。

3. 债务相互抵消

债务相互抵消是指合同双方当事人互负到期债务，而依照一定的规则，同时消灭各自的债权。债务相互抵消有两种形式。

1）法定抵消

法定抵消是指当事人互负到期债务，该债务的标的物种类、品种相同的，任何一方可以将自己的债务与对方的债务抵消。法定抵消的限制为：①依照法律规定或者按照合同性质不得抵消的，则不能行使抵消权；②当事人主张抵消的，应当通知对方，通知自到达对方时生效；③抵消的通知不得附条件或者期限。

2）协议抵消

协议抵消是指当事人互负到期债务，该债务的标的物种类、品质不相同的，经双方协商一致，也可抵消。可见，对不同种类、品质的债务，当事人不能单方面主张债务抵消，只能通过双方协商一致，方可抵消。

4. 债务人依法将标的物提存

提存是指由于债权人的原因致使债务人无法向债权人清偿其所负债务时，债务人将合同标的物交给提存机关，从而使债权债务归于消灭。

（1）提存的原因。提存的原因有以下4个方面：①债权人无正当理由拒绝受领标的物；②债权人下落不明；③债权人死亡未确定继承人或者丧失民事行为能力未确定监护人；④法律规定的其他情形。

但并非所有符合上述条件的标的物都可以提存，如果标的物不适于提存或提存费用过高的，债务人可以拍卖或者变卖标的物，提存所得的价款。债务人可以从“所得价款”中扣除拍卖或变卖费、提存费等费用。

（2）提存通知。债务人提存标的物后，应及时通知债权人或者债权人的继承人、监护人，债权人下落不明的除外。债务人履行“及时通知”的义务也是为了促使债权人及时行使权利。

5. 债权人免除债务

债权人免除债务是债权人放弃债权而使得债权债务关系终止。债权人可以免除债务人的全部债务，也可以只免除债务人的部分债务。免除全部债务的，合同权利义务全部终止；免除部分债务的，合同的权利义务部分终止。

6. 债权债务同归于一人

债权债务同归于一人又称债的混合，是指合同的债权主体和债务主体合为一体。引起债权债务混同的事由主要有两种：①当事人合并；②债权债务的转让。

4.6 违约责任和纠纷处理

4.6.1 违约责任及归责原则

1. 违约责任的概念

违约责任是指合同当事人违反合同义务依法应承担的民事责任。违约责任以有效合同为前提。合同依法成立并生效后，当事人必须全面地履行合同规定的义务，并享有合同规定的权利。如果当事人没有遵循全面履行的原则，造成合同不履行或履行不符合约定的后果，就应当按约定或依法承担继续履行、采取补救措施或者赔偿损失等违约责任。

2. 违约责任的归责原则

合同违约的归责原则有两种：一种是过错责任原则；另一种是严格责任原则。过错责任原则是指一方违反合同的义务，不履行或不适当履行合同时，应以过错作为确定责任的条件和确定责任范围的依据。严格责任原则是指不论违约方主观上有无过错，只要其有不履行合同义务的行为，就应当承担违约责任。

3. 违约行为

违约行为即违反合同的行为，是指合同当事人不履行合同义务或者履行合同义务不符合约定的行为。

1）不履行合同义务

（1）不能履行又称给付不能，是指债务人由于某种情形，在客观上已经没有履行能力，导致事实上已经不可能再履行债务。

（2）拒绝履行是指当事人一方明确表示或者以自己的行为表明不履行合同义务。拒绝履行与不能履行有着明显不同，前者强调当事人有履行能力而不履行，后者则主要强调客观上不能履行。《合同法》规定："当事人一方明确表示或者以自己的行为表明不履行合同义务的，对方可以在履行期限届满之前要求其承担违约责任。"

2）履行合同义务不符合约定

履行合同义务不符合约定，也称为不适当履行，包括不履行合同义务以外的一切违反合同义务的情形。其构成条件是：①债务虽已履行，但履行没有完全按照债务的内容进行；②不适当履行是债务人方面的原因引起的。

4.6.2 违约责任的种类及违约责任的免除

1. 违约责任的种类

1）继续履行

继续履行，也称强制履行或者强制实际履行，是指在当事人一方不履行合同时，由人民法院或者仲裁机构根据对方当事人的要求，强制违约方继续按合同规定的标准履行义务。此种情况多适用于标的物是特定的、必须履行的、不得替代履行的情况。

2）支付违约金

违约金是指由法律规定或合同约定的，在当事人一方不履行合同或履行合同不符合约定时，给付对方当事人的一定数额的货币。违约金的数额是由当事人在合同中预先确定的。有两种确定方法：一是事先确定违约金的具体数额；二是确定违约金的计算方法。但约定的违约金数额应与不履行合同或履行合同不符合约定所造成的损失大致相当。

3）赔偿损失

赔偿损失是指当事人一方不履行合同义务或履行合同义务不符合约定，给对方造成损

失时，应向对方支付的一定数额的货币。一般来说，赔偿额的确定以违约方所造成的实际损失为依据。

4）承担侵权责任

因当事人的一方违约行为，侵害对方人身、财产权益的，受害方有权依法选择要求其承担违约责任或承担侵权责任。实践中，经常会出现同一行为既表现为违约行为，又表现为侵权行为的情形，因而会产生责任竞合的问题。当事人既可以请求对方承担违约责任，也可以请求对方承担侵权责任，选择何种形式由受害方决定，但受害方不能提出双重要求。

5）采取补救措施

采取补救措施是指一方当事人违约后，为防止损失的发生或扩大，另一方要求违约方按照法定或约定采取退货、减少价款等措施以弥补或者减少另一方损失的责任形式。

2. 违约责任的免除

违约责任的免除是指没有履行或者没有完全履行合同义务的当事人，依法可以免除承担的违约责任。合同当事人在履行合同过程中如遇不可抗力，根据该不可抗力的影响，可以免除全部或部分的责任。

1）不可抗力的概念

所谓不可抗力，是指不能预见、不能避免并不能克服的客观情况。这种客观情况既包括自然现象，如地震、水灾、火灾、雷击、海啸等；也包括社会现象，如战争、动乱、罢工等。对于不可抗力的范围，当事人可以在合同中以列举方式做出明确的约定。

2）不可抗力的法律效力

不可抗力可以导致合同责任的免除，免除的责任包括实际履行、支付违约金、赔偿损失等。具体免责范围如下：①全部免除合同不履行的责任指不可抗力导致当事人无法履行合同的，免除全部责任；②部分免除合同不履行的责任指不可抗力只是部分地影响当事人履行合同的能力，则只免除不可抗力因素所影响的部分责任；③免除合同当事人迟延履行的责任，由于不可抗力的原因致使合同当事人无法在合同约定的履行期限内履行合同的，免除其迟延履行的责任。

3）因不可抗力不能履行合同一方的义务

合同当事人一方因不可抗力不能履行合同时，虽然可以免除履行的责任，但仍有义务减少损失，通知对方并提供证明。

(1) 通知的义务。不可抗力发生后，不能履行合同的一方当事人应及时通知对方，使对方能及时处理因合同得不到履行可能带来的问题，以减少损失。

(2) 减少损失的义务。遇到不可抗力一方当事人应尽可能克服困难，努力清除不可抗力的影响，把给对方造成的损失减少到最低限度。

(3) 证明的义务。当事人一方因不可抗力不能履行合同的，应当在合理期限内提供证明。

3. 违约对方的责任

当事人一方违约后，对方应当采取适当措施防止损失扩大。因防止损失扩大而支付的合理费用，由违约方承担，但要求违约方采取的措施是合理的，费用是必要的。如果违约方没有采取适当措施致使损失扩大的，其不得就扩大的损失要求赔偿。

本章小结

通过学习本章，应掌握的知识点包括：合同法的原则和规则；合同的订立程序和合同的履行中合同双方的权利和义务；有效合同和无效合同；合同的变更和终止的程序与规则；担保合同履行的5种形式和违约责任。

习　题

1. 单项选择题

(1) 合同法律关系的客体是指(　　)。

A. 合同的当事人　　B. 合同双方的权利

C. 合同双方的义务　　D. 合同的标的

(2) 委托代理人与第三人签订合同的法律特征表现为(　　)。

A. 以代理人的名义与对方谈判

B. 签订的合同内应约定代理人的权利与义务

C. 代理人在合同谈判过程中自主地提出自己的要求

D. 所签订的合同由委托人和代理人共同履行

(3) 债务人将其权利移交给债权人占有，用以担保债务履行的方式是(　　)。

A. 抵押　　B. 留置　　C. 保证　　D. 质押

(4) 担保方式中的保证要求(　　)订立书面保证合同。

A. 债权人和债务人　　B. 保证人和债权人

C. 保证人和债务人　　D. 主合同当事人

(5) 2004年2月1日，某建设单位与某施工单位签订了施工合同，约定开工日期为2004年5月1日，竣工日期为2005年12月31日。2004年2月10日，施工单位与保险公司签订了建筑工程一切险保险合同。施工单位为保证工期，于2004年4月20日将建筑材料运至工地。后因施工设备原因，工程实际开工日为2004年5月10日。该工程保险开始生效日为(　　)。

A. 2004年2月10日　　B. 2004年4月20日

C. 2004年5月1日　　D. 2004年5月10日

2. 多项选择题

(1) 依据《担保法》的规定，(　　)不能作为保证合同的保证人。

A. 幼儿园　　B. 银行　　C. 学校　　D. 企业　　E. 医院

(2) 可以是第三人做出担保的方式有(　　)。

A. 保证　　B. 抵押　　C. 质押　　D. 留置　　E. 定金

(3)"建筑工程一切险"承担保险责任的范围包括(　　)。

A. 错误设计引起的费用

B. 火灾

C. 外力引起的机械或电气装置的本身损失

D. 工艺不善引起的非保险财产的本身损失

E. 爆炸

(4) 如果(　　)履行过程中发生债权，债权人有权行使留置。

A. 买卖合同　　B. 保管合同　　C. 运输合同

D. 工承揽合同　E. 施工合同

(5) 按照《担保法》的规定，只能由当事人本人做出担保的方式有(　　)。

A. 保证　　B. 抵押　　C. 质押　　D. 留置　　E. 定金

(6) 甲企业与乙银行签订一份50万元的贷款合同，丙企业在贷款合同的担保人栏目中加盖了企业的印章。现甲企业逾期没有还款，下列对于该债务清偿的表述正确的有(　　)。

A. 乙银行有权要求甲企业对50万元的债务承担全部责任

B. 乙银行有权要求丙企业对50万元的债务承担责任

C. 乙银行只能通过司法途径要求甲企业承担责任后，才可要求丙企业承担责任

D. 乙银行有权要求甲企业对30万元的债务承担责任，丙企业对20万元债务承担责任

E. 乙银行有权要求甲企业与乙企业对50万元的债务平均分摊责任

3. 案例分析题

(1) 某山区农民赵某家中有一花瓶，系赵某的祖父留下。李某通过他人得知赵某家有一清朝花瓶，遂上门索购。赵某不知该花瓶真实价值，李某用15 000元买下。随后，李某将该花瓶送至某拍卖行进行拍卖，卖得价款11万元。赵某在一个月后得知此事，认为李某欺骗了自己，通过许多渠道找到李某，要求李某退回花瓶。李某以买卖花瓶是双方自愿的，不存在欺骗，拒绝赵某的请求。经人指点，赵某到李某所在地人民法院提起诉讼，请求撤销合同，并请求李某返还该花瓶。

试分析：① 赵某的诉讼请求有无法律依据？为什么？

② 法院应如何处理？

(2) 甲公司与乙公司签订一份秘密从境外买卖免税香烟并运至国内销售的合同。甲公司依双方约定，按期将香烟运至境内，但乙公司提走货物后，以目前账上无钱为由，要求暂缓支付货款，甲公司同意。3个月后，乙公司仍未支付货款，甲公司多次索要无果，遂向当地人民法院起诉要求乙公司支付货款并支付违约金。

试分析：① 该合同是否具有法律效力？为什么？

② 应如何处理？

(3) 甲、乙公司于2012年4月1日签订买卖合同，合同标的额为100万元。根据合同约定，甲公司应于4月10日前交付20万元的定金，以此作为买卖合同的生效要件。

4 月 15 日，乙公司在甲公司未交付定金的情况下发出全部货物，甲公司接受了该批货物。4 月 20 日，乙公司要求甲公司支付 100 万元的货款，遭到拒绝。经查明：甲公司怠于行使对丙公司的到期债权 100 万元，此外甲公司欠丁银行贷款本息 100 万元。4 月 30 日，乙公司向丙公司提起代位权诉讼，向人民法院请求以自己的名义代位行使甲公司对丙公司的到期债权。

人民法院经审理后，认定乙公司的代位权成立，由丙公司向乙公司履行清偿义务，诉讼费用 2 万元由债务人甲公司负担。丁银行得知后，向乙公司主张平均分配丙公司偿还的 100 万元，遭到乙公司的拒绝。

试分析：① 甲、乙公司签订的买卖合同是否生效？并说明理由。

② 简述乙公司向丙公司提起代位权诉讼时应当符合的条件。

③ 丁银行的主张是否成立？并说明理由。

④ 人民法院判定诉讼费用由甲公司负担是否符合法律规定？并说明理由。

第5章 FIDIC合同条件与国际惯例

教学目标

通过学习本章，应达到以下目标：

(1) 全面了解FIDIC合同红皮书、黄皮书、银皮书和绿皮书的一般条件和通用条件及其组织管理；

(2) 清晰记忆这4本书合同文件的构成和优先顺序；

(3) 掌握国际仲裁与惯例，为以后的深入学习与运用打下良好的基础。

学习要点

知识要点	能力要求	相关知识
FIDIC合同红皮书、黄皮书、银皮书和绿皮书	(1) 掌握FIDIC合同4本书各适用的工程； (2) 掌握FIDIC合同4本书各自的合同文件构成及优先顺序	(1) FIDIC合同红皮书的概念； (2) FIDIC合同黄皮书的概念； (3) FIDIC合同银皮书和绿皮书概念
通用条款与专用条款	(1) 掌握FIDIC合同通用条件的主要内容； (2) 理解FIDIC合同专用条件的含义	(1) 信息沟通规则及争端解决途径； (2) 业主和工程师的概念
FIDIC合同4本书主要差别及其组织关系	(1) 掌握FIDIC合同4本书主要差别； (2) 掌握各合同条件的组织关系及其差别	(1) 4本合同书的组织合同关系； (2) 4本合同书的主要条款
AIA、ICE和JCT合同条件	(1) 了解AIA和ICE合同条件及适用范围； (2) 了解JCT合同条件及适用范围	(1) AIA和ICE合同条件的概念； (2) JCT合同条件和BOT项目概念

续表

知识要点	能力要求	相关知识
国际工程合同纠纷的解决方式及其仲裁规则	(1) 了解国际工程合同纠纷的解决方式； (2) 了解解决国际工程合同纠纷的仲裁规则； (3) 了解仲裁程序	(1) 国际商会、仲裁程序和仲裁规则； (2) 国际仲裁委员会受案范围

基本概念

专用条件；通用条件；优先规则；FIDIC；ICE(NEC)；JCT；AIA；合同条件。

引例

自从有合同出现以来，合同中的双方(发包商和承包商)就在不断地进行“忠诚”与“背叛”的博弈，在建设工程合同履行的实践中，承包商与发包商的博弈绝不是一次性的，而是多次的、无数次的。在近百年的博弈中，经过了多次“背叛”、“不诚信”的阵痛，在效率损失和成本堆积的沼泽里产生了不断变革的具有“双赢”契约意识的FIDIC合同条件。使人们越来越认识到“双赢”才是合同履行效率的根本，是商业伦理。

FIDIC是国际咨询工程师联合会(Fédération Internationale Des Ingénieurs Conseils)的法文缩写，其相应的英文名称为：International Federation of Consulting Engineers，中文音译为“菲迪克”，有人称FIDIC合同条件是国际承包工程的“圣经”。可以说，FIDIC合同条件是集工业发达国家土木工程行业上百年的经验，把工程技术、法律、经济和管理科学等有机结合起来的一个合同条件。FIDIC合同条件通过几番变革更趋合理性、公平性，在中国的应用也越来越广泛。

现在所说的FIDIC条件是1999年的新版FIDIC合同条件，发行了4个版本：FIDIC红皮书、FIDIC黄皮书、FIDIC银皮书和FIDIC绿皮书，当然还有AIA与ICE合同条件、JCT与BOT合同条件。这些国际工程合同条件伴随着国际惯例下的解释原则和仲裁规则以及合同纠纷解决的方式。

5.1 FIDIC新版4本合同条件

FIDIC红皮书也叫“施工合同条件”(Conditions of Contract for Construction)，FIDIC黄皮书也叫“生产设备与设计—施工合同条件”(Conditions of Contract for Plant and Design-Build)，FIDIC银皮书也叫设计—采购—施工(交钥匙工程)合同条件(Conditions of Contract for EPC Turnkey Projects)，FIDIC绿皮书也叫简明合同格式(Short Form of Contract)。

5.1.1 新红皮书

新版红皮书一共有20条规定：第1条是一般规定，主要对合同文件重点关键术语进行了明确的定义，对合同文件的组成和文件的优先次序、合同双方沟通信息和文件颁发的原则、合同语言和联合承包做了规定；第2、3、4、5、6条对业主、承包商、工程师、指定承包商、职员与劳工的权利和义务做了明确规定；第7、8、9、10、11条主要对施工设备材料与工艺、开工、延误和暂停做了明确规定，对竣工验收以及缺陷责任做了具体规定；第12、13、14条主要对工程量的计量与估价、变更与调整、合同价及付款方式做出了具体规定；第15、16条对业主与承包商提出的暂停与终止的规则做出了具体规定；第17、18、19条对风险的分担与不可抗力做出了具体规定；第20条对索赔争端的解决途径做出了具体规定。红皮书下的合同与组织关系如图5.1所示，实线连接表示它们之间是合同关系和管理关系，虚线连接表示它们之间是管理协调关系。

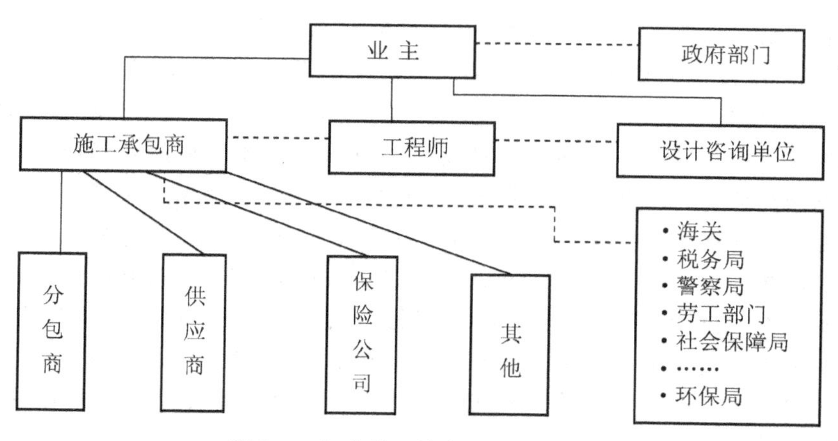

图5.1 红皮书下的合同与组织关系

1. 红皮书的合同文件构成及文件的优先次序

红皮书分为通用条件和专用条件。通用条件考虑了各种承发包条件的可能，只要在写招标文件时做出选择就可以了。专用条件要由合适的经过认定的专业人员来考虑通用条件中与项目建设环境不符合的部分，然后对通用条件做出修改和补充编写专用条件。也就是说，专用条件在精神实质上必须与通用条件保持一致。不允许业主通过专用条件去违反通用条件，把应由业主方承担的风险责任推给承包方。(这一点非常重要。)但这并不等于说，在合同文件的解释顺序上，通用条件优先于专用条件。新红皮书1.5条规定：以下各合同文件构成合同文件整体，可以互相引证解释。在解释时，各文件的优先顺序按以下排列：①合同协议书；②中标函；③投标函；④专用合同条件；⑤通用合同条件；⑥规范；⑦图纸；⑧数据表以及组成合同的其他文件。

若在文件之间出现模糊不清或不一致的情况，工程师应予以必要的澄清或签发有关指令。注意：规范和图纸同作为工程的技术文件，明确规定规范优先于图纸。即使在合同中没有规定合同文件的优先次序，若规范与图纸出现矛盾时，法院的判决也是规范具有优先权，这一规定与判例是一致的。

2. 文件的照管与提供

一个工程项目涉及大量合同文件和施工文件，如何管理这些文件呢？FIDIC 合同条件 1.8 款给出了相关规定。

(1) 规范和图纸由业主保管。

(2) 业主向承包商提供两套合同文件，包括随后签发的图纸。如果承包商需要超出两套，可自行复印，也可从业主购买。

(3) 承包商的文件由其自己保管，承包商应提供 6 套给业主；承包商应将整套合同文件、规范中提到的各类标准出版物、承包商的文件、变更文件以及其他来往函件等在现场保留一套，业主人员在合理时间可以随时查阅。

(4) 如果一方发现某文件中有技术方面的缺陷或错误，应立即通知对方。

3. 合同双方信息沟通的规则

怎样才能保证合同双方在项目实施过程中交流畅通，避免信息互换中的混乱呢？FIDIC 红皮书 1.3 款做了这样的规定。

(1) 给予许可和批准、签发通知和证书、做出决定、提出要求等一律采用书面形式。

(2) 上述内容可以派员邮寄或特快专递送达，也可由双方商定的电子发送系统送达。派员送达时要有签收，电子发送系统在投标函附录中须有注明。

(3) 通信联络的一般地址在投标函附录中注明。

(4) 如果收件方通知了对方另外一个地址，此后再通信时应采用被通知的新地址。

(5) 如果一方要求对方给予批准或同意时，在其信函中没有特别说明，那么，收到的函件从哪里发出的，复函就发往哪里。

本款又规定，批准与许可，决定与签证，都不得无故扣发或拖延。签发人在签发给一方证书时，应同时抄送给另一方；当业主、承包商及工程师三方中的两方之间发通知时，应同时抄送给第三方。

4. 争端解决的途径

新红皮书下的合同争端解决途径事先要经过世界银行推荐采用的“争端评审委员会(DRB)”，现改名为“争端评判委员会”(Dispute Adjudication Board，DAB)来友好地解决。“争端评判委员会”由 3 人组成，双方各出一人，由双方都同意的德高望重的懂专业的人员出任，然后双方推举出都信任的第三人担任主任，主持“争端评判委员会”。

无论是 DRB 对解决争端提出的“建议”(Recommendation)，或者 DAB 提出解决争端的“决定”(Decision)，都不具备法律效力，争端双方或其中的任一方均可在规定的时间(28 天内)，对其表示“不满”拒绝接受其“决定”，而要求进一步将争端提交给“仲裁”(Arbitration)来解决。

5. 红皮书合同条件的适用条件

(1) 各类大型或复杂工程。

(2) 主要工作为施工。

(3) 业主负责大部分设计工作。

(4) 由工程师来监理施工和签发支付证书。

(5) 按工程量表中的单价来支付完成的工程量(即单价工程)。

(6) 风险分担均衡。

5.1.2 新黄皮书

新黄皮书中的生产和施工包含了较为广阔的领域，即电气及机械生产设备的设计、制造、安装、检验及试运行等供货性质的工作，还有建筑物或土木工程的设计和施工等工作。这种合同形式的特点是承包商按照业主的要求，对生产工厂的机电等永久设备进行设计、制造和供货，并对生产工厂的建筑物、土木工程、机电工程进行设计和施工。黄皮书下的合同与组织关系如图5.2所示。

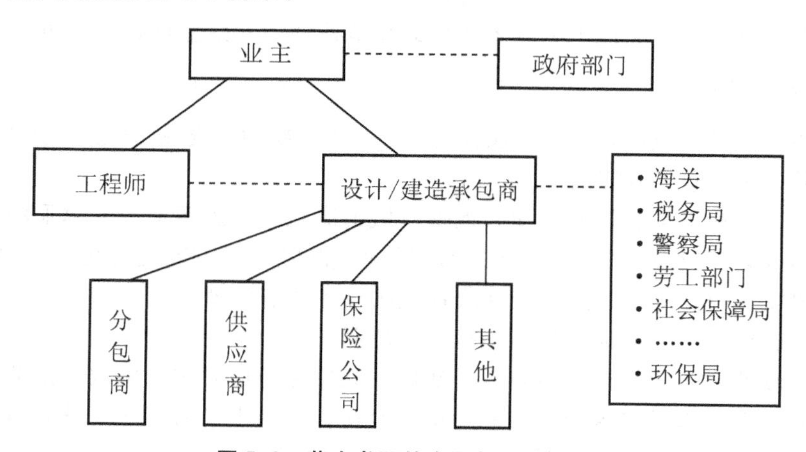

图5.2 黄皮书下的合同与组织关系

1. 黄皮书合同文件的构成及其优先顺序

黄皮书的合同文件包括：①合同协议书；②中标函；③投标函；④合同条件；⑤业主的要求；⑥明细表；⑦承包商的建议书；⑧合同协议书或中标函中列出的其他文件。

与新红皮书相比，上面的合同文件没有包括“规范”和“图纸”，而增加了“业主的要求”和“承包商的建议书”。由于在新黄皮书模式下，承包商的工作范围包括设计，因此，业主在招标文件中，也就不可能给出详细的“规范”和“图纸”等文件，因为这些文件只有设计工作做到一定程度时才能给出。

2. 生产设备的质量检验

作为生产设备的电气和机械产品的设计、制造和安装质量，对项目建成后的生产运行有着关键性的作用。因此，新黄皮书把生产设备的质量检验放在重要位置。对生产设备的“竣工试验”(Tests on Completion)、“竣工后试验”(Tests after Completion)、“启动前试验”(Pre-commissioning Test)、“启动试验”(Commissioning Test)以及“试运行”(Trial Operation)，都做了详细的规定。

3. 设计工作是承包商的一项重要任务

承包商应按照“雇主要求”(Employer's Requirement)中规定的标准配备合格的设计人员进行设计工作，并使自己的设计文件符合工程所在国的技术标准，符合建筑、施工和环境方面的法律，以及其他标准规格。

承包商应进行工程的设计并对其负责。这些设计文件必须经过雇主和工程师的审核后，方可实施。如果发现承包商文件中有错误、遗漏、不一致、不适当或其他缺陷时，尽管取得了任何同意或批准，承包商应自费修正这些缺陷及其带来的工程问题。

4. 合同价格支付按总价合同方式办理

黄皮书合同条件中的合同价格和支付方式属于总价合同，即按中标通知书中指明的总合同价格进行支付。

总价合同的特点是将总价按规定的期限予以分期支付，一般不需要进行工程量的重新测量。因此，承包商承担着由于其设计引起的工程成本变化的风险。只有当出现工程师决定进行某项工程变更(Variations)时，根据13.3条“变更程序”的规定，承包商在某建议书中可以提出“改变施工时间”和“调整合同价格”等方面的要求。这时，为了对工程变更进行估价，可以按照承包商在其投标报价文件所包括的单价或其他估价资料，以及进行必要的重新测量，来确定由于工程变更引起的合同价格调整的款额。

新黄皮书第14条“合同价格和付款”特别强调了以下内容。

“为了对变更进行估价，可要求投标书随附详细的价格明细表，包括工程量、单价和其他估价资料。此类资料也能用于期中付款的估价……在编制招标文件时，雇主必须决定是否同意将受投标人报价细目进行约束。如果不，应确保工程师具有对可能要求的任何变更进行估价的必要专业知识。”

5. 新版黄皮书的适用条件

(1) 机电设备项目、其他基础设施项目以及其他类型的项目。

(2) 业主只负责编制项目纲要(即“业主的要求”)和永久设备性能要求，承包商负责大部分设计工作和全部施工安装工作。

(3) 工程师来监督设备的制造、安装和施工，以及签发支付证书。

(4) 在包干价格下实施里程碑支付方式，在个别情况下，也可以采用单价支付。

(5) 风险分担均衡。

5.1.3 新银皮书

新银皮书《EPC交钥匙项目合同条件》的条款结构和语言措辞同新黄皮书很相似，主题条款的名称仅有一条互不相同。银皮书的合同工程内容，包括承包商对工程项目进行设计、采购和施工等全部工作，向业主提供一个配备完善的设施，业主只需“转动钥匙”(Turn the Key)就可以开始生产运行。这是美国人习惯的一个称呼。也就是以交钥匙的方式向业主提供工厂、动力、加工设施，或一个建成的土建基础设施工程。

银皮书下的合同与组织关系如图5.3所示。

1. 银皮书合同文件构成及优先顺序

这里的合同实际是全部合同文件的总称。它包括：①合同协议书；②专用条件；③通用条件；④业主的要求；⑤投标书；⑥合同协议书列出的其他文件。

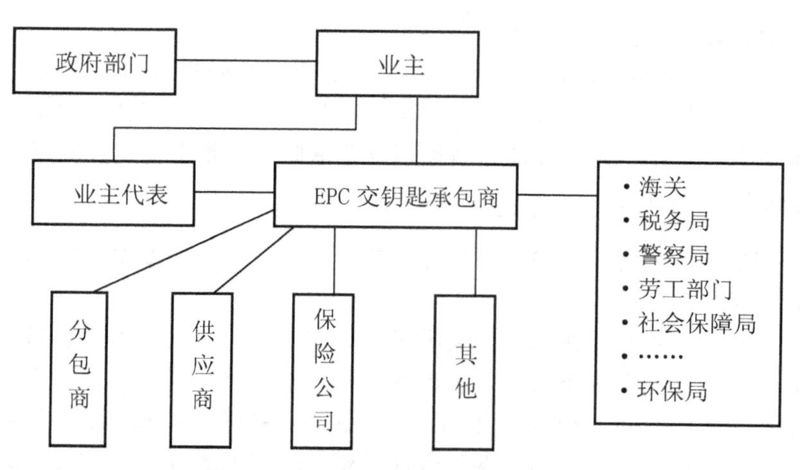

图 5.3　银皮书下的合同与组织关系

与新黄皮书相比，上面的合同条件没有包括“中标函”、“投标函”、“承包商的建议书”、“明细表”以及“投标函附录”，大概考虑了EPC交钥匙项目比较特殊，一般采用邀请招标，因此需要更灵活的签订合同的程序。与新红皮书以及新黄皮书不同，这类合同的签订过程实际上就是一个谈判过程，合同协议书中会出现大量的备忘录，对原招标文件以及承包商的投标书进行大量的修改。这些修订的内容也就属于“合同协议书列出的其他文件”。

2. 银皮书与黄皮书的差别

银皮书同新黄皮书在主题条款上仅有一点差别，这就是第3条，新黄皮书为“工程师”，银皮书则是“雇主的管理”(The Employer's Administration)。这一差别的具体表现有以下方面。

(1) 银皮书合同方式的合同有关人员中不设置工程师(The Engineer)，而由雇主(业主)自己进行管理。而工程项目的设计工作由承包商负责完成，业主不需要委托设计咨询公司(即工程师)进行设计。

(2) 业主对施工项目的管理，具体由其代表——雇主代表(The Employer's Representative)履行。这位代表将被认为具有合同规定的业主的全部权利，除非极个别特别重要的事项由业主亲自出面办理，如重大的工程变更和终止合同等。

(3) 业主代表有其助手人员，如驻地工程师、设备检验员、材料检验员等。业主的这些人员具有工程师做出“决定”(Determination)的权利，如批准、检查、指示、通知和要求试验等。

(4) 关于争端的解决。关于解决合同争端的“争端评判委员会(DAB)”，银皮书和新黄皮书中亦规定可以采用，但同新红皮书中对DAB的重视程度有所不同。新红皮书规定，对于重大的工程项目，DAB应该有3人组成，而且必须是常设的(Permanent DAB)，其成员应定期到工程项目上去实地考察。而银皮书和新黄皮书则规定可以采用一人的独任评判员(或3人评判员)，而且可建立临时的DAB或称特设DAB，即这个争端评判委员会可因某一专项争端而设立，此争端解决后即可取消。这样可以灵活机动地解决争端问题，节约人力财力，值得参照采纳。

3. 银皮书专用条件

(1) 私人投资项目，如BOT项目(地下工程太多的工程除外)。

(2) 固定总价不变的交钥匙合同并按里程碑方式支付。

(3) 业主代表直接管理项目实施过程，采用较松的管理方式，但严格竣工检验和竣工后检验，以保证完工项目的质量。

(4) 项目风险大部分由承包商承担，但业主愿意为此多付出一定的费用。

4. 银皮书适用的项目

(1) 私人投资项目，如BOT项目。

(2) 固定总价不变的交钥匙、按里程碑方式支付的项目。

(3) 业主代表直接管理且松管理、严检查的项目。

(4) 项目风险大部分由承包商承担，但业主愿多支付的项目。

5.1.4 新绿皮书

新绿皮书《简明合同格式》(*Short Form of Contract*)以清新简练的面貌出现在国际工程承包舞台上，这是FIDIC总部的一项创新。绿皮书下的合同与组织关系如图5.4所示。

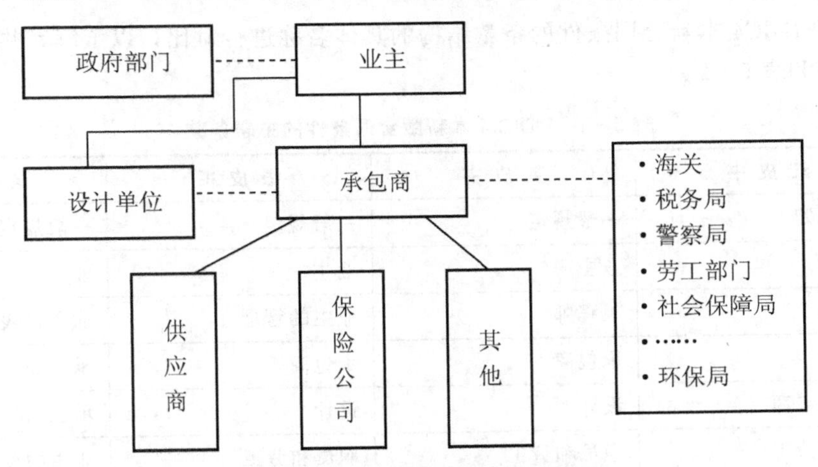

图5.4 绿皮书下的合同与组织关系

1. 绿皮书合同文件构成及优先顺序

绿皮书的合同文件包括：①协议书；②专用条件；③通用条件；④规范；⑤图纸；⑥承包商提出的设计；⑦工程量表等。

当然，这里列出的只是一种范例而已。业主在编制招标文件时，可以根据实际情况进行修改。例如，如果业主不需要承包商设计，则“承包商提出的设计”就可以删除。

2. 适用于规模较小的民用土建工程

对于工程项目投资额在50万美元以下、工期在6个月以内的承包合同，没有必要全盘采用新红皮书、新黄皮书或银皮书。因为这些小型工程的技术较简单，多属重复性工作，合同实施过程中一般不出现重大的合同争端问题。

3. 不设置工程师

由于工程简单，其设计工作可由业主委托承包商负责完成，工地的施工管理工作则由业主委派的代表担任，如绿皮书第3条中的“雇主代表”(Employer's Representative)来监督承包商的施工。

4. 评判员的设置可灵活议定

对于合同争端的解决，可由合同双方协商一致的一位评判员来调解解决。若无合同争议，则双方可协商不设置评判员。对于评判员的调解决定，合同任何一方表示不满意时，还可诉讼仲裁，由独任仲裁员(Sole Arbitrator)做出最终性的裁决。

5. 适用条件

(1) 施工合同金额较小(如低于50万美元)、施工期较短(如低于6个月)。

(2) 既可以是土木工程，也可以是机电工程。

(3) 设计工作既可以由业主负责，也可以由承包商负责。

(4) 合同可以是单价合同，也可以是总价合同，在编制具体的合同时，协议书中给出具体规定。它虽然简明，但其管理规则可与国际惯例接轨，较各国自行编写，其合同条件要适用得多。

为了对FIDIC4本新合同条件的条款结构的具体名称进行对比，以了解其共性和个性，特编表5-1和表5-2。

表5-1 FIDIC 4本新版合同条件的主题条款

次序	红皮书	黄皮书	银皮书	绿皮书
1	一般规定	一般规定	一般规定	一般规定
2	业主	业主	业主	业主
3	工程师	工程师	业主的管理	业主代表
4	承包商	承包商	承包商	承包商
5	指定分包商	设计	设计	承包商的设计
6	职员和劳工	职员和劳工	职员和劳工	业主的责任
7	施工机械、材料和工艺	施工机械、材料和工艺	施工机械、材料和工艺	竣工时间
8	开始、延迟和暂停	开始、延迟和暂停	开始、延迟和暂停	接受
9	竣工验收	竣工验收	竣工验收	修复缺陷
10	业主接收	业主接收	业主接收	变更与索赔
11	缺陷责任	缺陷责任	缺陷责任	合同价格与支付
12	计量和计价	完工后的测试	完工后的测试	违约
13	变更和调整	变更和调整	变更和调整	风险与责任
14	合同价格和支付	合同价格和支付	合同价格和支付	保险
15	由业主终止合同	由业主终止合同	由业主终止合同	争端的解决

续表

次序	红皮书	黄皮书	银皮书	绿皮书
16	承包商暂停和终止合同	承包商暂停和终止合同	承包商暂停和终止合同	
17	风险和责任	风险和责任	风险和责任	
18	保险	保险	保险	
19	不可抗力	不可抗力	不可抗力	
20	索赔、争议和仲裁	索赔、争议和仲裁	索赔、争议和仲裁	

表5-2 FIDIC 4本新版合同文件构成及解释的优先顺序

次序	红皮书	黄皮书	银皮书	绿皮书
1	合同协议书	合同协议书	合同协议	协议书
2	中标	中标函	专用条件	专用条件
3	投标函	投标函	通用条件	通用条件
4	专用合同条件	合同条件	业主的要求	规范
5	通用合同条件	业主的要求	投标书	图纸
6	规范	明细表	合同协议书列出的其他文件	承包商提出的设计
7	图纸	承包商的建议书		工程量表等
8	数据表以及组成合同的其他文件	合同协议书或中标函中列出的其他文件		

5.2 其他国际工程合同条件与优秀谈判者的特征

5.2.1 AIA与ICE合同条件

1. 美国AIA合同条件

AIA是美国建筑师学会(The American Institute of Architects)的简称。该学会作为建筑师的专业社团已经有近140年的历史，成员总数达56 000名，遍布美国及全世界。该机构致力于提高建筑师的专业水平，促进企事业的成功，并通过改善其居住环境提高大众的生活水准。AIA出版的系列合同文件在美国建筑业界及国际工程承包界，特别在美洲地区具有较高的权威性，应用广泛。

AIA系列合同文件分为A、B、C、D、G等系列，其中：A系列主要用于业主与承包商的标准合同文件，不仅包括合同条件，还包括承包商资格申报表，各类担保的标准格式等；B系列主要用于业主与建筑师之间的标准合同文件，其中包括专门用于建筑设计、室内装修工程等特定情况的标准合同文件；C系列主要用于建筑师与专业咨询机构之间的标准合同文件；D系列是建筑师行业内部使用的文件；G系列是建筑师企业及项目管理中使用的文件。

AIA系列合同文件的核心是“通用条件(A201)”。采用不同的工程项目管理模式及计价方式时，只需选用不同的“协议书格式”与“通用条件”即可。如AIA文件A101与A201一同使用，构成完整的法律性文件，适用于大部分以固定总价方式支付的工程项目。再如AIA文件A111和A201一同使用，构成完整的法律性文件，适用于大部分以成本补偿方式支付的工程项目。

AIA文件的通用条件(A201)作为施工合同的实质内容，规定了业主、承包商之间的权利、义务及建筑师的职责和权限，该文件通常与其他AIA文件共同使用，因此被称为“基本文件”。

1987年版的AIA文件的A201——《施工合同通用条件》共计14条68款，主要内容包括：业主、承包商的权利与义务；建筑师与建筑师的合同管理；索赔与争议的解决；工程变更；工期；工程款的支付；保险与保函；工程检查与更正。

2. ICE合同条件

ICE合同条件具有很长的历史，它的《土木工程施工合同条件》已经在1991年出版到了第六版。ICE的标准合同格式属于单价合同，即承包商在招标文件中的工程量清单(Bill of Quantities)填入综合单价，以实际的工程量而非工程量清单里的工程量进行结算。此标准合同格式主要适用于传统的施工总承包的采购模式。随着工程界和法律界对传统采购模式以及标准合同格式的批评的增加，ICE决定制定新的标准合同格式。1991年，ICE的“新工程合同”(New Engineering Contract，NEC)征求意见版出版；1993年，“新工程合同”第一版出版；1995年，“新工程合同”又出版了第二版。第二版中“新工程合同”成了一系列标准合同格式的总称，用于主承包合同的合同标准条件，被称为“工程和施工合同”(Engineering and Construction Contract，ECC)。

制定NEC的目的是增进合同各方的合作，建立团队精神，明确合同各方的风险分担，减少工程建设中的不确定性，减少索赔以及仲裁、诉讼的可能性。ECC的一个显著的特点是它的选项表，选项表里列出了6种合同形式，使ECC能够适用于不同合同形式的工程。

5.2.2 JCT合同条件与BOT项目

1. JCT合同条件

JCT(Joint Contracts Tribunal，合同审定联合会)于1931年在英国成立(其前身是英国皇家建筑师协会，RIBA)，并于1998年成为一家在英国注册的有限公司。该公司共有8个成员机构，每成员机构推荐一名人员构成公司董事会。迄今为止，JCT已经制定了多种为全世界建筑业普遍使用的标准合同文本、业界指南及其他标准文本。JCT合同条件从1909年发布第一版，经历了1931年、1939年、1963年、1980年、1998年的6次改版，《JCT98合同》是最新版。

JCT章程对“标准合同文本”的定义为：“所有相互一致的合同文本的组合，这些文本共同被使用，作为运作某一特定项目所必需的文件。”这些合同文本包括：顾问合同；

发包人与主承包人之间的主合同；主承包人与分包人之间的分包合同；分包人与次分包人之间的次分包合同的标准格式；发包人与专业设计师之间的设计合同等。

JCT合同条件合同条件包括通用条件和专用条件，它是一个总价合同的标准文本，总价合同的总款额是固定的，一般不允许改变的，但是若遇到了额外的工作或发生了工程变更，业主风险合同总价则是可以调整的。

JCT不但对工期延长、施工阶段的关键日期、支付方式、指定分包商及指定供货商做了明确规定，还对物价波动和争端的解决都做了详细的规定。

2. BOT项目

BOT是英文Build-Operate-Transfer的缩写，通常直译为“建造—运营—移交”。注意它不是一种合同条件，更不是EPC(交钥匙)合同条件，而是一种基础设施投资、建设和经营的一种方式，以政府和私人机构之间达成协议为前提，由政府向私人机构颁布特许，允许其在一定时期内筹集资金建设某一基础设施，并管理和经营该设施及其为相应的产品与服务。政府对该机构提供的公共产品或服务的数量和价格可以有所限制，但保证私人资本具有获取利润的机会。整个过程中的风险由政府和私人机构共同分担。当特许期限结束时，私人机构按约定将该设施移交给政府部门，转由政府指定部门经营和管理。所以，BOT一词意译为“基础设施特许权”更为合适。之所以在这里写BOT，就是要区别于EPC。BOT项目通常采用JCT合同条件根据项目的性质及概预算的精确度，当然也可采用上述其他合同条件。

以上所述是狭义的BOT概念。BOT经历了数百年的发展，为了适应不同的条件，衍生出许多变种，如BOOT(Build-Own-Operate-Transfer)、BOO(Build-Own-Operate)、BLT(Build-Lease-Operate)和TOT(Transfer-Operate-Transfer)等。广义的BOT概念包括这些衍生品种在内。而人们通常所说的BOT应该是广义的。

近年来，BOT这种投资与建设方式被一些发展中国家用来进行其基础设施建设并取得了一定的成功，引起了世界范围内广泛的青睐，被当成一种新型的投资方式进行宣传。然而，BOT远非一种新生事物，它自出现至今已有至少300年的历史。

17世纪，英国的领港公会负责管理海上事务，包括建设和经营灯塔，并拥有建造灯塔和向船只收费的特权。但是根据罗纳德·科斯(R. Coase)的调查，从1610年到1675年的65年当中，领港公会连一个灯塔也未建成。而同期私人建成的灯塔至少有10座。这种私人建造灯塔的投资方式与现在所谓BOT如出一辙，即私人首先向政府提出准许建造和经营灯塔的申请，申请中必须包括许多船主的签名，以证明将要建造的灯塔对他们有利并且表示愿意支付过路费；在申请获得政府的批准以后，私人向政府租用建造灯塔必须占用的土地，在特许期内管理灯塔并向过往船只收取过路费；特权期满以后由政府将灯塔收回并交给领港公会管理和继续收费。到1820年，在全部的46座灯塔中，有34座是私人投资建造的。可见，BOT模式在投资效率上远高于行政部门。

同许多其他的创新具有共同的命运，BOT在其诞生以后经历了一段默默无闻的时期。而这段默默无闻的时期对BOT来讲是如此之长以至于人们几乎忘记了它的早期表现。直到20世纪80年代，由于经济发展的需要而将BOT捧到经济舞台上时，许多人将它当成了新生事物。

5.2.3 合同优秀谈判者的基本特征

当一项工程经过激烈的竞争，终于获得中标资格后，接下来便是极为艰苦的合同谈判阶段，许多在招标、投标时不想说清或无法定量的内容和价格，都要在合同谈判时准确陈述。因此，工程承包合同的谈判以及预算的核对谈判，是企业取得理想经济效益的关键一环。在以往的工程合同谈判实例中，一般来说，谁的知识面宽，谁的谈判策略运用得当，谁就能在工程合同及预结算中，做到游刃有余，掌握主动权。那么只有优秀的谈判者才能取得这种主动权。以下是优秀谈判者的基本特征：①谈判准备充分，计划周密；②对谈判的议题十分清楚；③面对压力和复杂情况，思维清晰、反应敏捷；④过人的语言表达能力；⑤善于聆听；⑥判断力卓越；⑦有人格魅力；⑧具有说服他人的能力；⑨有耐心；⑩行事果断；⑪能赢得对手的尊敬和信任；⑫分析和解决问题的能力强；⑬自我控制能力强；⑭善于洞察他人的心理；⑮具有持之以恒的决心；⑯以目标为导向，能见机行事；⑰能洞察自己公司和对手公司的潜在需求；⑱有能力领导和控制自己的队伍；⑲谈判经验丰富；⑳善于采纳不同的观点；㉑有强烈的进取心；㉒在自己组织内部具有良好的沟通和协调技能；㉓自信；㉔能胜任不同的谈判角色；㉕在自己组织内部有一定的地位；㉖有幽默感；㉗善于见好就收；㉘有辩论技巧。

5.3 有关国际惯例

5.3.1 国际商务合同条款的解释原则

由于合同语言比较抽象，其含义有时不太明确，因此需要对合同的语言进行解释。在国际商务中形成了一些解释合同的规则，下面是国际统一司法协会(UNIDROIT)规定的合同的解释规则，现列出如下。

1. 合同的解释

合同应对当事人各方的共同意图予以解释。如果该意图不能确立，则应根据一个与当事人具有同等资格的、通情达理的人在处于相同情况下，对该合同所应有的理解来解释。

2. 当事人意图的解释

一方当事人的陈述和其他行为应根据当事人的意图来解释，如果另一方当事人已知或不可能不知道该意图。若此原则不适用，则上述陈述和其他行为应根据一个与当事人具有同等资格的、通情达理的人在处于相同情况下，对该合同所应有的理解来解释。

3. 应用上述两原则要考虑的情况

(1) 当事人之间初期的谈判。

(2) 当事人之间已经确立的习惯做法。

(3) 合同订立后当事人的行为。

（4）合同的性质和目的。

（5）在涉及的交易中，通常赋予合同条款和表述的含义。

（6）惯例。

4. 合同完整的解释

合同条款和表述应根据其所属的整个合同或全部陈述予以解释。

5. 合同解释以有效为宗旨

对合同各项条款的解释应以使它们全部有效为宗旨，而不是排除其中一些条款的效力。

6. 对当事人不利的解释

如果一方所提出的合同条款含义不清楚，则应做出对该方当事人不利的解释。

7. 优先文字解释

如果合同是以两种或两种以上具有同等效力的文字起草的，而这些文本之间存在差异，则应优先根据合同最初起草的文字予以解释。

8. 补充条款的注意事项

如果合同当事人各方未能就一项确定其权利和义务的重要条款达成一致意见，应补充一项适合于该情况的条款；在确定何为适当条款时，应主要考虑以下情况。

（1）各方当事人的意图。

（2）合同的性质和目的。

（3）诚实信用和公平交易原则。

（4）合理性。

5.3.2 国际商会(ICC)仲裁

国际商会(ICC)是一个世界性商业组织，是唯一代表世界各国各地区所有行业企业的机构。ICC旨在促进一个开放的国际贸易和投资体系及市场经济。由于ICC的成员公司和成员协会本身从事国际商务，因此其在制定跨国界商务行为规范时具有无可比拟的优势。ICC同样提供实际服务，其中，国际商会国际仲裁院在世界同类机构中处于领先地位。联合国成立不到一年，ICC即被授予联合国及其专门机构的一级咨询机构地位。

1. 仲裁规则

国际商会国际仲裁院(“仲裁院”)是附设于国际商会的仲裁机构。仲裁院组成人员由国际商会理事会任命。仲裁院的职责是根据本规则以仲裁方式解决国际性的商业纠纷。若经仲裁协议授权，仲裁院也可根据本规则的规定解决非国际性的商业纠纷。仲裁院自身并不解决争议，其职责在于确保本规则的执行。它制定自己的内部规则。

仲裁院设主席和副主席，主席或副主席(主席缺席时)有权代表仲裁院做出紧急决定，但此决定必须向下一次仲裁院会议报告。

依据内部规则的规定，仲裁院可授权由其委员组成的一个或数个委员会做出某些决定，但此决定必须向下一次仲裁院会议报告。

在本规则中，“仲裁庭”指一名或数名仲裁员；“申请人”指一个或数个申请人，“被申请人”指一个或数个被申请人；“裁决”包括但不限于临时裁决、部分裁决或最终裁决。

2. 送达与期限

当事人提交的所有书面陈述及附加材料应有足够的份数，保证当事人和仲裁员及秘书各有一份。仲裁庭向当事人发出的任何通信都必须提供一份给秘书处。

期限自送达之次日开始计算。当送达之次日在通知或通信送达地为公共假日或非工作日时，该期限自下一个工作日开始计算。期间内的公共假日和非工作日应计算在该期间内。当期限届满日在通知或通信国为公共假日或非工作日时，该期限于下一个工作日结束时届满。

3. 开始仲裁程序

1) 申请仲裁

申请人提交申请书和管理费预付金。秘书处应通知申请人和被申请人已经收到申请书以及收到日期即仲裁程序开始的日期。

2) 答辩反请求

被申请人应当在收到秘书处转来的申请书之后30天内提交答辩。答辩反请求限于以下内容。

(1) 被申请人的名称全称、基本情况和地址。

(2) 对于据以提出请求的有关争议的性质及情况的评论。

(3) 对于请求的意见。

(4) 对于申请人在仲裁员人数及其指定方面所提建议的任何评论，以及自己按照这些条款要求所指定的仲裁员人选。

(5) 关于仲裁地、法律适用规则和仲裁语言的评论。

3) 仲裁协议的效力

仲裁协议就是当事人双方就仲裁问题所做的约定。如果被申请人不按规定提交答辩，或者对仲裁协议的存在、效力或范围提出异议，而仲裁院认为，从表面上看，仲裁协议可能存在，则仲裁院可以决定仲裁程序继续进行，但不影响实体主张及其是否应予采纳。这种情况下，任何有关仲裁庭管辖权的异议均由仲裁庭自己决定。如果仲裁院认为没有仲裁协议，它将通知当事人仲裁程序不能进行，这时，当事人仍有权要求有管辖权的法院对是否存在有约束力的仲裁协议做出裁定。

任何一方当事人拒绝或未能参加仲裁或仲裁程序的任何阶段，仲裁程序将继续进行不受影响。只要仲裁庭认为仲裁协议有效，尽管合同被称为无效或不存在，仲裁庭仍将对仲裁案件继续行使管辖权，以决定当事人各自的权利并对其请求和主张做出裁判。

4) 仲裁庭

每位仲裁员均应签署一份独立声明，并向秘书处书面披露在当事人看来可能影响仲裁员独立性的任何事实或情况。秘书处应将此信息书面通知各当事人，并规定期限要求他们自己决定是否要求仲裁员回避。如果在仲裁进行过程中，当事人要求仲裁员回避，仲裁员应立即书面通知秘书处和各当事人。

仲裁院关于仲裁员指定、确认、回避或替换的决定均为终局决定，并不说明理由。仲裁员接受指定即承担按本规则履行职责的义务。仲裁庭根据规定组成，但当事人另有约定者除外。

5）仲裁员人数

争议由一名或3名仲裁员裁决。当事人没有约定仲裁员人数的，仲裁院将指定一名独任仲裁员审理案件，除非仲裁院认为案件争议需要由3个仲裁员共同审理。在后一种情况下，申请人应在收到仲裁院对上述决定的通知后15日内指定一名仲裁员，被申请人应在收到申请人已指定仲裁员的通知之后15日内指定另一名仲裁员。

6）仲裁人员的指定与确认

仲裁院在确认或指定仲裁员时，应考虑各位仲裁员的国籍、住址、与当事人或其他仲裁员国籍所在国的其他关系以及该仲裁员的时间和在本规则下进行仲裁的能力。秘书长根据规定确认仲裁员人选时，本规定同样适用。

7）多方当事人

存在数个申请人或被申请人，且争议应由3人仲裁庭审理的，该数个申请人或被申请人应当共同指定一名仲裁员。

8）仲裁员回避

提请仲裁员回避，向秘书处提交书面陈述，指出要求回避的依据。要求仲裁员回避的申请，必须在其收到指定或确认该仲裁员的通知之后30天内发出，或者如果该当事人在收到仲裁员指定或确认通知之后才得知申请回避所依据的事实或情况，必须在得知之日起30天内发出。

仲裁院应在秘书处给予该仲裁员、其他当事人和仲裁庭其他成员在合理时间内提出书面评论的机会后，对是否接受回避申请做出决定。前述评论应当转交给各当事人和每一位仲裁员。

9）替换仲裁员

仲裁员死亡、仲裁院接受仲裁员辞呈或支持当事人的回避申请时或者在全体当事人要求下，仲裁员应予替换。

当仲裁院认为仲裁员在法律或事实上不能履行其职责或者没有按照规则要求尽职，或在规定期限内未完成应尽职责时，可对该仲裁员予以替换。

仲裁院替换仲裁员时，应当先给予当事仲裁员、各当事人和仲裁庭其他成员在适当期限内进行书面评论的机会，然后再做出决定。这些评论亦应转交个当事人和仲裁员。

4. 仲裁程序

1）案卷移交仲裁庭

秘书处应在仲裁庭组成后立即将案卷移交仲裁庭，但以秘书处在此阶段要求支付的预付金已经如数交纳为前提。

2）仲裁地

仲裁地由仲裁院确定，但当事人另有约定者除外。

经与各当事人协商，仲裁庭可在其认为适当的地点开庭和举行会议，但当事人另有约定者除外。

仲裁庭可以在其认为适当的任何地点进行合议。

3）管辖程序的规则

仲裁庭审理案件的程序受本规则管辖，本规则没有规定的，受当事人商定的规则管辖；当事人未商定时，受仲裁庭决定的规则管辖，是否援引适用于该仲裁的国内法中的程序规则在所不问。

在任何情形下，仲裁庭应当公平和公正行事，确保各当事人均有合理的陈述机会。

4）仲裁语言

当事人对仲裁语言没有约定的，仲裁庭应当在适当考虑包括合同所用语言在内的所有情况后，决定使用一种或数种仲裁语言。

5）适用法律规则

当事人有权自由约定仲裁庭处理案件实体问题所应适用的法律规则。当事人对此没有约定的，仲裁庭将决定适用其认为适当的法律规则。

任何情况下，仲裁庭均应考虑合同的规定以及有关贸易惯例。

只有当事人同意授权时，仲裁庭才有权充当友好调停人或公平善意地做出决定。

6）审理范围书、程序时间表

收到秘书处转来的案卷后，仲裁庭应根据书面材料或者会同当事人并依据他们最近提交的意见，拟定一项文件，界定其审理范围。该文件应包括下列内容。

(1) 当事人的全称和基本情况。

(2) 在仲裁过程中产生的通知或信息应送达的当事人地址。

(3) 当事人各自的索赔请求和要求的救济摘要，在可能的情况下，应说明仲裁请求或反请求的金额。

(4) 待决事项清单，但仲裁庭认为不适宜的除外。

(5) 仲裁员的全名、基本情况和地址。

(6) 仲裁地。

(7) 应适用的具体程序规则，若当事人授权仲裁庭充当友好调停人或授予公平善意决定权，亦应注明。

审理范围书应当由当事人和仲裁庭签署。仲裁庭应当在收到案卷之日起两个月内向仲裁院提交由当事人和仲裁员签署的审理范围书。若经仲裁庭要求，并说明理由，或若仲裁院认为必要，仲裁院可决定延长该期限。

若任何当事人拒绝参与拟定或签署审理范围书，该审理范围书应提交仲裁院批准。

7）新请求

在审理范围书签署或经仲裁院批准之后，任何当事人均不得在审理范围书之外提出新请求或反请求，除非仲裁庭在考虑该项新请求或反请求的性质、仲裁进行的阶段以及其他有关情况之后予以准许。

8）确定案件事实

仲裁庭应采用适当的方法在尽可能短的时间内确定案件事实。

在审阅了当事人提交的书面陈述及其所依据的所有文件后，经任何当事人的要求，或虽无此要求时，仲裁庭可自行决定开庭审理案件。

在当事人到场或虽未到场，但已适当传唤的情况下，仲裁庭可以询问证人、当事人委派的专家或其他人员。

仲裁庭经与当事人协商可以聘请一名或数名专家，明确其权限范围并接收其做出的报告。经一方当事人请求，应给予双方当事人机会向仲裁庭聘请的专家开庭质证。

仲裁庭可以在程序进行的任何阶段通知当事人补交证据。仲裁庭可以仅根据当事人提交的书面材料裁决案件，但当事人请求开庭审理的情况除外。

仲裁庭可以采取措施保护商业秘密及保密信息。

9）开庭

案件决定开庭审理的，仲裁庭应当以适当方式通知当事人在指定的时间到指定地点出席开庭审理。

任何当事人经适当传唤，无正当理由而未出庭的，仲裁庭有权继续进行仲裁程序。

开庭审理由仲裁庭全面负责，所有当事人均有权参加开庭。非经仲裁庭和当事人同意，本案当事人以外的任何人均不得出席。

当事人可以亲自出庭，也可委托代表出庭。而且，当事人还可聘请顾问予以协助。

10）程序终结

仲裁庭认为已经给予当事人合理的陈述机会后，应当宣布程序终结。在此之后，不得再提交任何材料或意见，也不得提交任何证据，除非仲裁庭自己要求或授权提交上述材料。

仲裁庭在宣告程序终结的同时，应当告知秘书处仲裁庭，根据第 27 条的规定将裁决书草案提交秘书处供仲裁院核阅的大致时间。该时间若需顺延，仲裁庭应通知秘书处。

11）保全措施与临时措施

除非当事人另有约定，否则案卷移交仲裁庭后，经当事人申请，仲裁庭可以裁令实施其认为适当的临时措施或保全措施。仲裁庭可以要求提出请求的当事人提供适当的担保，以作为裁令采取该等措施的条件。这些措施应采用裁令的形式，说明依据的理由，或者在仲裁庭认为适当的时候，采用裁决的形式。

在案卷移送仲裁庭之前，在适当的情形下，即使在此之后，当事人均可向有管辖权的司法机关申请采取临时措施或保全措施。当事人向司法机关提出的采取该等措施的申请，或者司法机关对仲裁庭做出的前述裁令的执行，均不视为对仲裁协议的侵害或放弃，并不得影响由仲裁庭保留的有关权利。该等申请以及司法机关采取的任何措施都必须毫无迟延地通知秘书处，秘书处应将这些情况通知仲裁庭。

5. 裁决

1）裁决期限

仲裁庭必须做出最终仲裁裁决的期限为 6 个月。该期限自仲裁庭成员在审理范围书上最后一个签名之日或者当事人在其上的最后一个签名之日起算；或者在程序时间表规定的第(3)款情况下，自秘书处通知仲裁庭仲裁院已批准审理范围书之日起算。

仲裁院可经仲裁庭说明理由，并要求或在其认为必要时，自行决定延长该期限。

2）做出裁决

仲裁庭由数名仲裁员组成，根据多数意见做出裁决。如果不能形成多数意见，裁决将由首席仲裁员独自做出。

裁决应说明其所依据的理由。

裁决应视为在仲裁地并于裁决书中载明日期。

3）和解解决

若当事人在案卷移交仲裁庭之后达成和解，经当事人要求并经仲裁庭同意，应将其和解内容以和解裁决的形式录入裁决书。

4）仲裁员核阅裁决书

仲裁庭应在签署裁决书之前，将其草案提交仲裁院。仲裁院可以对裁决书的形式进行修改，并且在不影响仲裁庭自主决定权的前提下，提醒仲裁庭注意实体问题。在裁决书形式经仲裁院批准之前，仲裁庭不得做出裁决。

5）裁决书的发送、交存与执行

裁决书一经做出，秘书处即应将仲裁庭签署的裁决书文本发送各当事人，但当事人各方或一方必须在此之前向国际商会缴清全部仲裁费用。

在任何时候，经当事人请求，秘书长均应为其提供核对无误的裁决书复制本，但当事人以外的其他人无权获取。

凡裁决书对当事人均有约束力。通过将争议提经本规则仲裁，各当事人负有毫无迟延地履行裁决的义务，并且在法律容许的范围内放弃了任何形式的追索权。

6）裁决书的更正与解释

仲裁庭可以自行更正裁决书中的誊抄、计算、打印错误或者其他类似性质的错误，但该等更正必须在裁决之日后 30 天内提交仲裁院批准。

5.3.3 国际工程合同纠纷的解决方式

在国际工程项目实施中，争端是难以避免的。当双方采取各种措施都无法满意处理争端时，仲裁凭借其意思自治、一裁终局、保密性、专家处理等优点往往被选为最终的解决办法。在争端处理程序以及使用仲裁处理争端方面，FIDIC 合同、NEC 合同、JCT 合同、AIA 合同中的工程施工合同文本规定各具特色。

1. 争端处理程序

(1) FIDIC 工程施工合同争端处理程序如图 5.5 所示。FIDIC 工程施工合同条件中，如果业主与承包商因为合同实施发生了争端，任何一方均可以书面形式将争端提交争端评判委员会(DAB)裁定，同时将副本送交另一方和工程师(监理师)。DAB 应在收到书面报告后 84 天内对争端做出决定，并说明理由。如果合同双方任一方对 DAB 的决定不满，应在收到该决定的通知后的 28 天内向对方发出表示不满的通知，并说明理由，表明准备提请仲裁；如果 DAB 未能在 84 天内对争端做出决定，则合同双方中任一方都可在上述 84 天期满后的 28 天内向对方发出要求仲裁的通知。如果 DAB 将其决定通知了合同双方，而合同双方在收到此通知后的 28 天内都未就此决定向对方表示不满，则该决定成为对双方都有约束力 的最终决定。

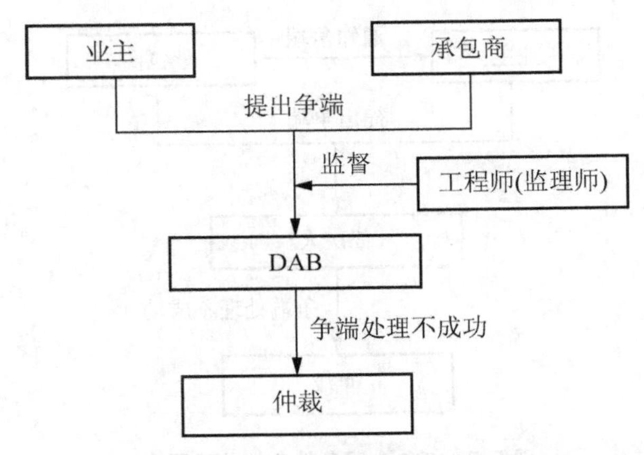

图 5.5 FIDIC 合同条件争端处理程序

(2) ICE(NEC)工程施工合同争端处理程序如图 5.6 所示。由项目经理或监理工程师的行为或不作为引起的争端，承包商应在察觉该行为后 4 周内向项目经理通知争端事项，其后 2～4 周内可以将争端提交独立裁决人；由其他原因引起的争端，任一当事方可向另一当事方和项目经理发出争端通知，其后 2～4 周内可将争端提交独立裁决人。某一当事方应在此后 4 周内提供独立裁决人考虑的进一步资料。独立裁决人应在资料提供期限截止后 4 周内通知其决定。若独立裁决人在本合同规定期限内，通知其决定或未通知其决定，使某一当事方不满意，该当事方应该在独立裁决人通知决定的日期或与裁决人应通知决定的期限日期的较早日期起的 4 周内通知另一当事方，将把争端提交给法庭，否则法庭不予受理。在整个合同工程竣工之前或合同提前终止之前，法庭程序不应开始。

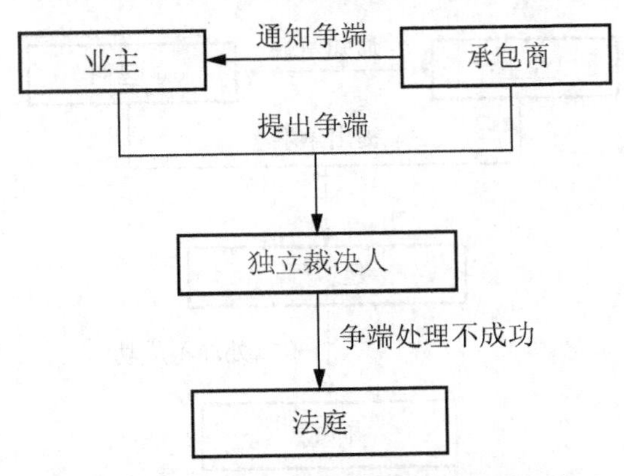

图 5.6 ICE(NEC)合同条件争端处理程序

(3) JCT 工程施工合同争端处理程序如图 5.7 所示。在 JCT 工程施工合同条件中，如果争端或分歧发生，任何当事人可以向对方发出通知，表示他们希望让裁决人决定争端事宜。然后在 14 天内，提交人必须对需要决定的事宜做出说明。在接到该说明的 14 天内(或者得到同意的其他期限内)，裁决人需要确定做出决定的日期。裁决人的决定具有合同效力，如果不能接受该决定，任何一方当事人都可以在接到决定的 14 天内将事件提交仲裁庭。仲裁通常在实际竣工之后进行，但是可以当即指定仲裁员，以便在竣工后尽快促成听证。如果当事方要求，听证本身可以在实际竣工之前进行。

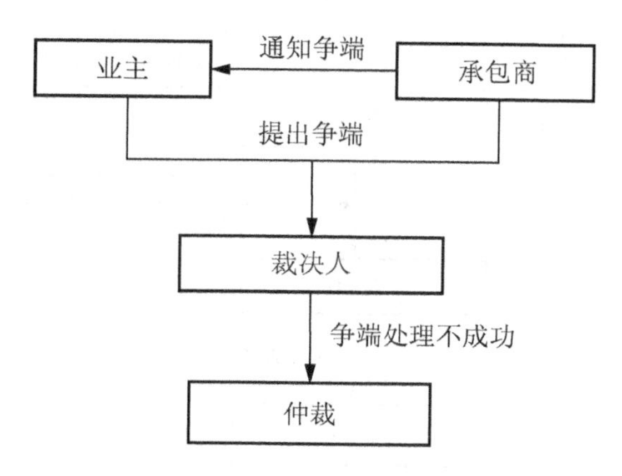

图5.7 JCT合同条件争端处理程序

(4) AIA工程施工合同争端处理程序规定如图5.8所示。在工程施工合同条件中，业主与承包商之间在最终付款之前发生的所有索赔和争端，首先应提交给建筑师(咨询工程师或我国的监理师，但是他们不仅代表业主监理，而且还独立地站在公正的立场上充当裁决人，这是这种合同条件的特点之一)做出决定，建筑师的书面决定中可以规定其决定具有最终效力，而且各方只能在收到决定后30天内将该争议提请仲裁。如果各方在30天内未提出仲裁，则建筑师的决定将对合同各方具有最终约束力。在建筑师做出最初决定或者在争端提出30天内，任何与合同有关的争议可适用于调节程序，1997年版的合同条件规定调解程序是提请仲裁的先决条件。在建筑师做出决定或者争端提出45天后，任何与合同有关的争议可适用于仲裁程序。

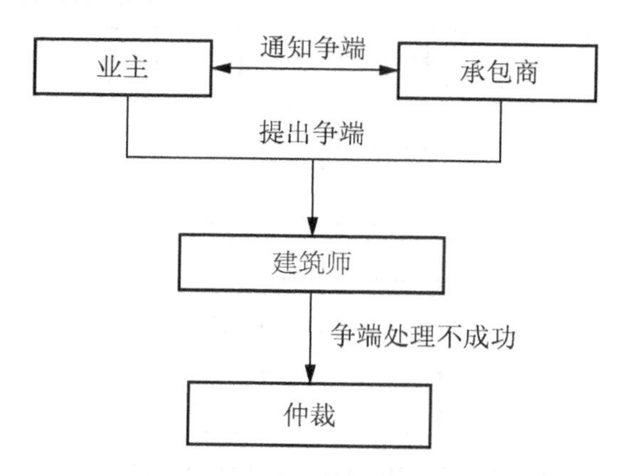

图5.8 AIA合同条件争端处理程序

2. 仲裁条件、开始时间及适用规则的比较

这4种工程施工合同条件争端处理的流程都是一样的，均由合同当事方—业主(业主代表)和承包商提出争端，由合同确定的争端处理者处理，若其决定不能令某一方满意，则提请仲裁机构或法庭处理。不同点在于提请合同确定的争端处理者的方式、时间，以及提交仲裁的条件和时间等具体规定等，见表5-3。

表 5-3 4 种合同条件的争端处理程序比较

合同条件	合同决定的争端处理者	提交争端的时间	做出决定时间	提交仲裁期限	是否直接仲裁	仲裁(审理)开始
FIDIC	DAB	随时	提交后 84 天内	28 天内	否	竣工前后
ICE(NEC)	裁决人	通知对方后2～4 周内	资料提供期限截止后 4 周内	28 天内	否	竣工或合同中止后
JCT	裁决人	通知对方后2～4 周内	14 天内	14 天内	否	竣工或合同终止后
AIA	建筑师	随时	尽快	30 天内	争端提出 45 天后	竣工前后

3. 4 种合同条件解决争端的规则权利比较

1）调解

新版 FIDIC 合同条件规定，合同任一方对 DAB 和工程师的决定不满时，最好进行调解，调解不成后再申请仲裁。DAB 做出决定后 56 天后，无论调解是否成功，任一方都可以申请仲裁。AIA 合同文件规定从建筑师决定或索赔提出 30 天后，任何与合同有关的索赔可适用于调解，提出调解程序是构成提请仲裁的先决条件。NEC 和 JCT 合同则没有这样的规定，只要合同任一当事人对裁决人的裁决不满意，在一方通知另一方的前提下，即可向法院提起诉讼或向合同规定的仲裁庭提出仲裁申请。

2）仲裁协议的效力

仲裁协议是当事双方(业主与承包商)达成的协议。FIDIC 合同条件对于仲裁协议的效力：它是仲裁的先决条件。如果当事人之间没有有效的仲裁协议，当事人将不能向仲裁庭提起仲裁请求。ICE(NEC)和 JCT 合同条件的关于仲裁协议的效力：英国 1996 年仲裁法规定当事人要把争端付诸仲裁，必须签订有效的书面仲裁协议。没有书面协议则不予仲裁。AIA 合同条件对于仲裁协议的效力：美国仲裁协会(AAA)仲裁规则规定当事人在美国仲协会或者按照它的规则进行仲裁时，就被认为将本规则作为他们的仲裁协议的一个组成部分，意思是 AAA 接受仲裁申请时无需仲裁协议。

3）仲裁开始的时间

各种合同条件仲裁的开始时间不尽相同。FIDIC 合同条件中，DAB 做出决定后，最早在其后 56 天后，仲裁才可以开始。只要满足付诸仲裁程序条件，仲裁可以在工程进行时开始，也可以在工程竣工后开始。AIA 合同条件中，仲裁在建筑师做出决定或索赔提出后，最少经过 45 天仲裁才可以开始。同样，仲裁开始时间不受工程是否竣工影响。NEC 合同规定，当事人任何一方对裁决人的决定不满即可提请仲裁。ICE(NEC)和 JCT 合同条件中，仲裁是选择的解决方式，即仲裁程序可由合同双方共同约定，但是直到竣工或者合同提前终止，仲裁不能开始。

4）仲裁规则

关于适用仲裁规则，FIDIC 合同条件采用国际商会(ICC)仲裁规则，ICE(NEC)和 JCT 合同条件则遵循 1996 年的仲裁法。可选择的程序有国际商会调解与仲裁规则、联合

国发起之联合国国际贸易和法律委员会规则。由欧洲展基金会提供资金的合同采用非洲、加勒比海及太平洋/欧共体调解与仲裁规则以及建筑行业仲裁示范规则等。AIA合同条件规定的仲裁规则是美国仲裁协会(AAA)的建筑行业仲裁条例。

5) 仲裁庭构成

仲裁庭的构成主要包括确定仲裁员人数和指定仲裁员。FIDIC合同条件按照国际商会标准规定：仲裁庭由3位仲裁员构成。任一当事方均应各自指定一名仲裁员，第三名仲裁员由仲裁院指定，而他将成为首席仲裁员。

ICE(NEC)和JCT合同条件遵循英国1996年仲裁法案。当事方可以自由约定组成仲裁庭的仲裁员的数目和是否需要一名主席或首席仲员。如果没有仲裁员的人数的约定，仲裁庭将由一名独任仲裁员组成。

AIA合同条件使用美国仲裁协会(AAA)的建筑行业仲裁规则，若仲裁协议没有规定仲裁员的数目，争端将由一名裁员听证并做出决定。

可见，各种仲裁规则中，仲裁员人数的确定都可由合同双方在签订合同时自由协商完成。如果同双方没有这种约定，则适用仲裁机构的仲裁程序。

6) 仲裁员的权利

仲裁员在仲裁中起着决定性的作用，他(们)负责受理争端、研究解决途径，并做出公正合理的最终处决定。为了完成使命，各合同和仲裁规则赋予了仲裁员各种权利。

FIDIC合同条件、ICE(NEC)和JCT合同条件还有AIA合同条件，都规定仲裁员有权采取必要手段，如传唤证人、召开听证会等，获取做出公正裁决所需的证据。

7) 当事双方的权利

当事双方是仲裁的利益方，为了更好地维护自己方利益，当事人应清楚自己的权利和义务，以利于仲裁朝自己有益的方向发展。当事人享有提请仲裁、选择仲裁机构和仲裁规则、指定仲裁员、选择仲裁语言等权利。双方还要约定与仲裁规则不一致的权利。

FIDIC合同条件规定：如果合同双方商定，仲裁机构可以是ICC仲裁机构以外的机构，仲裁规则可是ICC仲裁规则外的其他规则；仲裁语言为投标函附录中规定的主导语言，这由双方在签订合同时确定；当事方没有选择仲裁地的权利，仲裁地由仲裁机构决定；在仲裁开始后，当事双方仍可做出和解的决定；当事人有权委托代表参加听证。

NEC与JCT合同条件中，当事人可决定选用法庭还是仲裁庭作为处理争端的最终手段；雇主决定仲庭或仲裁庭的名称；法庭有权更正已签证的款项，使雇主或承包商获取应得的利息；当事人可按1996年的仲裁法和时效法的要求，自由约定仲裁程序开始的时间，约定指定一名或几名仲裁员的程序；可以将不同的仲裁程序合并处理或根据共同约定条件同时审理；可以自由约定仲裁庭修改裁决或做出附加裁决的权利。

AIA合同条件规定双方可以共同商定仲裁的地点。如果一方要求听证会在某一地方举行，另一方在AAA邮寄通知后10天内未加以反对，则地点即为该方提出的地方。如果另一方反对，仲裁地将由AAA定。双方可以决定仲裁员的数目和任命的程序。若一方提请仲裁员同意时，可以推迟任何听证会的日期。如果双方同意延迟时，仲裁员也必须同意。双方通过共同商定可以修改任何时间限制。

4种合同条件解决争端的规则权利比较见下表5-4。

表 5-4　4 种合同条件解决争端的规则权利比较

合同条件	仲裁前调解	仲裁协议效力	仲裁规则	仲裁庭构成	仲裁员的权利	当事双方的权利
FIDIC	一种选择	仲裁的先决条件	ICC 仲裁规则	双方各出一员，仲裁院指定一员	召集听证会、传唤证人、修改决定	有权选择仲裁机构，无权选择仲裁地
ICE(NEC)	没有规定	仲裁的先决条件	1996 年仲裁法	双方决定人数或独任仲裁员	审查、修正，决定仲裁程序	有权选择仲裁庭或法院决定仲裁员或仲裁程序
JCT	没有规定	仲裁的先决条件	1996 年仲裁法	双方决定人数或独任仲裁员	审查、修正，决定仲裁程序	有权选择仲裁庭或法院决定仲裁员或仲裁程序
AIA	必须	没有效力(仲裁不需要仲裁协议)	美国建筑行业仲裁条例	双方决定人数	以各种措施获取证据；召集听证会等	双方可选择仲裁地或仲裁员等

本章小结

通过学习本章，应掌握的知识点包括：FIDIC 合同红皮书、黄皮书、银皮书和绿皮书的含义及其适用工程；这 4 本书的通用条件和专用条件，以及主要差别及其组织关系；工程合同的价格种类及其风险分担；国际工程合同纠纷的解决方式及其仲裁规则。

习　　题

1. 单项选择题

(1) 在 FIDIC 合同条件中，合同工期是指(　　)。

A. 合同内注明工期

B. 合同内注明工期与经工程师批准顺延工期之和

C. 发布开工令之日起至颁发移交证书之日止的日历天数

D. 发布开工令之日起至颁发解除缺陷责任证书止的日历天数

(2) 按FIDIC合同条件规定，在(　　)之后，业主应将剩余的保留金返还给承包商。

A. 颁发工程移交证书　　B. 签发结清单

C. 颁发履约证书　　D. 签发最终支付证书

(3) FIDIC合同条件由通用合同条件和专用合同条件两部分构成，下列说法不正确的是(　　)。

A. FIDIC通用合同条件可以变动，工程项目只要是属于土木工程施工都可适用

B. FIDIC通用合同条件可以大致划分为涉及权利义务的条款、涉及费用管理的条款、涉及工程进度控制的条款、涉及质量控制的条款和涉及法规性的条款等几大部分

C. 在通用合同条件的措辞中，专门要求在专用合同条件中包含进一步信息，如果没有这些信息，合同条件则不完整

D. 工程类型、环境或所在地区要求必须增加的条款也可能成为专用合同条件

(4) 组成FIDIC合同文件的以下几部分可以互为解释，互为说明。当出现含糊不清或矛盾时，具有第一优先解释顺序的文件是(　　)。

A. 合同专用条件　　B. 投标书　　C. 合同协议书　　D. 合同通用条件

(5) 按照FIDIC合同规定，不属于合同文件组成部分的是(　　)。

A. 合同专用条件　　B. 投标书　　C. 招标文件　　D. 合同协议书

(6) FIDIC合同条件中规定的“指定分包商”是指承担部分施工任务的单位，他是(　　)。

A. 由业主选定，与总包商签订合同　　B. 由总包商选定，与业主签订合同

C. 由工程师选定，与承包商签订合同　　D. 由业主选定，与工程师签订合同

(7) FIDIC合同条件规定的“合同有效期”是指从双方签署合同协议书之日起，至(　　)。

A. 工程移交证书指明的竣工日　　B. 颁发工程移交证书日

C. 颁发履约证书日　　D. 承包商提交的结清单生效日

(8) FIDIC《施工合同条件》的“缺陷通知期”是指(　　)。

A. 工程保修期

B. 承包商的施工期

C. 工程师在施工过程中发出改正质量缺陷通知的时限

D. 工程师在施工过程中对承包商改正缺陷限定的时间

(9) 采用FIDIC合同条件的施工合同，计入合同总价在内的暂定金额使用权由(　　)控制。

A. 业主　　B. 工程师　　C. 承包商　　D. 分包商

(10) 在FIDIC合同条件下，(　　)有权将工程的部分项目的实施发包给指定的分包商。

A. 业主　　B. 承包商　　C. 分包商　　D. 设计单位

(11) 按照FIDIC《施工合同条件》的规定，施工中遇到(　　)，则属于承包商应承担的风险。

A. 外界的人为干扰　　B. 不利气候条件的影响

C. 现场周围污染物的影响　　D. 图纸未标明的市政地下供水管道

(12) 在FIDIC合同条件中，(　　)是承包商应承担的风险。

A. 战争

B. 放射性污染

C. 因工程设计不当而造成的损失

D. 有经验的承包商可以预测和防范的自然力

(13) FIDIC合同条件规定，某种自然力的作用致使施工受到损害时，该自然力的作用是否属于有经验的承包商无法预测和防范条件，由(　　)来判断。

A. 业主　　B. 工程师　　C. 承包商　　D. 政府主管部门

(14) 根据FIDIC合同文件的规定，承包商的挖掘机在现场施工闲置期间准备调往其他工程使用，承包商(　　)。

A. 可自行将设备撤离工地　　B. 需征得业主同意后才可撤离

C. 需征得工程师同意后才可撤离　　D. 撤离现场即视为违背投标书中的承诺

(15) FIDIC《施工合同条件》规定，工程款应按(　　)结算。

A. 实际计量的工程量　　B. 工程量清单中注明的工程量

C. 工程概算书中的工程量　　D. 承包商提交的工程量

(16) FIDIC《施工合同条件》内规定的保留金，属于(　　)。

A. 合同计价方式　　B. 业主的风险费用

C. 制约承包商履约的措施　　D. 工程师可以自主使用的费用

(17) FIDIC合同条件规定，保留金是在(　　)时，从承包商应得款项中按投标书附件规定比例扣除的金额。

A. 支付预付款　　B. 中期付款　　C. 竣工结算　　D. 最终支付

(18) 按照FIDIC合同条件规定，如果承包商未能按分包合同的规定按时支付指定分包商应得工程款，则在工程颁发支付证书前，业主按下列(　　)方式处理。

A. 通过工程师下指令，要求承包商付款，否则不颁发支付证书

B. 要求工程师协调承包商与指定分包商关系，并扣减承包商的协调管理费

C. 直接向指定分包商支付，并以冲账方式从承包商应得款中双倍扣除

D. 直接向指定分包商支付，并以冲账方式从承包商应得款中扣除

(19) 按《FIDIC土木工程施工合同条件》的规定，属于业主权利或义务的是(　　)。

A. 颁发移交证书和履约证书　　B. 批准使用暂定金额和计日工

C. 为工程和施工机械办理保险　　D. 在缺陷责任期内负责照管工程现场

(20) FIDIC合同条件规定，承包商本月完成的工程量较少，应支付工程进度款结算额小于工程师签证的最小金额时(　　)。

A. 本月工程量不予计量

B. 按实际完成的工程量支付应得款

C. 本月不支付

D. 按计划工程量支付，从下月的应得款内扣回不足部分

(21) FIDIC通用条件规定，施工期间出现质量事故，承包商无力修复时，业主有权(　　)。

A. 直接向承包商发出终止合同的通知

B. 雇用其他人完成作业，所支付的费用从承包商处扣回

C. 立即进驻现场，自行修复

D. 根据履约担保处理

(22) FIDIC合同条件规定，从开工后第一个月支付工程进度款开始扣留的保留金，在颁发工程移交证书后，业主(　　)。

A. 仍不返还给承包商　　B. 应返还承包商一半

C. 应返还承包商一半和相应利息　　D. 应全部返还承包商

(23) FIDIC合同条件规定，业主应在工程师签发(　　)后的14天内，退还承包商履约保函。

A. 工程接收证书　　B. 解除缺陷责任证书

C. 履约保证书　　D. 最终支付证书

(24) 在土木工程施工中应用FIDIC合同条件，只能按照(　　)方式编制招标文件。

A. 可调总价合同　　B. 不可调总价合同

C. 单价合同　　D. 成本加酬金合同

(25) FIDIC合同条件规定，当某项目或工作因变更导致实际工程量超过或少于标书工程量表上注明工程量的(　　)时，应考虑单价调整。

A. 10%　　B. 15%　　C. 20%　　D. 25%

(26) FIDIC土木工程施工合同条件规定，工程师颁发工程接收证书的条件为(　　)。

A. 工程最终竣工　　B. 工程全部完工

C. 工程基本竣工并通过竣工检验　　D. 工程基本完工

(27) 根据FIDIC条款，工程师越权下达对某项工作的指令后，承包商执行了，可能会出现(　　)。

A. 承包商无权得到该项工作的付款

B. 承包商是否能得到该项工作的付款由业主决定

C. 业主给予承包商一定的补偿

D. 承包商有权得到该项工程的付款

(28) FIDIC合同条件中规定的保留金应在签发(　　)时退还给承包商一半。

A. 工程接收证书　　B. 临时支付证书

C. 履约证书　　D. 停工指令

(29) 根据FIDIC合同条件的规定，竣工报表是在颁发整个工程的(　　)之后84天内，承包商应向工程师报送的财务文件，并应附有按工程师批准的格式所编写的证明文件。

A. 接收证书　　B. 结算证书　　C. 最终证书　　D. 合格证书

(30) 根据FIDIC合同条件的规定，在收到工程师的最终付款证书后，业主应在(　　)天内向承包商支付工程款。

A. 28　　B. 56　　C. 70　　D. 84

(31) FIDIC土木工程合同条件规定，对工程师发布的(　　)，承包商必须执行。

A. 书面指令　　B. 口头指令

C. 无论是书面指令还是口头指令　　D. 承包商同意接受的指令

(32) FIDIC合同条件规定，承包商的一切行为都必须遵守(　　)所在地的一切法律和法规。

A. 业主　　B. 承包商　　C. 工程　　D. 业主或承包商

2. 多项选择题

(1) 属于绿皮书适用条件的是(　　)。

A. 施工合同金额较小，施工期较短

B. 既可以是土木工程，也可以是机电工程

C. 设计工作既可以由业主负责，也可以由承包商负责

D. 合同可以是单价合同，也可以是总价合同

E. 私人投资的BOT项目

(2) 属于银皮书适用的项目是(　　)。

A. 私人投资项目，如BOT项目

B. 固定总价不变的交钥匙、按里程碑方式支付的项目

C. 业主代表直接管理且松管理、严检查的项目

D. 项目风险大部分由承包商承担，但业主愿多支付的项目

E. 机电设备项目和其他基础设施项目

(3) 属于黄皮书新版的适用条件是(　　)。

A. 机电设备项目、其他基础设施项目及其他类型的项目

B. 业主只负责编制项目纲要和要求，承包商负责大设计和全安装的项目

C. 工程师来监督设备的制造、安装和施工，以及签发支付证书的项目

D. 在包干价格下实施里程碑支付方式或单价支付的项目

E. 风险分担均衡的项目

(4) 属于红皮书合同条件的适用条件是(　　)。

A. 各类大型或复杂工程且风险分担均衡的项目

B. 主要工作为施工的项目

C. 业主负责大部分设计工作的项目

D. 由工程师来监理施工和签发支付证书的项目

E. 按工程量表中的单价来支付完成的工程量(即单价工程)的项目

(5) 以下不属于新红皮书争端解决的首先途径是(　　)。

A. 争端评审委员会(DRB)

B. “争端评判委员会”(DAB)

C. 国际商会(ICC)仲裁

D. 联合国国际贸易和法律委员会仲裁

E. 美国仲裁协会(AAA)的建筑行业仲裁

(6) 以下关于合同文件优先顺序正确的是(　　)。

A. ①合同协议书；②中标函；③投标函；④专用合同条件；⑤通用合同条件；⑥规范；⑦图纸；⑧数据表及组成合同的其他文件

B. ①合同协议书；②中标函；③投标函；④合同条件；⑤业主的要求；⑥明细表；⑦承包商的建议书；⑧合同协议书或中标函中列出的其他文件

C. ①合同协议书；②专用条件；③通用条件；④业主的要求；⑤投标书；⑥合同协议书列出的其他文件

D. ①协议书；②专用条件；③通用条件；④规范；⑤图纸；⑥承包商提出的设计；⑦工程量表等

E. ①合同协议书；②中标函；③投标函；④合同条件；⑤明细表；⑥业主的要求；⑦承包商的建议书；⑧合同协议书或中标函中列出的其他文件

3. 案例分析题

某建筑工程项目，采用 FIDIC 合同。承包商在施工中发现土质与业主提供的材料差距很大增加了施工难度，而且在工程现场附近找不到满足技术规范要求的施工料源和水源，施工中所需沙石料和水需要从很远的地方运输过来，造成工期拖延，运输成本提高，承包商提出工期索赔和费用索赔。这时业主认为根据现场踏勘的规定，已经组织投标人进行了现场踏勘和现场答疑会议。对于施工现场的土质和材料和水源应有充分考虑，并打入投标报价中，不同意工期索赔和费用索赔。承包商不服提交国际仲裁，最后裁定是：采纳业主的意见，对承包商不予赔偿。

问题：(1) 既然业主提供的材料与实际土质有差距，为何不给予承包商赔偿？

(2) 在实施 FIDIC 合同时，业主在招投标阶段做了什么可避免本题重点索赔？

第2篇

招投标管理与应用

第6章 工程招标管理与应用

教学目标

通过学习本章，应达到以下目标：

（1）了解流标、围标和陪标的概念及其产生的原因；

（2）熟悉评标的程序，熟悉勘察设计、施工、监理和材料设备招标应注意的问题；

（3）掌握评标的方法，资格预审文件、招标文件、标底的编制。

学习要点

知识要点	能力要求	相关知识
业主的招标策划	（1）掌握资格预审文件的编制与评审； （2）掌握招标文件的编制； （3）掌握标底的编制； （4）熟悉评标的程序； （5）掌握评标的方法	（1）资格预审文件的内容与评审方法； （2）招标文件编制的原则和内容； （3）标底编制的原则和方法； （4）评标的原则、程序和方法
对正常招标的维护	（1）了解流标及其避免； （2）了解围标与陪标的遏制对策	（1）流标的概念； （2）流标产生的原因及对策； （3）围标与陪标的概念； （4）围标与陪标产生的原因及对策

续表

知识要点	能力要求	相关知识
不同招标应注意的问题	(1) 熟悉工程勘察设计招标应注意的问题； (2) 熟悉工程施工招标应注意的问题； (3) 熟悉工程监理招标应注意的问题； (4) 熟悉工程材料设备采购招标应注意的问题	(1) 工程勘察设计招标的概念； (2) 工程勘察设计招标过程应注意的问题； (3) 工程施工招标的概念； (4) 工程施工招标过程应注意的问题； (5) 工程监理招标的概念； (6) 工程监理招标过程应注意的问题； (7) 工程材料设备采购招标的概念； (8) 工程材料设备采购招标过程应注意的问题

基本概念

流标；围标；陪标；工程勘察设计招标；工程施工招标；工程监理招标；工程材料设备采购招标。

引例

市场机制作为一个理想的模型，其前提是完全竞争。完全竞争市场的条件之一，是完全信息，即买卖双方都完全明了所交换的商品的各种特性。但是在现实生活中，“完全竞争市场所假设的前提条件是不会充分存在的，它只是一种理论抽象”。任何经济机制都是在不完全信息条件下运转的，市场机制也不例外。招投标的特点是交易标的物和交易条件的公开性和事先约定性，这是事先公布“游戏规则”，有组织的、规范的交易行为。因此作为招标人，必须按照招标投标的惯例，以公告的方式公开采购内容，同时辅以招标文件，详细说明交易的标的物及交易条件。公开交易机会，可以极大地缩短对交易对方的搜索过程，节约搜索成本，同时也使得市场主体可以平等和便捷的获取市场信息。

6.1 业主的招标策划

6.1.1 资格预审文件的编制与评审

资格预审是在招标阶段对申请投标人的第一次筛选，目的是审查投标人的企业总体能力是否适合招标工程的要求。招标方式不同，招标人对投标人资格审查的方式也不同。公开招标时，一般应采取资格预审的方式，由投标人递交资格预审文件，招标人通过综合对比分析各投标人的资质、经验、信誉等，确定候选人参加投标工作。邀请招标时，由于招标人对邀请对象的资质和能力已有所了解，则简化了以上过程，由投标人将资质状况反映在投标文件中，作为评标比较的要素，在评标时进行审查和比较。但无论是公开招标时的资格预审，还是邀请招标时的资格后审，审查内容是基本相同的，都是对投标人资质、能力、经验和信誉等方面的审查。资格预审文件的发售期不得少于5日。

1. 资格预审文件的内容

采用公开招标方式并实行资格预审的，是通过对投标人按照资格预审通告的要求提交或填报的有关资格预审文件和资料进行比较分析，确定入选的投标人名单。因此，资格预审文件包含以下内容。

1）资格预审通告

资格预审通告的作用：一是发布某项目将要招标；二是发布资格预审的具体细节信息。通告的内容一般包括招标人和招标代理机构的名称、工程承包的方式、工程项目名称、工程招标的范围、建设地点、工程规模、工程计划开工和竣工的时间以及资格预审申请文件递交的截止日期、地址，对申请资格预审单位的要求等。

2）资格预审须知

资格预审须知是指导申请人按招标人对资格审查的要求，正确编制资格预审材料的说明。其主要内容有：①总则；②申请人应提供的资料和有关证明；③资格预审通过的强制性标准；④对联合体提交资格预审申请的要求；⑤对通过资格预审单位所建议的分包人的要求；⑥对申请参加资格预审的国有企业的要求；⑦对通过资格预审的国内投标人的优惠；⑧其他规定。

3）资格预审申请表

为了使资格预审申请人按统一的格式递交申请书，招标人在资格预审文件中按通过资格预审的条件编制成统一的表格，让申请人填报，以便申请人公平竞争和对其进行评审。通常包括如下内容申请人表、申请合同表、组织机构表、组织机构框图、财务状况表、公司人员表、施工机械设备表、分包商表、业绩、在建项目表、介入诉讼事件表。

4）资格预审评审报告

资格预审完成后，评审委员会应向招标人提交资格预审报告，并报建设行政主管部门备案。评审报告的主要内容包括工程项目概要、资格预审简介、资格预审评审标准、资格预审评审程序、资格预审评审结果、资格预审评审委员会名单及附件、资格预审评分汇总表、资格预审分项评分表、资格预审详细评审标准等。

5）资格预审合格通知书

资格预审合格通知书的内容包括确认投标报名人具备投标资格、领取招标文件的时间和地点、投标保证金的形式和额度、投标截止时间、开标的时间和地点等。

2. 资格预审评审方法

(1) 综合评议法。通过专家定性评议，把符合投标合格条件的投标人名称全部列入合格投标人名单，淘汰所有不符合投标合格条件的投标人。

(2) 计权评分量化法。对必要合格条件和附加合格条件所列的资格审查项目确定计权系数，并利用这些项目评价符合基本要求的投标申请人，比较各申请投标人企业总体实力以及分析可能投入到本招标工程的力量能否保证工程的顺利实施。

一种方法是按照加权得分值的高低排出总体能力的评定次序，由招标人设定一个通过资格预审投标人的人数，假设为n，则前n个申请人为投标人。

另一种方法是将每部分的得分设一个最低合格分数线，只有每项得分超过最低分数线，而且4项得分之和高于60分(满分为100分)的投标人才能通过资格预审。同时，最低合格分数线的设定也可以根据参加资格预审的投标人的数量来决定，如果申请投标人的数量比较多，则可以适当提高最低合格分数线，这样，一些水平较低的投标申请人就被淘汰了。

经对报名的投标人进行资格预审后确定下来的投标人名单，通常称为“短名单”。只有被列入短名单的投标人，才有权参加投标。在各地实践中，通过资格预审的投标人短名单，一般要报经招标投标管理机构进行投标人投标资格复查。

6.1.2 招标文件的编制

在整个招标过程中，招标文件的编制是首要环节，也是关键性环节。一方面招标文件是投标人的投标依据，投标人根据招标文件介绍的项目情况、合同条款、技术、质量和工期的要求等进行方案设计和投标报价；另一方面，招标文件是签订工程合同的基础，是业主拟定的合同草案，招标文件的所有内容都将成为合同文件的组成部分。尽管在招标过程中，招标人也可能对招标文件进行补充和修改，但基本内容不会改变。因此，它是对招标人与投标人以及采购人与中标人双方都具有约束力的重要文件。

1. 招标文件的编制原则

(1) 确定招标人、招标代理机构及工程项目是否具备招标条件。若不具备条件，则不能进行招投标活动。

(2) 必须遵守国家的法律、法规及有关贷款组织的要求。因为招标文件是中标者签订合同的基础，也是在工程实施中进行进度控制、质量控制、成本控制及合同管理等的基本依据，因此应按照国家的法律和法规来进行编制。如果是国际金融组织贷款的项目，则应尊重国际惯例，遵守有关组织规定的采购原则，并按该组织的各种规定和审批程序来编制招标文件。

(3) 应公正、合理地处理招标人和投标人的关系，保护双方的利益。公正合理地处理招标人和投标人的利益，既要保证完成招标人要求的实施项目，也要使投标人获得合理的利润。

(4) 应正确、详尽地反映项目的客观真实情况。招标文件中的工程性质、自然条件、技术要求、当地服务条件等应如实载明，以使投标人的投标能建立在可靠的基础上，这样也可减少履约过程中的争议。

(5) 招标文件的各部分内容必须统一。招标文件涉及投标人须知、合同条件、规范、工程量表等多方面的内容。如果没有重视招标文件内容的统一性，就会使文件各部分之间矛盾增多，从而给投标和履行合同的过程带来许多争端，甚至影响工程的实施。

(6) 招标文件的用词应准确、简洁、明了。招标文件是工程承包合同的组成部分，客观上要求在编写中必须使用规范用语、本专业术语，使投标人能准确理解招标人的目的和意图，以便做出响应。

(7) 尽量采用行业招标范本格式或其他贷款组织要求的范本格式。范本格式可以减少招标人编制招标文件的工作量、节约编制时间、提高招标文件的质量。

2. 招标文件的内容

招标文件是由一系列有关招标方面的说明性文件资料组成的，包括阐述招标人招标目的，向投标人传达意图的书面文字、图表、电报、传真、电传等材料。一般来说，在整个招标过程中，招标文件主要包括正式文本、对正式文本的解释和对正式文本的修改3个部分。

1）招标文件正式文本

招标文件的正式文本是指在发布招标公告或投标邀请后，发售给投标人的相关文件，主要涉及商务和技术两大方面。一般包括编写和提交投标文件的规定、要求和条件，投标文件的评审标准与方法，合同的主要条款以及附件等内容。招标文件中包含的技术要求、投标报价要求和主要合同条款等内容是招标文件的关键内容，统称实质性要求。项目性质、招标范围不同，招标文件的内容和格式也有所区别。

2）对招标文件正式文本的解释

当投标人取得招标文件后，如果认为招标文件有问题需要澄清，应在收到招标文件后，并在送交投标文件截止期18天前，以文字、电传、传真或电报等书面形式向招标人提出，招标人应在投标截止期15天前，以文字、电传、传真或电报等书面形式或以标前会议的方式给予解答。投标人在收到该书面答复(补遗书)后，应在24小时以内(以发出时间为准)以传真等书面形式向招标人确认收到。解答的意见经招标投标管理机构核准，由招标人送给所有获得招标文件的投标人。因此，对招标文件正式文本的解释形式主要是书面答复、标前会议记录等。

3. 招标文件主要内容的解释

招标文件包含的内容很多，但投标邀请书、投标人须知、合同条款、投标书格式、技术规范、工程量清单和图纸是其中较重要的部分，下面就对这几项内容予以简要的解释。

1）投标邀请书

资格预审合格的投标人，将收到招标人向投标人发出的投标邀请，并以此作为通过资格预审的正式文件。投标人收到的投标邀请书也将装入投标文件中。投标邀请书包括以下内容。

(1) 合同编号。

(2) 业主单位、招标性质，若是国际金融组织贷款，则应说明有资格参加投标的承包商范围。

(3) 资金来源。

(4) 工程简介、分标情况、主要工程量、工期要求。

(5) 承包商(或供应商)为完成本工程(或提供货物)所需提供的服务内容。

(6) 发售招标文件的时间、地点、售价。

(7) 递交投标书的地点、份数和截止时间。

(8) 提交投标保证金的规定额度和时间。

(9) 公开开标的日期、时间和地点，并邀请投标人代表参加。

(10) 现场考察和召开标前会议的日期、时间和地点。

2）投标人须知

投标人须知是招标文件的重要组成部分，它是招标人对投标人如何投标的指导性文件。其内容包括投标条件、有关要求及手续，具体包括以下方面。

(1) 工程概况，包括工程的地理位置、开发目标、开发方式、工程规模等；同时还包括与其有关的内容。

(2) 交货期。

(3) 递交投标书的地址、时间及截止日期。

(4) 开标地点、时间以及评标过程的保密规定。

(5) 招标文件的澄清方式。

(6) 投标人资质。

(7) 投标文件，包括投标人承诺函，投标人法定代表人授权书，投标人资格、资信证明文件和投标商务报价。

3) 合同条款

合同条款主要规定合同履行中当事人的基本权利和义务，合同履行中处理有关事项的工作程序，以及双方应当约定的监理工程师的职责和权利。它是招标文件与合同文件中重要的、实质性的文件，即未来的供应或承包合同的条款，是签订正式合同的基础。

4) 投标书格式

投标书的格式规定：招投标采用什么语种为工作语言，合格的投标文件不应缺少的必需内容，必须按招标规定格式填写的文件、表格，组合标的折扣规则，报价价格约定，选择性报价的含义，调价规则，投标货币与支付货币，要约的有效时间，投标书的正本与副本以及投标人如何保证其签署合格等。

5) 技术规范

技术规范是招标文件的重要组成部分，反映了招标人对工程项目的技术要求，是承包商在实施过程中控制质量和监理工程师检查验收的主要依据。在设备和货物采购中，技术规范规定了所要采购的设备和货物的性能、标准以及物理和化学特征，如果是特殊设备，还要附上图纸，规定设备的具体形状。在土建工程采购中，技术规范一般包括工程的全面描述，工程所用材料的技术要求，施工质量要求，工程记录计量方法和支付规定，验收标准以及不可预见因素的规定。技术规范有国家强制性标准和国际国内的公认标准。

6) 工程量清单

工程量清单是投标人报价的实物计量依据和招标人评标的依据。它是分门别类地将不同的计价项目列出来的一套表格，业主在工程量清单中列明投标人每一细目的计价工程量各有多少，并以这个工程量为基准，比较各投标人的投标价格。通常招标人按国家颁布的统一工程项目划分、计量单位和工程量计算规则，根据施工图纸来计算工程量。结算工程款时，招标人以实际工程量为依据进行拨付。

7) 图纸

图纸更是招标投标中的基础资料，是工程项目招标文件中不可缺少的部分。它是招标人向投标人传达工程意图的技术文件，使投标人在阅读技术规范和工程量清单之后，能准确地确定合同所包括的工作。投标人可以根据它来编制施工规划，复核工程量。

技术规范、工程量清单和图纸三者是投标人在投标时必不可少的参考资料，编制招标文件时，这3个部分必须相互对应，保证以图纸为基准，做到不遗漏、不重复，因此这是一项非常细致的工作。业主通常需要将其委托给设计单位编写，并由业主审核定稿。

6.1.3 标底的编制

工程项目招标标底是工程招标投标中的一个重要问题。标底是招标项目的预期价格，通常由招标人或委托建设行政主管部门批准的具有编制标底资格和能力的中介代理机构进行编制。《招标投标法》对招标工程是否一定要编制标底没有做出明确规定，发包人可以自己决定是否需要编制。从竞争的角度考虑，价格的竞争是投标竞争的最重要因素之一，在其他各项条件均满足招标文件要求的前提下，应当选择价格最低的投标人。但目前我国各建设工程企业由于具有专利技术和特殊技术的单位较少，因此同一资质等级的企业在项目实施能力方面差异不大，为了防止投标人以低于成本的报价竞争，一般工程项目的施工招标中大多都设置标底。

1. 标底编制的原则

1）标底的编制应具有规范性和统一性

标底的编制应根据国家公布的统一工程项目划分、统一计量单位、统一计算规则以及施工图纸、招标文件，并参照国家制定的基础定额和国家、行业、地方规定的技术标准规范，以及市场价格。标底的计价内容、计价依据，应与招标文件一致。

2）标底的编制应以项目的实际情况为依据

标底一般依据以下几个方面进行编制：招标文件的商务条款和其他相关条款；工程施工图纸、工程量计算规则；施工现场地质、水文、地上情况的有关资料；施工方案或施工组织设计；现行的工程定额、工期定额、工程项目计价类别及取费标准、国家或地方有关价格调整的文件规定等；招标时，编制者或权威机构对市场价格预测的资料及建筑安装材料及设备的市场价格；业主对工期、质量的要求。

3）标底的计价应该与实际变化相吻合

标底价格作为招标人的预期控制价格，应尽量与市场的实际变化相吻合，要有利于开展竞争和保证工程质量，让承包商有利可图。如果要求工程质量优良，还应增加相应的费用。标底中的市场价格可参考有关建设工程价格信息服务机构和社会发布的价格行情。

4）一个工程只编制一个标底

在工程招标中，通常一个工程只准编制一个标底。对于一些大型工程，可将其分解为多个项目分别招标，按招标项目编制标底。标底必须经招标投标办事机构审定。

5）标底在开标前必须保密

标底审定后必须及时妥善封存，严格保密。承接标底编制业务的单位及其标底编制人员，不得参与标底审定工作；负责审定标底的单位及其人员，也不得参与标底编制业务；受委托编制标底的单位，不得同时承接投标人的投标文件编制业务。同时，所有接触过标底价格的人员均负有保密责任，不得泄露。标底应该在开标时予以公布。

2. 标底编制的方法

工程招标标底价格一般应由成本、利润和税金组成，其编制的方法多种多样，可采用以下 3 种方式进行编制。

1）以施工图预算为基础的标底

以施工图预算为基础编制标底是根据施工图纸及技术说明，按照预算定额规定的分部分项工程项目，逐项计算出工程量，再套用综合预算定额单价(或单位估价表)来确定直接费，然后按规定的取费标准确定施工管理费、其他间接费、计划利润和税金，再加上材差调整以及一定的不可预见费，汇总后构成公司的工程预算，形成标底的主要部分。这是目前国内采用的最广泛的方法。从承包方式的角度来说，标底又可分为两种：第一种是除政策性调价、材料及设备价差、重大洽商变更部分可以调整以外，其他一律包死的承包方式的标底；另一种是一次包死的承包方式的标底。其中第一种标底最为普遍。

2）以扩初概算为基础的标底

以扩初概算为基础的标底的前提是要有能满足招标需要的类似技术设计深度的招标图，以其作为定量、定质和作价的依据。这种方法没有以施工图预算为基础的标底精确，在国内工程中不多采用。其原因主要是由于初步设计深度不够，与施工图设计的内容出入较大，这样势必导致造价悬殊，使投资难以控制。但其也有一定的可取之处，主要是减少工作量，节省时间，争取时间提前开工，同时施工与施工图设计可以交叉作业，一般是先出基础图就可开工，以后主体结构、建筑装修、机电设备安装等设计陆续跟上，使施工仍能顺利进行，提前竣工投产，以达到早赢利的目的。

3）以最终产品单位造价包干为基础的标底

以最终产品单位造价包干为基础的标底通常按每平方米建筑面积实行造价包干，根据不同建筑体系的结构特点、层数、层高、装修和设备标准等条件和地基土质、地耐力及基础、地下室的不同做法，分别确定每平方米建筑面积设计标高±0.00以上、以下部分的造价包干标准。在具体工程招标时，再根据装修、设备情况进行适当的调整，确定标底单价。这种方法主要适用于采用标准设计大量兴建的工程，如通用住宅、中小学校舍等。

固然标底对评标有着重要的指导意义，但我国过去过分地强调了标底的作用。在实际招标过程中，招标人往往将标底作为衡量投标报价的唯一基准，过分高于或者低于标底的报价就被拒绝。这样做一方面限制了竞争，使投标人不顾成本，尽可能地压低投标报价；另一方面也促使投标人为了争取中标，千方百计地打听标底。因此，国际招标时往往不设标底，而以最低价作为中标的重要标准。

6.1.4 评标的程序和方法

所谓评标，就是依据招标文件的规定和要求，对投标文件进行审查、评审和比较。评标是确定中标人的必经程序，是保证招标成功的重要环节。评标的对象为投标文件，评标的依据为招标文件，评标的目的是确定中标人。

1. 评标的原则

1）客观公正

在评标过程中，评标委员会成员要具有公正之心。评标要全面，对投标文件的评价、比较和分析要客观，不以主观好恶为标准，不带成见，真正在投标文件的响应性、技术性、经济性等方面做出客观的差别和优劣，不倾向或排斥某一特定的投标。

2）科学合理

评标工作要依据科学的方案，运用科学的手段，采取科学的方法。对评审指标的设置和评分标准的具体划分，都要在充分考虑招标项目的具体特点和招标人的合理意愿的基础上进行，尽量避免和减少人为因素。

3）平等竞争

制定评标办法时，不应存在针对某一特定投标人有倾向性的、有利的或不利的条款。在评标的实际操作和决策过程中，要用一个标准衡量，对各投标人一视同仁，保证投标人在决标结果出来之前的中标机会是均等的。

4）规范合法

评标工作是按照《中华人民共和国招标投标法》的规定进行的。评标的每一项工作都具有法律依据。如果投标人以他人名义投标或者以其他方式弄虚作假，骗取中标的，则中标无效，并将依法受到惩处。如果招标人与投标人串通投标，损害国家利益、社会公共利益或者他人合法权益的，则中标无效，并将依法受到惩处。

5）择优中标

任何一个招标项目都有自己的具体内容和特点，招标人作为合同主体之一，有选择的权利。因此，在其他条件同等的情况下，应该允许招标人选择更符合招标工程特点和自己招标意愿的投标人中标。评标办法可根据具体情况，侧重于工期或价格、质量、信誉等一两个招标工程客观上需要照顾的重点，在全面评审的基础上做出合理取舍。但是，《招标投标法实施条例》第五十五条规定："国有资金占控股或者主导地位的依法必须进行招标的项目，招标人应当确定排名第一的中标候选人为中标人。"

2. 评标的程序

开标之后即进入评标阶段，评标活动一般采用评标会的形式进行，由招标人或其代理机构召集，由评标委员会负责人主持。评标的过程通常要经过召开评标会、投标文件的符合性鉴定、技术评估和商务评估、投标文件澄清、综合评价与比较、编制评标报告等几个步骤。

1）召开评标会

开标会结束后，投标人退出会场，参加评标会的人员进入会场，进行会议签到，由评标组织负责人宣布评标会开始。

2）投标文件的符合性鉴定

评标组织成员审阅各个投标文件，主要检查确认投标文件是否实质上响应招标文件的要求；投标文件正副本之间的内容是否一致；投标文件是否有重大漏项、缺项；是否提出了招标人不能接受的保留条件等等。

3）技术评估和商务评估

评标组织成员根据评标办法的规定，只对未被宣布无效或作废的投标文件进行技术评估和商务评估，并对评标结果签字确认。

4）投标文件澄清

若有必要，评标期间，评标组织可以要求投标人对评标文件中不清楚的问题做出必要的澄清或者说明，但是澄清或者说明不得超出投标文件的范围或改变投标文件的实质性内容。澄清和确认的问题，应当采取书面形式，经招标人和投标人双方签字后，作为投标文件的组成部分，列入评标依据范围。在澄清会谈中，不允许招标人和投标人变更或寻求变更价格、工期、质量等实质性内容。

5）综合评价与比较

评标组织负责人对投标人的投标文件进行综合评估，按照优劣或得分高低排出投标人顺序，并对评标结果进行校核。

6）编制评标报告

形成评标报告，经招标投标管理机构审查，确认无误后，即可据评标报告确定出中标人。

3. 评标的方法

好的评标方法能够使招标人选择出合适的投标人，但评标方法并不是单一的，一般由招标人根据招标项目的特点来决定，并在招标文件中载明。

1）单项评议法

单项评议法又称单因素评议法、最低投标价中标法。它是一种只对投标人的投标报价进行评议，从而确定中标人的评标方法。

采用单项评议法对投标报价进行评议的方法多种多样，主要有4类有代表性的模式。

(1) 将投标报价与标底价进行比较的评议方法。

这种方法是在通过专家审核各投标人的报价为合理报价的基础上，将各投标人的投标报价直接与经招标投标管理机构审定后的标底进行比较，以标底为基础判断投标报价的优劣，经评标被确认为最低价的投标报价才能中标。

(2) 将各投标报价相互进行比较的评议方法。

这种方法是对投标人的投标报价不做任何限制、不附加任何条件，只将各投标人的投标报价进行相互比较，而不与标底相比，经评标确认投标报价属于合理最低价或次低价的，即可中标。

(3) 将投标报价与标底价结合投标人报价因素进行比较的评议方法。

这种方法是要借助于一个可以作为评标参照物的价格。在这个在评标中，投标报价最接近参照物的价格时才能中标。

(4) 将投标报价与标底价结合投标人测算标底因素进行比较的评议方法。

这种方法是首先利用各投标人对标底的测算价对标底进行验算，然后再根据标底的准确性，利用标底的测算价来选择经评标确认投标报价属于合理的最低价，即可中标。

2）综合评议法

综合评议法是对价格、施工方案(或施工组织设计)、项目经理的资历与业绩、质量、工期、企业信誉和业绩等因素进行综合评价以确定中标人的评标方法。它是国内应用最广泛的评标方法。采用此方法时，需要先确定评审因素。根据国内实践，一般采用标价、施工方案或施工组织设计、工程质量、工期、信誉和业绩等作为评审因素。综合评议法又依据其分析方法分为定性和定量综合评议法两种，分别简述如下。

(1) 定性综合评议法。一般做法是评标小组对各投标书，依据既定评审因素分项进行定性比较和综合评审。评审后可用记名或不记名的投票表决方式来确定各方面都优越的投标人为中标人。此法优点在于评标小组成员之间可直接对话与交流，交换意见和讨论比较深入，简便易行。但当小组成员的评标意见之间差距过大时，定标较困难。

(2) 定量综合评议法。定量综合评议法，又称打分法，其做法是先在评标办法中将评审内容分类，并分别赋予不同权重和评分标准。根据国内实践，不同评价因素的分值分配大概范围是：①价格 30～70 分；②工期 0～10 分；③质量 5～25 分；④施工方案 5～20 分；⑤企业信誉和业绩 5～20 分。评标委员依据评分标准对各类内容细分的小项进行相应的打分，最后计算的累计分值反映投标人的综合水平，以得分最高的投标书为最优。这种方法评价因素的涉及面较宽，每一项都要经过评委打分，可以全面地衡量投标人实施招标工程的综合能力。

3) 两阶段评议法

两阶段评议法是指在第一阶段先对投标的技术方案等非价格因素进行评议，确定若干中标候选人，然后在第二阶段招标人仅从价格因素对已入选的中标候选人进行评议，从中确定最后的中标人。两阶段评议法主要适用于技术性要求高的复杂项目。两阶段评议法中的第一阶段评议，可以采用定性或定量评议方法；第二阶段评议，则通常采用单项评议法。从一定意义上讲，两阶段评议法是单项评议法、综合评议法的混合变通应用。

6.2 对正常招标的维护

6.2.1 流标及其避免

1. 流标的概念

流标是指在招投标活动中，由于对招标文件实质性响应的投标人不足 3 家或有效投标人不足 3 家，而不得不重新组织招标或采取其他方式进行采购的现象。流标现象一旦发生，无论是对于招标人，还是对于招标代理机构或承包商，都是很遗憾的。它一方面会使招标各方在前一阶段所做出的努力和劳动白费，无形增加了采购成本，延长了采购周期，进而导致采购效率与效益的下降；另一方面也可能使造成流标的责任方信誉度受损，甚至会失去再次参加采购活动的资格。为此，避免废标、认真分析流标产生的原因、寻求和制定治理流标的对策，应当引起招投标当事人，尤其是招标人的高度重视。

2. 流标产生的原因

在招投标采购活动中，流标往往是由于招标活动不科学以及工作人员的人为因素等情况造成的，具体有以下几方面的原因。

1) 信息发布不够及时

有些招标项目未在规定的媒体及时发布相关的采购信息，这样就会导致在规定的投标时间内，投标人无法达到法定人数，使响应该采购项目的投标人不足 3 家而流标。

2) 资质条件要求过高或不合理

招标过程中，如果招标人在一些标的额并不大、技术要求并不复杂的采购项目中，对承包商提出了较高的要求，就可能会造成招标人对承包商的选择高不成、低不就，想做的进不来，符合条件的又不愿参加，最终导致有效投标人不足 3 家而流标。

3）评标标准不够合理

根据有关规定，在招标文件中应当载明评标标准和废标条款。如果评标标准不够公平与合理，只对少数承包商有利，而对大多数承包商无利，那么大多数承包商经过测算，认为中标的可能性较小，也就不会参加投标。同时，如果招标文件中的废标条款过多过滥，投标文件若有疏漏即被定为废标，就会使经评审后符合招标文件要求的数量减少。

4）招标人将标底定得过低

如果招标人确定的标底不是以市场价为基准，而是把标底价格压到最低点，甚至必要的费用(如税费、差旅费等)都没有考虑，总认为定得越低越好，一点点利润空间都不留给承包商，结果能够以低于标底投标的承包商就会寥寥无几，使得有效投标人不足3家而流标。

3. 流标的对策

针对上面所分析的导致流标的原因，我们可以采取以下的对策来治理流标，从而降低采购成本，提高采购效率与效益。

1）规范招标信息发布

适度提高招投标项目的前期宣传力度，是保证符合条件的承包商都能充分参加投标，使符合投标条件的承包商不少于3家的必要手段。规范招标信息发布可以让投标人能通过不同的媒体或在较短的时间内了解到该项目的招标信息，尽可能地扩大投标人的数量。

2）科学编制招标文件

产生流标的几大原因中，大多数都与招标文件中的相关条款有关，因而制定全面严谨、科学规范的招标文件是治理流标的根本途径。招标人可以借鉴国家或媒体上公布的同类别招标项目的示范文本，结合本项目的实际，组织专业力量编制招标文件。在编制招标文件时，尽量做到“不漏”、“不粗”、“不错”。

3）精心测算标底

招标人在测算标底时应该站在投标人的角度，认真分析项目特点，既不能“丢头去尾”，也不能“不留余地”。测算标底要考虑全面，着眼于招标项目的全过程测算。标底也不能过度低于市场价格。另外，要备足资金，防止市场行情发生变化。

4）严格执行招标程序规定

在招投标过程中，影响公正的违法违规行为，大多发生在招标程序中，并且许多是因未执行相关程序规定，被人钻空子造成的。因此，招标人应该严格执行招标程序规定，并且做好招标文件的备案，借助监督管理部门加强对招标文件的审查，对评标人员的选择也应根据相关法律的规定，同时加大打击力度，对违法行为予以责任追究。

6.2.2 围标与陪标的遏制

1. 围标与陪标的概念

围标也称串通招标投标，是指招标人与投标人之间或者投标人与投标人之间采用不正当手段，对招标投标事项进行串通，以排挤竞争对手或者损害招标人利益的行为。按照招投标法规定，招标人无论是采用公开招标还是邀请招标方式，都应当有3个以上具备承担招标项目的能力、资信良好的特定法人或者其他组织参与投标，对招标文件进行实质性的响应，所以有时某一承包商就联系几家关系单位参加投标，以确保其能够中标。那些被伙同进行围标的单位的行为被称为“陪标”。可见，陪标与围标是不可分的，陪标是围标过程中的一种现象。无论他们的行为如何表现，其都是通过不正当手段，排挤其他竞争者，以达到使某个利益相关者中标，从而谋取利益的目的。

2. 围标与陪标产生的原因

围标和陪标都是投机行为，产生的原因是多方面的，归纳起来主要有以下几个原因。

1）招投标工作的不规范、透明度不够

当前招投标工作多为招标人自行负责，由于缺乏专业水平和管理经验，再加上各单位又根据各自需要刻意规避、曲解招投标的有关规定，致使招投标工作处于不规范状态，招致暗箱操作、私下交易。

2）建筑企业良莠不齐、竞争激烈

现在建筑市场僧多粥少，供求矛盾十分突出。有的承包商为了能与其他好企业抗衡，不顾自身实际，超能力承接工程；或恶意压价，用大大低于成本价的低报价抢标，中标后通过分包、转包收取管理费来转嫁风险。有些承包商在投标竞争中逐步处于劣势地位，只能靠出借资质、接受挂靠等方式来获取非法利益。同时，市场上出现的少数“投标经济人”，以专门通过资质经营获取利益，也形成了一个事实上的资质出让市场，自然而然地形成围标和陪标等不正当竞争行为。

3）市场监督不到位

建筑市场从业单位和从业人员的信用评价体系不完善，市场的管理还不够到位，对从业单位的业绩真实性、履约情况等还没有完备的管理体系和奖惩体系，对从业人员没有相应的评价体系，一些诚实守信的企业得不到奖励和表彰，一些通过不诚信的手段获得了好处的企业和人员却没有受到相应的处罚，这使得一些不诚信的违规行为成本很低。

4）社会诚信的缺失

围标和陪标这种投机行为之所以存在，整个社会诚信的缺失也是其原因之一。由于大环境中存在很多诚信问题，所以工程招标活动的不良、不法行为也就在所难免，围标和陪标只是其一。同时，从投标企业来说，内部管理落后，注重短期行为而非长期效益，忽视诚信建设，一些企业屡屡违规也就不足为怪了。

3. 陪标与围标的对策

被称为“密室中的犯罪”的围标和陪标行为，本身具有相当的隐蔽性，极易规避监管，加之现有法律法规不够健全，行政监管手段又相对有限，造成实际工作中针对围标和陪标等不正当竞争行为的查证难、认定难、处理难，这在一定程度上削弱了惩防工作的力度。实际上要想完全杜绝围标行为是不可能的，只能从制度上和招标的方式、方法上尽量严格规范招投标行为，防范围标和陪标行为。

(1) 制定围标行为认定标准，加大对陪标成员的惩罚力度。

仔细研究现阶段出现的各种围标和陪标现象，总结特点，按照有关法律法规，参考国内外相关做法，由有关部门牵头制定围标行为的认定标准，进一步明确和规范招投标领域围标和陪标行为的具体认定条件，采用投标保证金、合同履约担保和工程款支付担保的形式，约束合同双方的行为，增强可操作性，并严厉打击围标和陪标行为。

(2) 提倡招标人要带头诚信。

进一步强化法制观念，依法严厉打击和惩治背信、失信者和腐败、不公正的招标人和投标人，维护政府诚信和社会公正，推动经济社会健康的发展。建立相应的失信惩戒和守信奖励制度。对失信行为采取教育、行政及经济处罚、法律制裁等方式，加大失信者的失信成本，使失信者得不偿失，如建立“不良记录”、清出市场制度。同时，对诚信行为给予鼓励，对诚信单位和个人提供优惠政策和便利条件，使其获得诚信收益。

(3) 合理确定资格预审、资格后审的审查标准和合理低价中标。

资格预审的业绩、人员标准和企业的财务标准要按照招标工程的规模和技术特点合理确定，人员的职称、业绩标准以及企业财务要求应具有市场普遍性，不得具有明显的倾向性。通过资格预审的投标申请人数量不设上限，鼓励充分竞争，尽可能扩大竞争范围，减少围标、陪标行为发生的可能性。

资格后审可以使投标人不了解其他竞争对手的情况，无法进行围标。但采用资格后审必须事先充分考虑招标公告和招标文件的要求，对招标人和代理单位有较高的要求。

围标的核心是中标价，防止围标的最直接办法应该是合理低价中标。合理低价中标是国际惯例，它抓住了招标的本质，大大简化了定标原则，节约了资金。采用合理低价中标，投标人会在投标书上更下功夫，千方百计优化施工方案，从而达到低价中标、优质施工、实现合理利润的目的。

(4) 增加招投标工作的透明度。

进一步公开办事制度，最大限度地增加工作透明度，减少暗箱操作和加强监督。通过现场公示、张贴布告、网上发布等形式将招标公告、招标文件、工程量清单及所有标底编制、评分细则等全部公开。所有评标过程均录音录像，以备复查。设立举报箱，公布举报电话，对有围标行为的招标工程进行揭发，对举报者加以保护和给予奖励。

(5) 通过一定的新技术杜绝串标、围标、陪标等不正当竞争行为。

通过将所有招标项目录入计算机网络管理系统、建立建设施工企业的诚信档案库等方法，使每一个项目从进入市场开始就处于招标办的全程监控之下。而且网上招投标使招标人与投标人、投标人之间互不见面，从而减少围标和陪标的机会。

实行工程招投标的目的是为了市场竞争的公平、公开、公正。围标和陪标行为的存在显然违背了这一目的，惩治围标和陪标等不正当竞争行为应该是一项涉及全社会的系统工程，它需要建设、施工、中介、监管等多方面的配合，绝不是仅靠招标这一个环节就能解决的，而且必须在制度上和技术上都要采取积极有效的措施，形成全社会齐抓共管的局面，才能营造一个公开、公平、公正的市场环境，促进社会健康、和谐的发展。

6.3 不同招标应注意的问题

6.3.1 工程勘察设计招标应注意的问题

工程勘察设计的质量优劣，对项目建设的顺利完成起着至关重要的作用。通过招标的方式来选择工程勘察设计单位，可以使设计技术和成果作为有价值的技术商品进入市场，推行先进技术，更好地完成日趋繁重复杂的工程勘察设计任务，从而降低工程造价，缩短工期和提高投资效益。

1. 工程勘察设计招标的概念

工程勘察是指为了工程建设的规划、设计、施工、运营及综合治理等，对项目的建设地点的地形地貌、地质构造、水文等进行测绘、勘探、测试及综合评定，并提供可行性评价与建设所需要的勘察成果资料，以及进行岩土工程勘察、设计、处理、监测的活动。

工程设计是对拟建工程的生产工艺流程、设备选型、建筑物外形和内部空间布置、结构构造、建筑群的组合以及与周围环境的相互联系等方面提出清晰、明确、详细的概念，并体现于图纸和文件之上的技术经济工作，是运用工程技术理论及技术经济方法，按照现行技术标准，对新建、扩建、改建项目的工艺、土建、公用工程、环境工程等进行综合性技术经济分析，并提供作为建设依据的设计文件和图纸的活动。

工程勘察设计招标是指招标人在实施工程勘察设计工作之前，以公开或邀请书的方式提出招标项目的指标要求、投资限额和实施条件等，由愿意承担勘察设计任务的投标人按照招标文件的条件和要求，分别报出工程项目的构思方案和实施计划，然后由招标人通过开标、评标确定中标人的过程。凡具有国家批准的勘察、设计许可证，并具有经有关部门核准的资质等级证的勘察、设计单位，都可以按照批准的业务范围参加投标。

2. 工程勘察设计招标过程中应注意的问题

1）发包方式和范围

招标人应根据工程项目的具体特点决定发包的范围。实行勘察、设计招标的工程项目，可以采取设计全过程总发包的一次性招标，也可以在保证整个建设项目完整性和统一性的前提下，采取分单项、分专业的分包招标。

工程勘察包括编制勘察方案和工程现场勘探两方面内容，前者属于技术咨询，是无形的智力成果，如果单独招标时，可以参考工程设计招标的方法；后者包括提供工程劳务等，属于用常规方法实施的内容，任务明确具体，可以在招标文件中给出任务的数量指标，如地质勘探的孔位、眼数、总钻探进尺长度等，如果单独招标时，可以参考施工招标的方法。

在工程设计招标中，为了保证设计指导思想能够顺利地贯彻于设计的各个阶段，一般由中标单位实施技术设计或施工图设计，不另行选择别的设计单位完成第二、第三阶段的设计。对于有某些特殊功能要求的大型工程，也可以只进行方案设计招标，或中标单位将所承担的初步设计和施工图设计，经招标人同意，分包给具有相应资质条件的其他设计单位。

2）招标文件的内容

工程设计是投标人通过自己的智力劳动，将招标人对建设项目的设想变为可实施的蓝图。设计招标主要是通过工程设计方案、工程造价控制措施、设计质量管理和质量保证、技术服务措施和保障、投标人的业绩和信誉、对招标文件的响应等方面的竞争，择优选择设计单位。因此，设计招标文件对投标人所提出的要求不那么明确具体，仅提出设计依据、工程项目应达到的技术功能指标、项目的预期投资限额、项目限定的工作范围、项目所在地的基本资料、要求完成的时间等内容，而无具体的工作量。招标文件的要求还应根据工程的实际情况突出重点，更多的详细要求可在中标人开始和实施设计阶段通过共同探讨确定。这样做的好处是，既可以避免让所有投标人花费太多的时间和精力去编制投标书，对未中标的投标人显得不够公平，另外也可以简化评标的内容，集中评审比较方案的科学性和可行性。

虽然为了保证设计思想的一致性，目前通常采用的全过程设计招标，即不单独进行初步设计招标、技术设计招标和施工图设计招标，但这种招标文件往往要求投标书应报送初步设计方案，中标签订合同后再遵循设计程序完成全部设计任务。

3）开标形式

勘察设计招标开标时，不是由招标主持人宣读投标书并按报价高低排定标价次序，而是由各投标人自己说明投标方案的基本构思和意图，以及其他实质性内容。

4）评标原则

目前在设计招标中采用的评标方法主要有投票法、打分法和综合评议法等。设计招标与施工招标不同，标的的报价即设计费报价在评标过程中不是关键因素，因此设计招标一般不采用最低评标价法。评标委员会评标时也不过分追求设计费报价的高低，而是更多关注所提供方案的技术先进性、预期达到的技术指标、方案的合理性以及对工程项目投资效益的影响。因此，设计招标的评标定标原则是：设计方案合理，具有特色，工艺和技术水平先进，经济效益好，设计进度能满足工程需要。

6.3.2 工程施工招标应注意的问题

工程施工是工程项目形成工程实体的阶段，是各种资源投入量最大、最集中、最终实现预定项目目标的重要阶段。因此，依照《中华人民共和国招标投标法》，通过严格规范的招标投标工作，选择一个高水平的承包人完成工程的建造和保修，是能否对工程的投资、进度和质量进行有效控制、获得合格的工程产品、达到预期投资效益的关键。

1. 工程施工招标的概念

工程施工是一个生产(制作)过程，是在一定标准、规范、规程的指导下，通过一定的技术手段，将设计图纸转化为现实工程的活动过程。

工程施工招标是指招标人为发包施工工程，发出招标公告或书面通知，邀请潜在的投标人进行投标，并根据公布的标准和条件，通过对各投标人所提出的质量、工期、价格、以往经验等进行综合比较，择优选择一个承包商为中标人，并与中标人签订合同的过程。

2. 工程施工招标过程中应注意的问题

1）发包方式

工程施工招标可以根据施工内容选择只发一个合同包招标或将全部施工内容分解成若干个合同分别发包。如果招标人仅与一个中标人签订合同，施工过程中的管理工作就比较简单，但有能力参与竞争的投标人较少。如果招标人有足够的管理能力，可将全部施工内容分解成若干个单位工程和特殊专业工程分别发包，一是可以发挥不同投标人的专业特长，增强投标的竞争性；二是每个独立合同比总承包合同更容易落实，即使出现问题也是局部的，易于纠正或补救。但招标发包的数量多少要适当，合同包太多会给招标工作和施工阶段的管理工作带来麻烦或不必要的损失。

2）施工标段的划分

由于工程施工内容繁多，有不同部位的工程施工和不同类型的工程结构，技术要求各异，施工过程复杂多样，导致工程管理难度加大。因此，有必要对工程项目从施工内容到工程类型进行划分。工程项目施工招标的合同段划分(或叫工程分标)，是工程施工招标的一大特点。合理划分标段，并确定各个标段工期与开竣工日期，也就成为施工招标需要考虑的重要内容。根据需要，各个标段可一次性完成招标工作，也可以分期完成招标工作。一般工程施工标段的划分应满足下列要求。

(1) 标段划分的大小。

标段的划分以施工企业可以独立施工为原则，但还应考虑到标段划分的大小。标段过小，有较强实力的大型施工企业来参加投标的可能性就小，而且现场每个企业都必须有自己的临时设施，造成不必要的财力浪费；且标段过多，现场管理协调也相对困难。标段过大，一般中小型施工企业将无力问津，造成少数几个大型企业的有限竞争，容易引起较高的投标报价。因此，标段划分的大小，既要有利于竞争，又要有利于管理。

(2) 资金来源及其生产效益。

标段的划分可以根据建设工程的资金到位情况和各个标段资金预计使用情况来确定，逐段招标，逐段开工建设，逐渐形成效益。

(3) 工期需要。

如果工程的规模比较大而且要求建设的周期相对短，若由一个施工企业承担施工任务，会受到施工机械、劳动力及管理力量等的限制，明显影响施工工期和工程质量。合理地进行分段，可以缩短工期，加快施工进度。

(4) 设计允许。

划分施工标段以后，由于施工的先后顺序和由此产生的时间间隔等原因，可能影响到工程的质量。因此，必须在工程设计允许的部位或者采取一定的技术措施后不会产生质量隐患的部位划分标段。

(5) 施工现场条件。

划分标段时，应该充分考虑到几个独立的施工企业在现场的施工情况，尽量避免或减少交叉干扰，以利于监理师对各合同的协调管理。

(6) 施工内容的专业要求。

工程施工项目一般都可以划分为一般土建工程和专业工程两大部分。如果施工现场允许，当专业工程技术复杂、工程量又较大时，可考虑作为一个标段单独招标。但如果专业工程独立发包太多，现场协调工作也会相当繁重。因此，在一般情况下，对工程量较大且比较特殊的专业工程，可作为业主的指定分包工程，纳入施工总承包单位的管理之中。

3）材料设备的供应方式

材料设备的采购供应是工程施工中一个重要组成部分，下面几种是可供选择的方式。

(1) 承包方采购。

工程施工承包，一般均采用包工包料，即“双包”的形式，所以在材料设备采购上，应尽量考虑由施工承包商采购，这样可以降低成本，保障材料质量，供应时间和施工进度的协调也能得到保证。

(2) 由发包方采购供应。

如果发包方在某些材料设备供应方面有较强的能力，在招标时，发包方就可以明确这方面的材料设备由发包方供应。材料设备由发包方自己采购供应，虽然能直接了解产品的性能、价格等资料，但是在价格上并不一定能像施工承包商那样由于经常与供应商有业务往来而得到最大的优惠，同时在运输、保管、移交过程中，及供货与施工进度的配合上，发包方必须投入相应的人力物力及承担自己相应的责任，这也不利于调动施工承包方材料节约使用上的积极性。所以在一般情况下，尽量不采用这种方式。

(3) 发包方指定，承包方采购。

在工程施工招标时，可以明确某些材料设备的品牌，或承包商、施工承包商必须采购指定的品牌或由指定的承包商供应材料设备，这样就可免去发包方许多不必要的麻烦，减少被施工承包方索赔的机会，且有利于调动承包方的积极性。但也必须防止这些材料设备的承包商因此而哄抬供货价格，增加施工承包方不必要的成本。

(4) 承包方采购，发包方认可。

在工程施工招标阶段，设计图纸不可能把所有材料设备的品牌、规格、型号等一一确定，因此其价格一时也难以确定。有的发包方对前述的某些材料设备不想投入大量的人力进行采购，在施工招标时，事先对这些材料设备暂定一个价格，要求承包方全部按此暂定价报价。在施工阶段，可以采用承包方采购，发包方参与的方式。材料设备的品牌、规格或型号及其价格必须经发包方认可后，承包方可采购。这种方式既调动了施工企业的积极性，又能使发包方及时地对这些材料的品牌、质量与价格进行把关。

4) 风险问题

由于工程施工项目建设实体庞大，建设工期长。因此，工程施工招标是一种具有期货性质的物品采购，交易双方以未来产品的预期价格进行交易。在实际执行合同的过程中，工程施工项目所面临的不确定性风险因素多，如在较长的施工期内经济发展不平衡带来的物价影响等。因此，如何合理处理各类风险，合理进行风险分摊，是工程施工招标中必须谨慎处理的问题。这些问题的处理将反映在合同类型的选取、合同条款的设计、计量支付方式的选择等各方面。

5) 施工招标的质量要求

由于施工项目结构类型多，采用的工程技术复杂，不同建筑部位和不同性质的工程结构对质量要求各异，因此招标文件对工程施工质量标准、工程施工质量控制、工程质量检验与验收等条款要求要明确而详细。这就要求在工程施工项目招标中，招标人员必须熟悉招标项目的工程技术、施工方法、各分部分项工程的施工工艺流程、质量预控与控制方法、质量检验验收标准及工程计量等专业知识。因而在工程施工招标投标中，需要更多的工程技术与工程管理专业人才来协同和配合。

6) 施工招标评标定标原则

与设计招标比较，施工招标的特点是发包工作内容明确、具体，各投标人编制的投标书在评标时易于进行横向对比。虽然投标人都是按招标文件的工程量表中既定的工作内容和工程量编制投标报价，但价格的高低并非是确定中标人的唯一条件。投标过程实际上也是各投标人完成该项任务的技术、经济、管理等综合能力的竞争。因此，施工招标的评标定标原则主要是标价合理，工期适当，施工方案科学合理，施工技术先进，质量、工期、安全保证措施切实可信，有良好的施工业绩和社会信誉。

6.3.3 工程监理招标应注意的问题

工程项目实行监理制度是现行建筑市场规范化管理的一项重要制度，并与国际上通行的工程项目管理方法接轨。

1. 工程监理招标的概念

工程监理是指业主聘请监理单位，对项目的建设活动进行咨询、顾问，并将业主与承包商为实施项目建设所签订的各类合同交予其负责管理的活动。

工程监理招标是指招标人以公开或邀请书的方式，提出对招标项目的控制投资、建设工期和工程质量进行工程建设合同管理和信息管理，并协调有关单位间的工作关系的相关要求，由愿意承担监理任务的投标人按照招标文件的条件和要求，分别报出工程项目的监理大纲和实施计划，然后由招标人通过开标、评标确定中标人的过程。

2. 工程监理招标过程中应注意的问题

1）工程监理招投标的适用范围

对大部分建设工程来说，实施建设监理制度是必要的。国务院颁布的《建设工程质量管理条例》明确指出，为了规范市场行为、保证工程项目达到预期目的，按照有关建筑法律和法规的要求，属于以下五大类范围的工程项目建设必须实行监理。

(1) 国家重点建设工程。

国家重点建设工程是指依据《国家重点建设项目管理办法》所确定的对国民经济和社会发展有重大影响的骨干项目。

(2) 大中型公用事业工程。

大中型公用事业工程是指项目总投资额在3 000万元以上的下列工程项目：①供水、供电、供气、供热等市政工程项目；②科技、教育、文化等项目；③体育、旅游、商业等项目；④卫生、社会福利等项目；⑤其他公用事业项目。

(3) 成片开发建设的住宅小区工程。

成片开发建设的住宅小区工程，建筑面积在5万平方米以上的住宅建设工程必须实行监理；5万平方米以下的住宅建设工程，可以实行监理。具体范围和规模标准，由省、自治区、直辖市人民政府建设行政主管部门规定。但是为了保证住宅的质量，对高层住宅及地基、结构复杂的多层住宅应当实行监理。

(4) 利用外国政府或者国际组织贷款、援助资金的工程。

利用外国政府或者国际组织贷款、援助资金的工程范围包括：①使用世界银行、亚洲开发银行等国际组织贷款资金的项目；②使用国外政府及其机构贷款资金的项目；③使用国际组织或者国外政府援助资金的项目。

(5) 国家规定必须实行监理的其他工程。

国家规定必须实行监理的其他工程包括：①项目总投资额在3 000万元以上，关系社会公共利益、公众安全的某些基础设施项目；②学校、影剧院、体育场馆项目。

2）工程监理的委托方式

在工程实践中，工程监理的委托方式有招标、直接委托等方式。

招标是指多家监理咨询单位参加投标，招标人通过对各投标人提供的监理大纲、服务措施、人员配置和监理报价等进行综合比较，择优确定中标人。工程监理以邀请招标为多见。但是有些工程，根据项目的特殊情况，可以不进行监理招标，如：①工程项目位于偏远地区，且现场条件恶劣，潜在投标人少于3个的；②工程所需的主要施工技术属于专利性质或特殊技术，并且在保护期内或有特殊要求的；③与主体工程不宜分割的追加附属工程或者主体加层工程的；④停建、缓建后恢复建设，且监理企业未发生变更的；⑤法律、法规、规章规定的其他情形。

直接委托是指建设业主直接委托一家具有与该项目性质、规模相适应的资质条件的监理咨询单位对该项目的施工过程进行监理。这种委托方式一般适用于项目规模小、技术简单的工程。

3）招标的特殊性

建设监理无论在我国还是在国际上，都是属于高智能型的第三产业，因此监理招标的标的是“监理服务”。监理服务是监理单位高智能的投入，其服务工作完成的好坏不仅依赖于执行监理业务是否遵循了规范化的管理程序和方法，更多地取决于参与监理工作专业人员(如总监)的业务专长、经验、判断能力、创新精神及风险意识。鉴于标的所具有的特殊性，招标人选择中标人的基本原则是“基于能力的选择”。

4）工程监理招标评标定标原则

工程监理招标评标时以技术方面的评审为主，选择最佳的监理单位，不应以价格最低为主要标准。工程监理招标在竞争中的评选办法，按照委托服务工作的范围和对监理单位能力要求不同，可以采用下列两种方式之一。

(1) 基于服务质量和费用的选择。对于一般的工程监理项目通常采用这种方式，首先对能力和服务质量的好坏进行评比，对相同水平的投标人再进行投标价格比较。

(2) 基于质量的选择。对于复杂的或专业性很强的服务任务，有时很难确定精确的任务大纲，希望投标人在投标书中提出完整或创新的建议，或可以用不同方法的任务书。所以各投标书中的实施计划可能不具有可比性，评标委员会可以采用此种方法来确定中标人。因此，要求投标人的投标书内只提出实施方案、计划、实现的方法等，不提供报价。经过技术评标后，再要求获得最高技术分的投标人提供详细的商务投标书，然后招标人与备选中标人就上述投标书和合同进行谈判。

因此，建设监理招标的评标定标原则是技术和经济管理力量符合工程监理要求，监理方法可行、措施可靠，监理收费合理。

6.3.4 材料设备采购招标应注意的问题

材料设备采购是资金向实物转化形成固定资产的方式之一。随着我国社会经济发展水平的不断提高，材料设备在工程建设项目投资构成中所占比重呈逐年上升趋势。因此，材料设备采购手段的科学性、规范性，对于工程建设项目而言，就显得越来越重要。

1. 材料设备采购招标的概念

工程建设项目设备材料是指用于建设工程的各类设备和工程材料(包括钢材、水泥、黄沙、石子、商品混凝土、预制混凝土构件、墙体材料和管道、门窗、防水材料等)。

工程材料设备采购招标是指招标人对所需要的工程材料设备，向供应商进行询价或通过招标的方式设定包括商品质量、期限、价格为主的标的，邀请若干供应商通过投标报价进行竞争，招标人从中选择优胜者并与其达成交易协议，随后按合同实现标的的采购方式。材料设备采购招标不仅包括单纯采购大宗建筑材料和定型生产的中小型设备等，而且还包括按照工程项目要求进行的材料设备的综合采购、运输、安装、调试等实施阶段的全过程工作。

2. 材料设备采购招标过程中应注意的问题

1) 材料设备招标的范围

材料设备招标的范围主要包括建设工程中所需要的大量建材、工具、用具、机械设备、电气设备等，这些材料设备约占工程合同总价的60%以上，大致可以划分为工程用料、暂设工程用料、施工用料、工程机械、正式工程中的机电设备和其他辅助办公和试验设备等。

由于材料设备招投标中涉及物资的最终使用者不仅有业主，还包括使用工具、用具、设备的承包商，所以材料设备的采购主体既可以是业主，也可以是承包商或分包商。因此，对于材料设备应当进一步划分，决定哪些由承包商自己采购供应，哪些拟交给各分包商供应，哪些将由业主自行供给。属于承包商应予供应范围的，再进一步研究哪些可由其他工地调运，如某些大型施工机具设备、仪器，甚至部分暂设工程等，哪些要由本工程采购，这样才能最终确定由各方采购的材料设备的范围。

2) 材料设备的采购方式

为工程项目采购材料设备而选择供应商并与其签订物资购销合同或加工订购合同，可以采用招标、询价和直接订购3种方式。

(1) 招标适用于大宗材料和较重要的或较昂贵的大型机具设备，或工程项目中的生产设备和辅助设备。承包商或业主根据项目的要求，详细列出采购物资的品名、规格、数量、技术性能要求，自己选定的交货方式、交货时间、支付货币和支付条件，以及品质保证、检验、罚则、索赔和争议解决等合同条件和条款作为招标文件，公开招标或邀请有资格的制造厂家或承包商参加投标，通过竞争择优签订购货合同。

(2) 询价是采用询价—报价—签订的合同程序，即采购方对3家以上的供应商就采购的标的物进行询价，对其报价经过比较后选择其中一家与其签订供货合同。这种方式实际上是一种议标的方式，无需采用复杂的招标程序，就可以保证价格有一定的竞争性，一般适用于采购建筑材料或价值较小的标准规格产品。

(3) 直接订购方式由于不能进行产品的质量和价格比较，因此是一种非竞争性采购方式。一般适用于以下几种情况：①为了使设备或零配件标准化，向原来经过招标或询价选择的供应商增加订货，以便适应现有设备；②所需设备具有专卖性质，并只能从一家制造商获得；③负责工艺设计的承包商要求从指定供应商处采购关键性部件，并以此作为保证工程质量的条件；④某些特殊情况，如某些特定机电设备需要早日交货，也可直接签订合同，以免由于时间延误而增加开支。

3）材料设备标段的划分

由于材料设备的种类繁多，不可能有一个能够完全生产或供应工程所用材料设备的制造商或供应商存在，所以不管是以招标、询价还是直接订购方式采购材料设备，都不可避免地要遇到分标的问题。材料设备采购分标时需要考虑的因素主要有以下几方面。

（1）招标项目的规模。

根据工程项目中各材料设备之间的关系、预计金额大小等来分标。招标项目的规模应有利于吸引更多的投标人参加投标，以发挥各个供应商的专长，降低材料设备价格，保证供货时间和质量。

（2）材料设备的性质和质量要求。

材料设备采购分标和工程施工分标不同，一般是将与工程有关的材料设备采购分为若干个标，而每个标又分为若干个包，每个包又分为若干项。每次招标时，可根据材料设备的性质只发一个合同包或划分成几个合同分别发包。供应商投标的基本单位是包，在一次招标时可以投全部的合同包，也可以只投一个或其中几个包，但不能仅投一个包中的某几项。分标时还要考虑是否大部分或全部材料设备由同一承包商制造供货，若是，则可减少招标工作量。有时考虑到某些技术要求国内完全可以达到，则可单列一个标向国内招标，而将国内制造有困难的设备单列一个标向国外招标。

（3）工程进度与供货时间。

按时供应质量合格的材料设备，是工程项目施工能够顺利进行的物质保证。如何恰当划分标段，应以材料设备进度计划满足施工进度计划要求为原则，综合考虑资金筹措、制造周期、运输时间、仓储能力等条件，既不能延误施工的需要，也不应过早提前到货。

（4）供货地点。

如果一个工程地点分散，则所需材料设备的地点也势必分散，因而应考虑外部供应商、当地供应商的供货能力、运输、仓储等条件来进行分标，以利于保证供应和降低成本。

4）材料设备招标评标定标原则

（1）综合评标价法。

综合评标价法是指以投标价为基础，将各评审要素按预定的方法换算成相应的价格，在原投标价上增加或扣减该值而形成评标价格。主要适用于既无通用的规格、型号等指标，也没有国家标准的非批量生产的大型设备和特殊用途的大型非标准部件。评标以投标文件能够最大限度地满足招标文件规定的各项综合评价标准，即换算后评标价格最低的投标文件为最优。

（2）最低投标价法。

大宗材料或定型批量生产的中小型设备的规格、性能、主要技术参数等都是通用指标，应采用国家标准。因此，在资格预审时就认定投标人的质量保证条件，评标时要求材料设备的质量必须达到国家标准。评标的重点应当是各投标人的商业信誉、报价、交货期等条件，且以投标价格作为评标考虑的最重要因素，选择投标价最低者中标，即最低投标价法。

（3）以设备寿命周期成本为基础的评标价法。

设备采购招标的最合理采购价格是指设备寿命周期费用最低，因此在标价评审中，要全面考虑采购物资的单价和总价、运费及寿命期内需要投入的运营费用。如果投标人所报的材料设备价格较低，但运营费很高，就仍不符合以最合理价格采购的原则。

综上所述，无论是大宗材料或定型批量生产的中小型设备招标，还是非批量生产的大型设备和特殊用途的大型非标准部件招标，其评标定标原则都应是设备材料先进、价格合理、各种技术参数符合设计要求、投标人资信可行、售后服务完善。

案例分析

某大型工程的评标方法

某大型工程，由于技术难度大，对施工单位的施工设备和同类工程施工经验要求高，而且对工期的要求也比较紧迫。因此，业主在对有关单位和在建工程考察的基础上，仅邀请了3家国有一级施工企业参加投标，并预先与咨询单位和该3家施工单位共同研究确定了施工方案。业主要求投标人将技术标和商务标分别装订报送。经招标领导小组研究确定的评标规定如下。

(1) 技术标共40分，其中施工方案20分(因已确定施工方案，各投标人均得20分)、施工总工期10分、工程质量10分。满足业主总工期要求(40个月)者得4分，每提前1个月加1分，不满足者不得分；自报工程质量合格者得4分，自报工程质量优良者得6分(若实际工程质量未达到优良将扣罚合同价的2%)，近3年内获鲁班工程奖每项加2分，获省优工程奖每项加1分。

(2) 商务标共60分。报价不超过标底(69 815万元)的±5%者为有效标，超过者为废标。报价为标底的97%者得满分60分；报价比标底的97%每下降标底的1%者扣1分，每上升标底的1%者扣2分(计分按四舍五入取整数)。各投标人的投标报价资料见表6-1。

表6-1 各投标人投标报价资料

投标人	报价/万元	总工期/月	自报工程质量	鲁班工程奖	省优工程奖
甲	67914	35	优良	1	1
乙	68742	37	优良	1	2
丙	67446	36	优良	0	1

问题：根据该大型工程的要求，应该采用什么评标方法进行评标？按此方法评标，谁可以中标？

分析：

因为该工程技术难度大，对施工单位的施工设备和同类工程施工经验要求高，而且对工期的要求也比较紧迫，因此不能仅从报价方面考虑投标人的条件，应综合技术和商务两方面评比投标人，由此应采用综合评议法进行评标。

根据评标规定计算各投标人技术标得分，见表6-2。

表6-2 各投标人技术标得分统计

投标人	施工方案	施工总工期/月	工程质量			技术标得分
			自报工程质量	鲁班工程奖	省优工程奖	
甲	20	4+(40−35)×1=9	6	1×2=2	1×1=1	38
乙	20	4+(40−37)×1=7	6	1×2=2	2×1=2	37
丙	20	4+(40−36)×1=8	6	0×2=0	1×1=1	35

根据评标规定计算各投标人商务标得分，见表6-3。其中有效标的标准为报价不超过标底(69 815万元)的±5%，即66 324.25万元～73 305.75万元。

表6-3　各投标人商务标得分统计

投标人	报价/万元	是否为有效标	报价增减分值	商务标得分
甲	67 914	有效	(67 914/6 9815－97%)×100×2≈1	60－1≈59
乙	68 742	有效	(68 742/69 815－97%)×100×2≈3	60－3≈57
丙	67 446	有效	(97%－67 446/69 815)×100×1≈0	60

最后计算各投标人的综合得分。

甲公司综合得分：38＋59＝97

乙公司综合得分：37＋57＝94

丙公司综合得分：35＋60＝95

则3家公司的综合得分次序为甲、丙、乙。甲公司综合分数最高，所以应该选择甲公司作为最后的中标人。

本章小结

通过学习本章，学生应全面掌握业主的招标管理及其应用；了解流标、围标与陪标产生的原因；掌握招标适用的范围，资格预审文件、招标文件和标底的编制方法；熟悉评标的相关程序，工程勘察设计招标、工程施工招标、工程监理招标和材料设备采购招标中应注意的问题；领悟工程招标管理与应用的技巧。

习　题

1. 名词解释

(1) 流标；(2) 围标；(3) 陪标；(4) 工程勘察设计招标；(5) 工程施工招标；(6) 工程监理招标；(7) 工程材料设备采购招标。

2. 单项选择题

(1) 招标人对已发出的招标文件进行必要的澄清或者修改的，该澄清或修改的内容为(　　)的组成部分。

A. 投标文件　　B. 招标文件

C. 评标报告　　D. 投标文件和招标文件

(2) 采用单项评议法评标，要求投标人“能够满足招标文件实质性要求，并且经评审的投标价格最低；但是投标价格低于成本的除外”。这里的成本，是指( )。

A. 投标人的个别成本　　B. 社会平均成本

C. 招标人测算的成本　　D. 行业平均成本

(3) 一个工程编制的标底( )。

A. 只能一个　　B. 两个　　C. 3个　　D. 允许多个

(4) 工程监理是监理单位代表( )实施监督的一种行为。

A. 建设单位　　B. 设计单位　　C. 施工单位　　D. 国家

(5) 在设备采购评标中，采购标准规格的产品，由于其性能质量相同，可把价格作为唯一尺度，将合同授予( )的投标人。

A. 报价适中　　B. 报价合理　　C. 报价最低　　D. 报价最高

3. 思考题

(1) 资格预审的文件的主要内容是什么?

(2) 编写招标文件时需注意的问题有哪些?

(3) 评标有哪几种方法? 其主要适用的范围是什么?

(4) 简述流标产生的原因和对策。

(5) 简述必须实行监理的范围。

4. 案例分析题

(1) 某工程施工招标项目为依法必须进行招标的项目，招标人采用资格后审方式组织该项目招标。招标公告载明不接受联合体投标。招标人在发售招标文件前，希望增加投标人的数量，吸引更多的投标人参与竞争，因此在招标文件中直接取消了不接受联合体投标的规定，但没有重新发布招标公告。这样，购买招标文件的潜在投标人均是独立投标，但递交投标文件时，有3个购买招标文件的独立投标人与其他单位组成了联合体进行投标。

问题：招标人在招标文件中直接更改招标公告中的资格条件是否正确? 为什么?

(2) 某单位经当地主管部门批准，采用公开招标选择某项目的承包商。共有5家经资格审查合格的承包商参加投标。经招标小组确定的评标指标及评分方法如下。

① 评价指标包括报价、工期、企业信誉和施工经验四项，权重分别为50%、30%、10%、10%。

② 报价在标底价的(1±3%)以内为有效标，报价比标底价低3%为100分，在此基础上每上升1%扣5分。

③ 工期比定额工期提前15%为100分，在此基础上，每延长10天扣3分。

5家投标单位的投标报价及有关评分如表6-4所示。

表6-4　各投标人投标报价资料

评标单位	报价/万元	工期/天	企业信誉评分	施工经验得分
A	3 920	580	95	100
B	4 120	530	100	95
C	4 040	550	95	100
D	3 960	570	95	90
E	3 860	600	90	90
标底	4 000	600	—	—

问题：根据背景资料，采用综合评议法确定中标单位。

第7章 工程投标管理与应用

教学目标

通过学习本章，应达到以下目标：

(1) 了解工程勘察设计投标、工程施工投标、工程监理投标和材料设备采购投标中应注意的问题；

(2) 熟悉投标准备与组织的相关程序和投标合作方式的选择；

(3) 掌握投标决策的主要内容及方法，投标文件的制定原则及其主要内容。

学习要点

知识要点	能力要求	相关知识
承包商的投标决策	(1) 掌握投标决策的主要内容及方法； (2) 熟悉投标准备与组织的相关程序； (3) 熟悉投标合作方式的选择； (4) 掌握投标文件的制定原则及其主要内容	(1) 投标决策各阶段的主要内容； (2) 投标决策的方法； (3) 投标准备与组织的程序； (4) 投标合作方式的选择； (5) 投标文件的内容
不同投标应注意的问题	(1) 了解工程勘察设计投标应注意的问题； (2) 了解工程施工投标应注意的问题； (3) 了解工程监理投标应注意的问题； (4) 了解工程材料设备采购投标应注意的问题	(1) 工程勘察设计投标应注意的问题； (2) 工程施工投标应注意的问题； (3) 工程监理投标应注意的问题； (4) 工程材料设备采购投标应注意的问题

基本概念

风险标；保险标；常规标；盈利标；保本标；亏本标。

引例

很多人认为，招投标活动的程序十分严格，其过程又受到招标投标法和众多规章的制约，招标活动的主体为招标人，投标人在这场竞争中只有被选择的机会，其对自己的未来几乎无能为力。其实不然，招标投标是在一定规则下的有序竞争。就好比文艺演出，招标人搭起了舞台，限定了时间，只要投标人有了好的剧本和演员，就能够演出一场有声有色的剧目来。

7.1 承包商的投标策划

7.1.1 投标决策

所谓投标决策，是指建设工程承包商为了达到中标的目的，在投标过程中所采用的手段和方法。因此，承包商在积累雄厚的经济实力、拥有丰富的经验和管理能力，并创建良好的社会声誉后，还要有一套独特而有效的投标策略。投标决策一般来说包括三方面内容：第一，针对某项目招标，决定是否投标，以及对投标对象的选择；第二，倘若决定投标，则投什么性质的标；第三，投标中如何采用以长制短、以优胜劣的策略和技巧。

投标决策分为两阶段进行，分别是前期阶段和后期阶段。投标决策的前期阶段必须在购买投标人资格预审资料前后完成，决策的主要依据是招标公告和公司招标项目情况的调研和了解的程度，此阶段必须对投标与否做出论证。如果决定投标，即进入投标决策的后期，它是指从申报资格预审至投标报价前完成的决策研究阶段，主要研究如果投标，则投什么性质的标，以及在投标中采取的策略问题。在本章中，首先阐述是否投标和投什么样性质标的决策方法。

1. 投标决策前期阶段的主要内容

1）建立广泛的信息来源渠道以获取拟招标的项目信息

信息是决策的基础和依据，正确、明智的投标策略是建立在充分掌握信息的基础上的。承包商要想做出是否投标的决策，首先应了解拟投标的项目信息。信息获得的渠道很多，如各级基本建设管理部门，包括计委、建委、经委等，建设单位及主管部门，各地勘察设计单位，各类咨询机构，各种工程承包公司，城市综合开发公司、房地产公司、行业协会等，各类刊物、广播、电视、互联网等多种媒体。

2）对拟招标项目及其相关信息进行整理分析

从这些渠道中获取的信息是繁杂的。为提高中标率和获得良好的经济效益，除获知哪些项目拟进行招标外，投标人还应从战略角度对企业的经营目标、内部条件、外部环境等方面的信息进行收集整理，做一个初步的了解和分析。只有做到知己知彼，才能做出投标与否的决策。

3）决定投标或弃标

一般来说，如果项目符合以下要求，则选择参加投标。

（1）本企业能顺利通过资格预审，不能超越企业经营范围和资质等级要求。

（2）项目规模适度，本企业对招标项目适应性强，技术、装备等实际施工能力能够满足工程项目要求。

（3）项目资金状况比较理想，企业能通过项目实施取得经济利益。

（4）公关方向明确，能与业主建立沟通渠道，有较可靠的社会基础。

（5）与竞争对手比较，明显处于优势。

（6）实施项目能有较好的社会效益，有辐射效应。

如果为下列这些情况，投标人应选择放弃投标。

（1）本企业营业范围之外的项目。

（2）工程规模、技术要求超过本企业资质等级的项目。

（3）本企业生产任务饱满，而招标项目的盈利水平较低或风险较大的项目。

（4）本企业技术水平、业绩、信誉等条件明显不如竞争对手的项目。

（5）本企业资源投入量过大的项目。

2. 投标决策后期阶段的主要内容

如果决定投标，则进入投标决策的后期，即投什么性质的标。

承包商在中标后，履行完合同时可能会出现亏损、盈利、保本 3 种结局。因此，在投标决策中要对企业经营目标与效果进行可行性研究，分析企业投标成本、目标利润、风险损失等后，决定方案类型。

这里所说的企业投标成本是指承包商的个别成本。在激烈的市场竞争中，尤其是在采用竞争性招标投标方式下，承包商不断地降低自身成本是市场的客观趋势。承包商的个别成本估价是构成投标报价的基础，它决定着投标报价水平的高低，体现了承包商的市场竞争能力，对整体报价水平的影响也最为显著。

目标利润是承包商的合理预期收益，也是企业经营战略和投标战术选择的具体体现。如何确定合理的预期收益，不仅要考虑企业在投标竞争中获胜，还要争取实现企业或项目的利润目标。在确定预期收益时，要综合考虑企业的长期利润、短期利润以及具体项目的利润。一般来说，长期利润率往往接近行业的平均利润率；近期利润率应考虑承包商的工程任务饱满程度、近期市场行情等因素；在考虑具体某项工程的利润时，要根据项目特点预留一定的风险损失费。因此，根据承包商所选择的成本与利润的关系，企业投标方案可分为盈利标、保本标和亏本标。

盈利标是指当招标项目既是本企业的强项，又是竞争对手的弱项；或建设单位意向明确，或本企业任务饱满，利润丰厚，才考虑让企业超负荷运转时，承包商选择的投标方式。

保本标是指当承包商无后继工程，或已经出现部分窝工，必须争取中标时选择的投标方式。但由于承包商对招标的项目无优势可言，竞争对手又多，所以保本标就是薄利标。

亏损标是指当承包商已大量息工、严重亏损，若中标后至少可以使部分人工、机械运转，减少亏损；或是为了在对手林立的竞争中夺得头标，不惜血本压低标价；或是为了在本企业一统天下的地盘里，为挤垮企图插足的竞争对手；或是为了打入新市场，取得拓宽市场的立足点而压低标价的投标。以上这些虽然是不正常的，但在激烈的投标竞争中，承包商有时也迫不得已这样做，所以亏损标是一种非常手段。

3. 投标决策的方法

工程招标投标活动竞争日趋激烈。一方面，许多经验丰富的大中型公司，既有自己的传统市场，又有开拓和占领新市场的能力；另一方面，大批中小型的公司也投入其中。在这种激烈竞争的形势下，承包商在充分考虑投标影响因素的基础上，也可以借助一些定量的分析方法进行投标决策。

1）决策树分析法

树形图是一种连通而无圈的图，利用树形图进行多方案选择和确定的方法称为决策树分析法。决策树的结构如图7.1所示。

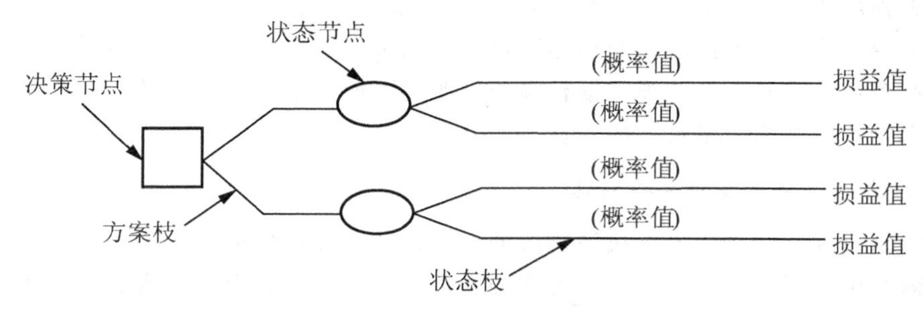

图7.1 决策树结构图

从图中可以看出，决策树是以方块和圆圈为节点，并由直线连接而成的一种树状结构。方块节点叫决策节点，由决策节点引出的直线，形似树枝，称为方案枝，每条树枝代表一个方案。圆圈节点是状态节点，由状态节点引出的树枝称为状态枝，每一枝代表一个状态。在状态枝的末端列出不同状态下的损益值，不同状态的概率值标示在状态枝的上部。

决策树分析法在绘制决策树时是由左向右、由简到繁组成一个树形网状结构图，但是其决策过程是由右向左、逐步后退的。具体原理是根据右端的收益值或损失值和状态枝上的概率值，计算出同一方案不同状态下的期望收益值或期望损失值，然后根据不同方案的期望收益值的大小进行决策。期望值小的方案舍去，称为修枝，在枝上附以“‖”的符号进行标示。经过逐步地修枝，最后决策节点留下的一枝树枝就为决策中的最佳备选方案。

对于投标项目的选择，可以采取决策树法。例如，以获利大小这一因素来分析。假设某投标人面临A、B两项工程投标。由于施工能力和资源限制，只能选择一项进行投标，那么就会有多个方案，如A项目投高标、A项目投低标、B项目投高标、B项目投低标和不投标等。通过对承包商过去承包过的与A、B同类型项目的统计资料，确定每种方案的中标概率效果、出现的概率、损益值和成本见表7-1。

表 7-1 某承包商投标方案效果、概率和损益值表

方案	编制投标文件的费用/万元	中标概率	承包效果	承包效果概率	损益值/万元
A项目投高标	6	0.3	好	0.3	300
			中	0.5	200
			差	0.2	100
A项目投低标		0.6	好	0.2	220
			中	0.7	120
			差	0.1	0
B项目投高标	4	0.4	好	0.4	220
			中	0.5	140
			差	0.1	60
B项目投低标		0.7	好	0.2	140
			中	0.5	60
			差	0.3	−20
不投标	0				0

根据该承包商所提供的条件，绘制投标决策树图，如图 7.2 所示。

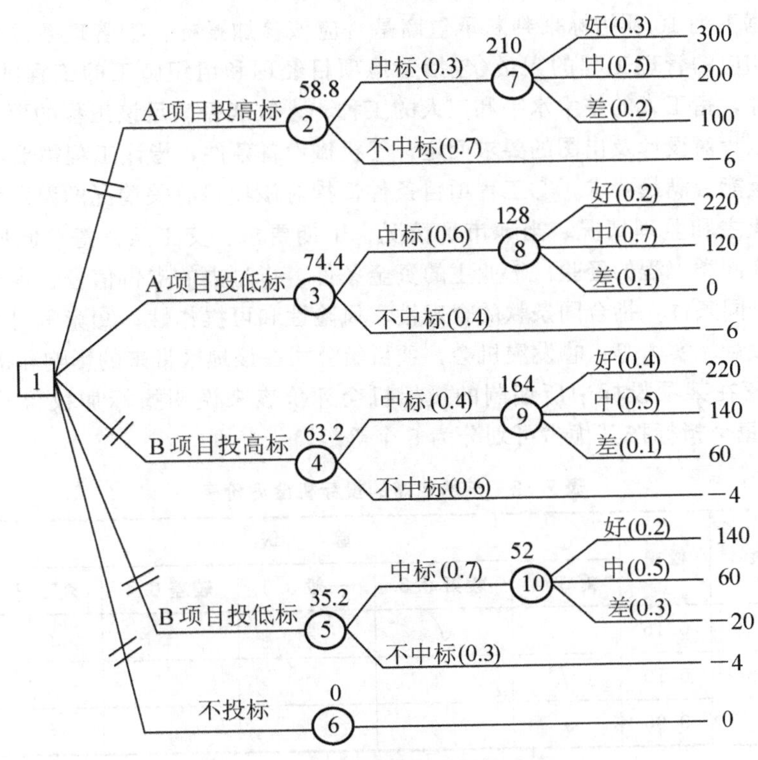

图 7.2 某承包商的投标决策树图

图中各状态点的期望值分别如下。

点⑦：300×0.3+200×0.5+100×0.2=210(万元)

点②：210×0.3+(−6)×0.7=58.8(万元)

点⑧：220×0.2+120×0.7+0×0.1=128(万元)

点③：128×0.6+(−6)×0.4=74.4(万元)

点⑨：220×0.4+140×0.5+60×0.1=164(万元)

点④：164×0.4+(−4)×0.6=63.2(万元)

点⑩：140×0.2+60×0.5+(−20)×0.3=52(万元)

点⑤：52×0.7+(−4)×0.3=35.2(万元)

点⑥：0

max{58.8，74.4，63.2，35.2，0}=74.4(万元)

即③的期望值最大，故该承包商应投A项目低标方案。

决策树分析法是一种十分方便的定量决策方法，但是其在应用中需注意不同中标概率以及损益值确定的合理性。

2）加权指标分析法

加权指标分析法是选择若干个指标来进行比较，判断是否应该参加投标的方法。其步骤是：首先，结合各指标对承包商完成投标项目的相对重要性，确定各指标权重；其次，用这些指标对投标项目进行衡量，对每个指标打分；再次，将每项指标权数与等级分值相乘，求出指标得分；最后，将总得分与过去其他投标情况进行比较或和承包商事先确定的准备接受的最低分数比较，决定是否参加投标。

一般可根据下列10项指标来判断承包商是否应该参加投标：①管理条件，指能否抽出足够的、水平相应的管理工程的人员(包括工地项目经理和组织施工的工程师等)参加该工程；②人员条件，指工人的技术水平和工人的工种、人数能否满足该工程的要求；③设计人员条件，视该工程对设计及出图的要求而定；④机械设备条件，指该工程需要的施工机械设备的品种、数量能否满足要求；⑤工程项目条件，指对该项目有关情况的熟悉程度，包括项目本身情况、业主和监理情况、当地市场情况、工期要求、交工条件等；⑥同类工程的经验，指以往实施同类工程的经验；⑦业主的资金条件，指过去的支付信誉、本项目的资金是否落实等；⑧合同条件，指合同条款的合理性、风险性和可操作性；⑨竞争对手的情况，包括竞争对手的数量、实力等；⑩发展机会，项目给公司在该地区带来的影响和机会。

以某承包商在某项投标中所编制的投标机会评价表来说明指标加权得分的算法，见表7-2。其中每个指标按其优劣可划分为5个等级。

表7-2 某承包商的投标机会评价表

投标考虑的指标	权重	等级					指标得分
		好1.0	较好0.8	一般0.6	较差0.4	差0.2	
管理条件	0.15		√				0.12
人员条件	0.10	√					0.10
设计人员条件	0.05	√					0.05

续表

投标考虑的指标	权重	等级					指标得分
		好 1.0	较好 0.8	一般 0.6	较差 0.4	差 0.2	
机械设备条件	0.10			√			0.06
工程项目条件	0.15			√			0.09
同类工程的经验	0.05	√					0.05
业主的资金条件	0.15		√				0.12
合同条件	0.10			√			0.06
竞争对手的情况	0.10				√		0.04
发展机会	0.05					√	0.01
合计	1						0.70

运用加权指标分析法要注意以下两点。

(1) 确定衡量值。

对某一个招标项目进行投标机会评价，可利用本公司过去的经验确定一个衡量值，如该值设为0.6，假如计算出的指标加权得分在这一值之上即可投标。但是这一衡量值并不是绝对的，还要分析一下权数大的几个项目的得分，也就是主要指标的等级，如果太低，也不宜投标。

(2) 比较多个投标项目。

加权指标分析法也可以用于比较若干个同时准备考虑投标的项目，哪一个项目的得分值最高，则可考虑优先投标。

7.1.2 投标准备与组织

参与投标竞争是一件十分复杂并且充满风险的工作，因而进入承包市场进行投标，必须做好一系列的准备工作。准备工作的充分与否对能否中标以及中标后是否赢利都有很大影响。投标准备包括接受资格预审、组织投标班子、研究招标文件、投标前的调查与现场考察、校核工程量和编制技术文件6个方面。

1. 接受资格预审

正如招标人应当具备一定承担招标项目的能力，投标活动也不是所有感兴趣的法人或经济组织都可以参加的，也有一定条件的限制。为了能够顺利地通过资格预审，投标人应将与资格预审有关的资料准备齐全，并在编制时注意分析业主考虑的重点，即针对工程特点，填好重要部位，特别是反映本公司经验、水平和管理能力的部分。同时做好递交资格预审资料后的跟踪工作，以便及时发现问题，补充资料。

2. 组织投标机构

为了确保在投标竞争中获胜，投标人必须建立一个强有力的投标机构，精心挑选精干且富有经验的人员参与其中。该工作机构应能及时掌握市场动态，了解价格行情，能基本判断拟投标项目的竞争态势，注意收集和积累有关资料，熟悉工程招投标的基本程序，认真研究招标文件和图纸，善于运用竞争策略，能针对具体项目的各种特点制定出恰当的投标报价策略。这样才能使投标人的投标文件进入预选圈内。

3. 研究招标文件

招标文件是投标的主要依据，应特别注意可能对投标价计算产生重大影响的问题。因此，研究招标文件重点应放在以下几个方面。

(1) 合同条件方面，如工期、拖期罚款、保函要求、保险、付款条件、税收、货币、提前竣工奖励、争议、仲裁、诉讼法律等。

(2) 材料、设备和施工技术要求方面，如采用哪种规范、特殊施工和特殊材料的技术要求等。

(3) 工程范围和报价要求方面，如承包商可能获得补偿的权利。

(4) 熟悉图纸和设计说明，为投标报价做准备。

4. 投标前的调查与现场考察

招标工程项目的自然、经济和社会条件是工程实施的制约因素，必然会影响工程成本。因此，投标前的调查是投标前十分重要的一步，也是投标人必须经过的投标程序。现场考察主要指的是到工地现场进行考察。招标人一般在招标文件中注明现场考察的时间和地点，在文件发出后，就要安排投标人进行此项工作。现场考察既是投标人的权利又是其责任，因此投标人在报价前必须认真地进行现场考察，全面、仔细地调查了解工地及其周围的政治、经济、地理等情况。按照国际惯例，投标人提出的报价一般被认为是在现场考察的基础上编制的。一旦报价提出之后，投标人就无权因为现场考察不周、情况了解不细或因素考虑不全面而提出修改投标书、调整报价或提出补偿等要求。如果在投标决策阶段已对拟投标的地区做了较深入的调查研究，则可以在拿到招标文件后只做针对性的补充调查，否则还需要做深入的调查。

5. 校核工程量

工程招标文件中一般均有工程量清单，对工程量清单中所列的工程量，投标人一定要进行仔细校核，因为这直接影响中标的机会和投标报价。不能将复核工程量视为纯计算性的工作，因为其是保证投标人报价有竞争性、制定报价策略、做好施工规划等的基础。

对仅提供图纸和设计资料的招标文件，投标人应自行计算工程量。这时，必须对工程量计算规则与方法、图纸设计的特殊要求和降低分项工程综合单价的措施等进行深入细致的研究。投标人在核算工程量时，应结合招标文件中的技术规范弄清工程量中每一细目的具体内容，这样才不会在计算单位工程量价格时搞错。

在校核中如发现工程量相差较大，投标人不能随便改变工程量，而应致函或直接找招标人核对。尤其对于总价合同，如果业主投标前不给予更正，而且是对投标人不利的情况，投标人在投标时应附上说明。必要时，可以采取不平衡报价的方法来避免由于业主提供工程量的错误而带来的损失。

如果招标的工程是一个大型项目，且投标时间又比较短，投标人没有时间进行全面校核，则至少要对工程量大且造价高的项目进行核实，以免发生大的失误。

6. 编制技术文件

投标中的技术文件因招标内容的不同而不同。例如，设计投标一般要编制设计说明及图纸，监理投标要编制监理大纲，而工程施工招标要编制施工规划。如果中标，再编制详细的技术方案。技术文件的编制内容、深度和格式应满足招标文件要求，其优劣直接影响到项目的造价。在这些技术文件中，施工规划的编制尤为重要，因为其考虑的施工方法及施工工艺等不仅关系到工期，而且与工程成本和报价有密切关系。承包商在编制施工规划时，应正确地制定施工方案，采用合理的施工工艺和机械设备，有效地组织材料供应和采购，均衡安排施工，合理利用人力资源，减少材料的损耗等。这样既能降低工程成本、缩短工期，又能充分有效地利用机械设备和劳动力。

7.1.3　合作方式的选择

在投标过程中，有时由于招标项目规模很大，某些承包商单独完成不了，就要选择与其他的承包商合作进行。根据投标人自身的特点和具体情况，一般可以选择国内或国外公司作为合作伙伴，其合作方式可以分为两大类：一类为总承包和分承包的合作方式；另一类为联合体合作方式。

1. 总承包和分承包

一个工程项目建设全过程或其中某个阶段的全部工作，由一个承包企业负责组织实施，这个企业就是总承包商。同时，总承包商可以将若干个专业性工作交给不同的专业承包企业去完成，他们则是与总承包商相对应的分包商。在现场，由总承包商统一协调、安排和监督分包商的工作，并对总承包商负责。一般情况下，业主仅同总承包商发生直接关系，而不与各专业分包商发生直接关系。

国际上现行的分包方式主要有两种：一种是由招标人指定分包商，与总承包商签订分包合同，这种合作是总承包商选择不了的；一种是总承包商自行选择分包商签订分包合同。

2. 联合体

联合体是国内外大型工程招标时，由不同的公司联合组成临时性的合作参加投标的组织。根据《招标投标法》第三十一条规定，两个以上法人或者其他组织可以组成一个联合体，以一个投标人的身份共同投标。若联合体中标，则联合体的组成单位共同承担该项目的建设；若不中标，则联合体解散。联合体参加投标的过程是各承包商资质优势、资源优势、技术优势和管理优势的整体优化组合。它具有优势互补、协作配合、提高分散风险能力的优点，有利于工程整体质量水平、效益水平的提高，有利于通过资格预审，有利于实现中标的最终目的。特别是一些世界银行、亚行贷款项目的全过程招标时，联合体竞标的优势更加明显。

1）联合体各方应具备的条件

根据我国有关规定，联合体各方均应具备承担招标项目的能力。即联合体应符合下列条件。

(1) 联合体各方均应具有承担招标项目的必备条件，如相应的人力、物力、资金等。

(2) 国家或招标文件对招标人资格条件有特殊要求的，联合体各个成员都应当具备规定的相应资格条件。

(3) 同一专业的单位组成的联合体，应当按照资质等级较低的单位确定联合体的资质等级。如在几个投标承包商组成的联合体中，只要有一个是乙级资质，即使其余投标承包商都是甲级资质，这个联合体的资质等级也只能定为乙级。因为按照规定，联合体的资质等级就低不就高。这样可以防止投标联合体以优等资质获取招标项目，而由资质等级差的供货商或承包商来完成，从而保证了招标质量。

2) 联合体的优缺点

由于联合体这种形式是几家投标承包商联合投标，因此其具有单独一家承包商投标所不具有的优势，主要有以下几点。

(1) 扩大融资能力。大型项目需要有巨额的履约保证金和周转资金，如果承包商资金不足，则无法承担这类项目。即使某一投标承包商资金雄厚，承担一个项目后也很难再承担其他项目。采用联合体形式可以扩大融资能力，减轻每一家投标承包商的资金负担，实现以较少资金参加大型项目的目的。同时，其余资金可以再承包其他项目。

(2) 分散风险。大型项目建设周期长，占用资金多，因此其风险因素很多。如果风险由一家投标承包商承担，则是很危险的，所以联合体的形式可以分散风险。

(3) 弥补技术力量的不足。大型项目需要很多专门的技术，而技术力量单一或经验少的承包商是不能承担的。形成联合体后，各个公司之间的技术专长可以互相取长补短，使联合体整体技术水平提高、经验增加，从而解决这类问题。

(4) 报价互查。联合体报价有时是合伙人先各自单独制定，然后汇总构成总报价。因此，要想算出正确和适当的价格，必须互查报价，以免漏报和错报。有时，报价则是合伙人之间互相交流和研究后制定。总之，联合体可以提高报价的可靠性，提高竞争力。

(5) 确保按期完工。通过对联合体合同的共同承担，提高了项目完工的可靠性，也使招标人提高了对项目合同、各项保证、融资贷款等的安全度。

由于联合体是几个投标承包商的临时合伙，有时也会在工作中难以迅速地做出判断，如协作不好也会影响项目的实施。因此，联合体在组建时，应依据《招标投标法》和有关合同法律的规定共同订立书面投标协议，在协议中明确拟定各方应负责的具体工作和各方应承担的责任，并将共同投标协议连同投标文件一并提交招标人。如果中标，中标的联合体各方应当共同与招标人签订合同，在合同书上签字或盖章，并就中标项目向招标人承担连带责任。联合体任何一方均有义务履行招标人提出的债权要求，招标人也可以要求联合体的任何一方履行全部的义务。

联合体一般是在资格预审前即开始组织制定内部合同与规划的。如果投标成功，则贯彻项目实施的全过程；如果投标失败，则联合体立即解散。联合体各方在同一招标项目中以自己名义单独投标或者参加其他联合体投标的，相关投标均无效。

7.1.4 制定投标文件

投标人通过一系列的准备工作，经过调查研究，获取了投标的第一手资料，就可以开始编制投标文件。投标文件又称为标书，是招标人判断投标人是否愿意参加投标的依据，更是评标委员会进行评审和比较的对象。中标的投标文件和招标文件一起成为招标人和中标人订立合同的法定依据。因此，投标人应对投标文件的编制给予高度的重视。

1. 投标文件的主要内容

不同的招标项目，其投标文件的组成也会有一定的区别。但大体上都分为4个部分，分别是投标函及其附件、工程量清单和单价表、业主要求提交的与报价有关的技术文件以及投标保证书。对于建设施工项目来说，投标文件的内容应当包括投标函及其附件、工程量清单与报价表、辅助资料表和投标证明文件等。

1）投标函及其附件

投标函就是由投标的承包商负责人签署的正式报价信，又称为投标致函、标函。招标人对投标函的编写有格式的要求，投标人应当按照要求填写投标项目名称、投标人名称、地址、投标保函、投标总价、投标人签名、盖章等。投标函主要是向招标人表明投标人完全愿意按招标文件中的规定承担任务，并写明自己的总报价金额和投标报价的有效期，以及投标人接受的开竣工日期和整个工作期限。同时在投标函中，投标人还应表明该投标函同业主的书面接受通知一起具有约束力，如果本投标被接受，愿意提供履约保证。投标担保可以作为投标函的附件。中标后，投标函及其附件即成为合同文件的重要组成部分。

2）工程量清单与报价表

工程量清单应当按招标文件规定的格式填写，并核对无误。它应当与投标须知、合同通用条款、合同专用条款、技术规范和图纸一起使用。工程量清单中的每一单项均需填写单价和合价。对没有填写单价或合价项目的费用，应视为已包括在工程量清单的其他单价或合价之中。工程量清单中所填入的单价和合价，应包括人工费、材料费、机械费、其他直接费、间接费、有关文件规定的询价、利润、税金，以及现行取费中的有关费用、材料的差价以及采用固定价格的工程所演算的风险金等全部费用。设备清单及报价表、材料清单及材料差价、现场因素、施工技术措施及赶工措施费用报价表等也应填写清楚。

3）辅助资料表

辅助资料表包括图纸、技术说明、施工方案、主要机械设备清单，以及某些重要或特殊材料的说明书和样本等。具体来说，包括项目经理的简历表、主要施工管理人员表、主要施工机械设备表、项目拟分包情况表、劳动力计划表、施工方案或施工组织设计、计划开竣工日期和施工进度表、临时设施布置及临时用地表等。其中，施工方案和施工组织设计应当说明各分部分项工程的施工方法和布置，提交包括临时设施和施工道路的施工总布置图及其他必需的图表、文字说明书等资料。在项目拟分包情况表中，应当明确在中标后将中标项目拟分包的部分非主体、非关键性工作。

4）投标证明文件

投标证明文件包括营业执照、投标人章程和简介、管理人员名单、资产负债表、委托书、银行资信证明、注册证书及交税证明等。对这些证明文件，投标人应当按照规定的形式和内容提交。

如果招标项目未经过资格预审，投标人还应准备资格审查表。资格审查表的内容包括投标人企业概况、近3年来所承建工程情况一览表、目前正在承建工程情况一览表、目前剩余劳动力和施工机械设备情况、财务状况等。

2. 制定投标文件的注意事项

编制投标文件时应注意以下事项。

(1) 投标人根据招标文件的要求和条件填写投标文件内容时，凡要求填写的空格均应填写，否则被视为放弃意见。实质性的项目或数字如工期、质量等级、价格等未填写的，将被视为无效或作废的投标文件进行处理。

(2) 标价进行调整以后，要认真反复审核标价。单价、合价、总标价及其大、小写数字均应仔细核对，保证分项和汇总计算以及书写均无错误后，才能开始填写投标函等投标文件。

(3) 投标文件不应有涂改和行间插字，除非这些删改是根据招标人的要求进行的，或者是投标人造成的必须修改的错误。修改处应由投标文件签字人签字证明并加盖印鉴。

(4) 投标文件应使用不能擦去的墨水打印或书写，不允许使用圆珠笔，最好使用打印的形式。各种投标文件的填写都要求字迹清晰、端正，补充设计图纸要整洁、美观。所有投标文件均应由投标人的法定代表人签署、加盖印鉴，并加盖法人单位公章。

(5) 编制的投标文件分为正本和副本。正本应该只有一份，副本则应按招标文件前附表所述的份数提供。投标文件正本和副本若有不一致之处，以正本为准。

(6) 投标文件编制完成后应按照招标文件的要求整理、装订成册。要求内容完整、纸张一致、字迹清楚、美观大方。投标文件的装帧应美观大方。整理时一定不要漏装，若投标文件不完整，则会导致投标无效。

(7) 在封装时，投标人应将投标文件的正本和每份副本分别密封在内层包封，再密封在一个外层包封中，并在内包封上正确标明“投标文件正本”和“投标文件副本”。内层和外层包封都应写明招标人名称和地址、合同名称、工程名称、招标编号，并注明开标时间以前不得开封。在内层包封上还应写明投标人的名称与地址、邮政编码，以便投标出现逾期送达时能原封退回。

7.2 不同投标应注意的问题

7.2.1 工程勘察设计投标应注意的问题

1. 对投标人的要求

(1) 工程勘察设计投标人必须具有相应的资质证书，如工程设计甲级资质。

(2) 在其本国注册登记，从事建筑、工程服务的国外设计企业参加投标的，必须符合中华人民共和国缔结或者参加的国际条约、协定中所作的市场准入承诺以及相关勘察设计市场准入的管理规定。

2. 投标文件编制

工程勘察设计投标文件应完全按照招标文件的要求编制，通常不能带有任何附加条件，不允许存在重大偏差与保留，如修改合同条件中某些条款、改变设计的技术经济要求等，否则投标文件将被认为缺乏对招标文件实质上的响应而导致被否决。因此，编制投标文件应注意以下几点。

(1) 在正式编写投标文件之前，应仔细研究招标文件的全部内容，检查提供的工程设计依据和基础资料是否完整。例如，有无经过上级批准的可行性研究报告书、地质灾害评估报告、环境评估报告、必要的勘测资料，以及对环境保护的要求等。如发现资料不完整或存在其他问题，应及时以书面形式向招标人提出。此外还应注意核准以下内容：①设计周期、设计投资限额及其他限制条件；②要求的设计阶段与设计深度是否包括勘察工作的内容；③设计费用支付的方式，有无拖期支付给予补偿的规定；④关于误期交纳罚款的规定和提前完成的奖励办法；⑤有无提交投标保证金的要求，如果有，投标保证金的数额和提交方式，如投标保函、投标担保等；⑥投标文件递交的日期、时间、地点；⑦如果出现争端，解决争端的途径和方法。

(2) 参加工程勘察设计项目的技术力量配备，往往受到招标人的关注，也是保证设计质量的关键，因此投标人项目组成员的专业配置要适当，设计人员应具有相应的学历和工作经验，特别是项目组的经理应选派资历较深、在本工程领域工作经验丰富、有一定声望的高级工程师担任。如果包括勘察任务，使用的仪器设备和采用的方法应具有先进性并充分满足工作需要。

(3) 设计周期应符合招标文件的要求或适当缩短，并编制可行的设计进度计划。进度计划应说明不同设计阶段的周期和时间安排，每个专业或承担该专业设计任务的工程师的工作时间和进度安排，可用横道图(或网络计划图)表示，加上必要的文字说明。

(4) 投标人应提交简明的费用计算书和报价单。勘察设计费的报价通常不是按规定的工程量清单填报单价后算出总价，而是首先提出设计构思和初步方案，并论述该方案的优点和实施计划。在此基础上进一步提出报价，其金额可以按照国家目前的收费标准上下浮动。为了提高投标的竞争力，可适当下调。

7.2.2 工程施工投标应注意的问题

1. 工程施工投标的风险性

工程项目固有的特点决定了其投资与产品生产都存在着大量的不确定因素，因此项目施工具有较大的风险性，建筑业也属于风险行业，建筑企业也被称为风险企业。

1) 工程施工的实施风险

工程项目形体大且不可移动，而且在施工过程中需露天作业，因此工程建设地点容易受工程所在地的地质、环境和气候影响，产生诸如工程基础埋深变化、地质不良或地质气候灾害等情况，可能导致工期延长或设计变更，进而给施工企业带来损失。工程施工的工程量大，而工作面有限，决定了工程施工周期长，因此将产生诸如市场变化、业主项目建设计划的政策性改变、物价变化，也会给施工企业带来不确定的影响。同时工程施工影响面大，社会干扰大，在施工过程中所产生的某些问题可能会导致与地方或个人的意见分歧，若问题激化，轻者影响工期，重者造成社会矛盾，给施工企业造成重大损失。在工程招标投标形式下，工程项目产品交易是以未来产品的预期价格进行交易的，这也将使施工企业在签订合同后不能准确计算工程成本和利润，给其经营管理带来不确定性。

2）工程施工的投标中标风险

由于建筑市场基本上长期处于买方市场，工程施工投标活动不可能每投必中。虽然投标中标率随不同承包商而不同，但有一点可以肯定，在较长时间的经营过程中，任何一家承包商的中标率都不可能达到100%。尤其是对于中小承包商，如果投标费用占企业总成本的比例较大，则投标中标的不确定性将给企业经营带来较大的风险。

2. 工程施工投标机构应具备的条件

工程施工投标是一个复杂的过程，它是投标人按照招标文件的要求，依法参与投标过程的各项活动、正确编制标书、合理确定报价的行为。对于承包商来说，参与竞争是市场实质，中标是基本目标，因为这关系到企业的兴衰存亡。工程施工投标竞争比较的不仅是报价的高低，而且还有技术、经验、实力和信誉等方面。特别是当前国际承包市场上，越来越多的技术密集型项目势必给承包商带来两方面的挑战：一方面是技术上的挑战，要求承包商具有先进的科学技术，能够完成高、新、尖、难工程；另一方面是管理上的挑战，要求承包商具有现代先进的组织管理水平，能够以较低价中标，靠管理和索赔获利。因此，一个投标机构仅仅做到个体素质良好往往是不够的，还需要各方的共同参与，协同作战，充分发挥集体的力量。同时，还应注意保持投标班子成员的相对稳定，不断提高其素质和水平，提高投标的竞争力。投标人也可以通过采用或开发有关投标报价的软件，使投标报价工作更加快速、准确。

7.2.3 工程监理投标应注意的问题

1. 监理大纲的编制

监理单位向业主提供的是技术服务，所以监理单位投标文件的核心是反映提供的技术服务水平高低的监理大纲，尤其是主要的监理对策。这也是业主在进行招标时，评定投标文件优劣的重要内容。因此，监理单位应该重视监理大纲的编制，而不应该以降低监理费作为竞争的主要手段。

监理大纲一般由以下内容组成：①工程项目概况。②监理范围的说明，主要阐明施工图设计阶段、施工阶段、保修阶段监理服务的范围和内容。③监理工作依据。④监理工作目标，是根据监理委托合同、业主与设计单位和承包商签订的设计和施工承包合同、工程建设总体计划以及技术规范和验收标准制定，分为质量控制目标、进度控制目标和投资控制目标。根据承包合同约定的质量标准、工期、合同价可以进一步分解为分目标。⑤监理组织机构及人员配备，提供现场监理组织机构设置，说明每个部门的主要职责，所配置监理工作人员的资质条件介绍。⑥监理工作指导原则，分为目标原则、预控原则、科学原则、合同原则。⑦监理措施，包括质量控制措施、进度控制措施、投资控制措施、合同管理措施、信息管理措施、安全管理措施等。

2. 监理报价

虽然监理报价并不作为业主评定投标书的首要因素，但是监理的取费是关系到监理单位能否顺利地完成监理任务、获得应有报酬的关键，所以对于监理单位来说，监理报价的确定就显得十分重要。监理费通常由监理单位在工程项目建设监理活动中所需要的全部成本、应交纳的税金和合理的利润构成。但是在进行监理报价时应该注意，如果监理报价过高，业主相对有限的资金中直接用于工程建设项目上的数额势必将会减少，对业主来说是得不偿失的。但是，监理报价也不能太低，在监理费过低的情况下，监理单位为了维系生计，一方面可能派遣业务水平较低、工资相应也低的监理人员去完成监理业务；另一方面，可能会减少监理人员的工作时间，以减少监理劳务的支出。此外，监理费过低也会挫伤监理人员的工作积极性，抑制监理人员创造性的发挥，其结果很可能使工程质量低劣、工期延长、建设费用增加。由此可见，确定高低适中的监理费是非常关键的。

7.2.4 材料设备采购投标应注意的问题

1. 对投标人的要求

凡实行独立核算、自负盈亏、持有营业执照的国内材料设备公司，如果具备投标的基本条件，均可参加投标或联合投标，但与招标人或材料设备需求方有直接经济关系(财务隶属关系或股份关系)的公司及项目设计公司不能参加投标。大型设备采购的投标人可以是生产厂家，也可以是设备供应公司或代理商。由于大型设备产品的非通用性，对生产厂家有较高的资质和能力条件的要求，因此生产厂家投标人除了必须是法人之外，还必须具有相应的制造能力和制作同类产品的经验。设备供应公司和代理商属于物资在市场流通过程的中间环节，为了保证标的物能够保质、保量和按期交付，他们应具有足够的对违约行为赔偿能力，一般情况下也要求是法人。除此之外，由于他们不直接参与生产，为了保证合同的顺利履行，还应拥有生产厂家允许其供应产品的授权书。

2. 投标价的计算

由于招标文件中规定的交货方式和交货地点的不同，投标人按规定报出的投标价格可能包括运杂费，也可能未包括运杂费。招标人购买产品的最终价格应是运抵施工现场的所有费用，所以如果投标价格内未包括运杂费，则应在每个投标人的报价上加上按交货地点远近计算的运杂费后，比较最低价格者中标。

国内生产的货物，投标价应为出厂价。出厂价是指货物生产过程中所投入的各种费用和各种税款，但不包括货物售出后应交纳的销售税或其他类似税款。如果所提供的货物是投标人早已从国外进口，目前已在国内的，则投标价应为仓库交货价或展室价。该价格应包括货物进口时所交纳的关税，但也不包括销售税。

案例分析

李嘉诚智投香港地铁上盖兴建权

20世纪70年代，地铁工程的开建成为当时香港开埠以来最浩大的公共工程。在地铁工程

的15个车站中，最重要、客流量最大的车站是中环站和金钟站。中环站是地铁首段的终点，位于全港最繁华的银行区；金钟站是穿过海底隧道的首站，又是香港岛东支线的中转站。有人说，中环和金钟两站，就像鸡的两只大腿，其上盖可以建成地铁全线盈利最丰厚的物业，因此地产商莫不对其“垂涎欲滴”。

1977年的长江实业(集团)有限公司只是一间在偏僻的市区和荒凉的乡村山地买地盖房的房地产公司，虽然身为董事局主席的李嘉诚也对地铁上盖兴建权心动，但论实力和声誉，长江实业远远比不上置地、太古、金门等英资大地产商、建筑商。因此，李嘉诚参与此次兴建权的竞投，比起中标后获得的丰厚利润，他更希望通过港岛中区的建设，改变长江实业的形象。

李嘉诚估计，置地的夺标呼声最高，因为港岛中区是置地的“老巢”。置地不仅在中区已经拥有10多座摩天大厦，甚至中区的街道和广场都以置地的创始人命名。因此，获取中环、金钟车站的兴建权，就等于打入中区的心脏，到置地这只坐山虎的食槽里夺食。但是李嘉诚想，“志在必得”的置地，会不会“大意失荆州”呢？当时的置地受到股东老板凯瑟克家族的制约，力主把发展重点放到海外，而且置地一贯坐大，过于自负的置地，未必就会冷静地研究合作方，并“屈尊”去迎合合作方。

那么，地铁公司招标的真正意向是什么？

中国香港地铁公司是一间直属中国香港政府的公办公司。地铁公司除有少许政府特许的专利和优惠外，它的资金筹集、设计施工、营运经营，都得按商业的通常法则进行。李嘉诚通过各种渠道获悉，中国香港政府将地皮以估价的原价——6亿港元批给地铁公司，由地铁公司发展地产，以弥补地铁兴建经费的不足。地铁公司的意向是用部分现金、部分地铁股票支付购地款，而中国香港政府坚持要全部用现金支付。地铁公司与港府在购地支付问题上的分歧说明地铁公司现金严重匮乏。地铁公司以高息贷款支付地皮，现在急需现金回流以偿还贷款，并指望获得更大的盈利。因此李嘉诚明确了要竞投车站上盖发展权，必须以现金支付为条件。

1977年1月14日，中国香港地铁公司正式宣布公开接受中环站和金钟站上盖发展权招标竞投。参加竞投的财团、公司共30家，超过以往九龙段招标竞投的一倍多，但最后还是长实中标。

据地铁公司透露，长实中标的主要原因是其所提交的建议书内列举的条件异常优厚且吸引人。在投标文件上，李嘉诚提出将两个地盘设计成一流商业综合大厦的发展计划，但这不足以挫败其他竞投对手。任何竞投者都会想到并有能力兴建高级商厦物业。李嘉诚的“克敌”之法是：首先，满足地铁公司急需现金的需求，由长江实业公司一方提供现金做建筑费；其次，商厦建成后全部出售，利益由地铁公司与长江实业分享，并打破对半开的惯例，地铁公司占51%，长江实业占49%。为此，李嘉诚决定破釜沉舟，在准备充分的前提下，通过发行新股集资1.1亿港元，并从大通银行贷款2亿港元的，再加上年盈利储备，李嘉诚共筹集可资调动的现金约4亿港元。至此，舆论界称长实中标是“长江实业发展史上里程碑”，地产新秀李嘉诚“一鸣惊人，一飞冲天”。

中环车站上盖的环球大厦和金钟车站上盖的海富中心两座发展物业，为长江实业获得7亿港元多毛利，纯利近0.7亿港元。长实的盈利低于地产高潮时地产业的平均利润，但李嘉诚获得无法以金钱估量的无形利益——信誉。长实不再只是一间只能在偏僻地方盖房的地产公司。长实中标，为它取得了银行的信任，也为其继续在中区拓展创造了有利条件。

问题：李嘉诚投标成功的原因是什么？

分析：

俗话说“商场如战场”，投标竞争也是如此。李嘉诚投标的成功再一次印证了古语所云：

“知己知彼，百战不殆。”项目投标决策就是知己知彼的研究。这个“己”就是影响投标决策的主观因素，“彼”就是影响投标决策的客观因素。因而为了竞争胜利，必须从主、客观两个方面对竞争的优、劣势进行分析，做出客观的估计。正如李嘉诚所言：“竞争既是搏命，更是斗智斗勇。”

首先，李嘉诚找准了主要竞争对手——香港置地公司，然后抓住了主要竞争对手的软肋——貌似强大的背后却有其离隙之处，内部有相互掣肘的力量，同时其一贯做大，不会屈尊去迎合合作方。

其次，李嘉诚看准了合作方的需求——地铁公司急需现金回流以偿还贷款，并希望获得更大的盈利。

投标决策的正确与否，关系到能否中标和中标后的效益，关系到承包者的发展前景和企业的经济利益。李嘉诚的长江实业(集团)有限公司参与香港地铁上盖兴建权投标的经历，很好地说明了这一点。

本章小结

通过学习本章，全面了解工程投标及其管理的主要内容；掌握投标决策的主要内容及方法，投标文件的主要内容；熟悉投标准备与组织的相关程序和投标合作方式的选择；了解工程勘察设计投标、工程施工投标、工程监理投标和材料设备采购投标中应注意的问题；明确各种项目投标的异同点；领悟工程投标管理与应用的技巧。

习　题

1. 名词解释

(1) 风险标；(2) 保险标；(3) 常规标；(4) 盈利标；(5) 保本标；(6) 亏本标。

2. 单项选择题

(1) 踏勘现场的目的是让投标人了解工程现场场地和(　　)情况等，以便投标人编制施工组织设计或施工方案，以及获取计算各种措施费用时必要的信息。

A. 周围环境　　B. 自然条件　　C. 施工条件　　D. 现场

(2) 投标人在(　　)可以补充、修改或者撤回已提交的投标文件，并书面通知招标人。

A. 招标文件要求提交投标文件截止时间后

B. 招标文件要求提交投标文件截止时间前

C. 提交投标文件截止时间后到招标文件规定的投标有效期终止之前

D. 招标文件规定的投标有效期终止之前

(3) 甲、乙、丙3家承包单位，甲的资质等级最高，乙次之，丙最低。当3家单位实行联合共同投标时，应按(　　)单位的业务许可范围承揽工程。

A. 甲　　B. 乙　　C. 丙　　D. 甲或丙

(4) 投标人投标，可以是(　　)。

A. 投标人之间先进行内部议价、内定中标人然后再参加投标

B. 投标人之间相互约定在招标项目中分别以高、中、低价位报价投标

C. 投标人以低于成本价报价竞标

D. 联合体投标且附有联合体各方共同投标协议

(5) 任何一个项目的投标都是一个系统工程，必须遵循一定的程序。在研究招标文件后，接下来要(　　)。

A. 调查招标环境　　B. 确定投标策略

C. 办理资格审查　　D. 进行投标计算

3. 思考题

(1) 什么是投标决策？投标决策主要解决什么问题？

(2) 什么情况下承包商应放弃投标？

(3) 投标准备包括哪些工作？

(4) 投标文件的内容有哪些？

(5) 工程监理投标应注意什么问题？

4. 案例分析题

(1) 某公司准备参加一项工程建设项目投标。经分析，该项目可以采用三种方式参与投标：与其他企业联合体投标；该公司总承包，其他单位分包；该公司独立承包，全部自己施工。在报价和工期等其他条件相同的情况下，根据招标文件的评标标准以及投标人的经验，采用这三种承包方式的中标概率分别为0.6，0.5，0.4。三种承包方式的效果、概率和盈利情况见表7-3。编制投标文件的费用均为10万元。

表7-3　三种承包方式的效果、概率和盈利情况

承包方式	效　果	概　率	盈利/万元
联合体承包	好	0.3	300
	中	0.4	200
	差	0.3	100
总承包	好	0.5	400
	中	0.3	300
	差	0.2	200
独立承包	好	0.2	600
	中	0.5	300
	差	0.3	−100

问题：请运用决策树方法决定采用何种承包方式投标。

(2) 某建设工程项目，业主拟通过招标确定施工承包商，业主经过资格预审确定了6家投标人作为潜在投标人，其中3家投标人在投标时出现了以下情况。

① A投标人近期施工任务已经饱和，但企业考虑到这个项目的丰厚利润，为了使企业增效，决定投标。

② B投标人在编制投标文件时，没有研究招标文件，就确定了上级企业管理费及工程风险和利润，然后开始计算工料及单价。

③ C投标人是一级施工企业，其与一家二级施工企业组成联合体进行投标。

问题：① A投标人的投标属于什么性质的标书？

② B投标人在编制投标文件时的步骤是否恰当？

③ C投标人组成的联合体资质等级应该是什么？

第8章 投标报价与合同谈判

教学目标

通过学习本章，应达到以下目标：

(1) 了解合同谈判的目的、投标报价应注意的问题；

(2) 熟悉投标报价的技巧、辅助中标手段和合同谈判中的具体条款内容、合同价款调整的谈判策略；

(3) 掌握投标报价的步骤和计算方法，合同谈判的内容。

学习要点

知识要点	能力要求	相关知识
投标报价的步骤与计量	(1) 掌握投标报价的步骤； (2) 掌握投标报价的计量	(1) 投标报价的依据和步骤； (2) 投标报价的计算方式和标价分析
投标报价的技巧	(1) 熟悉投标报价的技巧； (2) 熟悉辅助中标手段	(1) 业主心理分析法； (2) 多方案报价法； (3) 突然降价法； (4) 不平衡报价法； (5) 计日工报价法； (6) 报高价与报低价法； (7) 辅助中标手段
合同谈判的策略与技巧	(1) 了解投标报价概述； (2) 熟悉合同谈判策略	(1) 合同谈判的阶段和内容； (2) 合同具体条款内容的谈判策略； (3) 合同价款调整的谈判策略

基本概念

投标报价；直接费；间接费；利润；税金；不可预见费；谈判。

引例

在现代社会，市场经济是竞争的经济，商场有如战场，买卖双方以至多方之间，总是充满了斗智斗勇的激烈竞争。在“招标”这种形式中，这一点往往体现得更为突出。如何在竞争中得以获胜呢？也许古代田忌赛马的例子可以给我们一点启示：如果田忌总是用自己的上、中、下马对齐王的上、中、下马，因为田忌的每类马都比齐王的差一点，就总是输；但是如果换做田忌的下、上、中马对齐王的上、中、下马，虽然第一场输了，但是后面却赢了两场，结果田忌取得了总的胜利。招标投标中的许多现象，都是招投之间、投标者之间的博弈，要想赢得最后的胜利，必须掌握一定的技巧。

8.1 投标报价的步骤与计量

8.1.1 投标报价的步骤

投标报价是承包商按照国家有关部门计价的规定和投标文件的规定，计算和确定拟承包项目的投标总价格，也是对拟承包工程所需费用、潜在风险及预期利润的总报价。它是整个建设工程投标活动中的核心环节。因为报价是业主选择承包商、进行承包合同谈判、确定合同价格的主要依据，所以能否制定出合适的投标报价是影响承包商投标成败的关键性因素。

1. 投标报价的依据

投标报价不是随意而定的，它是对很多条件和因素进行必要的整理，并且根据整理结果综合计算和分析的结果。一般来说，投标报价的依据主要有以下5类。

1） 招标项目自身的条件

招标项目自身的条件主要包括招标人提供的招标文件，如招标人提供的设计图纸、工程量清单、有关的技术说明书，以及招标人在招标过程中发布的对招标文件的补充、修改资料或通知、公告等。

2） 投标人自身的条件

投标人自身的条件主要包括投标人拟采用的施工方案、施工组织设计和进度计划以及企业内部制定的有关取费、价格等的规定、标准。

3） 客观环境条件

客观环境条件主要包括国家及地区颁发的现行预算定额及与之配套执行的各种费用定额标准及规定，地方现行材料预算价格、采购地点、供应方式及劳务工资标准等。

4）竞争对手的条件

竞争对手的条件主要包括竞争对手的经营情况及其近几年招投标策略和报价水平等。

5）其他

与报价计算有关的各项政策、规定及调整系数等。

2. 投标报价的步骤

投标报价要在投标准备工作完善的基础上进行，并且建立在投标准备工作的成果之上。为了在竞争中取胜，计算标价必须认真细致、科学严谨。但是每个承包商在报价时都有自己的经验和习惯，所以这里只介绍一下投标报价的基本步骤。

1）研究招标文件

研究招标文件是投标准备阶段的重要内容，当然它也是投标报价的基础。在投标报价之前，应注意以下几个方面。

(1) 招标书的合同条件。

招标书合同条件中的工期、保函、付款条件、货币、税收和劳务国籍的有关规定将对承包商的风险、占用资金的利息、材料设备的价格和劳务成本产生影响。

(2) 技术规范。

投标人应明确招标文件中的施工技术规范是采用何种规范，以及对此技术规范的熟悉程度，有无特殊的施工技术要求和有无特殊的材料设备技术说明。承包商可据此选择相应的定额，计算有特殊要求项目的价格。

(3) 报价要求。

合同的种类、报价的详细范围、分包要求和调价条款将对工程风险、工程总报价、承担的责任和分包商的计价方法产生影响。

2）现场考察

现场考察可以使承包商正确考虑施工方案和合理计算报价。但是投标人决定对某一项目投标并已购买招标文件后，如果时间比较紧张，现场考察可以只对工程所在地区的自然条件和施工条件方面采取针对性调查。

3）计算工程量

招标文件通常情况下会附有工程量表，投标人应根据图纸仔细核算工程量。有时，招标文件中没有工程量表，需要投标人根据设计图纸自行计算，分项目列出工程量表。目前，我国的工程量计算规则是与各地区编制的预算定额相一致的，每个地区都有各自的规定，因此其单价、费用、工程项目定额的内容都不尽相同。

4）计算基础单价

基础单价是指在各分项工程单价计算时使用的工人工日单价、材料设备单价及施工机械台班费单价。这一步是计算标价的基础。承包商在计算时应注意：当有多种材料来源、多种价格信息时，应选择最接近工程实际和可能的供货渠道的资料进行材料价格的计算；由业主供材及业主发布投标指导价时，应按投标指导价分析材料预算单价；评标时采用复合标底综合评分时，编制工、料、机单价应考虑业主可能采用的单价资料及价格水平；应充分考虑工程开工后，可能出现的材料供应紧缺及价格上涨的因素；了解承包企业自有的机械化水平情况，掌握需租赁或购置的机械、施工设备的型号、数量、价格、时间及费用摊销方式，合理确定投标采用的单价。

5）计算待摊费用

投标报价中除根据图纸、清单的工程数量计算有关费用外，还有一部分费用是为了正常的组织施工、达到工程质量要求和业主的其他要求而必须发生的费用。这部分费用往往不能单列在清单细目中，也不能全部摊入某一细目中，而应该按该费用涉及的相关细目按比例进行分摊。

6）计算、确定综合费率

投标报价不同于设计概算或施工图预算，在确定综合费率时，承包商具有更多的灵活性。承包商可以根据企业等级、工程项目的难易程度及施工现场的实际情况等对费率进行调整，是否完全套用或部分套用国家及相关部门规定的费率，应视具体情况而定。

7）分析与计算分项工程单价

分项工程的单价不但应包括分项工程的直接费，而且还应包括各项目的间接费用。分项工程单价分析就是对工程量表上所列分项工程的单价进行分析、计算和确定，或是研究如何计算不同分项工程的直接费及分摊其间接费、利润和风险之后得出的分项工程单价。对于承包商来说，除很有经验、有把握的项目以外，必须对工程量大的、对工程成本起决定作用的、没有经验的和特殊的分项工程进行单价分析，以使报价建立在可靠的基础上。

8）标价汇总

计算出各分项工程的单价，再将每个分项工程单价分析表中计算的人工费、材料费、机械台班费、分摊的管理费进行汇总，并与原来估算的各项费用对比后，考虑市场竞争、预期利润水平、投标策略等后就可以确定最终报价。

8.1.2 投标报价的计量

1. 投标报价的计算方式

投标报价的计算方式有两种：一种是工料单价方式；另一种是综合单价方式。

1）工料单价法计算投标价

工料单价的计价方式是根据已审定的工程量，按照现行预算定额的工、料、机消耗标准或市场的单价，逐项计算分项工程单价，分别填入招标人提供的工程量清单内，计算出全部工程的直接费。然后再根据企业自定的各项费率及法定税率，依次计算出其他直接费、间接费、利润、有关文件规定的询价、材料差价、设备价、现场因素费用、施工技术措施费，以及采用固定价格的工程所测算的风险费、税金等，填入其他相应的报价表中，汇总得出工程总报价。

2）综合单价法计算投标价

综合单价的计价方式是根据工程项目的划分，以完成各分项工程的所有费用除以相应工程量得到的综合单价来确定工程的投标报价。在每一分项工程中的综合单价中，综合了直接费、间接费、工程取费、有关文件规定的调价、材料差价、利润、税金、风险等一切费用。综合单价确定后，再与各分项工程量相乘汇总，即可得到标底价格。

这两种方法中，工料单价法虽然价格的构成比较清楚，但是它反映不出工程实际的质

量要求和投标企业的真实技术水平，容易使企业陷入定额计价的老路。综合单价法就能够反映本企业的技术能力、工程管理能力，而且当工程量发生变更时，也更易于查对。

一般来说，在工程项目的公开招标中，经常采用综合单价的计价方式，而在工程项目的邀请招标中，上述两种计价方式均可采用。

2. 投标报价的详细计算

1）工程量的估算

在核算完全部工程量表中的细目后，首先应按大项分类汇总主要工程总量。

2）基础单价的估算

对投标价构成的各个部分进行计算，计算的结果对于工料单价法计价和综合单价法计价都是不可缺少的内容，其中基础单价包括以下内容。

(1) 人工工资单价。它是指项目所在地域，生产工人的日工资单价的组成，包括基本工资、工资性补贴、辅助工资、职工福利费和劳动保护费。

(2) 材料单价。它是指项目实施所消耗的各种材料的单价，包括材料的市场价、运营费、运输费、采购保管费和损耗费。此项费用由于材料供货来源不同，付款条件及交货方式不一，供货商所提供价格的表现形式多种多样，为了方便计算，应当换算为材料和工程设备到达项目实施现场的价格。但所使用的零星材料不必详列，可根据经验加入一定的百分比即可。

(3) 施工机械台班单价。它是指各种施工机械每台每班的使用费用，包括基本折旧费、安装拆卸费、场外运输费、维修保养费、保险费、燃料动力费和机上人工费。如果是运输机械，还应按国家有关规定交纳养路费、车船使用税等费用。应该注意：有的招标文件不单列施工机械的台班费时，应将此项费用摊入其他费用。

3）待摊费用的估算

(1) 施工管理费。它是指由于施工组织与管理工作而发生的各种费用。其费用项目较多，主要包括管理人员费、办公费、差旅交通费、文体宣教费、生活设施费、劳动保护费、检验试验费、工具用具使用费、固定资产使用费和广告宣传、会议及招待费。

(2) 其他费用。主要包括临时设施工程费、投标期间开支的费用、保函手续费、保险费、税金、经营业务费、贷款利息、上级单位管理费、计划利润和风险费。

(3) 开办费计算。开办费即准备费，这项费用一般采取单独报价，其内容视招标文件而定，包括施工用水用电费、临时设施费、脚手架费、驻地工程师的现场办公室及设备费、试验室及设备费、职工交通费、报表费等。开办费一般单独列项，在各分部分项报价之前计算。

4）利润率

工程项目利润率的测定是投标报价的关键问题。在工程直接费、管理费等费用一定的情况下，投标竞争实际上是报价利润高低的竞争。预期利润应根据不同的利润指标而进行相应的测算和调整。利润率增加，报价增大，中标率下降；利润率减少，报价减少，中标率上升。但是，由于承包商在工程投标中总是以利润为中心进行竞争的，因此，如何确定最佳利润率，则是报价取胜的关键。工程项目报价中利润的测定，应根据当地建筑市场的竞争状况、业主状况和承包商对工程的期望程度而定。

5）分项工程单价的计算与分析

投标报价中的分项工程单价的计算是在预先测算人工、材料、机械台班的基价、施工管理费率和利润的情况下，再进行分项工程单价计算，其计算公式为

分项工程单价＝(人工费＋材料费＋机械费)×(1＋管理费率＋利润率)

分项工程单价的计算有如下步骤。

(1) 选用预算定额。承包工程的定额包括劳动定额、材料消耗定额、机械台班使用定额和费用定额。承包商可根据自己的专业性质和特点、工人实际劳动效率，以及工程项目的具体情况选用定额，并加以调整使用。一般来说，只要工人实际劳动工效能达到，就应尽量选用较为先进的定额。

(2) 按技术规范确定的工作范围及内容，计算定额中各子项的消耗量。各项工程的工作范围，一般由技术规范确定。若按定额套用，有的可以直接使用，有的则要加以合并或取舍。如脚手架工程，如果不单列开办费，而技术规范中又没有明确规定，则脚手架的工料、机械台班消耗量，应分摊到有关的分项工程中去。

(3) 单价计算。在各子项的消耗量确定后，将人工、材料、机械台班的基价套入定额，可计算直接费单价，然后再套入管理费率和利润率，可计算出管理费和利润，最后就可累计得出分部分项工程单价。

在确定了分部分项工程单价以后，就可以进行单价分析。有的招标项目还要求在投标文件上附上单价分析表。因为每个工程都有其特殊性，所以根据每个项目的特点(如现场情况、气候条件、地貌与地质状况、工程的复杂程度、工期长短、对材料设备的要求等)对单价逐项进行研究，确定合理的消耗量。

6）标价汇总

将各分部分项工程单价与工程量相乘，得到各分部分项工程的价格，汇总各分部分项工程价格即为初步总造价。如果有分包项目，则须再加上分包商的报价。

3. 标价分析

投标人经过初次计算得出的标价，只应视为内部标价，还应当对这个标价进行多方面的分析和评估，测算工程报价的高低和盈亏的大小，其目的是探讨标价的经济合理性，以此作为最后确定报价的决策依据。

1）宏观分析

标价的宏观分析是承包商依据在工程实践中长期积累的大量经验数据与初步计算的标价进行类比，从宏观上判断其合理性，可采用以下方法。

(1) 分项统计标价需要的汇总数据，并计算其比例指标，如统计各单项建筑物面积与建筑总面积；统计各主要材料数量和分类总价及材料费总价；统计主要生产工人、辅助工人和管理人员的数量及总劳务费；统计临时工程费用、机械设备使用费及模板脚手架和工具等费用，计算它们占总标价的比重；统计各类管理费用，计算它们占总标价的比重，特别是计划利润、贷款利息的总数和所占比例。

(2) 通过对上述各类指标及其比例关系的分析，从宏观上分析标价结构的合理性。例如，总直接费和总管理费的比例关系，劳务费和材料费的比例关系，临时设施和机具设备费与总直接费用的比例关系，利润、流动资金及其利息与总标价的比例关系等。如果经过

分析，承包人发现标价有不合理的部分，应当初步探讨其原因。如应排除是否本工程存在与其他类似工程的、导致标价不合理的某些不可比因素。如果不是，就应当深入探讨不合理的原因，并考虑调整某些基价、定额系数。

(3) 探讨人均月产值和人均年产值的合理性和实现的可能性。如果承包商从实践经验的角度判断这些指标过高或过低，就应当考虑所采用定额的合理性。

(4) 参照同类工程的经验，扣除不可比因素后，分析单位工程价格及用工、用料量的合理性。

(5) 从上述宏观分析得出初步印象后，对明显不合理的标价构成部分进行微观方面的分析检查。其中重点是在提高工效、改变施工方案、降低材料设备价格和节约管理费用等方面提出可行措施，并修正初步计算投标价。

2) 风险分析

目前，建设工程市场竞争激烈，承包工程都存在着一定的风险，因此在投标过程中对一些可能发生的风险进行预测，测算投标价的变化幅度，采取一些必要的措施，以减少风险损失是非常重要的。

(1) 工程建设失误风险。工程建设中的失误主要是指工期和质量。材料设备交货拖延、管理不善都可能造成工程延误、质量问题或返工等，承包人会因此增大管理费、劳务费、机械使用费，以及占用的资金及利息。而这些费用的增加不仅不可能通过索赔得到补偿，甚至还会因为误期而罚款，所以这种增大的开支部分只能用风险费和计划利润来弥补。一般情况下，承包商可以将测算的工期延长某一段时间，计算上述各种费用增大的数额及其占总标价的比率。通过多次测算得出最大的延误时间，即拖延多长时间，投标方利润将被全部抵消掉，进而估算出风险费用的数额。

(2) 物价和劳资关系风险。在建设工程市场上，劳资关系是客观存在的，因此雇佣双方发生摩擦是难以避免的。如工人过分要求提高工资、增加津贴、享受舒适的生活条件，甚至消极怠工等，从而引起承包商的经济损失。分包商在工程分包中的扯皮现象，要求改变工程量，改变单价，增收其他费用等情况也时有发生，这些现象也会导致承包商的经济损失。因此，承包商应该调整标价计算中材料设备和工资上涨系数，测算其对工程计划利润的影响，同时切实调查工程物资和工资的升降趋势和幅度，以便做出恰当的判断。

(3) 其他风险。有些风险是无法抑制的，如贷款利率的变化、政策法规的变化、气候突变及罢工影响等。通过分析这些可变因素的变化，可以了解投标项目计划利润的受影响程度。

以上风险的分析，一方面要采取相应的对策减少风险损失，另一方面要估算一个概略的损失量，用风险损失修正系数修正之后，按内部标价增加这部分费用，作为基础报价。

$$基础报价=内部标价+各项风险损失之和\times修正系数$$

风险损失修正系数按风险损失的结论确定，一般取0.5～0.7。

3) 盈亏分析

初步计算标价经过风险分析与进一步分析检查，对某些分项的单价做必要的调整，然后形成基础标价，再经盈亏分析，得出盈亏幅度，找出工程的保本点，求出修正系数，以供最后综合分析报价的决策使用。盈亏分析一般是从盈余分析和亏损分析两个方面进行分析。

盈余分析是从标价组成的各个方面挖掘潜力、节约开支，计算出基础标价可能降低的数额，进而算出低标价。主要从下列几个方面进行：①定额和效率，即工料、机械台班消耗定额以及人工、机械效率；②劳务、材料设备、施工机械台班工时价格；③管理费、临时设施费等方面；④流动资金与贷款利息，保险费、维修费等方面。

因为挖潜不可能做到百分之百实现，所以需要乘以一定的修正系数，一般取0.5～0.7。因此，求出可能的低标价为

低标价＝基础标价－挖潜盈余×修正系数

亏损分析是分析在计算标价时由于对未来施工过程中可能出现的不利因素考虑不周和估计不足，可能产生的费用增加和损失。主要从下列几个方面进行：①人工、材料、机械设备价格；②自然条件；③管理不善造成质量、工作效率等问题；④建设单位、监理工程师方面问题；⑤管理费失控。

以上分析估计出的亏损额与盈余额一样，也应乘以一个修正系数，一般取0.5～0.7。因此，求出可能的高标价为

高标价＝基础标价＋估计亏损×修正系数

8.2 投标报价的技巧

投标的实质是各个投标人之间实力、资质、信誉、效用观点之间的较量，也是不同投标人所选择的策略之间的博弈。投标技巧是指投标人通过投标决策确定的既能提高中标率，又能在中标后获得期望效益的编制投标文件及其标价的方针、策略和措施。在招标人、投标人以及投标竞争对手三方高度不确定性的投标报价博弈活动中，投标人要想获胜，一方面要靠实力，另一方面要靠投标报价技巧。下面就介绍几种常见的投标报价技巧。

8.2.1 业主心理分析法

在确定最后标价之前，对业主进行心理分析是十分必要的，这样可以了解业主的主要观点，如何评标以及评标时考虑的非价格因素，如质量管理、工期控制和承包商完成所需的时间等。如果业主资金紧缺，一般会考虑最低投标价中标；如果业主资金充足，则工程质量多半要求创优质、出精品，即使标价高一些也不在乎；如果业主要求工期紧迫的工程，则投标时标价可以稍高，但要在工期上尽量提前。总之，应对某一地区或某一领域业主的情况进行全面细致的调查分析，找出规律，弄清业主的指导思想，并精心准备，这样在投标报价时就能取得与业主想法最接近的标价，才有可能中标。

8.2.2 多方案报价法

多方案报价法是对同一个招标项目，除了按招标文件的要求编制一个投标报价以外，还编制了一个或几个建议方案。多方案报价法有时是招标文件中规定的，如业主可能要求按某一方案报价，而后再提供几种可供选择方案的比较报价；有时是承包商自己根据需要决定采用的。

投标人决定采用多方案报价法，通常主要有以下两种情况。

(1) 如果项目范围不很明确，条款不清楚，或很不公正，或技术规范要求过于苛刻时，往往使投标人承担较大风险。为了减少风险就必须扩大工程报价，增加“不可预见费”，但这样做又会因报价过高而增加被淘汰的可能性。因此，投标人可先按招标文件中的合同条款报一个价，然后再说明假如招标人对技术文件或合同条款做某些改变时，报价可降低多少，使报价成为最低，以吸引业主；或是对项目中一部分没有把握的工作，注明该部分为成本加若干酬金结算的办法，其余部分报一个总价。

(2) 如果发现设计图纸中存在某些不合理并可以改进的地方或可以利用某项新技术、新工艺、新材料替代的地方，或者发现自己的技术和设备满足不了招标文件中设计图纸的要求时，投标人可以先按设计图纸的要求报一个价，然后再另附上一个修改设计的比较方案，或说明在修改设计的情况下，报价可降低多少。这种方法通常也称作修改设计法。

如果可以进行多方案报价，投标人就应组织一批有经验的设计和施工工程师，对原招标文件的设计和技术方案进行仔细研究，提出更合理的方案以吸引业主。制定方案时要具体问题具体分析，深入现场调查研究，集思广益选定最佳备选方案，要从安全、质量、经济、技术和工期上，对备选方案进行综合分析比较，使最终选定的备选方案在满足招标人要求的前提下，达到效益最佳的目的，以促成自己的备选方案中标。这种新的备选方案必须有一定的优势，如可以降低总造价，或可提前竣工，采用新技术、新工艺、新材料，工程整体质量提高或使工程运作更合理。但要注意的是，原方案与增加备选方案报价都需要按招标文件提出的具体要求进行报价，以供业主比较。

增加备选方案时，不要将方案写得太具体，要保留方案的关键技术，以防止业主将此方案交给其他承包商实施。同时更重要的是，备选方案一定要成熟，或过去有这方面的实践经验。因为投标的准备时间不长，如果仅为中标匆忙而提出一些没有把握的备选方案，很可能会留下许多后患。

但是，如果招标文件明确表示不接受替代方案时，或政府工程合同的方案不容许改动时，应放弃采用多方案报价法。

8.2.3 突然降价法

突然降价法是指为了迷惑竞争对手而采用的一种竞争方法。报价是一件保密的工作，但是竞争对手往往通过各种渠道、手段来刺探情况，因此在报价时可以采取迷惑对方的手法。通常的做法是，在准备投标报价的过程中有意散布一些假情报，如按一般情况报价或报较高的价格，或打算弃标等，以表现出自己对该项目兴趣不大，然后等临近投标截止时间前，突然前往投标，并降低报价，以期战胜竞争对手。

采用这种方法时，要注意以下两点：一是在编制初步的投标报价时，对基础数据要进行有效的泄密防范，同时将假消息透露给通过各种渠道、采取各种手段来刺探情况的竞争对手；二是一定要在准备投标报价时，预算工程师和决策人要充分地分析各细目的单价，考虑好降价的细目，并计算出降价的幅度，到投标快截止时，根据情报信息与分析判断，再做出最后决策。这种方法是隐真示假智胜对手，强调的是时间效应。例如，鲁布革水电站引水系统工程招标时，日本大成公司知道主要竞争对手是前田公司，就在临近开标前把总报价突然降低了8.04%，取得报价最低标，并最终中标。

8.2.4 不平衡报价法

不平衡报价法又叫前重后轻法，是指在利用工程量清单报价过程中，在总报价基本确定的前提下，调整内部各个子项的报价，以期既不影响总报价，又能在中标后满足资金周转的需要，获得较理想的经济效益。总的来讲，不平衡报价法要保证两个原则，即“早收钱”和“多收钱”。一般可以考虑在以下几方面采用不平衡报价。

(1) 先完成的工程量项目报高价，后完成的工程量项目报低价，即所谓的“早收钱”，提前将钱拿到。这个技巧就是在报价时把工程量清单里先完成的工作内容的单价调高，如开办费、临时设施、土石方工程、基础和结构部分等；后完成的工作内容的单价调低，如道路面层、交通指示牌、屋顶装修、清理施工现场和零散附属工程等。尽管后边的单价可能会赔钱，但由于先期早已收回了成本，资金周转的问题已经得到妥善解决，财务应变能力得到提高，还有适量的利息收入，因此只要能够保证整个项目的最终盈利即可。但这种方法对竣工后一次结算的工程不适用。

(2) 能增加的工程量项目报高价，要减少的工程量项目报低价，即所谓的“多收钱”，是利用工程量的增加额来赚钱。这个技巧就是在报价时预计今后工程量会通过变更增加的项目，工程量单价适当提高，这样在最终结算时可多赚钱；预计工程量可能通过变更减少的项目，单价适当降低，工程结算时损失不大。

(3) 对设计图纸不明确、难以计算准确的工程量项目，如土石方工程，其报价可提高一些，这样对总报价的影响不大，又存在多获利的机会。一旦实际发生的工程量比投标时的工程量大，企业就可以获得较大的利润，而实际发生的工程量比投标时的小时，对企业利润的影响也不大。

(4) 对工程内容做法说明不太清楚的项目或有漏洞的地方，其单价可报低一些，有利于降低工程总造价和进行工程索赔。

不平衡报价最终的结果应该是两个方面：一是报价时高时低、互相抵消，总价上却看不出来。二是履约时工程量少，完成的也少，单价调低，损失也就降到最低；工程量多，完成的也多，单价调高，承包商便能获取较大的利润。所以对于投标人来说，总体利润多、损失小，合起来还是盈利。但是不平衡报价也有相应的风险，取决于投标人的判断和决策是否正确。因此，在运用不平衡报价法时要注意以下问题。

(1) 不平衡报价法的应用一定要建立在对工程量仔细核算的基础之上。如对于前两种情况，如果实际工程量小于工程量表中的数量，则不能盲目抬高单价，对于单价报低的项目，如果实施过程中工程量大幅增加，将对承包商造成重大损失。因此，要具体分析后再定报价，而且即使是不平衡，也要控制在合理幅度内，一般为8%～10%。

(2) 注意避免各项目的报价畸高畸低，否则有可能失去中标机会。单价的不平衡要注意尺度，不应该成倍或几倍地偏离正常的价格，否则可能会被业主判为废标，甚至列入以后禁止投标的黑名单，那就得不偿失了。一般情况下，比正常价格多出10%左右的幅度，业主都是可以接受的。

8.2.5 计日工报价法

在投标报价编制中，如果是单纯的计日工报价，可以报得高一些，以便在项目实施过程中，业主用工或使用机械时，可以套用较高的单价。但如果采用“名义工程量”时，要具体分析是否报较高的单价，以免提高投标总报价。有时虽不是单纯的计日工报价，但如果招标文件要求投标人对工程量大的项目报“单价分析表”，投标人也可将单价分析表中的人工费及机械设备费报得较高，而将材料费报得较低。这主要是为了在今后补充项目报价时，可能参考选用“单价分析表”中较高的人工费和机械设备费，而材料费则往往采用市场价，使投标人获得较高的收益。总之，要认真分析业主在开工后可能使用的计日工数量的多少，正确地确定计日工报价方针。

8.2.6 报高价与报低价法

在投标过程中，报价是确定中标人的重要条件之一，但不是唯一条件。一般来说，在工期、质量、社会信誉相同的条件下，招标人会选择最低报价。但是作为投标人来说，低报价不一定是企业的最佳选择，投标人应当在考虑自身的优势、劣势和评价标准的基础上，分析招标项目的特点，按照工程项目的不同特点、类别、施工条件等来选择报价策略。

一般来讲，下列情况下报价可高一些。

(1) 施工条件差的工程，如场地狭窄、地处闹市。

(2) 专业要求高的技术密集型工程，而本公司这方面又有专长，声望也高。

(3) 总价低的小工程，以及自己不愿意做而被邀请投标时，不便于不投标的工程。

(4) 特殊的工程，如港口码头工程、地下开挖工程等。

(5) 业主对工期要求急的工程。

(6) 投标对手少的的工程。

(7) 支付条件不理想的工程。

下述情况下报价应低一些。

(1) 施工条件好的工程，工作简单、工程量大而一般公司都可以做的工程，如大量的土方工程、一般房建工程等。

(2) 本公司目前急于打入某一市场、某一地区，或虽已在某地区经营多年，但即将面临没有工程的情况，如某些国家规定，在该国注册公司一年内没有经营项目时，就要撤销营业执照。

(3) 附近有工程，而本项目可利用该项工程的设备、劳务或有条件短期内突击完成的工程。

(4) 投标对手多，竞争力强的工程。

(5) 非急需工程。

(6) 支付条件好的工程，如现汇支付。

8.2.7 辅助中标的手段

除了以上投标报价技巧外，投标人还可以利用数学方法作为投标报价辅助决策的手段，主要有以下几种方法。

1. 获胜报价法

获胜报价法是利用分析投标人以前历次中标的资料来进行投标报价的方法。这种方法的前提是考虑竞争对手不变，而且所有竞争对手的报价策略和过去一样。所有报价均按估计成本的百分比计算，当报价等于估计成本时，报价百分比为100%，这时中标后不亏不盈。当报价百分比为110%，即超过估计成本的10%时，则盈利10%。例如，某投标人对其10次获胜报价进行统计，见表8-1。

表8-1 某投标人10次获胜报价资料分析表

项目估计成本/万元	100	100	200	220	300
获胜报价/万元	95	110	240	275	390
报价相当于估计成本的百分比/(%)	95	110	120	125	130
以前为该报价时获胜的次数	1	3	3	2	1
该报价获胜的百分比/(%)	10	30	30	20	10
所有报价超过该报价(含该报价)的概率	1	0.9	0.6	0.3	0.1

根据表8-1的统计资料分析，可以绘制成报价概率关系曲线，如图8.1所示。横坐标表示报价，纵坐标表示获胜概率。

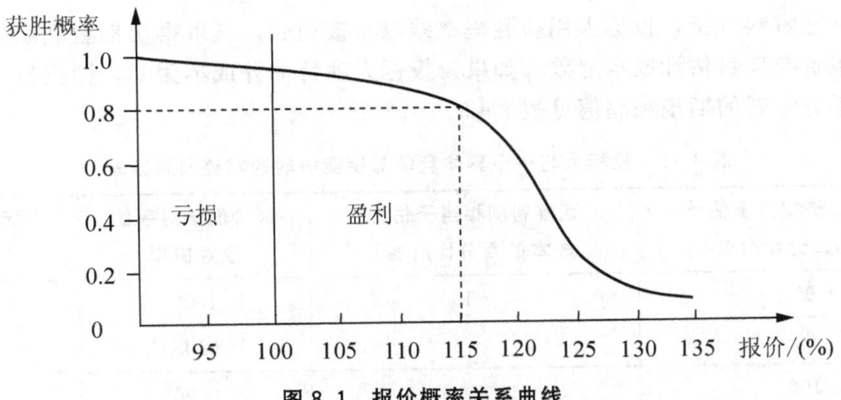

图8.1 报价概率关系曲线

在图中，纵坐标为所有报价超过该报价(含该报价)的概率，横坐标为该报价相当于估计成本的百分比，即该报价相应获得利润的大小。曲线内的矩形面积表示纵横两坐标的乘积，等于期望利润。实线以右的面积为盈利部分，以左的面积为亏损部分。最大面积相对应的报价和概率，以及所获得的最大的期望利润，就是应采取的最佳报价策略。根据此图，我们可以得到该投标人任意报价的获胜概率。如报价115%的获胜概率为0.8。反之，如果确定了获胜概率，也可以求出相应的报价值。如承包商在获胜概率为0.5以上时才报价，则报价应低于122.5%，即可能获得小于22.5%的利润。在此图中，该投标人报价115%左右为最佳报价策略。

2. 具体对手法

获胜报价法没有考虑竞争对手数目这一重要因素。如果把竞争对手数目考虑在内，对竞争对手的过去历次投标报价情况都有记录，而且和自己当时对同一项目的估价有比较时，则可采用具体对手法算出对手报价低于、等于、高于自己估价的概率，当与该对手竞争时，就可以采取稍低于对手的报价去投标。

如已知某竞争对手20次的报价记录，见表8-2。

表8-2 某竞争对手20次报价记录分析及对策表

对手报价相当于自己估计成本的百分比/(%)	对手以前为该报价时的出现次数	对手以前为该报价时的概率	自己采用低于对手的报价相当于估计成本的百分比/(%)	报价低于对手的获胜概率
95	1	0.05	90	1.00
100	1	0.05	95	0.95
105	4	0.20	100	0.90
110	5	0.25	105	0.70
115	4	0.20	110	0.45
120	2	0.10	115	0.25
125	2	0.10	120	0.15
130	1	0.05	125	0.05
135	0	0	130	0

根据上述资料分析，投标人用获胜概率乘以直接利润，就可得出期望利润值。直接利润为投标报价与项目估计成本之差。如果设投标人项目估计成本为C，则投标人与一个具体竞争对手竞争时的期望利润值见表8-3。

表8-3 投标人与一个具体竞争对手竞争时的期望利润值表

投标人报价相当于估计成本的百分比/(%)	直接利润相当于估计成本的百分比/(%)	报价低于对手的获胜概率	投标人的期望利润值
90	−10	1.00	$-0.1C$
95	−5	0.95	$-0.0475C$
100	0	0.90	0
105	5	0.70	$0.035C$
110	10	0.45	$0.045C$
115	15	0.25	$0.0375C$
120	20	0.15	$0.03C$
125	25	0.05	$0.0125C$

在投标时，投标人如果不是与一个具体对手竞争，而是与 n 个具体对手竞争，而且对每一个竞争者的情况都比较了解，则可以分别计算出报价低于这 n 个对手的获胜概率，那么报价低于每个竞争对手获胜概率的乘积，就是报价低于所有竞争者的总获胜概率，可用以下公式表示

$$P=P_1\times P_2\times\cdots\times P_n$$

式中 P——投标人报价低于所有对手的获胜概率；

P_i——报价低于第 i 个竞争对手的获胜概率，$i=1, 2, \cdots, n$。

下面以投标人与3个具体对手竞争报价为例，则报价低于每个竞争对手的获胜概率见表8-4。

表8-4 投标人报价低于所有竞争对手的总获胜概率表

自己采用低于对手的报价相当于估计成本的百分比/(%)	报价低于第 i 个竞争对手的获胜概率			报价低于所有竞争对手的总获胜概率
	$i=1$	$i=2$	$i=3$	
90	1.00	1.00	1.00	1.00
95	0.95	0.97	0.92	0.847 78
100	0.90	0.94	0.86	0.727 56
105	0.70	0.82	0.72	0.413 28
110	0.45	0.60	0.50	0.135
115	0.25	0.35	0.30	0.026 25
120	0.15	0.15	0.10	0.002 25
125	0.05	0.05	0.02	0.000 05

由此表可以看出，当投标人采用低于对手的报价相当于估计成本的百分比等于或高于120%时，其报价低于所有竞争对手的总获胜概率已经很小，在1%以下。因此可以认为此报价已基本没有可能战胜所有的竞争对手。

在实际工作中，由于项目的性质、投标人的能力以及期望获得的利润大小等原因，使得一些通过资格预审的承包商放弃了投标。因此，除了了解竞争对手以前投标的基本情况以外，还要判断这些竞争对手参加此次投标的可能性，若有些潜在竞争对手放弃了投标，就使其他承包商投标的中标概率增大，这样才能更准确地判断本企业中标的概率。修正方法可借助一个投标系数，即某一具体竞争者在以前若干次投标竞争中参加投标报价次数的百分比。则修正后的报价低于第 i 个竞争对手的获胜概率为

$$P_i'=a_iP_i+(1-a_i)$$

式中 P_i'——修正后的报价低于第 i 个竞争对手的获胜概率；

a_i——竞争者 i 在以前若干次投标竞争中参加投标报价次数的百分比，$i=1, 2, \cdots, n$。

则修正后的报价低于所有竞争对手的总获胜概率为

$$P=P_1'\times P_2'\times\cdots\times P_n'$$

式中 P'——修正后的报价低于所有竞争对手的总获胜概率。

假设3个投标人的投标系数分别为$a_1=0.8$，$a_2=0.5$，$a_3=0.7$。当投标人报价相当于估计成本的百分比为105%时，则修正后的报价低于3个竞争对手的获胜概率分别为

$$P_1'=0.8\times0.70+(1-0.8)=0.76$$

$$P_2'=0.5\times0.82+(1-0.5)=0.91$$

$$P_3'=0.7\times0.72+(1-0.7)=0.804$$

则修正后的报价低于所有竞争对手的总获胜概率为

$$P=0.76\times0.91\times0.804=0.556$$

由此可以看出，投标人报价未变，但获胜的概率却由0.413 28增大到0.556，这主要是因为竞争对手数量的减少，使投标人获胜的机会增大。

总之，任何技巧和策略在其失败时就是一种风险，如何才能运用恰当，需要在实践中去锻炼。投标人只有不断地总结投标报价的经验和教训，才能提高其报价水平，提高企业的中标率。

8.3 合同谈判的策略与技巧

尽管招标文件已经对合同内容的所有方面做了相当明确的规定，而且承包商也已在投标时表态愿意遵守。但是对于大型工程项目，业主很少在这些文件的基础上简单地与承包商签订合同，因此投标人在收到授标意向书或中标通知书后，就要组织人员做好充分的准备，按通知书要求的时间和地点，同业主进行谈判，协商承包合同的细节，最终敲定合同条款之后再签订合同。由于建筑市场的规范化管理使工程承包合同的作用越来越大，所以合同谈判是合同签订前的一个十分重要的阶段，业主和投标人都十分重视。谈判成功，可以得到项目，可以为项目的实施创造有利的条件，给项目带来可观的经济效益；谈判失误或失败，可能失去项目，或给项目的实施带来无穷的隐患，甚至灾难，导致项目的严重亏损或失败。因此，在签订承包合同时，合同谈判已成为投标人十分关注的一个实际问题，从某种意义上说，它也是投标策略的组成部分。

8.3.1 合同谈判概述

1. 合同谈判的目的

谈判是由涉及同一问题或有利益关系的各方为了改变相互关系，或为了取得一致意见，而运用各种信息与力量，进行意见交换和磋商，以求得问题解决和利益协调的一系列相互交往、相互交涉的行为。任何形式的谈判都具有目的性，由于谈判双方存在着利益差异、信念差异、时间价值差异、预测目标差异、风险反应差异，因此合同谈判的目的是通过谈判达到双方预定的目标，满足业主和投标人各自的需要。谈判的结果应该是谈判双方都感到满足，各方在项目上只需付出较小的代价就能取得较大的收益。

1）业主希望进一步谈判的原因

（1）通过谈判，与投标人代表和有关技术人员接触，进一步确认投标人在技术、经验以及资金和管理能力等方面的确有实力，能令人满意地实施承包合同所规定的工作，保证

项目的质量和进度。

(2) 通过谈判，了解投标人的报价构成，将标价中被认为不合理的价格进行核查并进行合理的调整，使标价合理地压低。

(3) 通过谈判，讨论并共同确认某些变更，包括设计的局部变更、技术条件或合同条件的变更等。如果采用中标人的建议方案，或业主有意改变一些商务和技术条款，就可能导致合同基本条件如价格、质量和工期的变动，因此有必要与投标人通过谈判并达成一致。

(4) 通过谈判，将过去双方已达成的协议进一步确认和具体化。

2) 投标人希望进一步谈判的原因

(1) 通过谈判，澄清招标书中迄今尚未澄清的一些商务和技术条款，并说明自己对该条款的理解和报价基础，力争使业主接受对自己有利的解释并予以确认，为今后项目的实施奠定基础。

(2) 通过谈判，尽可能地改善合同条件，谋求公正和合理的权益，使投标人的权利与义务达到平衡。

(3) 通过谈判，对项目实施中可能遇到的问题提出要求，力争将这些条款明确并写入合同或合同补遗中，以避免或减少今后实施的风险。

(4) 通过谈判，争取合理的合同价格，既要准备应付业主的压价，又要准备当业主拟增加的新项目、修改设计或提高标准时适当增加报价。

由此看出，谈判双方的目的既一致又矛盾。一旦签订了合同，对双方都构成事实上的法律约束，因此，双方在谈判中对涉及技术经济和商务的一些原则问题都极为慎重，互不相让，互相揣摸对方的意图，有攻有防，针锋相对。同时还应明白，经过相当长时间的投标和评标过程，投标人和业主都花费了不少的精力和财力，到了这个阶段，通常双方都不希望轻易地使谈判失败，而是希望谈判成功，最终达成一个双方都能接受的结果而签约。因此，合同谈判既是相互斗争，又是相互妥协的过程。

2. 合同谈判的阶段

谈判具有时效性，因此谈判双方一般对谈判的时限做出约定，或将谈判划分为若干个阶段来完成。在实际工作中，有的业主把全部谈判放在决标之前进行，以利用投标人想中标的心情压价并取得对自己有利的条件；也有的业主将谈判分为决标前和决标后两个阶段进行。如果分为两个阶段，则每个阶段主要进行以下工作。

1) 决标前的谈判

业主在决标前与初步选出的几家投标人进行谈判，主要有两个方面工作。

(1) 技术答辩。

技术答辩由评标委员会主持，了解投标人如果中标后将如何组织施工，如何保证工期，对技术难度较大的部位将采取什么措施等。虽然投标人在编制投标文件时对上述问题已有准备，但在开标后，进入中标人候选名单时，应该在这方面再进行认真细致的准备，必要时画出相关图解，以取得业主和评标委员会的好感，顺利通过技术答辩。

(2) 价格调整。

价格是一个对招投标双方都十分重要的问题。业主可以利用其有利的地位要求承包商降低报价，并就工程款外汇比率、付款期限、贷款利率(对有贷款的投标)以及延期付款条件等方面要求投标人做出让步。但如果为世界银行贷款项目，则不允许压低标价。投标人在这一阶段一定要沉住气，对业主的要求进行逐条分析，选择适当的时机逐渐让步，因此谈判有时会持续很长时间。

2）决标后的谈判

经过决标前的谈判，业主确定出中标人并发出中标函，这时业主和中标人还要进行决标后的谈判，即将过去双方达成的协议具体化，并最后签署合同协议书，对价格及所有条款加以认证。

决标后，中标的投标人地位有所改善，他可以利用这一点，积极地、有理有节地同业主进行决标后的谈判，争取使合同条款公正合理地。对关键性条款的谈判，要做到彬彬有礼而又不做大的让步；对有些过分不合理的条款，则宁可冒损失投标保证金的风险而拒绝业主要求或退出谈判，以迫使业主让步。因为一旦接受了不合理的条款，则会给中标人带来无法负担的损失，而谈判时合同并未签字，中标人不在合同约束之内，也未提交履约保证，损失则不会太大。

3．合同谈判的内容

合同谈判的主要内容通常涉及工程内容与范围的明确、合同条款的理解与修改、技术要求及资料的确定、价格及价格构成分析、工期长短与误期赔偿等。

1）工程内容与范围的明确

合同的“标的”是合同最基本的要素，工程承包合同的标的就是工程承包的内容和范围，因此在签订合同前的谈判中，必须首先共同确认合同规定的工程内容和范围。投标人所承担的工作范围，包括施工、设备采购、安装和调试等。投标人应当认真重新核实投标报价的工程项目内容与合同中表述的内容是否一致，合同文字的描述或图纸的表达是否准确，不能模糊含混，否则将导致报价漏项。同时投标人还应当查实自己的标价有没有只凭推测和想象计算的成分，如果有，则应当通过谈判予以澄清和调整。

对业主提出的改进方案或某些修改和变动，或业主接受的建议方案等，投标人应认真对其技术合理性、经济可行性以及在商务方面的影响等进行综合分析，权衡利弊后方能表态接受、有条件地接受甚至拒绝。如果接受了业主关于工程内容的变动或业主提出的方案，自然会对价格和工期等产生影响，投标人应以书面文件、工程量或图纸方式予以确定，并利用这一时机争取变更价格或要求业主改善合同条件以谋求更好的效益。

2）明确技术要求与资料

技术问题是谈判的重要内容。投标人应严格按照招标文件中的技术规范和图纸要求编标作价，施工方案、进度、技术要求和质量标准等均应符合招标文件的要求。若业主对某项工程内容的特殊要求与投标人的常规施工方法有差别时，应予以特别注意，并研究自己是否能做到，以及其经济性如何。同时投标人应要求业主尽可能提供较为明确的技术资料，如水文资料、地质资料、气象资料等。对业主所提供的技术资料，投标人应进行充分的分析和理解，并拟定相应的措施与费用。

3）价格及价格构成分析

价格通常是合同谈判的核心问题，它受工程内容、工期及合同权利的制约。承包合同的计价方式可以分为总价合同、单价合同与成本加酬金合同。在确定合同方式的基础上进行合同谈判时，投标人应抓住机会力争利用各种条件签订一份在价格上对自己有利的合同。除单价、总价及其他各项费用外，谈判中常涉及的内容还有预付款、保留金、暂定金额、税收、物价调整、法律变化、合同价调整等涉及价格的内容以及支付条件等。有时，即使合同价格基本符合行情甚至有较大的预期效益，但由于支付条款(支付方式、付款条件等)不合理也能造成投标人不能达到预期效益，或产生亏损甚至使合同无法继续执行。因此，投标人除了通过合同谈判力争得到一个适合的价格外，还应注意在合同中需有保证合理支付的条款。同时，业主通常在评标及合同谈判中坚持招标文件中有关报价的规定，并要求投标人提交单价分析，以保证价格的响应性及合理性。

4）工期的确认

工期是对投标人完成其工作所规定的时间。在工程承包合同中，通常是施工期虽已结束，但合同期并未终止。工期虽是时间，但与经济费用息息相关。业主通常坚持招标文件中已规定的工期，并审查投标人的施工方案及报价与工期的吻合性，要求投标人在签约时予以确认。

8.3.2 合同谈判的策略

谈判是一个复杂的过程，谈判双方的地位不同，谈判的实质内容不同；谈判的目的不同，谈判过程中应用的策略也就不同。因为谈判双方面临的形势和所处的环境是不断变化的，所以谈判双方的任何变化都可能在谈判中体现出来。合同谈判双方都是为了各自的目标和利益进行较量，通过双方协商，最终达成协议。因此，正确的策略能使谈判成功，反之会导致谈判破裂，影响双方利益的实现。合同谈判中，人们常采用的策略有以下几种。

1. 具体条款内容的谈判策略

业主与投标人所处的地位不同，具体条款内容的谈判涉及双方不同的利益，因而其处理方式也不同。因此对具体条款的谈判应选择多样而灵活的策略，引导对方纳入自己选定的方式。

1）抛砖引玉

所谓抛砖引玉的策略，就是在谈判中，一方主动地摆出各种问题，但不提解决的办法，让对方去解决。这种策略一方面可以达到获取主动的目的，使对方感觉到自己是谈判的主角和中心；另一方面，自己又可以摸清对方底细，争取主动。

2）留有余地

这种策略实际上是“留一手”的做法。它要求谈判人员对所要陈述的内容应留有余地，以备讨价还价之用。自己手中的牌暴露得越多，自己的地位就越虚弱，到时候将不得不用多给好处的办法来对付对方的对抗。

3）声东击西

该策略是指为了达到某种目的和需要，在谈判期间的讨价还价阶段，有意识地将洽谈的议题引到无关紧要的问题上，故作声势，转移对方的注意力，以实现自己的谈判目标。这种策略的目的在于：在己方不重要的问题上做出让步，造成对方心理上的满足；分散对方的注意力，转移对方的视线；把某一议题的讨论暂时搁置起来，以便抽出时间来分析资料，研究对策，从而在对方无警觉的情况下，顺利地实现自己的谈判意图。

4）先苦后甜

在谈判中，应预先考虑可以让步的方面，但在开始时却提出较苛刻的条件作为谈判的资本，然后逐渐让步，有时甚至有较大的让步，使对方得到满足，在这个基础上换取对方更大的让步。在运用这个策略时，可以确定谈判组由两人负责。先登场的扮演“白脸”，提出较苛刻的条件，谈判中持强硬立场。在双方争执不下时换另一人出面负责谈判，扮演“红脸”，做出让步，给对方以满足，同时争取对方的让步。

5）最后期限

一般在谈判中期，提出谈判的最后期限，对方并不十分在意，但到了谈判后期，处于被动地位的谈判者，总有希望谈判能成功达成协议的心理。因此，当谈判双方各持己见、争执不下时，处于主动地位的一方可以利用这一心理，提出解决问题的最后期限和解决条件。期限是一种时间性通牒，它可以使对方感到若不迅速做出决定，便会失去机会。

作为另一方，对这种“最后期限”的对策应冷静处理，分析达成协议对己方的综合影响后再做定夺，不要过早同意，防止上大当。必要时可说明不能接受对方条件的理由，并指出一旦接受了对方的条件必定亏本，不能成交，只好作罢。能谈到这种程度，双方一般都不会因争执不下而导致谈判失败，最后多采用折中办法来解决。

6）目标心理

目标心理策略是利用业主谋求合同签订后，由投标人提供优惠条件和继续发展合作的心理，促使双方成交的“吊胃口”策略。当投标人提出一些对业主有利的设想目标时，会使业主的心理得到满足。但有时业主也会吊投标人的胃口，提出一些让投标人获益的远期优惠。因此，投标人不宜轻信业主的口头应允，而应采取针锋相对的策略。同时，合同谈判的一方不能给对方留下乞求的感觉。一味地降低自己的地位，必然会在合同谈判中失去优势。投标人在同业主讨价还价时，一定要让业主信服己方具备的种种优越条件，如报价优惠、技术娴熟、服务优秀和信誉良好等，这样才能在合同谈判中争取主动。

7）心理分析

业主在谈判中要实现的目的是压低项目价格、延缓支付工程款、工程尽早竣工、追求名牌效应等。同时，业主也会受到自己的价值观、文化素质的影响，对谈判的结局采取不一样的态度。因此，虽然在招投标过程中，一般业主处于主动地位，但是他们在谈判的较量中，也有可能在某些问题上处于劣势，如有些工程项目施工涉及投标人的专利和特殊材料、工艺方法的应用。所以投标人要善于分析业主的心理，采取相应的合同谈判技巧。

2. 合同价款调整的谈判策略

招投标谈判中，业主往往要求投标人降低工程承包价格，而投标人却想维持投标价，甚至提高报价，因此招投标双方在实际工作中会以不同的方式来进行谈判。但是不论采取哪种方式，除特殊情况外，招投标双方都不要将谈判引向破裂和中断，在具体谈判过程中业主和投标人都应灵活应用各种策略来达到自己的目标。

谈判过程一般需要多个轮次才能完成，因此当业主要求降价时，投标人不要立即同意，应该全面分析和掌握其他竞争对手的情况，同时还要分析自己的有利条件和不利条件，然后再采取一定的降价让步策略。据国外资料分析，降价让步方式一般来说有 8 种，如果投标人准备在整个谈判过程中共降价 160 万元，共分 4 次降价，见表 8－5。

表 8－5 降价让步策略 8 种方式举例

降价方式	预计降价总额/万元	每次降价数额/万元			
		第一次降价额	第二次降价额	第三次降价额	第四次降价额
1	160	160	0	0	0
2	160	40	40	40	40
3	160	10	30	50	70
4	160	60	50	30	20
5	160	80	50	20	10
6	160	120	30	0	10
7	160	120	40	−20	20
8	160	0	0	0	160

第一种方式为投标人一次降价。这种做法一开始对业主具有极大的诱惑力，但容易在谈判的中、后期形成僵局，一般工程承包项目一次降价即可成交的很少，所以这种方式只能用于金额不大的小项目。

第二种方式为投标人等额降价。利用这种方式，投标人可以长期吸引业主，使业主持续与自己谈判。但由于每次让步额度相同，业主心理上总是企图使投标人再次让步，而这种欲望不利于成交。

第三种方式为投标人逐步递增降价。这种方式容易使谈判在一开始出现僵局，而随后即可使业主产生期望，但由于一次比一次降价多，使业主认为谈判的次数越多，得到的好处越多，而这种心理不利于成交。

第四种方式为投标人逐步递减降价。利用这种方式可以表明投标人有一定的诚意，也愿意让步，因而整个谈判过程中能够一直吸引业主，也不致使谈判在中期出现僵持或破裂。

第五种方式也是投标人逐步递减降价，但递减的额度差距较大。这种方式表明投标人有较大的诚意，谈判一开始就能吸引对方。

第六种方式和第七种方式为投标人不平衡降价。第六种方式虽然在谈判开始阶段就能吸引业主，但业主很快就会感到失望，越到谈判的后期，谈判破裂的风险就越大。而第七种方式到第三次谈判时，投标人的立场显得更强硬。这一招可使业主早下决心拍板成交，但投标人也要冒着谈判破裂的风险，就在业主对成交或破裂做出选择时，投标人很快在第四次谈判时又给业主一点好处，这样可给业主挽回一点面子，使业主也感到满意。

第八种方式为投标人在谈判初期和中期拒不降价，坚定立场，非到最后万不得已时决不让步。这种方式在谈判的初期和中期容易出现僵持局面，谈判破裂的风险较大，除非投标人有较强的优势，否则不要轻易运用这种方式。

可以看出，在这8种方式中，第四种和第五种方式，随着谈判的逐渐深入，投标人的降价幅度越来越小，这虽然增加了谈判的复杂性和艰苦性，但也使业主感到增加谈判次数得到的好处也不会太多了。在工程承包、劳务合作和商业谈判中，这两种降价让步的方式运用最多，也是最常用的方式。降价让步是双方相互作用的结果。任何一方的降价都取决于谈判时对方的态度、降价的额度和速度及其条件。上述8种降价方式，虽然在叙述上是作为投标人降价让步的方式，但有时这些方式也适用于业主。

本章小结

通过学习本章，应全面掌握投标报价与合同谈判的相关内容；掌握投标报价的步骤和计算方法，合同谈判的内容；熟悉投标报价的不平衡报价法、计日工报价法、多方案报价法、突然降价法，以及辅助中标手段和合同谈判中的具体条款内容和合同价款调整的谈判策略；了解合同谈判的目的；领悟招投标过程和合同谈判中双方的博弈技巧。

习　　题

1. 名词解释

(1) 投标报价；(2) 直接费；(3) 间接费；(4) 利润；(5) 税金；(6) 不可预见费；(7) 谈判。

2. 单项选择题

(1) 工程量清单是招标人按国家颁布的统一工程项目划分、统一计量单位和统一的工程量计算规则，根据施工图纸计算工程量，提供给投标人作为投标报价的基础。结算拨付工程款时以(　　)为依据。

A. 工程量清单　　B. 实际工程量

C. 承包方保送的工程量　　D. 合同中的工程量

(2) 若业主拟定的合同条件过于苛刻，为了使业主修改合同，可准备“两个报价”，并进行阐明，若按原合同规定，投标报价为某一数值，但倘若合同做某些修改时，则投标报价为另一数值，即比前一数值的报价低一定的百分点，以此吸引对方修改合同。但必须先报按招标文件要求估算的价格而不能只报备选方案的价格，否则可能会被当作“废标”来处理，此种报价方法称为(　　)。

A. 不平衡报价法　　B. 多方案报价法

C. 突然降价法　　D. 低报价法

(3) 当一个项目总报价基本确定后，通过调整内部各个项目的报价，以期既不提高报价、不影响中标，又能在结算时得到较为理想的经济效益，这种报价技巧叫作(　　)。

A. 根据项目不同特点采用不同报价　　B. 多方案报价法
C. 先亏后赢报价法　　D. 不平衡报价法

(4) 招标过程中，在确定中标人前，招标人不得与投标人就投标价格、投标方案等(　　)进行谈判。

A. 实质性内容　　B. 非实质性内容
C. 材料价格　　D. 施工计划

(5) 合同谈判阶段结束，此时(　　)应及时准备和递交履约保函，准备正式签署承包合同。

A. 投标人　　B. 招标人
C. 招标人和投标人　　D. 担保人

3. 思考题

(1) 工程项目投标报价的费用由哪几部分组成？
(2) 投标报价分为哪几个步骤？
(3) 投标报价有哪几种主要计算方式？
(4) 什么是不平衡报价法？如何运用不平衡报价？
(5) 合同谈判的策略有哪些？

4. 案例分析题

(1) A工程项目采用公开招标方式选择承包商，施工招标文件的合同条款中规定：预付款数额为合同价的30%，开工后3天内支付，上部结构工程完成一半时一次性全额扣回，工程款按季度支付。

某承包商拟对该项目投标，经造价工程师估算，总价为9 000万元，总工期为12个月，其中：基础工程估价为1 200万元，工期为3个月；上部结构工程估价为4 800万元，工期为6个月；装饰和安装工程估价为3 000万元，工期为3个月。该承包商为了既不影响中标，又能在中标后取得较好的收益，在投标前对造价工程师的原估价作适当调整，基础工程调整为1 300万元，结构工程调整为5 000万元，装饰和安装工程调整为2 700万元。

同时，该承包商还考虑到，该工程虽然有预付款，但平时工程款按季度支付不利于资金周转，决定除按上述调整后的数额报价外，还另拟方案，建议业主将支付条件改为：预付款为合同价的5%，工程款按月支付，其余条款不变。

问题：该承包商运用了哪些投标报价技巧？运用是否得当？

(2) 某火力发电厂工程施工总承包招标项目，发出中标通知书后，招标人组织有关人员认真审查了中标人的投标文件，确认该份投标文件实质上满足招标文件的要求，但经过比对，发现该份投标文件已标价工程量清单中，将弱电工程暂估价由招标文件给出的500万元人民币调整为了300万元人民币，但招标文件中没有规定投标人修改暂估价为重大偏差。同时，为了确保如期发电目标的实现，考虑到汽轮机订货合同上确定的到场时间，招标人希望在总工期不变的情况下，中标人将原进度安排计划表中汽轮机基础的施工时间提前一个半月完工，但是否可以与中标人进行合同谈判，招标人有以下两种观点。

观点1：既然招投标活动是为了签订合同，确定中标人后所有事项在平等互利的基础上，都可以通过谈判来解决。《招标投标法》仅规定在确定中标人之前，招标人不得与投标人就投标价格、投标方案等内容进行谈判，并没有规定确定中标人后不可以与中标人就上述问题进行谈判。所以招标人可以就上述事项要求中标人进行调整，否则可以不与其签订合同。

观点2：招投标活动就是订立合同的过程，招标人已经发出了中标通知书，表明中标人的投标已经得到了接受，即要约与承诺已经构成了合同关系，不存在组织谈判的问题。招标人必须接受投标文件中的弱电工程暂估价300万元人民币和其做出的汽轮机基础施工时间安排这一事实。

问题：分析这两种观点正确与否？为什么？

第3篇

工程合同管理与应用

第9章 施工合同管理

教学目标

通过学习本章，应达到以下目标：

(1) 系统掌握工程施工合同管理要点；

(2) 能够运用所学习的施工合同管理知识服务于生产实践。

学习要点

知识要点	能力要求	相关知识
施工准备阶段合同管理	(1) 掌握施工合同文件构成及其优先规则； (2) 掌握承包人与发包人的义务； (3) 掌握施工组织设计与进度计划	(1)《合同法》和《建筑法》； (2)《最高人民法院关于审理建设工程施工合同纠纷案件适用法律问题的解释》； (3)《工程建设监理规定》和《建筑工程施工组织设计规范》
合同进度管理	掌握施工预验收阶段进度条款控制	2013版《施工合同示范文本》
合同质量管理	掌握施工合同管理中的质量控制	(1)《建设工程质量管理条例》国务院令279号； (2)《房屋建筑工程质量保修办法》和《建设工程质量保证金管理暂行办法》及相关部门规范或强制性标准

续表

知识要点	能力要求	相关知识
合同成本管理	掌握进度款的支付与竣工结算管理	(1)《建设工程工程量清单计价规范》; (2)《建筑工程施工发包与承包计价管理办法》和《建设工程价款结算暂行办法》
合同安全管理	掌握施工现场安全制度和安全经费管理	《安全生产法》和《建设工程安全生产管理条例》国务院393号令等
合同的变更与担保管理	熟悉合同变更管理与合同担保	

基本概念

合同当事人;合同价款;合同文件;合同管理四大目标。

引例

项目管理有句谚语:不能记录下来的承诺等于什么也不是。建设工程合同管理无疑是一种项目管理,管理的核心目标就是让合同利益相关者满意,为利益相关者创造价值。要达到这一目标就必须设置利益相关者的责任与义务,而要使利益相关者能够自愿履行自己的责任与义务必须有明确的合同目标,合同的四大目标是:进度、质量、成本和安全。合同的管理具体就是对这四大目标的管理;管理水平的高低取决于对细节的把握程度,“魔鬼藏在细节中”,管理者如果不能将藏在合同细节中含糊的、不确定的、不合理的成分展现出来予以控制就永远领略不到管理的乐趣,永远摆脱不了想当然带来的内心不安。

建设工程施工合同是发包人与承包人就完成具体工程项目的建筑施工、设备安装与调试、工程保修等内容,确定双方权利和义务的协议;是建设工程合同(勘察、设计、施工合同的总称)的一种,是双方的有偿合同、诺成合同。建设工程施工合同是建设工程的主要合同,是工程建设质量控制、进度控制、投资控制和安全控制的主要依据。施工合同具有标的的特殊性、履行期限的长期性、合同内容的多样性和复杂性,以及合同监督的严格性等特点。

为规范建筑市场秩序,维护建设工程施工合同当事人的合法权益,住房城乡建设部、国家工商总局联合颁布了《建设工程施工合同(示范文本)》(GF—2013—0201)(以下简称2013版施工合同),其内容借鉴了国际菲迪克合同(FIDIC)。与1999版施工合同范本相比,2013版施工合同具有如下5个特点:一是增加了8项合同管理制度:双向担保制度(2013版施工合同通用条款第2.5、3.7款)、合理调价制度(通用条款第11.1)、缺陷责任期制度(通用条款第15.2款)、工程系列保险制度(通用条款18条)、工程移交证书制度(通用条款第13.2和第15.2款)、索赔期限制度(通用条款第19.1和第19.3款)、违约双倍赔偿制度(通用条款第14.4)、争议评审解决制度(通用条款第20.3款)。二是调整完善了合同结构体系。合同结构体系更为完善,权利义务分配具体明确,有利于引导建筑市场健康有序发展;建立了以监理人为施工管理和文件传递核心的合同体系,提高施工管理的合理性和科学性。三是完善了合同价格类型，适应工程计价模式发展和工程管理实践需要；增加了暂估价的规定，规定了暂估价项目的操作程序。四是更加注重对发包人、承包人市场行为的引导、规范和权益平衡。五是加强了与现行法律和其他文本的衔接，保证合同的适用性。

2013版施工合同适用于房屋建筑工程、土木工程、线路管道和设备安装工程、装修工程等建设工程的施工承发包活动，合同当事人可结合建设工程具体情况，根据该示范文本订立合同，并按照法律法规规定和合同约定承担相应的法律责任及合同权利义务。本章依据该合同的示范文本论述施工合同管理实务。

9.1 施工准备阶段的合同管理

施工准备阶段的合同管理工作主要是合同当事人要备齐合同文件，做好施工组织设计和进度计划，明确各方的权利和义务。

9.1.1 施工合同的相关概念

2013版施工合同对施工合同相关概念进行了定义。

1. 合同当事人

合同当事人是指发包人和承包人。发包人是指在协议书中约定，具有工程发包主体资格和支付工程价款能力的当事人，以及取得该当事人资格的合法继承人。而承包人则是指在协议书中约定，被发包人接受具有工程施工承包主体资格的当事人，以及取得该当事人资格的合法继承人。

所谓合法继承人，是指因资产重组、合并或分立后的法人或组织可以作为合同的当事人。

2. 监理人

监理人是指在专用合同条款中指明的，受发包人委托按照法律规定进行工程监督管理的法人或其他组织。

总监理工程师：由监理人任命并派驻施工现场进行工程监理的总负责人，由其行使监理合同赋予监理单位的权利与义务，全面负责委托工程的监理工作。对于国家未规定实施强制监理的工程施工，发包人也可以派驻代表自行管理。

监理工程师(简称工程师)：接受总监理工程师的领导负责授权范围内的监理工作。

3. 发包人代表

由发包人任命并派驻施工现场在发包人授权范围内行使发包人权利的人。发包人更换发包人代表的，应提前7天书面通知承包人。

发包人代表不能按照合同约定履行其职责及义务，并导致合同无法继续正常履行的，承包人可以要求发包人撤换发包人代表。

4. 项目经理

是指由承包人任命并派驻施工现场，在承包人授权范围内负责合同履行，且按照法律规定具有相应资格的项目负责人。

5. 日期和期限

1）开工日期

开工日期包括计划开工日期和实际开工日期。计划开工日期是指合同协议书约定的开工日期；实际开工日期是指监理人应在计划开工日期7天前向承包人发出开工通知中载明的开工日期。

因发包人原因造成监理人未能在计划开工日期之日起90天内发出开工通知的，承包人有权提出价格调整要求，或者解除合同。发包人应当承担由此增加的费用和(或)延误的工期，并向承包人支付合理利润。

2）竣工日期

竣工日期包括计划竣工日期和实际竣工日期。计划竣工日期是指合同协议书约定的竣工日期。

工程经竣工验收合格的，以承包人提交竣工验收申请报告之日为实际竣工日期，并在工程接收证书中载明。

因发包人原因，未在监理人收到承包人提交的竣工验收申请报告42天内完成竣工验收，或完成竣工验收不予签发工程接收证书的，以提交竣工验收申请报告的日期为实际竣工日期。

工程未经竣工验收，发包人擅自使用的，以转移占有工程之日为实际竣工日期。

3）工期

工期是指在合同协议书约定的承包人完成工程所需的期限，包括按照合同约定所做的期限变更。

4）缺陷责任期

缺陷责任期是指承包人按照合同约定承担缺陷修复义务，且发包人预留质量保证金的期限，自工程实际竣工日期起计算。

5）保修期

保修期是指承包人按照合同约定对工程承担保修责任的期限，从工程竣工验收合格之日起计算。

6）基准日期

招标发包的工程以投标截止日前28天的日期为基准日期，直接发包的工程以合同签订日前28天的日期为基准日期。

基准日期是作为判定某种风险是否属于承包商在投标阶段所应考虑到的分界日，如果事件或情况发生在该日期前，就是承包商应该承担的，即使其导致了承包商施工成本增加，承包商也无法要求业主补偿；如果事件或情况发生在该日期之后，其结果导致承包商施工成本的增加，则业主应该予以补偿。

7）天

除特别指明外，均指日历天。合同中按天计算时间的，开始当天不计入，从次日开始计算，期限最后一天的截止时间为当天24时。

6. 合同价款和费用

(1) 签约合同价：是指发包人和承包人在合同协议书中确定的总金额，包括安全文明施工费、暂估价及暂列金额等。

(2) 合同价格：是指发包人用于支付承包人按照合同约定完成承包范围内全部工作的金额，包括合同履行过程中按合同约定发生的价格变化。

(3) 费用：是指为履行合同所发生的或将要发生的所有必需的开支，包括管理费和应分摊的其他费用，但不包括利润。

(4) 暂估价：是指发包人在工程量清单或预算书中提供的用于支付必然发生但暂时不能确定价格的材料、工程设备的单价、专业工程及服务工作的金额。

(5) 暂列金额(或暂定金)：是指发包人在工程量清单或预算书中暂定并包括在合同价格中的一笔款项，用于工程合同签订时尚未确定或者不可预见的所需材料、工程设备、服务的采购，施工中可能发生的工程变更、合同约定调整因素出现时的合同价格调整，以及发生的索赔、现场签证确认等的费用。

(6) 计日工(或点工)：是指合同履行过程中，承包人完成发包人提出的零星工作或需要采用计日工计价的变更工作时，按合同中约定的单价计价的一种方式。

当工程量清单所列各项均没有包括，而这种例外的附加工作出现的可能性又很大，并且这种例外的附加工作的工程量很难估计时，用计日工明细表的方法来处理这种例外。应当指出，国内工程不太使用计日工，但FIDIC条款下使用计日工的场合很多。采用计日工计价对承包商是绝对有利的，这可以大大提高承包商的收入。

计日工明细表由总则、计日工劳务、计日工材料、计日工施工机械以及计日工汇总表等五个方面内容组成。相应的表格有4个，即计日工劳务单价表、计日工材料单价表、计日工施工机械单价表，以及计日工汇总表。

9.1.2 施工合同的文件组成及解释权优先顺序

施工合同文件是指合同协议书(包括合同履行过程的洽商、变更等书面协议和文件)、中标通知书、投标书及其附录、施工合同专用条款及附件、施工合同通用条款、技术标准和要求、图纸、以标价工程量清单和工程报价单或预算书和其他合同文件(是指经合同当事人约定的与工程施工有关的具有合同约束力的文件或书面协议。合同当事人可以在专用合同条款中进行约定)它们之间可以互相引证解释。解释时，各文件的优先顺序见表9-1，如果它们之间存在互相矛盾的内容就以排在前边的文件内容为准。它们的逻辑关系为：合同协议书是合同文件的总纲，中标通知书是发包人的承诺，投标书是承包人的要约；承诺和要约都属于合同签订程序；合同的专用条款和通用条款规定了合同当事人的权利和义务，即解决做什么的问题；规范及图纸规定了三方，即发包方、承包方和监理方所做的标准即解决了怎样做、怎样管理的问题，工程量清单和工程报价单规定了工程做完以后怎样结算付款的标准。

表9-1 建设工程施工合同文件组成及优先顺序

序号	合同文件(按解释权优先顺序排列)	内部逻辑关系
1	合同协议书	合同文件的总纲
2	中标通知书(如果有)	发包人承诺
3	投标书及其附录(如果有)	承包人要约
4	施工合同专用条款及附件	权利义务(做什么)
5	施工合同通用条款	
6	技术标准和要求	管理依据和标准(怎样做)
7	图纸	
8	已标价工程量清单或预算书	结算付款依据
9	其他合同文件	

9.1.3 施工合同当事人的责任与义务

1. 发包人的10项责任与义务

(1) 办理法律规定的各种许可证。

办理法律规定由其办理的许可、批准或备案，包括但不限于建设用地规划许可证、建设工程规划许可证、建设工程施工许可证、施工所需临时用水、临时用电、中断道路交通、临时占用土地等许可和批准。发包人应协助承包人办理法律规定的有关施工证件和批件。

因发包人原因未能及时办理完毕前述许可、批准或备案，由发包人承担由此增加的费用和(或)延误的工期，并支付承包人合理的利润。

(2) 提供施工现场。

除专用合同条款另有约定外，发包人应最迟于开工日期7天前向承包人移交施工现场。

(3) 提供施工条件。

除专用合同条款另有约定外，发包人应负责提供施工所需要的条件，包括:“四通一平”(通水、通电、通信和通路，平整施工现场)等；协调处理施工现场周围地下管线和邻近建筑物、构筑物、古树名木的保护工作，并承担相关费用；按照专用合同条款约定应提供的其他设施和条件。

(4) 提供基础资料。

发包人应当在移交施工现场前向承包人提供施工现场及工程施工所必需的毗邻区域内供水、排水、供电、供气、供热、通信、广播电视等地下管线资料，气象和水文观测资料，地质勘查资料，相邻建筑物、构筑物和地下工程等有关基础资料，并对所提供资料的真实性、准确性和完整性负责。

按照法律规定确需在开工后方能提供的基础资料，发包人应尽其努力及时地在相应工程施工前的合理期限内提供，合理期限应以不影响承包人的正常施工为限。

逾期提供由发包人承担由此增加的费用和(或)延误的工期。

(5) 发包人更换派到施工现场的发包人代表应提前7天书面通知承包人。保障承包人免于承受因发包人人员未遵守法律及安全、质量、环保、文明施工规定给承包人造成的损失和责任。

(6) 提供资金来源证明及支付担保。

除专用合同条款另有约定外，发包人应在收到承包人要求提供资金来源证明的书面通知后28天内，向承包人提供能够按照合同约定支付合同价款的相应资金来源证明。

除专用合同条款另有约定外，发包人要求承包人提供履约担保的，发包人应当向承包人提供支付担保。支付担保可以采用银行保函或担保公司担保等形式，具体由合同当事人在专用合同条款中约定。

发包人向承包人提供支付工程款的担保或能力证明这在我国的工程合同范本中是第一次规定，这与国际上常用的FIDIC合同范本相一致。这对我国本来处于相对弱势的承包商来说是一种公平设计。但实践中执行起来很难，实际情况是对于发包商来说“如果你让我担保，我的工程就不发报给你”。所以相关保障措施应该出台。

(7) 按合同约定向承包人及时支付合同价款。

(8) 按合同约定及时组织竣工验收。

(9) 发包人的安全责任。

(10) 发包人的赔偿责任。

① 工程或工程的任何部分对土地的占用所造成的第三者财产损失。

② 由于发包人原因在施工场地及其毗邻地带造成的第三者人身伤亡和财产损失。

③ 由于发包人原因对承包人、监理人造成的人员人身伤亡和财产损失。

④ 由于发包人原因造成的发包人自身人员的人身伤害以及财产损失。

虽然通用条款内规定上述工作内容属于发包人的义务，但发包人可以将上述部分工作委托承包人进行办理，具体内容可以在专用条款内约定，其费用由发包人承担。属于合同约定的发包人义务，如果出现不按合同约定完成，导致工期延误或给承包人造成损失时，发包人应赔偿承包人的有关损失，延误的工期相应顺延。

2. 承包人的12项责任与义务

(1) 办理法律规定应由承包人办理的许可和批准，并将办理结果书面报送发包人留存。

(2) 按法律规定和合同约定完成工程，并在保修期内承担保修义务。

(3) 按法律规定和合同约定采取施工安全和环境保护措施，办理工伤保险，确保工程及人员、材料、设备和设施的安全。

(4) 按合同约定的工作内容和施工进度要求，编制施工组织设计和施工措施计划，并对所有施工作业和施工方法的完备性和安全可靠性负责。

(5) 在进行合同约定的各项工作时，不得侵害发包人与他人使用公用道路、水源、市政管网等公共设施的权利，避免对邻近的公共设施产生干扰。承包人占用或使用他人的施工场地，影响他人作业或生活的，应承担相应责任。

(6) 按照环境保护约定负责施工场地及其周边环境与生态的保护工作。

(7) 按照安全文明施工约定采取施工安全措施，确保工程及其人员、材料、设备和设施的安全，防止因工程施工造成的人身伤害和财产损失。

(8) 将发包人按合同约定支付的各项价款专用于合同工程，且应及时支付其雇用人员工资，并及时向分包人支付合同价款。

(9) 按照法律规定和合同约定编制竣工资料，完成竣工资料立卷及归档，并按专用合同条款约定的竣工资料的套数、内容、时间等要求移交发包人。

(10) 应履行的其他义务。

(11) 承包人的安全责任。

由于承包人原因在施工场地内及其毗邻地带造成的发包人、监理人及第三者人员伤亡和财产损失，由承包人负责赔偿。

(12) 承包人的职业健康和环保责任。

承包人应按照法律规定安排现场施工人员的劳动和休息时间，依法为其履行合同所雇用的人员办理必要的证件、许可、保险和注册等同时督促其分包人也这样做；按规定向所雇用的人员提供劳动保护和必要的膳宿与生活环境；采取有效措施预防传染病，保证施工人员的健康。

承包人对施工作业过程中可能引起的大气、水、噪声，以及固体废物污染采取具体可行的防范措施。承包人应当承担因其原因引起的环境污染侵权损害赔偿责任，因上述环境污染引起纠纷而导致暂停施工的，由此增加的费用和(或)延误的工期由承包人承担。

承包人未履行或尽到上述各项义务和责任，造成发包人损失的，应对发包人的损失给予赔偿。

3. 监理人的职责

工程实行监理的，发包人和承包人应在专用合同条款中明确监理人的监理内容及监理权限等事项。

监理人应当根据发包人授权及法律规定，代表发包人对工程施工相关事项进行检查、查验、审核、验收，并签发相关指示，但监理人无权修改合同，且无权减轻或免除合同约定的承包人的任何责任与义务。

除专用合同条款另有约定外，监理人在施工现场的办公场所、生活场所由承包人提供，所发生的费用由发包人承担。

1) 监理人员

监理人的职责由监理人派驻施工现场的监理人员行使，监理人员包括总监理工程师及监理工程师。监理人应将授权的总监理工程师和监理工程师的姓名及授权范围以书面形式提前通知承包人。

更换总监理工程师的，监理人应提前7天书面通知承包人；更换其他监理人员，监理人应提前48小时书面通知承包人。

2) 监理人的指示

监理人按发包人授权发出监理指示(采用书面形式)并签字。紧急情况下，为了保证施工人员的安全或避免工程受损，监理人员可以口头形式发出指示，该指示与书面形式的指示具有同等法律效力，但必须在发出口头指示后24小时内补发书面监理指示，补发的书面监理指示应与口头指示一致。

监理人发出的指示应送达承包人项目经理或经项目经理授权接收的人员。因监理人未能按合同约定发出指示、指示延误或发出了错误指示而导致承包人费用增加和(或)工期延误的，由发包人承担相应责任。除专用合同条款另有约定外，总监理工程师不应将约定应由总监理工程师做出确定的权力授权或委托给其他监理人员。

承包人对监理人发出的指示有疑问的，应向监理人提出书面异议，监理人应在48小时内对该指示予以确认、更改或撤销，监理人逾期未回复的，承包人有权拒绝执行上述指示。

监理人对承包人的任何工作、工程或其采用的材料和工程设备未在约定的或合理期限内提出意见的，视为批准，但不免除或减轻承包人对该工作、工程、材料、工程设备等应承担的责任和义务。

3）商定或确定

合同当事人进行商定或确定时，总监理工程师应当会同合同当事人尽量通过协商达成一致，不能达成一致的，由总监理工程师按照合同约定审慎做出公正的确定。

总监理工程师应将确定以书面形式通知发包人和承包人，并附详细依据。合同当事人对总监理工程师的确定没有异议的，按照总监理工程师的确定执行。任何一方合同当事人有异议，按照合同的争议解决约定处理。争议解决前，合同当事人暂按总监理工程师的确定执行；争议解决后，争议解决的结果与总监理工程师的确定不一致的，按照争议解决的结果执行，由此造成的损失由责任人承担。

9.1.4 施工组织设计与进度计划

1. 承包商组织设计与进度计划

施工组织设计应包含以下9项内容：①施工方案；②施工现场平面布置图；③施工进度计划和保证措施；④劳动力及材料供应计划；⑤施工机械设备的选用；⑥质量保证体系及措施；⑦安全生产、文明施工措施；⑧环境保护、成本控制措施；⑨合同当事人约定的其他内容。

承包人应当在专用条款约定的日期将施工组织设计和工程进度计划提交给工程师。专用条款没有约定的，承包人应在合同签订后14天内，但至迟不得晚于开工通知载明的开工日期前7天，向监理人提交详细的施工组织设计和施工进度计划。群体工程中采取分阶段进行施工的单项工程承包人则应按照发包人提供的施工图及规定的时间，按单项工程编制进度计划，分别向发包人和监理人提交。

2. 发包人和监理人确认和修订施工组织设计与进度计划

除专用合同条款另有约定外，发包人和监理人应在监理人收到施工组织设计后7天内确认或提出修改意见。对发包人和监理人提出的合理意见和要求，承包人应自费修改完善。根据工程实际情况需要修改施工组织设计的，承包人应向发包人和监理人提交修改后的施工组织设计。

如果发包人和监理人逾期不确认或不提出书面意见，则视为已经同意。发包人和监理人对进度计划予以确认或者提出修改意见，并不免除承包人施工组织设计和工程进度计划

本身的缺陷所应承担的责任。进度计划经发包人和监理人予以认可的重要目的，是作为发包人和监理人依据计划进行协调和对施工进度控制的依据。

3. 开工

1) 开工准备

承包商递交的施工组织设计与进度计划被发包人和监理人确认后，承包人应按照施工组织设计约定的期限(除专用合同条款另有约定外)，向监理人提交工程开工报审表，经监理人报发包人批准后执行。开工报审表应详细说明按施工进度计划正常施工所需的施工道路、临时设施、材料、工程设备、施工设备、施工人员等落实情况以及工程的进度安排。

除专用合同条款另有约定外，合同当事人应按约定完成开工准备工作。

2) 开工通知

发包人应按照法律规定获得工程施工所需的许可。经发包人同意后，监理人发出的开工通知应符合法律规定。监理人应在计划开工日期7天前向承包人发出开工通知，工期自开工通知中载明的开工日期起算。

除专用合同条款另有约定外，因发包人原因造成监理人未能在计划开工日期之日起90天内发出开工通知的，承包人有权提出价格调整要求，或者解除合同。发包人应当承担由此增加的费用和(或)延误的工期，并向承包人支付合理利润。

3) 测量放线

除专用合同条款另有约定外，发包人应在最迟不得晚于开工通知载明的开工日期前7天通过监理人向承包人提供测量基准点、基准线和水准点及其书面资料。发包人应对其提供的测量基准点、基准线和水准点及其书面资料的真实性、准确性和完整性负责。

承包人发现发包人提供的测量基准点、基准线和水准点及其书面资料存在错误或疏漏的，应及时通知监理人。监理人应及时报告发包人，并会同发包人和承包人予以核实。发包人应就如何处理和是否继续施工做出决定，并通知监理人和承包人。

承包人负责施工过程中的全部施工测量放线工作，并配置具有相应资质的人员、合格的仪器、设备和其他物品。承包人应矫正工程的位置、标高、尺寸或准线中出现的任何差错，并对工程各部分的定位负责。

施工过程中对施工现场内水准点等测量标志物的保护工作由承包人负责。

9.2 施工合同的进度管理

在施工阶段合同管理工作中，关键工作是“三控制”，即进度控制(Progress Control)、质量控制(Quality Control)和成本控制(Cost Control)。在这“三控制”中，承包商要特别注意进度控制，使施工进度严格地按计划进度进行，防止工期延误。实践表明，严重的工期延误，往往会带来一系列的波动，会导致施工质量难以保证，施工成本大量增加，甚至失控。

9.2.1 施工阶段进度条款控制

1. 承包人修改进度计划

不管实际进度超前还是滞后于计划进度，监理人均有权通知承包人修改进度计划，以便更好地进行后续施工的协调管理。

因承包人自身的原因造成工程实际进度滞后于计划进度的，所有的后果都应由承包人自行承担。监理人不对确认后的改进措施后果负责，这种确认并不是工程师对延期的批准，而仅仅是要求承包人在合理的状态下施工。

2. 暂停施工

1）发包人原因引起的暂停施工

因发包人原因引起暂停施工的，监理人经发包人同意后，应及时下达暂停施工指示。情况紧急且监理人未及时下达暂停施工指示的，按紧急情况下的暂停施工执行。

因发包人原因引起的暂停施工，发包人应承担由此增加的费用和(或)延误的工期，并支付承包人合理的利润。

2）承包人原因引起的暂停施工

因承包人原因引起的暂停施工，承包人应承担由此增加的费用和(或)延误的工期，且承包人在收到监理人复工指示后84天内仍未复工的，视为承包人违约的情形，即承包人无法继续履行合同的情形。

3）指示暂停施工

监理人认为有必要时，并经发包人批准后，可向承包人做出暂停施工的指示，承包人应按监理人指示暂停施工。

4）紧急情况下的暂停施工

因紧急情况需暂停施工，且监理人未及时下达暂停施工指示的，承包人可先暂停施工，并及时通知监理人。监理人应在接到通知后24小时内发出指示，逾期未发出指示，视为同意承包人暂停施工。监理人不同意承包人暂停施工的，应说明理由，承包人对监理人的答复有异议，按照争议解决的有关约定处理。

5）暂停施工后的复工

暂停施工后，发包人和承包人应采取有效措施积极消除暂停施工的影响。在工程复工前，监理人会同发包人和承包人确定因暂停施工造成的损失，并确定工程复工条件。当工程具备复工条件时，监理人应经发包人批准后向承包人发出复工通知，承包人应按照复工通知要求复工。

承包人无故拖延和拒绝复工的，承包人承担由此增加的费用和(或)延误的工期；因发包人原因无法按时复工的，按照第7.5.1项“因发包人原因导致工期延误”约定办理。

6）暂停施工持续56天以上

监理人发出暂停施工指示后56天内未向承包人发出复工通知，除该项停工属于第7.8.2项“承包人原因引起的暂停施工”及第17条“不可抗力”约定的情形外，承包人可向发包人提交书面通知，要求发包人在收到书面通知后28天内准许已暂停施工的部分或全部工程继续施工。发包人逾期不予批准的，则承包人可以通知发包人，将工程受影响的部分视为按“变更的范围”第(2)项的可取消工作。

暂停施工持续84天以上不复工的，且不属于第7.8.2项“承包人原因引起的暂停施工”及第17条“不可抗力”约定的情形，并影响到整个工程及合同目的实现的，承包人有权提出价格调整要求，或者解除合同。解除合同的，按照第16.1.3项“因发包人违约解除合同”执行。

7）暂停施工期间的工程照管

暂停施工期间，承包人应负责妥善照管工程并提供安全保障，由此增加的费用由责任方承担。

8）暂停施工的措施

暂停施工期间，发包人和承包人均应采取必要的措施确保工程质量及安全，防止因暂停施工扩大损失。

3. 工期延误

1）因发包人原因导致工期延误

在合同履行过程中，因下列情况导致工期延误和(或)费用增加的，由发包人承担由此延误的工期和(或)增加的费用，且发包人应支付承包人合理的利润。

(1) 发包人未能按合同约定提供图纸或所提供图纸不符合合同约定的。

(2) 发包人未能按合同约定提供施工现场、施工条件、基础资料、许可、批准等开工条件的。

(3) 发包人提供的测量基准点、基准线和水准点及其书面资料存在错误或疏漏的。

(4) 发包人未能在计划开工日期之日起7天内同意下达开工通知的。

(5) 发包人未能按合同约定日期支付工程预付款、进度款或竣工结算款的。

(6) 监理人未按合同约定发出指示、批准等文件的。

(7) 专用合同条款中约定的其他情形。

因发包人原因未按计划开工日期开工的，发包人应按实际开工日期顺延竣工日期，确保实际工期不低于合同约定的工期总日历天数。因发包人原因导致工期延误需要修订施工进度计划的，按照范本中“施工进度计划的修订”执行。

2）因承包人原因导致工期延误

因承包人原因造成工期延误的，可以在专用合同条款中约定逾期竣工违约金的计算方法和逾期竣工违约金的上限。承包人支付逾期竣工违约金后，不免除承包人继续完成工程及修补缺陷的义务。

9.2.2 竣工验收阶段进度控制

竣工验收是发包人对工程的全面检验，是保修期外的最后阶段。

1. 竣工验收需要满足的条件

工程具备以下条件的，承包人可以申请竣工验收。

(1) 除发包人同意的甩项工作和缺陷修补工作外，合同范围内的全部工程及有关工作，包括合同要求的试验、试运行以及检验均已完成，并符合合同要求。

(2) 已按合同约定编制了甩项工作和缺陷修补工作清单，以及相应的施工计划。

(3) 已按合同约定的内容和份数备齐竣工资料。

2. 竣工验收的程序

工程应当按期竣工，包括承包人按照协议书约定的竣工日期或者在监理人同意顺延的工期竣工两种情况。除专用合同条款另有约定外，承包人申请竣工验收的，应当按照以下程序进行。

1) 承包人提交竣工验收报告

承包人向监理人报送竣工验收申请报告，监理人应在收到该报告后14天内完成审查并报送发包人。

2) 发包人组织竣工验收

发包人应在收到经监理人审核的竣工验收申请报告后28天内审批完毕并组织监理人、承包人、设计人等相关单位完成竣工验收。

3) 发包人颁发工程接收证书

竣工验收合格的，发包人应在验收合格后14天内向承包人签发工程接收证书。发包人无正当理由逾期不颁发工程接收证书的，自验收合格后第15天起视为已颁发工程接收证书。

4) 竣工验收不合格与重新验收

竣工验收不合格监理人应按照验收意见发出指示，要求承包人对不合格工程返工、修复或采取其他补救措施，由此增加的费用和(或)延误的工期由承包人承担。承包人在完成不合格工程的返工、修复或采取其他补救措施后，应重新提交竣工验收申请报告，并按本项约定的程序重新进行验收。

5) 发包人擅自使用工程视为已发接受证书

工程未经验收或验收不合格，发包人擅自使用的，应在转移占有工程后7天内向承包人颁发工程接收证书；发包人无正当理由逾期不颁发工程接收证书的，自转移占有后第15天起视为已颁发工程接收证书。

6) 发包人不按约定验收的违约责任

除专用合同条款另有约定外，发包人不按照本项约定组织竣工验收、颁发工程接收证书的，每逾期一天，应以签约合同价为基数，按照中国人民银行发布的同期同类贷款基准利率支付违约金。

9.2.3 竣工验收后的管理

除专用合同条款另有约定外，合同当事人应当在颁发工程接收证书后7天内完成工程的移交。

发包人无正当理由不接收工程的，发包人自应当接收工程之日起，承担工程照管、成品保护、保管等与工程有关的各项费用，合同当事人可以在专用合同条款中另行约定发包人逾期接收工程的违约责任。

承包人无正当理由不移交工程的，承包人应承担工程照管、成品保护、保管等与工程有关的各项费用，合同当事人可以在专用合同条款中另行约定承包人无正当理由不移交工程的违约责任。

9.3 施工合同的质量管理

工程施工中的质量控制是合同履行中的重要环节。施工合同的质量控制涉及许多方面的因素，任何一个方面的缺陷和疏漏，都会使工程质量无法达到预期的标准。

9.3.1 合同标准规范控制

1. 合同的使用标准规范

按照《标准化法》的规定，为保障人体健康、人身财产安全的标准属于强制性标准。建设工程施工的技术要求和方法即为强制性标准；施工合同当事人必须执行。《建筑法》也规定，建筑工程施工的质量必须符合国家有关建筑工程安全和标准的要求。因此，施工中必须使用国家标准、规范；没有国家标准、规范但有行业标准、规范的，使用行业标准、规范；没有国家和行业标准、规范的，适用工程所在地的地方标准、规范。双方应当在专用条款中约定适用标准、规范的名称。发包人应当按照专用条款约定的时间和份数向承包人提供标准、规范。

国内没有相应的标准、规范时，可以由合同当事人约定工程适用的标准。发包人要求使用国外标准、规范的，发包人负责提供原文版本和中文译本，并在专用合同条款中约定提供标准规范的名称、份数和时间。

发包人对工程的技术标准、功能要求高于或严于现行国家、行业或地方标准的，应当在专用合同条款中予以明确。除专用合同条款另有约定外，应视为承包人在签订合同前已充分预见前述技术标准和功能要求的复杂程度，签约合同价中已包含由此产生的费用。

2. 施工图

建设工程施工应当按照施工图进行。施工合同管理中的施工图是指由发包人提供或者由承包人提供，经工程师批准、满足承包人施工需要的所有施工图。按时、按质、按量提供施工所需的施工图，也是保证工程施工质量的重要方面。

1）发包人提供施工图

在我国目前的建设工程管理体制中，施工中所需的施工图主要由发包人(发包人通过设计合同委托设计单位)设计。在对施工图的管理中，发包人应完成以下工作。

(1) 发包人应按照专用合同条款约定的期限、数量和内容向承包人免费提供图纸。

(2) 组织承包人、监理人和设计人进行图纸会审和设计交底。发包人最迟不得晚于开工通知载明的开工日期前14天向承包人提供图纸。

(3) 发包人收到图纸错误通知后的合理时间内做出决定。合理时间是指发包人在收到监理人的报送通知后，尽其努力且不懈怠地完成图纸修改补充所需的时间。

因发包人未按合同约定提供图纸导致承包人费用增加和(或)工期延误的，按“因发包人原因导致工期延误”约定办理。

2）对于发包人提供的施工图，承包人应当完成的工作

(1) 承包人在收到发包人提供的图纸后，发现图纸存在差错、遗漏或缺陷的，应及时通知监理人。

(2) 承包人应在施工现场另外保存一套完整的图纸和承包人文件，供发包人、监理人及有关人员进行工程检查时使用。

(3) 如果专用条款对施工图提出保密要求的，承包人应当在约定的保密期限内承担保密义务。

9.3.2 材料设备供应质量条款控制

工程建设的材料设备供应的质量控制是整个工程质量控制的基础。建筑材料、构配件生产及设备供应单位对其生产或者供应的产品质量负责，而材料设备所需方则应根据买卖合同的规定进行质量验收。

1. 材料设备的质量及其他要求

建筑材料、构配件生产及设备供应单位必须具备相应的生产条件、技术装备质量保证体系，具备必要的检测人员和设备，把好产品看样、订货、储存、运输和核验的质量关。

1）材料设备质量应符合的要求

(1) 符合国家或者行业现行有关技术标准规定的合格标准和设计要求。

(2) 符合在建筑材料、构配件及设备或其包装上注明采用的标准，符合以建筑材料、构配件及设备说明、实物样品等方式标明的质量状况。

2）材料设备或者其包装上的标识应符合的要求

(1) 有产品质量检验合格证明。

(2) 有中文标明的产品名称、生产厂家厂名和厂址。

(3) 产品包装和商标样式符合国家有关规定和标准要求。

(4) 设备应有详细的使用说明书，电气设备还应附有线路图。

(5) 实施生产许可证或使用产品质量认证标志的产品，应有许可证或质量认证编号、批准日期和有效期限。

2. 发包人供应材料、设备时的质量控制

1）双方约定发包人供应材料、设备的一览表

对于由发包人供应的材料、设备，双方应当约定发包人供应材料、设备的一览表，作为合同附件。一览表的内容应当包括材料、设备的种类、规格、型号、数量、单价、质量等级和送达地点。发包人按照一览表的约定提供材料、设备。承包人应提前30天通过监理人以书面形式通知发包人供应材料与工程设备进场。

2）发包人供应材料、设备的验收

发包人应当向承包人提供其供应材料、设备的产品合格证明，并对这些材料、设备的质量负责。发包人应在其所供应的材料、设备到货前24小时，以书面形式通知承包人，由承包人派人与发包人共同清点。

3）材料设备验收后的保管

发包人供应的材料、设备经双方共同验收后由承包人妥善保管，发包人支付承包人相应的保管费用。因承包人的原因发生损坏丢失时，由承包人负责赔偿。发包人不按规定通知承包人验收，发生的损坏丢失由发包人负责。

4）供应的材料、设备与约定不符时的处理

发包人供应的材料、设备与约定不符时，应当由发包人承担有关责任，具体按照下列情况进行处理。

(1) 材料、设备单价与合同约定不符时，由发包人承担所有差价。

(2) 材料、设备的种类、规格、型号、数量、质量等级与合同约定不符时，承包人可以拒绝接收保管，由发包人运出施工场地并重新采购。

(3) 发包人供应材料的规格、型号与合同约定不符时，承包人可以代为调换，发包方承担相应的费用。

(4) 到货地点与合同约定不符时，发包人负责运至合同约定的地点。

(5) 供应数量少于合同约定的数量时，发包人将数量补齐；多于合同约定数量时，发包人负责将多出部分运出施工场地。

(6) 到货时间早于合同约定时间时，发包人承担由此发生的保管费用；到货间迟于合同约定的供应时间时，由发包人承担相应的追加合同价款。发生延误时，应顺延工期，发包人赔偿由此给承包人造成的损失。

5）发包人供应材料、设备使用前的检验或试验

发包人供应的材料、设备进入施工现场后需要在使用前检验或者试验的，由承包人负责，费用由发包人负责。即使在承包人检验通过之后，如果又发现材料、设备有质量问题的，发包人仍应承担重新采购及拆除重建的追加合同价，并相应顺延由此延误的工期。

3. 承包人采购材料、设备的质量控制

对于合同约定由承包人采购的材料、设备，应当由承包人选择生产厂家供应商，发包人不得指定生产厂家或者供应商。

1）承包人采购材料、设备的验收

承包人根据专用条款的约定及设计和有关标准要求采购工程需要的材料、设备，并提供产品合格证明。承包人在材料、设备到货前24小时通知工程师(这是监理人的一项重要职责)。监理人应当严格按照合同约定、有关标准进行验收。

2）承包人采购的材料、设备与要求不符时的处理

承包人采购的材料、设备与设计或者标准要求不符时，工程师可以拒绝验收，由承包人按照监理人要求的时间运出施工现场。

监理人发现材料、设备不符合设计或者标准要求时，应要求承包方负责修理、拆除或者重新采购，并承担发生的费用，由此造成工期延误不予顺延。

3）承包人使用代用品

承包人需要使用代用品时，要在28天前书面通知监理人，并附下列文件。

(1) 被替代的材料和工程设备的名称、数量、规格、型号、品牌、性能、价格及其他相关资料。

(2) 替代品的名称、数量、规格、型号、品牌、性能、价格及其他相关资料。

(3) 替代品与被替代产品之间的差异以及使用替代品可能对工程产生的影响。

(4) 替代品与被替代产品的价格差异。

(5) 使用替代品的理由和原因说明。

(6) 监理人要求的其他文件。

监理人应在收到通知后14天内向承包人发出经发包人签认的书面指示；监理人逾期发出书面指示的，视为发包人和监理人同意使用替代品。

4) 承包方采购材料、设备在使用前的检验或试验

承包人采购的材料、设备在使用前，承包人应按监理人的要求进行检验。试验不合格的不得使用，检验或试验费用由承包人承担。

凡是合同约定由承包人采购的材料、工程设备，发包人不得指定生产厂家或供应商，发包人违反本款约定指定生产厂家或供应商的，承包人有权拒绝，并由发包人承担相应责任。

9.3.3 工程质量和验收

工程验收是一项以确认工程是否符合施工合同规定为目的的行为，是质量控制的重要环节。

1. 工程质量标准

监理人依据合同约定的质量标准对承包人的工程质量进行检查，达到或超过约定标准的，给予质量认可；达不到要求时，则予以拒收。

无论何时，监理人一经发现质量达不到约定标准的工程部分，均可要求承包人返工，并由承包人承担返工费用，工期不予顺延。因发包人原因达不到约定标准时，由发包人承担返工的追加合同价款，工期相应顺延；因双方原因达不到约定标准，责任由双方分别承担。

2. 施工过程中的检查与检验

经监理人检查检验合格后，又发现因承包人原因而出现的质量问题，仍由承包人承担责任，赔偿发包人的直接损失，工期不予顺延。

监理人的检查检验原则上应不影响施工的正常进行。如果实际影响了施工的正常进行，其后果责任由检验结果的质量是否合格来区分合同责任。检验结果为质量不合格时，影响正常施工的费用由承包人承担；否则，由发包人承担影响正常施工的追加合同价款，工期顺延。

因监理人指令失误和其他非承包人原因发生的追加合同价款，由发包人承担。

3. 使用专利技术及特殊工艺施工

如果发包人要求承包人使用专利技术或特殊工艺施工，应负责办理相应的申报手续，承担申报、试验、使用等费用。若承包人提出使用专利技术或特殊工艺施工时，应首先取得监理人认可，然后由承包人负责办理申报手续并承担有关费用。

9.3.4 隐蔽验收和重新检验

1. 隐蔽验收

除专用合同条款另有约定外，工程隐蔽部位经承包人自检确认具备覆盖条件的，承包人应在共同检查前48小时书面通知监理人检查，通知中应载明隐蔽检查的内容、时间和地点，并应附有自检记录和必要的检查资料。

监理人接到承包人的请求验收通知后，应在通知约定的时间与承包人共同进行检查或试验。检测结果表明质量验收合格时，经监理人在验收记录上签字后，承包人可进行工程隐蔽和继续施工；验收不合格时，承包人应在监理人限定的时间内修改后重新验收。

经监理人验收，工程质量符合标准、规范和设计图纸等要求，验收24小时后，工程师不在验收记录上签字的，视为工程师已经认可验收记录，承包人可进行隐蔽或继续施工。

除专用合同条款另有约定外，监理人不能按时进行检查的，应在检查前24小时向承包人提交书面延期要求，但延期不能超过48小时，由此导致工期延误的，工期应予以顺延。监理人未按时进行检查，也未提出延期要求的，视为隐蔽工程检查合格，承包人可自行完成覆盖工作，并作相应记录报送监理人，监理人应签字确认。监理人事后对检查记录有疑问的，可按“重新检查”的约定重新检查。

2. 重新检验

无论监理人是否参加了验收，当其对某部分的工程质量有怀疑时，均可要求承包人对已经隐蔽的工程进行重新检验。承包人接到通知后，应按要求进行剥离或开孔，并在检验后重新覆盖或修复。

重新检验表明质量合格的，发包人承担由此发生的全部追加合同价款，赔偿承包人损失，并相应顺延工期；检验不合格的，承包人承担发生的全部费用，工期不予顺延。

9.3.5 工程保修

建设工程办理交工验收手续后，在规定的期限内，因勘察、设计、材料等原因造成的质量缺陷，应当由施工单位负责维修。所谓质量缺陷是指不符合国家或行业现行的有关技术标准、设计文件及合同中对质量的要求。

1. 质量保修书的内容

建设工程实行质量保修制度，具体的保修范围和最低保修期限由国务院规定，保修内容由当事人约定。质量保修书主要内容包括：①工程质量保修范围和内容；②质量保修期；③质量保修责任；④保修费用；⑤其他约定等5部分内容。

2. 缺陷责任期与质量保修期

缺陷责任期是指承包人承诺在此期间内发生的由于工程质量本身引起的问题应全责处理，由此产生的费用由其自身承担。指承包单位对所完成的工程发生质量缺陷后的修补预留金额(质量保证金)的期限；缺陷责任期自实际竣工日期起计算，合同当事人应在专用合同条款约定缺陷责任期的具体期限，但该期限最长不超过24个月。

保修期相当于缺陷责任期过后，业主(发包人)全面负责养护管理。在此期间发生的质量等问题，承包人有义务为业主进行修复，但所发生费用由业主承担或视情况而定。发生质量问题时，承包人应随时响应业主的要求。保修期从竣工验收合格之日起计算，当事人约定的保修期限不得低于法规规定的标准。根据《建设工程质量管理条例》的规定，正常使用条件下的最低保修期限：①基础设施工程、房屋建筑的地基基础工程和主体工程，为设计文件规定的该工程的合理使用年限；②供热与供冷系统，为两个采暖期、供冷期；③屋面防水工程、有防水要求的卫生间、房间和外墙面的防渗漏为 5 年；④电气管线、给排水管道、设备安装和装修工程为 2 年。

9.4 施工合同的成本管理

施工合同的成本管理也叫施工合同的造价管理或施工合同价款控制。

9.4.1 施工合同价款的控制与调整

施工合同价款按有关规定和合同条款约定的各种取费标准计算，用以承包方按照合同要求完成工程内容的价款总额。这是合同双方关心的核心问题之一，招标等工作主要是围绕合同价款展开的。合同价款应依据中标通知书中的中标价格或非招标工程的工程预算书确定。合同价款在协议书内约定后，任何人不得擅自改变。合同价款可以按照总价合同、单价合同和成本补偿合同 3 种合同来约定。

1. 可调价格合同中价格调整的范围

(1) 国家法律、法规和政策变化影响合同价款。

(2) 工程造价管理部门公布的价格调整。

(3) 一周内非承包人原因停水、停电、停气造成停工累计超过 8 小时。

(4) 双方约定的其他调整或增减。

2. 可调节价格合同中价格调整的程序

承包人应当在价款可以调整的情况发生后 14 天内，将调整原因、金额以书面形式通知工程师，工程师确认后作为追加合同价款，与工程款同期支付。工程师收到承包人通知后 14 天内不作答复也不提出修改意见的，视为该项调整已经被批准。

9.4.2 进度款的控制

1. 工程量的确认

对承包人已完成工程量的核实确认，是发包人支付工程款的前提，其具体确认程序包括以下内容。

(1) 除专用合同条款另有约定外，工程量的计量按月进行。

(2) 承包人应于每月 25 日向监理人报送上月 20 日至当月 19 日已完成的工程量报告，

并附具进度付款申请单、已完成工程量报表和有关资料。

(3) 监理人应在收到承包人提交的工程量报告后7天内完成对承包人提交的工程量报表的审核并报送发包人，以确定当月实际完成的工程量。监理人对工程量有异议的，有权要求承包人进行共同复核或抽样复测。承包人应协助监理人进行复核或抽样复测并按监理人要求提供补充计量资料。承包人未按监理人要求参加复核或抽样复测的，监理人审核或修正的工程量视为承包人实际完成的工程量。

(4) 监理人未在收到承包人提交的工程量报表后的7天内完成复核的，承包人提交的工程量报告中的工程量视为承包人实际完成的工程量。

2. 工程款的结算方式

1) 按月结算

这种结算方法实行月末或月中预支、月末结算，竣工后清算的办法。跨年度施工的工程，在年终进行工程盘点，办理年度结算。

2) 竣工后一次结算

建设项目或单项工程全部建筑安装工程建设期较短或施工合同价较低的，可以实行工程价款每月月中预支，竣工后一次结算。

3) 分段结算

这种结算方式要求当年开工、当年不能竣工的单项工程或单位工程按照工程进度划分的不同阶段进行结算。分段的划分标准由各部门和省、自治区、直辖市、计划单列市规定，分段结算可以按月预支工程款。

实行竣工后一次结算和分段结算的工程，当年结算的工程应与年度完成工程量一致，年终不另行清算。

4) 其他结算方式

结算双方可以约定采用经开户银行同意的其他结算方式。

3. 工程款(进度款)支付的程序和责任

发包人应在双方计量确认后14天内，向承包人支付工程款(进度款)。同期支付用于工程上的发包人供应的材料、设备的价款，以及发包人应按比例扣回的预付，与工程款(进度款)同期结算。合同价款调整、设计变更调整的合同价款，应与工程款(进度款)同期调整支付。

发包人超过约定的支付时间不支付工程款(进度款)，承包人可向发包人发出要求付款的通知，发包人在收到承包人通知后仍不能按要求支付时，可与承包人协商签订延期付款协议，经承包人同意后可以延期支付。协议须明确延期支付时间，从结果确认计量后第15天起计算应付款的贷款利息。发包人不按合同约定支付工程款(进度款)，双方又未达成延期付款协议，导致施工无法进行，承包人停止施工的，由发包人承担违约责任。

9.4.3 变更价款的确定

1. 变更价款的确定程度

设计变更发生后，承包人在工程设计变更确定后14天内，提出变更工程价款报告，经工程师确认后调整合同价款。承包人在确定变更后 14 天内不向工程师提出变更工程价款报告时，视为该项设计变更不涉及合同价款的变更。工程师收到变更工程价款报告之日起 14 天内予以确认。工程师无正当理由不确认时，自变更价款报告送达之日起 14 天后，变更工程价款报告自行生效。工程师不同意承包人提出的变更价格的，按照合同约定的争议解决方法进行处理。

2. 变更价款的确定方法

变更合同价款按照下列方法进行。

(1) 合同中已有适用于变更工程的价格，按照合同已有的价格计算变更合同价款。

(2) 合同中只有类似于变更工程的价格，可以参照此价格确定变更价格，变更合同价款。

(3) 合同中没有适用或类似于变更工程的价格，由承包人提出适当的变更价格，经工程师确认后执行。

9.4.4 施工中的其他费用管理

1. 安全施工方面的费用

承包人按工程质量、安全及消防管理有关规定组织施工，采取严格的安全保护措施，承担由于自身的安全措施不力造成事故的责任和由此发生的费用。非承包人责任造成安全事故，由责任方承担责任和发生的费用。发生重大伤亡及其他安全事故时，承包人应按有关规定立即上报有关部门通知监理人，同时按政府有关部门要求处理，发生的费用由事故责任方承担。发包人应对其在施工场地的工作人员进行安全教育，并对他们的安全负责。承包人在动力设备、输电线路、地下管道、密封防震车间、易燃易爆地及临街交通要道附近施工时，施工开始前应向工程师提出安全保护措施，经监理人认可后实施，防护措施费用由发包人承担。

实施爆破作业，或在放射、毒害性环境中施工(含存储、运输、使用)及对毒害性、腐蚀性物品施工时，承包人应在施工前 14 天以书面形式通知工程师，并提出相应的安全保护措施，经工程师认可后实施。安全保护措施费用由发包人承担。

2. 专利技术及特殊工艺涉及的费用

发包人要求使用专利技术或特殊工艺时，须负责办理相应的申报手续，申请、试验、使用等费用。承包人按发包人要求使用，并负责试验等有关承包人提出使用的专利技术或特殊工艺时，须报工程师认可后实施。承包人负责办理手续并承担有关费用。擅自使用专利技术侵犯他人专利权的，责任者依法承担相应责任。

在施工中发现古墓、古建筑遗址等文物及化石，或其他有考古、地质价值的物品时，承包人应立即保护好现场并于 4 小时内以书面形式通知监理人，监理人应于收到书面通知后 24 小时内报告当地文物管理部门，并按有关管理要求采取妥善保护措施。发包人承担由此发生的费用，延误的工期相应顺延。若施工中发现影响施工的地下障碍物时，承包人应于 8 小时内以书面形式通知工程师，同时提出处置方案，监理人收到处置方案后 8 小时内予以认可处置方案。发包人承担由此发生的费用，延误的工期相应顺延。若所发现的地下障碍物有归属单位时，发包人报请有关部门协同处置。

9.4.5 竣工结算管理

1. 竣工结算的程序

1）承包人递交竣工结算报告

工程竣工验收合格后承包人向发包人递交竣工结算报告及完整的结算资料，等待发包人审查，有的发包人迟迟不予审查，为的是拖欠工程款。为了避免此类事件的发生，国家财政部、建设部在2004年10月20日颁布实施《建设工程价款结算暂行办法》。

2）发包人审查和支付

发包人收到承包人递交的竣工结算报告及完整的结算资料后28天内进行审查，给予确认或者提出修改意见。发包人认可竣工结算报告后，应及时办理竣工结算价款的支付手续。发包人在收到承包人的结算报告28天内不予答复视为确认(见建设部107号令16条)。

单项工程竣工后，承包人应在提交竣工验收报告的同时，向发包人递交竣工结算报告及完整的结算资料，发包人应按以下规定时限进行核对(审查)并提出审查意见，见表9-2。

表9-2 工程竣工结算报告金额与审查时间

序号	工程竣工结算报告金额	审查时间
1	500万元以下	从接到竣工结算报告和完整的竣工结算资料之日起20天
2	500万元～2 000万元	从接到竣工结算报告和完整的竣工结算资料之日起30天
3	2 000万元～5 000万元	从接到竣工结算报告和完整的竣工结算资料之日起45天
4	5 000万元以上	从接到竣工结算报告和完整的竣工结算资料之日起60天

建设项目竣工总结算在最后一个单项工程竣工结算审查确认后15天内汇总，送发包人后30天内审查完成。

发包人收到竣工结算报告及完整的结算资料后，在本办法规定或合同约定期限内，对结算报告及资料没有提出意见，则视同认可。

3）移交工程

承包人收到竣工结算价款后14天内，将竣工工程交付发包人，施工合同即告终止。

2. 竣工结算的违约责任

1）发包人的违约责任

发包人应在收到承包人提交的最终结清申请单后14天内完成审批并向承包人颁发最终结清证书。发包人逾期未完成审批，又未提出修改意见的，视为发包人同意承包人提交的最终结清申请单，且自发包人收到承包人提交的最终结清申请单后15天起视为已颁发最终结清证书。

除专用合同条款另有约定外，发包人应在颁发最终结清证书后7天内完成支付。发包人逾期支付的，按照中国人民银行发布的同期同类贷款基准利率支付违约金；逾期支付超过56天的，按照中国人民银行发布的同期同类贷款基准利率的两倍支付违约金。

发包人在收到竣工结算报告及完整的结算资料后56天内仍不支付时，承包人可以与发包人协议将该工程折价，也可以由承包人申请人民法院将该工程依法拍卖，承包人就该工程折价或者拍卖的价款优先受偿。

2）承包人的违约责任

承包人如未在规定时间内提供完整的工程竣工结算资料，经发包人催促后14天内仍未提供或没有明确答复，发包人有权根据已有资料进行审查，责任由承包人自负。造成工程竣工结算不能正常进行或工程竣工结算价款不能及时支付时，如果发包人要求交付工程，承包人应当交付；发包人不要求交付工程，承包人仍应承担保管责任。

9.5 施工合同的安全管理

任何不知道生产安全的人或组织无疑是不懂得尊重生命，而不知道如何尊重生命的建设人、施工人或监理人，与草菅人命无异。施工安全需要的是聪明与智慧而不是鲜血与白骨。施工安全是施工合同的重要目标，没这一目标，一切目标都失去意义，关于工程安全国家法律法规与部门规章都做了相应的安排。

9.5.1 承发包双方的安全生产责任

1. 发包商的安全生产责任

根据《中华人民共和国安全生产法》和《建设工程安全生产管理条例》，发包人责任有以下几项。

(1) 安全审查责任。发包方在对施工承包方进行资格审查时，对承包方的主要负责人、项目负责人、专职安全生产管理人员安全生产考核合格进行审查。

(2) 提供安全条件与资料的责任。发包方应当向承包商提供施工现场及施工可能影响的毗邻区域内供水、排水、供电、供气、供热、通信、广播电视等地下管线资料，气象和水文观测资料，拟建工程可能影响的相邻建筑物和构筑物、地下工程的有关资料，并保证有关资料的真实、准确、完整，满足有关技术规范的要求。对可能影响施工报价的资料，应当在招标时提供。

(3) 保障安全费用。项目法人不得调减或挪用批准概算中所确定的工程建设有关安全作业环境及安全施工措施等所需费用。工程承包合同中应当明确安全作业环境及安全施工措施所需费用。

(4) 编制安全生产措施方案报备。发包方应当组织编制保证安全生产的措施方案，并自开工报告批准之日起15日内报有管辖权的政主管部门或者其委托的工程建设安全生产监督机构备案。建设过程中安全生产的情况发生变化时，应当及时对保证安全生产的措施方案进行调整，并报原备案机关。

保证安全生产的措施方案应当根据有关法律法规、强制性标准和技术规范的要求并结合工程的具体情况编制。

(5) 开工前向承包方落实安全措施。开工前，应当就落实保证安全生产的措施进行全面系统的布置，明确承包方的安全生产责任。

(6) 拆除工程和爆破工程的安全责任。拆除工程和爆破工程发包给具有相应工程施工资质等级的施工单位。发包方应当在拆除工程或者爆破工程施工15日前，将下列资料报送行政主管部门或者其委托的安全生产监督机构备案。

2. 承包方的安全生产责任

(1) 资质保证。从事工程的新建、扩建、改建、加固和拆除等活动，应当具备国家规定的注册资本、专业技术人员、技术装备和安全生产等条件，依法取得相应等级的资质证书，并在其资质等级许可的范围内承揽工程。

(2) 安全生产许可证。承包方依法取得安全生产许可证后，方可从事相应工程施工活动。

(3) 负责人安全责任。施工单位主要负责人依法对本单位的安全生产工作全面负责。

(4) 项目负责人资格保证。施工单位的项目负责人应当由取得相应执业资格的人员担任，通过安全施工措施，消除安全事故隐患，及时、如实报告生产安全事故。

(5) 安全费保障。施工单位在工程报价中应当包含工程施工的安全作业环境及安全施工措施所需费用，不得挪作他用。

(6) 设立安全生产机构。施工单位应当设立安全生产管理机构，按照国家有关规定配备专职安全生产管理人员，并进行现场监督检查。发现生产安全事故隐患，及时报告；对违章指挥、违章操作的，应当立即制止。

(7) 专业人员资格保证。垂直运输机械作业人员、安装拆卸工、爆破作业人员、起重信号工、登高架设作业人员等特种作业人员，必须按照国家有关规定经过专门的安全作业培训，取得特种作业操作资格证书后，方可上岗作业。

(8) 编制用电方案和危险施工方案。施工单位应当在施工组织设计中编制安全技术措施和施工现场临时用电和危险性专项施工方案，并附具安全验算结果，经施工单位技术负责人签字以及总监理工程师核签后实施，由专职安全生产管理人员进行现场监督。

(9) 大型机械验收后使用。施工单位在使用施工起重机械和整体提升脚手架、模板等自升式架设设施前，应当组织有关单位进行验收，也可以委托具有相应资质的检验检测机构进行验收；使用承租的机械设备和施工机具及配件的，由施工总承包单位、分包单位、出租单位和安装单位共同进行验收。验收合格的方可使用。

(10) 安全管理人员经有关部门考核后上任。施工单位的主要负责人、项目负责人、专职安全生产管理人员应当经有关主管部门安全生产考核合格后方可任职。

施工单位应当对管理人员和作业人员每年至少进行一次安全生产教育培训，其教育培训情况记入个人工作档案。安全生产教育培训考核不合格的人员，不得上岗。

施工单位在采用新技术、新工艺、新设备、新材料时，应当对作业人员进行相应的安全生产教育培训。

9.5.2 工程勘察设计与监理单位的安全生产责任

建设工程勘察、设计、监理单位分别是工程建设的活动主体之一，也是工程建设安全生产的责任主体。对上述责任主体安全生产的责任主要有以下几项规定。

(1) 勘察(测)单位依规依标准勘察(测)。单位应当按照法律、法规和工程建设强制性标准进行勘察(测)，提供的勘察(测)文件必须真实、准确，满足水利工程建设安全生产的需要。

作业时，应当严格执行操作规程，采取措施保证各类管线、设施和周边建筑物、构筑物的安全。人员应当对其勘察(测)成果负责。

(2) 设计单位依法规依标准设计。设计单位应当按照法律、法规和强制性标准进行设计，并考虑项目周边环境对施工安全的影响，防止因设计不合理导致生产安全事故的发生。

设计单位应当考虑施工安全操作和防护的需要，对涉及施工安全的重点部位和环节在设计文件中注明，并对防范生产安全事故提出指导意见。

采用新结构、新材料、新工艺及特殊结构的水利工程，设计单位应当在设计中提出保障施工作业人员安全和预防生产安全事故的措施建议。

设计单位和有关设计人员应当对其设计成果负责。

设计单位应当参与和设计有关的生产安全事故分析，并承担相应的责任。

建设监理单位和监理人员应当按照法律、法规和工程建设强制性标准实施监理，并对水利工程建设安全生产承担监理责任。

(3) 在落实上述单位的安全生产责任时，须注意以下几点。

① 对建设工程勘察单位安全责任的规定中包括勘察标准、勘察文件和勘察操作规程三个方面。

第一个方面是勘察标准。我国目前工程建设标准分为四级、两类。四级分别为：国家标准、行业标准、地方标准、企业标准。两类分为强制性标准和推荐性标准。在我国现行标准体系建设状况下，强制性标准是指直接涉及质量、安全、卫生及环保等方面的标准强制性条文，如《工程建设标准强制性条文》(水利工程部分)等。勘察单位在从事勘察工作时，应当满足相应的资质标准，即勘察单位必须具有相应的勘察资质，并且能在其资质等级许可的范围内承揽勘察业务。

第二个方面是勘察文件。勘察文件在符合国家有关法律法规和技术标准的基础上，应当满足设计以及施工等勘察深度要求，必须真实、准确。

第三个方面是勘察单位在勘察作业时应严格执行有关操作规程。

② 对设计单位安全责任的规定中包括设计标准、设计文件和设计人员三个方面。

第一个方面是设计标准。设计单位注意周边环境因素可能对工程的施工安全由影响设计单位注意由于设计本身的不合理也可能导致生产安全事故的发生。

第二个方面是设计文件。规定了设计单位有义务在设计文件中提醒施工单位等应当注意的主要安全事项。“注明”和“提出指导意见”两项义务。这是一种强制义务，不履行则触犯相关法律法规。

第三个方面是设计人员。设计人员应当具备国家规定的执业资格条件。

(4) 对工程建设监理单位安全责任的规定中包括技术标准、施工前审查和施工过程中监督检查等三个方面。

第一个方面是监理人员应当严格按照国家的法律法规和技术标准进行工程的监理。

第二个方面是监理单位施工前应当履行有关文件的审查义务。对施工组织设计中的安全技术措施和专项施工方案进行安全性审查。

第三个方面是监理单位应当履行代表项目法人对施工过程中的安全生产情况进行监督检查的义务。有关义务可以分两个层次：一是在发现安全事故隐患时，应当要求施工单位整改；二是在施工单位拒不整改或者不停止施工时等情况下的救急责任，监理单位应当履行及时报告的义务。

9.6 施工合同变更与担保管理

9.6.1 施工合同变更管理

施工中发生工程变更时，承包人按照经发包人认可的变更设计文件，进行变更施工。其中，政府投资项目有重大变更时，需按照基本建设程序报批后方可施工。

1. 属于合同变更的情形

(1) 增加或减少合同中任何工作，或追加额外的工作。

(2) 取消合同中任何工作，但转由他人实施的工作除外。

(3) 改变合同中任何工作的质量标准或其他特性。

(4) 改变工程的基线、标高、位置和尺寸。

(5) 改变工程的时间安排或实施顺序。

2. 变更程序

1) 发包人提出变更

发包人提出变更的，应通过监理人向承包人发出变更指示，变更指示应说明计划变更的工程范围和变更的内容。

2) 监理人提出变更建议

监理人提出变更建议的，需要向发包人以书面形式提出变更计划，说明计划变更工程范围和变更的内容、理由，以及实施该变更对合同价格和工期的影响。发包人同意变更的，由监理人向承包人发出变更指示。发包人不同意变更的，监理人无权擅自发出变更指示。

3) 变更估价程序

承包人应在收到变更指示后 14 天内，向监理人提交变更估价申请。监理人应在收到承包人提交的变更估价申请后 7 天内审查完毕并报送发包人，监理人对变更估价申请有异议，通知承包人修改后重新提交。发包人应在承包人提交变更估价申请后 14 天内审批完毕。发包人逾期未完成审批或未提出异议的，视为认可承包人提交的变更估价申请。

因变更引起的价格调整应计入最近一期的进度款中支付。

9.6.2 不可抗力

1. 合同约定在工期内发生的不可抗力

不可抗力是指合同当事人在签订合同时不可预见，在合同履行过程中不可避免且不能克服的自然灾害和社会性突发事件，如地震、海啸、瘟疫、骚乱、戒严、暴动、战争和专用合同条款中约定的其他情形。

因不可抗力事件导致的费用及延误的工期由双方分别按以下方法承担。

(1) 永久工程、已运至施工现场的材料和工程设备的损坏，以及因工程损坏造成的第三人人员伤亡和财产损失由发包人承担。

(2) 承包人施工设备的损坏由承包人承担。

(3) 发包人和承包人承担各自人员伤亡和财产的损失。

(4) 因不可抗力影响承包人履行合同约定的义务，已经引起或将引起工期延误的，应当顺延工期，由此导致承包人停工的费用损失由发包人和承包人合理分担，停工期间必须支付的工人工资由发包人承担。

(5) 因不可抗力引起或将引起工期延误，发包人要求赶工的，由此增加的赶工费用由发包人承担。

(6) 承包人在停工期间按照发包人要求照管、清理和修复工程的费用由发包人承担。

2. 迟延履行合同期间发生的不可抗力

按照《合同法》的基本原则，因合同一方迟延履行合同后发生不可抗力，不能免除迟延履行期的相应责任。

投保“建筑工程一切险”、“安装工程一切险”和“人身意外伤害险”是转移风险的有效措施。如果工程是发包人办理的工程险，当承包人有权获得工期顺延时，发包人应在保险合同有效期届满前办理保险的延续手续；若因承包人原因不能按期竣工，承包人也应自费办理保险的延续手续。对于保险公司的赔偿不能全部弥补损失的部分，则应由合同约定的责任方承担赔偿义务。

9.6.3 调价公式

因人工、材料和设备等价格波动影响合同价格时，根据专用合同条款中约定的数据，按以下公式计算差额并调整合同价格：

$$\Delta P = P_0\left[A + \left(B_1 \times \frac{F_{t1}}{F_{01}} + B_2 \times \frac{F_{t2}}{F_{02}} + B_3 \times \frac{F_{t3}}{F_{03}} + \cdots + B_n \times \frac{F_{tn}}{F_{0n}}\right) - 1\right]$$

式中 ΔP——需调整的价格差额；

P_0——约定的付款证书中承包人应得到的已完成工程量的金额(此项金额应不包括价格调整、不计质量保证金的扣留和支付、预付款的支付和扣回。约定的变更及其他金额已按现行价格计价的，也不计在内)；

A——定值权重(即不调部分的权重)；

$B_1, B_2, B_3 \cdots B_n$——各可调因子的变值权重(即可调部分的权重)，为各可调因子在签约合同价中所占的比例；

$F_{t1}, F_{t2}, F_{t3} \cdots F_{tn}$——各可调因子的现行价格指数，指约定的付款证书相关周期最后一天的前42天的各可调因子的价格指数；

$F_{01}, F_{02}, F_{03} \cdots F_{0n}$——各可调因子的基本价格指数，指基准日期的各可调因子的价格指数。

以上价格调整公式中的各可调因子、定值和变值权重，以及基本价格指数及其来源在投标函附录价格指数和权重表中约定，非招标订立的合同，由合同当事人在专用合同条款中约定。价格指数应首先采用工程造价管理机构发布的价格指数，无前述价格指数时，可采用工程造价管理机构发布的价格代替。

9.6.4 保险与担保

1. 保险

2013版施工合同范本通用条款18条确定了风险防范的工程系列保险制度。

(1) 工程保险。

除专用合同条款另有约定外，发包人应投保建筑工程一切险或安装工程一切险；发包人委托承包人投保的，因投保产生的保险费和其他相关费用由发包人承担。

(2) 工伤保险。

发包人应依照法律规定参加工伤保险，并为在施工现场的全部员工及聘请的第三方办理工伤保险。

承包人应依照法律规定参加工伤保险，并为其履行合同的全部员工及聘请的第三方办理工伤保险。

(3) 其他保险。

发包人和承包人可以为其施工现场的全部人员及聘请的第三方办理意外伤害保险并支付保险费，具体事项由合同当事人在专用合同条款约定。

除专用合同条款另有约定外，承包人应为其施工设备等办理财产保险。

(4) 持续保险。

合同当事人应与保险人保持联系，使保险人能够随时了解工程实施中的变动，并确保按保险合同条款要求持续保险。

2. 担保

承包人和发包人双方为了全面履行合同，应互相提供以下担保。

(1) 除专用合同条款另有约定外，发包人应在收到承包人要求提供资金来源证明的书面通知后28天内，向承包人提供能够按照合同约定支付合同价款的相应资金来源证明。

除专用合同条款另有约定外，发包人要求承包人提供履约担保的，发包人应当向承包人提供支付担保。支付担保可以采用银行保函或担保公司担保等形式，具体由合同当事人在专用合同条款中约定。

(2) 发包人需要承包人提供履约担保的，由合同当事人在专用合同条款中约定履约担保的方式、金额及期限等。履约担保可以采用银行保函或担保公司担保等形式，具体由合同当事人在专用合同条款中约定。

因承包人原因导致工期延长的，继续提供履约担保所增加的费用由承包人承担；非因承包人原因导致工期延长的，继续提供履约担保所增加的费用由发包人承担。

本章小结

通过学习本章，应掌握的知识点包括：施工合同范本及其组成和合同文件的优先规则；承包人与发包人的义务；施工合同管理中的质量控制、进度控制和支付预结算；竣工结算、施工准备阶段和竣工阶段合同管理的工作内容，合同变更管理。

习　题

1. 单项选择题

(1) 下列行为中，不符合暂停施工规定的是(　　)。

A. 工程师在确有必要时，应以书面形式下达停工指令

B. 工程师应在提出暂停施工要求后48小时内提出书面处理意见

C. 承包人实施工程师处理意见，提出复工要求后方可复工

D. 工程师应在承包人提出复工要求后48小时内给予答复

(2) 在施工过程中，工程师发现曾检验合格的工程部位仍存在施工质量问题，则修复该部位工程质量缺陷时，应由(　　)。

A. 发包人承担费用和工期损失　　B. 承包人承担费用和工期损失

C. 承包人承担费用，工期给予顺延　　D. 发包人承担费用，工期给予顺延

(3) 依据施工合同示范文本的规定，某设备安装工程试车时发现，由于设计原因试车达不到验收要求的，则应由(　　)。

A. 发包人承担修改设计、拆除及重新安装的全部费用和追加合同价款，工期相应顺延

B. 承包人承担修改设计、拆除及重新安装的全部费用，工期相应顺延

C. 设计人承担修改设计、拆除及重新安装的全部费用，工期不予顺延

D. 设计人承担修改设计、拆除及重新安装的全部费用，工期相应顺延

(4) 施工中承包人要求使用特殊工艺，经工程师认可后实施时，应由(　　)。

A. 发包人办理申报手续，发包人承担相关费用

B. 发包人办理申报手续，承包人承担相关费用

C. 承包人办理申报手续，承包人承担相关费用

D. 承担人办理申报手续，发包人承担相关费用

(5) 施工合同示范文本规定，因发包人原因不能按协议书约定的开工日期开工时，(　　)后推迟开工日期。

A. 承包人以书面形式通知工程师　　B. 发包人以书面形式通知承包人

C. 工程师以书面形式通知承包人　　D. 工程师征得承包人同意

(6) 施工合同示范文本规定，工程竣工验收时，验收委员会提出了修改意见，承包人修复后达到验收要求的，其竣工日期为(　　)。

A. 送达竣工验收报告日　　B. 修改后提请发包人验收日

C. 修改后验收合格日　　D. 办理竣工移交手续日

(7) 施工合同示范文本规定，工程实际进度与计划进度不符时，承包人按工程师的要求提出改进措施，经工程师认可后执行，事后发现改进措施有缺陷时，应由(　　)承担责任。

A. 发包人　　B. 承包人　　C. 工程师　　D. 承包人和工程师

(8) 工程竣工验收之前，承包人和发包人应签订房屋建筑工程质量保修书，其中工程质量保修的(　　)。

A. 范围和内容应按国家规定确定

B. 范围和内容应由当事人约定

C. 范围按国家规定，内容由当事人约定

D. 范围由当事人约定，内容按国家规定

(9) 发包人负责采购的一批钢窗，运到工地与承包人共同清点验收后存入承包人仓库。钢窗安装完毕后，工程师检查发现由于钢窗质量原因出现较大变形，要求承包人拆除，则此质量事故(　　)。

A. 所需费用和延误工期由承包人负责

B. 所需费用和延误工期由发包人负责

C. 所需费用给予补偿，延误工期由承包人负责

D. 延误工期应予顺延，费用由承包人负责

(10) 按照施工合同的规定，(　　)属于发包人的主要工作。

A. 提供统计报表

B. 保证施工噪声符合环保规定

C. 开通专用条款约定的施工场地内的交通干道

D. 做好施工现场地下管线的保护

(11) 施工合同示范文本规定，由承包人采购的材料设备在使用前需要进行的检验试验工作由(　　)。

A. 发包人负责，费用由承包人负责　　B. 发包人负责，费用由发包人负责

C. 承包人负责，费用由发包人负责　　D. 承包人负责，费用由承包人负责

(12) 以下文件均构成施工合同文件的组成部分，但从文件的解释顺序来看，(　　)是错误的。

A. 合同协议书、中标通知书　　B. 投标书、工程量清单

C. 施工合同通用条件、专用条件　　D. 标准及有关技术文件、图纸

2. 多项选择题

(1) 依据施工合同示范文本的规定，在合同的履行过程中，发包人应完成的工作内容包括(　　)。

A. 办理土地征用、拆迁补偿、平整施工场地

B. 提供和维护非夜间施工使用的照明

C. 开通施工场地与城乡公共道路的通道

D. 保证施工场地清洁符合环境卫生管理的有关规定

E. 确定水准点与坐标控制点并进行现场交验

(2) 依据施工合同示范文本的规定，当发包人供应材料设备时，(　　)。

A. 发包人应在材料到货前 24 小时书面通知承包人，由双方共同清点

B. 清点后承包人承担材料质量和保管责任

C. 材料保管费应由发包人承担

D. 材料使用前由承包人承担检验试验工作及费用

E. 材料检验通过后不解除发包人供应材料存在的质量缺陷责任

(3) 依据施工合同示范文本的规定，在合同的履行过程中，有关隐蔽验收和重新检验的提法和做法错误的是(　　)。

A. 工程师不能按时参加验收，须在开始验收前向承包人提出书面延期要求

B. 工程师未能按时提出延期要求，不参加验收，承包人可自行组织验收

C. 工程师未能参加验收应视为该部分工程合格

D. 发包人可不承认工程师未能按时参加、承包人单独进行的试车记录

E. 由于工程师没有参加验收，则不能提出对已经隐蔽的工程重新检验的要求

(4) 依据施工合同示范文本的规定，关于设计变更管理的提法正确的是(　　)。

A. 工程师有权就工程施工中的任何内容下达变更指令

B. 发包人需要对原设计变更，应提前 14 天书面通知承包人

C. 施工中承包人有权从施工方便出发，要求对原设计进行变更

D. 承包人提出的设计变更须经工程师同意

E. 承包人应在工程变更确定后的 14 天内提出追加合同价款要求

(5) 依据施工合同示范文本的规定，(　　)造成工期延误，经工程师确认后工期可以相应顺延。

A. 工程量增加

B. 设计变更

C. 合同内约定应由承包人承担的风险

D. 发包人不能按专用条款约定提供开工条件

E. 一周内非承包人原因停水、停电、停气造成停工累计超过 8 小时

(6) 依据施工合同示范文本的规定，不可抗力事件发生后，承包人应承担的风险范围包括(　　)。

A. 运至施工现场待安装设备的损坏

B. 承包人机械设备的损坏

C. 停工期间，承包人应工程师要求留守工地的必要管理人员的费用

D. 施工人员的伤亡费用

E. 工程所需的修复费用

(7) 依据施工合同示范文本的规定，工程试车内容与承包人安装范围相一致，其中(　　)是错误的。

A. 联动无负荷试车时，由承包人组织试车

B. 单机无负荷试车时，由工程师组织试车

C. 由于设计原因试车达不到验收要求时，工期相应顺延

D. 试车合格而工程师未在合同规定时间内签字时，承包人可以继续施工

E. 发包人采购的设备由于制造原因试车达不到验收要求时，工期相应顺延

3. 案例分析题

(1) 某水利工程，施工单位按招标文件中提供的工程量清单做出报价见表9-3。施工合同约定：工程预付款为合同总价的20%，单独支付；从工程款累计总额达到合同总价10%的月份开始，按当月工程进度款的30%扣回，扣完为止；施工过程中发生的设计变更，采用以直接工程费为计算基础的全费用综合单价计价，间接费费率10%，利润率5%，计税系数3.41%。经项目监理机构批准的施工进度计划如图9.1所示(时间单位：月)。

表9-3 某水利工程工程量清单报价

工作	A	B	C	D	E	F	G	H	I
估计工程量/m^3	3 000	1 250	4 000	4 000	3 800	8 000	5 000	3 000	2 000
综合单价/(元/m^3)	300	200	500	600	1000	400	200	800	700
合计/万元	90	25	200	240	380	320	100	240	140

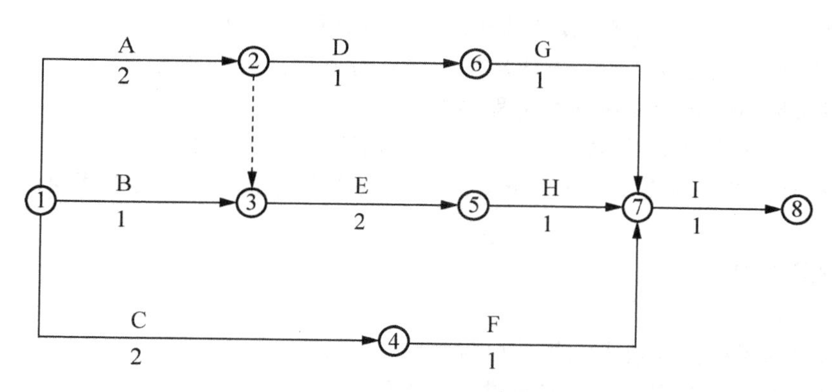

图9.1 施工进度计划

施工开始后遇到季节性的阵雨，施工单位对已完工程采取了保护措施并发生了保护措施费；为了确保工程安全，施工单位提高了安全防护等级，发生了防护措施费。施工单位提出，上述两项费用应由建设单位另行支付。

施工至第2个月末，建设单位要求进行设计变更，该变更增加了一新的分部工程N，根据工艺要求，N在E结束以后开始，在H开始前完成，持续时间1个月，N工作的直接工程费为400元/m^3，工程量为3 000m^3。

问题：① 施工单位提出发生的保护措施费和防护措施费由建设单位另行支付是否合理？说明理由。

② 新增分部工程N的全费用综合单价及工程变更后增加的款额是多少？(单位：万

元，计算结果保留2位小数)

③ 该工程合同总价是多少？增加N工作后的工程造价是多少？该工程预付款是多少？

④ 若该工程的各项工作均按最早开始时间安排，各工作均按匀速完成，且各工作实际工程量与估计工程量无差异，在表9-4中填入除A工作外其余各项工作分月工程款及合计值。

表9-4 各项目分月工程款及合计值

月份	A	B	C	D	E	F	G	H	I	N	合计
1月	45										
2月	45										
3月											
4月											
5月											
6月											
7月											
合计	90										

⑤ 计算第1个月至第4个月的工程结算款。

(2) 某枢纽工程项目中房屋建筑工程分标段合同造价为3 500万元，该工程签订的合同为调值合同。合同报价日期为2005年3月，合同工期为12个月，每季度结算一次。工程开工日期为2005年4月1日。施工单位2005年第四季度完成产值是1 420万元。工程人工费、材料费构成比例以及相关季度造价指数如表9-5所示。

表9-5 费用构成比例及相关季度造价指数

项目	人工费	材料费						不可调值费用
		钢材	水泥	集料	砖	砂	木材	
比例/(%)	28	18	13	7	9	4	6	15
2005年第一季度造价指数	100	100.8	102	93.6	100	95.4	93.4	
2005年第四季度造价指数	116.8	100.6	110.5	95.6	98.9	93.7	95.5	

在施工过程中，发生如下几项事件。

① 2005年4月，在基础开挖过程中，个别部位实际土质与给定地质资料不符造成施工费用增加5万元，相应工序持续时间增加了4天。

② 2005年5月施工单位为了保证施工质量，扩大基础底面，开挖量增加导致费用增加6万元，相应工序持续时间增加了3天。

③ 2005年7月份，在主体砌筑工程中，因施工图设计有误，实际工程量增加导致费用增加7.6万元，相应工序持续时间增加了2天。

④ 2005年8月份，进入雨季施工恰逢20年一遇的大雨，造成停工损失2.5万元，工期增加了4天。

以上事件中，除第4项外，其余工序均未发生在关键线路上，并对总工期无影响。针对上述事件，施工单位提出如下索赔要求。

① 增加合同工期13天。

② 增加费用23.6万元。

问题：① 施工单位对施工过程中发生的以下事件可否索赔？为什么？

② 计算监理工程师2005年第4季度应确定的工程结算款额。

③ 如果在工程保修期间发生了由施工单位原因引起的屋顶漏水、墙面剥落等问题，业主在多次催促施工单位修理而施工单位一再拖延的情况下，另请其他施工单位维修，所发生的维修费用该如何处理？

(3) 某承包商承包某外资工程施工，与业主签订的承包合同约定：工程合同价2 000万元，若遇物价变动，公布工程价款采用调值公式动态结算。该工程的人工费占工程价款的35%，水泥占23%，钢材占12%，石料占8%，砂料占7%，不调值费用占15%；开工前业主向承包商支付合同价20%的工程预付款，当工程进度达到合同价的60%时，开始从超过部分的工程结算款中按60%抵扣工程预付款，竣工前全部扣清；工程进度款逐月结算，每月月中预支半月工程款。

问题：① 工程月付款和起扣点是多少？

② 当工程完成合同70%后，正遇国家积极财政政策，导致水泥价涨20%，钢材涨15%，承包商可索赔价款多少？合同实际价款多少？

③ 工程保留今为合同预算价格10%，则工程结算款为多少？

第10章 FIDIC合同管理

教学目标

(1) 通过学习本章，应达到以下目标：

(1) 全面掌握FIDIC合同业主、承包商和工程师的管理工作内容；

(2) 明确并且能够在生产实践中具体地运用FIDIC合同条件；

(3) 明确业主与承包商、承包商与工程师，工程师与业主的权利义务关系。

学习要点

知识要点	能力要求	相关知识
FIDIC合同4本书中业主的管理	(1) 掌握业主施工前的合同管理； (2) 掌握业主施工中的合同管理； (3) 掌握业主竣工验收的合同管理； (4) 掌握业主缺陷通知期的合同管理	4本合同条件业主对4个目标管理：进度、质量、成本和安全
FIDIC合同4本书中工程师的管理	掌握施工合同管理中的质量控制	4本合同条件工程师对4个目标管理：进度、质量、成本和安全
FIDIC合同4本书中承包商的管理	(1) 掌握承包商施工前的合同管理； (2) 掌握承包商施工中的合同管理； (3) 掌握承包商竣工验收的合同管理； (4) 掌握承包商缺陷通知期的合同管理	4本合同条件承包商对4个目标管理：进度、质量、成本和安全
合同中业主、承包商和工程师三方的权利和义务	掌握合同中业主、承包商和工程师三方的权利和义务及其相互关系	业主与承包商的关系、承包商与工程师的关系，工程师与业主的关系

基本概念

FIDIC合同红皮书、黄皮书、银皮书和绿皮书；基准日；履约保函；保留金；业主凭保函索赔；工期；缺陷通知期；暂定金(暂列金)；业主风险；不可抗力；接收证书；结清单。

引例

建设工程合同多数履行期很长，承发包双方的博弈在一个合同中也绝非一次，有时工程是分段，是有里程碑的，需要经过多次的博弈才能完成一个工程合同目标。选择欺诈是个人理性的驱使，似乎使自己更为安全，但长远来看并没有使双方实现个人利益的最大化。双方的欺诈选择使以公平为原则的工程合同无法履行，合同效率丧失殆尽，双方都付出沉重的代价。事实上，欺诈的选择从总体和长远结果来看，博弈各方无法实现自己最大利益甚至较大利益。无论如何，最佳结果都是选择诚信。最有效率的工程合同必须建立在诚信合作的基础上，更进一步来说，建设工程合同的成功履行在很大程度上取决于交易双方的信任基础是否牢固可靠、交易行为是否互惠互利，而这种相互信任程度的高低又取决于各自伦理道德水平的高低。许多非合作的行为导致合同无效率或合同双方的不幸，乃至社会的不幸。在建设工程合同订立和履行中出于诚信的合作既是有利的“利己策略”，又是利他的共赢策略。而FIDIC合同条件就是在近百年的摸索中踏上了“双赢”的经济伦理的征程。

国际金融组织(世界银行、亚洲开发银行和非洲开发银行等)贷款的工程项目均采用FIDIC合同条件，熟悉FIDIC合同条件、懂得FIDIC合同管理，对于在国际市场上取得双赢的工程项目十分必要。

10.1 业主的合同管理

FIDIC红皮书是施工合同条件，黄皮书是永久设备与设计—建造合同条件，银皮书是EPC交钥匙项目合同条件，绿皮书是简明合同格式。它们使用的条件不同(见第5章)，当然，业主对合同管理也有不同。这一章将站在业主、工程师和承包商的角度来阐述FIDIC合同条件4本书的合同管理。红皮书的施工合同管理是本章的重点。

10.1.1 红皮书条件下业主的合同管理

在红皮书条件下，业主对工程合同的管理及其特点如下。

1. 施工前业主的合同管理

1) 业主提供担保与业主承担的风险

(1) 业主提供担保。

大型工程建设资金的融资可能包括从某些国际援助机构、开发银行等筹集的款项，这些机构往往要求业主应保证履行给承包商付款的义务，因此在专用条件范例中，增加了业主应向承包商提交“支付保函”的可选择使用的条款，并附有保函格式。业主提供的支付保函担保金额可以按总价或分项合同价的某一百分比计算，担保期限至缺陷通知期(即保修期：自工程接收证书写明竣工日开始，至工程师颁发履约证书为止的日历天数)满后6个月，并且为无条件担保，使合同双方的担保义务对等。

通用条件的条款中，未明确规定业主必须向承包商提供支付保函，具体工程的合同内是否包括此条款，取决于业主主动选用或融资机构的强制性规定。

(2) 业主承担的风险。

通用条件内，投标截止日期前第28天定义为“基准日”，作为业主与承包商划分合同风险的时间点。在此日期后发生的，作为一个有经验承包商在投标阶段不可能合理预见的风险事件，按承包商受到的实际影响给予补偿；若业主获得好处也应取得相应的利益。

合同条件规定的业主风险：①战争、敌对行动、入侵、外敌行动；②工程所在国内部发生的叛乱、革命、暴动或军事政变、篡夺政权或内战(在我国实施的工程均不采用此条款)；③不属于承包商施工原因造成的爆炸、核废料辐射或放射性污染等；④超音速或亚音速飞行物产生的压力波；⑤暴乱、骚乱或混乱，但不包括承包商及分包商的雇员因执行合同而引起的行为；⑥因业主在合同规定以外，使用或占用永久工程的某一区段或某一部分而造成的损失或损害；⑦因业主提供的设计不当而造成的损失；⑧一个有经验承包商通常无法预测和防范的任何自然力作用；⑨不可预见的物质条件的业主风险，承包商施工过程中遇到不利于施工的外界自然条件、人为干扰、招标文件和图纸均未说明的外界障碍物、污染物的影响、招标文件未提供或与提供资料不一致的地表以下的地质和水文条件，但不包括气候条件；⑩ 外币支付部分由于汇率变化的影响；⑪法令、政策变化对工程成本的影响。

前5种风险都是业主或承包商无法预测、防范和控制而保险公司又不承保的事件，损害后果又很严重，业主应对承包商受到的实际损失(不包括利润损失)给予补偿。

(3) 不可抗力。

红皮书对不可抗力的定义是凡满足全部下列条件的特殊事件或情况可以认为构成不可抗力，包括：①一方无法控制；②在签订合同之前，该方无法合理防范；③事件发生后，该方不能合理避免或克服；④该事件本质上不是合同另一方引起的。

在满足上述全部条件下，下列事件或情况可包括(但不仅限于)在不可抗力范围之内：①战争、敌对行动、外敌入侵；②起义、恐怖、革命、军事政变或内战；③非承包商人员引起的骚乱、秩序混乱、罢工、封锁等；④非承包商使用或造成的军火、炸药、辐射、污染等。

2) 业主提供现场与办理许可证

业主应按照投标函附录规定的时间向承包商提供现场。如果投标函附录中没有规定，则依据承包商提交给业主的进度计划，按照施工要求的时间来提供；如果业主没有在规定的时间内给予现场，致使承包商受到损失的，承包商不但可以索赔费用，而且可以增加合理的利润。

国际工程中，承包商的若干工作可能涉及许可证等需要工程所在国的有关机构批复的文件，那么承包商怎样获得这些文件呢？由于业主方比较熟悉当地情况，因此在国际工程合同条件中往往有业主应协助承包商获得这些文件的规定。如果业主能做到，他应帮助承

包商获得工程所在国(一般是业主国)的有关法律文本；在承包商申请业主国法律要求的许可证、执照或批准时给予协助，这方面的情况可能涉及承包商的劳工许可证，物资进出口许可证，营业执照，安全方面、环保方面的许可证等。

需要注意的是，取得任何执照和批准等的责任在承包商一方，此款规定的只是业主“合理协助”，至于协助的“深度”，往往取决于承包商与业主的关系以及项目的执行情况。

3）业主的暂定金和指定分包商

(1) 暂定金(Provisional Sum)。

暂定金额相当于业主的备用金，用于招标时对尚未确定或不可预见项目的储备金额。有经验的业主要把暂定金定到最大(不超过合同价的15%)，一旦工程变更等费用出现，就可动用这笔资金，如果是银行贷款项目就不必请示银行，这样可节约交易成本。在合同中通常此类费用在以下几个方面发生：工程实施过程中可能发生业主负责的应急费、不可预见费(Contingency Costs)，如计日工(即指工程量清单表中未包括的，不能按定额单价费率计算的或清单中无合适项目的费用内容和消耗，指各个工序中未考虑的辅助工程、零散工程、附加工程)涉及的费用；招标时，对工程的某些部分，业主还不可能确定到使投标者能够报出固定单价的深度；招标时，业主还不能决定某项工作是否包含在合同中；对于某项工作，业主希望以指定分包商的方式来实施。也就是说，业主在合同中包含的暂定金额就是为以上情况发生时准备的。这类金额的额度一般用固定数表示，有时也用投标价格的百分数表示，一般由业主在招标文件中确定，并常在工程量表最后面体现出来。

(2) 指定分包商。

分包商由业主(或工程师)指定选定，完成某项特定工作内容，并与承包商签订分包合同的特殊分包商。虽然指定分包商与一般分包商处于相同的合同地位，但二者并不完全一致，主要差异体现在以下几个方面：①选择分包单位的权利不同，承担指定分包工作任务的单位由业主或工程师选定，而一般分包商则由承包商选择；②分包合同的工作内容不同，指定分包工作属于承包商无力完成，不在合同约定范围内，应由承包商必须完成范围之内的工作，即承包商投标报价时没有摊入间接费、管理费、利润、税金的工作，因此不损害承包商的合法权益，而一般分包商的工作则为承包商承包工作范围的一部分；③工程款的支付开支项目不同，为了不损害承包商的利益，给指定分包商的付款应从暂定金额内开支，而对一般分包商的付款，则从工程量清单中相应工作内容项内支付；④业主对分包商利益的保护不同，如果承包商没有合法理由而扣押了指定分包商上个月应得工程款，业主有权按工程师出具的证明从本月应得款内扣除这笔金额直接付给指定分包商，对于一般分包商则无此类规定，业主和工程师不介入一般分包合同履行的监督；⑤承包商对分包商违约行为承担责任的范围不同，除了由于承包商向指定分包商发布了错误的指示要承担责任以外，指定分包商任何违约行为给业主或第三者造成损害而导致索赔或诉讼，承包商不承担责任，如果一般分包商有违约行为，业主将其视为承包商的违约行为，按照主合同的规定追究承包商的责任。

2. 施工阶段业主的合同管理

1）业主提供资料与设备

本款同时规定，如果合同规定业主还应向承包商提供有关设施，如基础，构筑物，设备等，也应按规范规定的方式和时间提供。业主必须按时提供现场以及相关设施，否则要赔偿承包商的损失。

2）业主的保留金和预付款

（1）保留金(Retention Money)。

保留金是业主在支付期中款项时扣发的一种款额，此款额根据红皮书14.9款“保留金的支付”来返还。保留金实际上是一种现金保证金，目的是保证承包商在工程执行过程中恰当履约，否则业主可以动用这笔款去做承包商本来应该做的工作，如缺陷通知期内承包商本应修复的工程缺陷。同时，如果在期中支付过程透支了工程款，业主还可以从保留金中予以扣除。保留金与履约保函(承包人必须向接受承包人提供银行开立的履约保函，金额一般为合同金额的10%～15%，以确保承包人按合同条款履约。否则，由银行负责赔偿一定金额，最高不超过履约保函的总金额)一起共同构成对承包商的约束。

（2）预付款。

业主将向承包人提供一笔无息预付款，用于工程的动员费用(也称“动员预付款”，以下简称“预付款”)，其数额为在投标书附录中列明的合同价的百分比，当地货币与外币需求表中所开列的外币和当地货币的比例进行支付。预付款由业主支付但数额由承包商在投标书内确认。承包商需首先将银行出具的履约保函和预付款保函交给业主并通知工程师，工程师在21天内签发“预付款支付证书”，业主按合同约定的数额和外币比例支付预付款。预付款保函金额始终与预付款等额，即随着承包商对预付款的偿还逐渐递减保函金额。

预付款在分期支付工程进度款的支付中按百分比扣减的方式偿还。

① 起扣。自承包商获得工程进度款累计总额(不包括预付款的支付和保留金的扣减)达到合同总价(减去暂列金额)10%的那个月起扣，即

$$\frac{\text{工程师签证的付款累计总额}-\text{预付款}-\text{已扣保留}}{\text{接受的合同价}-\text{暂定金}}=10\%$$

② 每次支付时的扣减额度。本月证书中承包商应获得的合同款额(不包括预付款及保留金的扣减)中扣除25%作为预付款的偿还，直至还清全部预付款，即

每次扣还金额=(本次支付证书中承包商应获得的款额－本次应扣的保留金)×25%

（3）用于永久工程的设备和材料款预付。

业主通过工程师审查承包商申请支付材料预付款清单(包括：①材料的质量和储存条件符合技术条款的要求；②材料已到达工地并经承包商和工程师共同验点入库；③承包商按要求提交了订货单、收据价格证明文件)，预付这笔款项。预付的金额=审核后的实际材料价×合同约定的百分比。

当已预付款项的材料或设备用于永久工程，并构成永久工程合同价格的一部分后，在计量工程量的承包商应得款内扣除预付的款项，扣除金额与预付金额的计算方法相同。

3）业主的资金安排

为了保障承包商按时获得工程款的支付，通用条件规定，如果合同内没有约定支付表，当承包商提出要求时，业主应提供资金安排计划。

（1）承包商提供资金需求计划。

承包商根据施工计划向业主提供不具约束力的各阶段资金需求计划：①接到工程开工

通知的28天内，承包商应向工程师提交每一个总价承包项目的价格分解建议表；②第一份资金需求估价单应在开工日后42天之内提交；③根据施工的实际进展，承包商应按季度提交修正的估价单，直到接到颁发的工程接收证书为止。

（2）业主应按照承包商的实施计划做好资金安排。

通用条件规定：①接到承包商的请求后，应在28天内提供合理的证据，表明他已做出了资金安排，并将一直坚持实施这种安排，此安排能够使业主按照合同规定支付合同价格(按照当时的估算值)的款额；②如果业主欲对其资金安排做出任何实质性变更时，应向承包商发出通知并提供详细资料。

业主未能按照资金安排计划和支付的规定执行，承包商可在提前21天以上通知业主，将要暂停工作或降低工作速度。

4）业主对工程进度款的支付

业主委托工程师进行工程计量。每次支付工程月进度款前，均需通过测量来核实实际完成的工程量，作为支付的依据。

承包商提供的内容包括提出本月已完成合格工程的应付款要求和对应扣款的确认，一般包括以下几个方面：①本月完成的工程量清单中工程项目及其他项目的应付金额(包括变更)；②法规变化引起的调整应增加或减扣的任何款额；③作为保留金扣减的任何款额；④预付款的支付(分期支付的预付款)和扣还应增加或减扣的任何款额；⑤承包商采购用于永久工程的设备和材料应预付和扣减款额；⑥根据合同或其他规定(包括索赔、争端裁决和仲裁)，应付的任何其他应增加或扣减的款额；⑦对所有以前的支付证书中证明的款额的扣除或减少(对已付款支付证书的修正)。

在收到支付报表后28天，按核查结果以及总价承包分解表中合适的实际完成情况签发支付证书。工程师可以不签发证书或扣减承包商报表中部分金额的情况包括以下几个方面。

（1）合同内约定有工程师签证的最小金额时，本月应签发的金额小于签证的最小金额，工程师不出具月进度款的支付证书。本月应付款接转下月，超过最小签证金额后一并支付。

（2）承包商提供的货物或施工的工程不符合合同要求时，可扣发修正或重置相应的费用，直至修整或重置工作完成后再支付。

（3）承包商未能按合同规定进行工作或履行义务，并且工程师已经通知了承包商时，则可以扣留该工作或义务的价值，直至工作或义务履行为止。

业主的付款时间应不超过工程师收到承包商的月进度付款申请单后的56天。如果逾期支付将承担延期付款的违约责任，延期付款的利息按银行贷款利率加3%计算。

5）业主对合同变更的管理

业主对合同变更的管理主要是通过工程师，工程师在业主授权范围内根据施工现场的实际情况，在确属需要时有权发布变更指示。指示的内容应包括详细的变更内容、变更工程量、变更项目的施工技术要求和有关部门文件图纸，以及变更处理的原则。

工程师在认为必要时就以下几个方面发布变更指令。

（1）对合同中任何工作工程量的改变。

（2）任何工作质量或其他特性的变更。

(3) 工程任何部分标高、位置和尺寸的改变。

(4) 删减任何合同约定的工作内容。省略的工作应是不再需要的工程，不允许用变更指令的方式将承包范围内的工作变更给其他承包商实施。

(5) 进行永久工程所必需的任何附加工作、永久设备、材料供应或其他服务，包括任何联合竣工检验、钻孔和其他检验以及勘察工作。这种变更指令应是增加与合同工作范围性质一致的新增工作内容，而且不应以变更指令的形式要求承包人使用超过他目前正在使用或计划使用的施工设备范围去完成新增工程。除非承包商同意此项工作按变更对待，一般应将新增工程按一个单独的合同来对待。

(6) 改变原定的施工顺序或时间安排。

注意：“任何工作质量或其他特性的变更”和“工程任何部分标高、位置和尺寸的改变”属于重大的设计变更。

6) 业主提出终止

工程是一种特殊的“产品”，工程的建设也就是工程各方的一个履约过程。对业主而言，虽然一般采用资格预审来排除不合格的承包商，但合同履行过程中，仍有可能发生承包商严重违约的情形，如果任其发展下去，将给业主带来极大的损失。为了保护业主的利益，工程合同通常编制一终止条款，规定业主在什么条件下有权终止合同。

(1) 通知改正(Notice to Correct)。

如果承包商没有履行某一合同义务，工程师可以通知其改正，并在规定的合理时间内，完成该义务。

工程各方本来为了实现自身的目的而签订合同，如果发生终止合同情况，都会极大影响其自身的目标，因此本款给出了一个缓冲规定，即若承包商违反合同义务，工程师可以先发出一个警告，要求其限期改正。本款体现的“弹性”，正是一个优秀合同条件应具有的特点之一。

(2) 业主提出终止(Termination by Employer)。

业主可以在下面这些情况下，提出终止合同：①不按规定提交履约保证(4.2款)，或在接到工程师的改正通知后仍不改正(15.1款)；②放弃工程或公然表示不再继续履行其合同义务；③没有正当理由，拖延开工(第8条)，或者在收到工程师关于质量问题方面的通知后，没有在28天内整改(7.5款和7.6款)；④没有征得同意，擅自将整个工程分包出去，或将整个合同转让出去(1.7款，4.4款)；⑤承包商已经破产、清算，或承包商已经无法再控制其财产的类似问题等；⑥直接或间接向工程有关人员行贿，引诱其做出不轨之行为或言不实之词，包括承包商雇员的类似行为，但承包商支付其雇员的合法奖励则不在之列。

上述情况发生后，业主可提前14天通知承包商，终止合同，并将承包商驱逐出现场；倘若属于上面最后两种情况(破产或行贿)，业主可通知承包商，立即终止合同，不需要提前14天通知。

业主终止合同不影响业主合同中的其他权益；承包商应撤离现场，并按工程师要求将有关物品、承包商的文件，以及其他设计文件提交工程师；但承包商仍需按业主的通知，尽最大努力，立即协助业主进行分包合同转让以及保护人员和财产的安全，以及工程本身的安全。

终止后，业主可自行或安排他人完成该工程，并可使用原承包商提交的上述物品和资料；待工程完工后，业主应通知承包商，将承包商的设备和临时工程在现场或附近退回承包商，承包商应立即自费将此类物品运走，风险自负；在工程完工时，若承包商仍欠业主一笔款项，则业主可将承包商上述物品变卖，但在扣除欠款后，应将余额返给承包商。可见在这种情况下，业主有权终止合同，同时业主还享有其他权利。

终止原因可分两类：一类是承包商在工程上表现出的违约情况；另一类是承包商整个公司出现破产等危机。在6种终止原因中，最后两种可以导致业主立即终止合同，另外4种，业主需要提前14天发出通知。

由于是承包商的原因导致的终止，因此，业主有权暂时扣押承包商的一切物品，并可在继续实施工程时使用，甚至可以变卖掉用以冲抵承包商的欠款。

(3) 终止日的估价(Valuation at Date of Termination)。

在合同终止之后，业主要求工程师对承包商完成的全部工作进行估价，其中主要的是承包商完成的工程的价值；其次是承包商为工程购买的永久设备、材料、施工设备以及其他临时工程；再次就是承包商为工程编制的有关文件和设计图纸等。

(4) 终止后的支付(Payment after Termination)。

在终止通知生效后，业主方可以采取以下各类措施；①就合同终止导致业主方遭受的损失，业主可以按2.5款“业主的索赔”规定的程序着手向承包商提出索赔；②在整个工程完成的费用确定之前，扣发本应向承包商支付的一切款项；③在计算出完成工程的全部费用之后，从承包商处收回业主因合同终止遭受的一切损失，其中包括业主为完成剩余工程多支出的费用，工程没有按原计划完工导致业主遭受完工延误损失等；④在从终止合同后工程师估价的工程款中扣除上述款项后，业主应将余额支付给承包商。

终止合同后，业主需要雇用其他承包商继续工程的施工。由于工程实施的连续性被打断，完成整个工程的费用，一般会超过原承包商的投标价格，新承包商完成工程的工期也会迟于原定的竣工时间，这无疑会给业主带来意外的损失。本款规定的措施就是保护业主利益的。

在工程完成后，业主应计算出终止原工程合同导致自己遭受的损失，从扣发的原承包商工程款中扣除，以弥补自己的损失。

除了扣发合同终止时的结算款之外，业主手中仍扣押着承包商的履约保证和已经扣发的部分保留金，业主当然也可以按履约保证的规定向担保银行提出赔偿请求。

在终止合同后，因完成后续工程的费用以及业主遭受的其他相应损失的计算不太容易有客观和可靠的计算方法，因此，虽然按本款规定，承包商仍有获得扣款后“余额”的情况。但在实践中，一旦因承包商原因导致业主终止合同，不但意味着承包商不能从业主处拿到任何款额，而且履约保证也被没收。

(5) 业主终止合同的权利(Employer’s Entitlement to Termination)。

前面谈到的是由于承包商的严重违约导致业主终止合同。但在某些情况下，如业主出现大的财务危机，项目在某些方面的不可行，导致业主无力继续工程的建设，或认为继续实施只能导致更大的损失。业主也有选择终止合同的权利：①出于自身利益业主随时可以通知承包商，终止合同；②终止通知在承包商收到后第28天生效，或者在业主退还履约保证后第28天生效，以较晚的那一日期为准；③如果业主终止合同的目的是企图自行实施工程或雇用其他承包商实施工程，则业主不能依据本款终止合同；④终止合同后，承包商应执行16.3款“停止工作并运走承包商的设备”的规定，业主应按19.6款“选择终止，支付与解约”的规定支付承包商。本款规定了业主有权出于自身利益随时终止合同，并规定了此类终止的具体程序，包括终止通知、通知生效以及对业主实施此类终止的限制条件。

由于此类终止属于业主原因造成的，因此，其后果也基本由业主承担，主要是支付承包商因终止而造成的有关损失，具体按19.6款“选择终止，支付与解约”执行。但同时承包商也应履行停止工作并撤离现场的义务，具体按16.3款“停止工作并运走承包商的设备”的规定执行。

上述规定提醒业主将各方承担的风险责任明晰地规定在合同中，使得承包商在投标时能够有清楚的认识，以便在报价中合理考虑，这才是问题的关键。如果业主在招标文件中对有关问题故意模糊规定，借以打“擦边球”，引诱投标者报低价，这样就会引起在履约期间争端增多，不利于项目的执行，业主的意图最终可能适得其反。

3. 竣工验收阶段业主的合同管理

1）竣工验收

工程竣工检验是体现工程已经基本完成的一个里程碑，也是业主控制质量的一个十分关键的手段。

整个工程验收程序大致可描述如下。

（1）准备好竣工检验(承包商来做)。

（2）申请竣工检验(承包商来做)。

（3）提交竣工资料(承包商来做)。

（4）开始竣工检验(业主承包商和工程师共同来做)。

（5）通过竣工检验(业主承包商和工程师共同来做)。

（6）申请接收证书(承包商来做)。

（7）签发接收证书(业主来做)。

（8）业主接收工程(业主来做)。

如果竣工检验被业主方延误，致使竣工检验在14天内仍不能进行，则在本应该完成竣工检验的那一天，即认为业主已经接收了相应的工程或区段。

如果工程没有通过竣工检验，业主要求承包商应对相关工作进行修复，并再次检验，并由承包商承担可能由此造成的额外费用。

如果再次检验仍通不过，按未能修补缺陷的规定处理(见“缺陷通知期的业主合同管理”)。即使工程不能通过竣工检验，但如果业主愿意，仍可以要求工程师为承包商签发接收证书，同时有权要求承包商在获得接收证书之前将造成的损失赔偿给业主。

2）业主的接收

（1）业主对工程和区段的接收(Taking Over of the Works and Sections)。

除一些不影响工程使用的扫尾工作之外，当工程按照合同已经完成，并通过了竣工检验，且接收证书已经签发或已经视为签发，业主应接收工程。

（2）部分工程的接收(Taking Over of Parts of the Works)。

业主可指示工程师可以为永久工程的任何部分签发接收证书，只有在工程师为某部分工程签发接收证书之后，业主才可以使用该部分工程，但如果合同中有明确规定或双方同意的情况除外；但如果业主在工程师签发接收证书之前使用了某工程部分，该部分应被视为在开始使用的日期已经被业主接收，承包商照管该部分的责任即转移给业主，并且如果承包商要求，工程师应为该部分签发一份接收证书。

实际上业主随时可以接收承包商已经完成的任一部分工程的。由于此类接收大都是业主随时决定的，可能对承包商的施工部署有影响，因此在此类情况下，承包商有权提出索赔，包括利润。

4. 缺陷通知期阶段业主的合同管理

如果业主接收了工程，缺陷通知期就开始了。

缺陷通知期就是我国施工文本所说的工程保修期，自工程接受证书写明的竣工日开始，至工程师颁发履约证书为止的日历天数。

1) 业主发现缺陷或损害后通知承包商

对修复缺陷的工作分为两类：一类是由于承包商负责的原因造成的；另一类是其他原因造成的。对于前一类情况，承包商当然得自已负担发生的维修费用，并承担维修过程中的风险；对于后一种情况，则由业主方负担一切费用和风险。

红皮书中缺陷通知期为360天。这是一个国际工程中的通行要求，在实践中，业主根据工程的具体特点，也可能给出不同要求。如对于机电工程项目，业主可以要求两年，甚至更长。

如果工程发生了问题，业主方应立即通知承包商查看问题并修复。在不影响修复的情况下，由业主方和承包商一方组成事故原因调查小组联合调查，并依据调查结果来判断事故原因是属于哪一方负责的。如果双方不能达成一致意见，可以按本合同中的争端解决程序来处理。一个好的合同规定应该“公平，可行，鼓励合作，从而降低交易成本”。

2) 缺陷通知期的延长

如果在缺陷通知期内发生了质量问题，导致工程或区段无法按预期目的进行使用，业主有权根据业主的索赔条款对缺陷通知期进行延长，但在任何情况下，延长的时间不得超过两年。

3) 未修复的缺陷

如果承包商没有在合理的时间内修复工程出现的问题(包括缺陷和损害)，业主可以确定一个截止日期，要求承包商必须到该日期完成此类修复工作，但业主应及时通知承包商该日期；如果承包商在截止日期仍不修复出现的问题，并且此工作本应由承包商自费完成，那么业主可采用下列3种方式之一来处理。

(1) 业主可以自行或委托他人完成修复工作，费用由承包商承担，但承包商对修复工作不再承担责任，承包商应支付业主由此造成的合理费用，但业主应按2.5款“业主的索赔”来索取此类费用。

(2) 要求工程师与双方商定或决定从合同价格中进行相应的价款减扣。

(3) 如果出现的问题致使业主基本上不能获得工程和其主要部分预期使用价值，业主可终止全部合同或涉及该主要部分的合同，业主有权收回其支付的所有工程款或就该主要部分的合同款，加上业主的融资费和工程拆除清理等相关费用，同时保留合同或法律赋予业主的其他权利。

业主在采用这3种处理方法之前，必须：①提前通知承包商，告诉其完成修复工作的截止日期，并且该日期应是一合理日期；②造成缺陷或损害的原因必须是由承包商负责的。但可以肯定的是，如果业主通知承包商来修复非承包商负责的问题，而承包商不来修复，即使业主拿不出强有力的惩罚措施，承包商在申请履约证书时可能会遇到麻烦。

4）移走有缺陷的工作

如果缺陷或损害的部分在现场无法及时修复，在业主的允许之下，承包商可以将此类工程部分移出现场进行修复；业主允许这样做的同时，可以要求承包商增加履约保函的额度，增加的部分等同于移出工程部件的全部重置成本；如果不增加履约保函额度，也可以采用其他类似保证。

注意：只是规定业主“可以”这样做，原因是这样做虽然对业主比较安全，但追加履约保函额度或提供其他担保会导致承包商的额外费用。如果业主对承包商比较信赖，业主也许对承包商不会提出此类要求。因此，承包商的信誉在此情况下会给承包商带来一定的“收益”，这也是商业社会“信用价值”的体现。

5）履约证书

业主给承包商颁发履约证书的前提条件，可分两类情况。

(1) 如果在缺陷通知期内承包商完成了扫尾工作，没有发生工程缺陷，或发生了缺陷，但及时在该期间完成并得到认可，那么，工程师应在缺陷通知期届满后的28天内将履约证书签发给承包商。

(2) 如果缺陷通知期届满时，承包商还有些工作没有完成，如提交文件，修复缺陷等，那么，工程师应在此类工作完成之后尽快签发履约证书给承包商。“尽快”这段时间绝不会超过承包商完成所有剩余工作后28天。

10.1.2 黄皮书条件下业主的合同管理

黄皮书与红皮书不一样的是红皮书是单价合同，黄皮书是总价合同其合同价为中标合同金额。但它们相同的是合同价都可以按合同规定进行类似地调整。业主对合同的管理也有明显的不同，黄皮书业主对合同的管理主要体现在编制“业主要求”上和竣工后的检验管理上。

1. 施工前业主的合同管理

1）编制业主的要求

施工前业主的合同管理与红皮书不同的地方就是编制业主的要求(Employer's Requirements)。它是黄皮书合同条件的重要合同文件，相当于红皮书合同条件中的“规范”、“图纸”、“工程量表”等文件。这一文件包括的主要内容有工程的目的、工程范围、工程设计的技术标准等。内容属于粗线条，主要说明的是工程的技术要求以及范围。

“业主的要求”主要内容：①现场的位置；②工程的界定以及目的；③质量和性能标准。

与“业主的要求”相关的条款包括：①承包商需要提交文件的份数；②业主将获取许可；③业主向承包商移交现场以及相关附属物的方法；④工程的目的；⑤现场是否有其他

承包商作业；⑥向承包商提供放线的数据；⑦承包商需要采取措施来保护第三方不受施工的影响；⑧对承包商提出的环保要求；⑨业主将向承包商提供的水电等设施；⑩业主将向承包商提供的施工设备和免费材料；⑪承包商的设计人员应达到的标准；⑫在施工期间需要经过工程师批复的文件；⑬承包商在施工过程中应遵守的技术标准以及有关法律，如环保法；⑭是否需要承包商为业主的人员提供培训服务；⑮承包商需要提交的竣工文件，以及编制标准；⑯承包商编制操作维护手册的标准以及其他要求；⑰承包商需要向其他人员提供的便利条件；⑱承包商需要向工程师提供的样品；⑲承包商应进行的检验，以及为此类检验提供的设备，仪器和人员；⑳承包商进行竣工检验的方法；㉑通不过竣工检验的处罚方法；㉒进行竣工后检验的具体方法；㉓通不过竣工后检验的处罚方法；㉔属于暂定金额的工作项。

从以上可以看出，“业主的要求”是一份十分重要的文件。因此，对业主来说，在编制要求时应注意保持各内容间的一致性，特别是针对质量方面的规定，既不宜采用过分“具体”的方法，也不宜采用过分“概括”的方法。“太具体”容易漏掉某些内容，导致覆盖面不全；“太概括”则导致承包商在投标时无法计算投标价格，在执行过程中双方在某些具体做法上产生争端。

2）设置明细表

虽然新黄皮书下，本术语的定义与新红皮书下的定义类似，但新红皮书下的明细表主要包括工程量表和计日工表；而新黄皮书中的明细表则主要是要求投标人提供业主评标需要关于投标人的资料，它可能包括问答栏和一些其他列表，用来要求投标人提供信息，如关于投标人的施工设备、技术人员，尤其是设计人员等反映投标人实力的数据。

3）业主的要求中出现的错误

如果业主的要求中出现的错误(Errors in the Employer's Requirements)导致承包商的工期和费用受到影响，则承包商可以提出索赔工期以及费用和合理的利润；但如果业主的要求中的错误是一个有经验的承包商在规定的审核期中，经过仔细审核本应能发现的错误，则承包商失去此类索赔权。

2. 施工阶段业主的合同管理

(1) 监督和控制承包商的初步设计和详细设计工作按照“业主的要求”进行。

(2) 按照支付表支付工程款。

每月进度款的计算方式与红皮书相比是不同的，这需要承包商编制测量程序，详细说明计算方式并报业主批准。

(3) 保留金支付。

黄皮书的保留金支付与红皮书的不完全相同。黄皮书规定，如果签发的接受证书是工程区段，则应按该区段所占整个工程的比例从保留金的一半中退回相应的比例。这一相应比例在投标函附录中规定。若没有规定，则业主可不退还任何保留金。

3. 竣工验收阶段业主的合同管理

黄皮书规定了工程可以竣工后再检验。“竣工检验”的目的是保证工程实体已经按合同完成并处于随时可以投入使用的状态，“竣工后检验”则可以看作是来验证工程在投产后是否达到了“业主的要求”中规定的性能标准。

1）竣工后检验的程序

如果合同规定有“竣工后检验”，本条的规定才适用；若在专用条件中无另外规定，业主应为进行竣工后检验提供必要的设备仪器、电、燃料、材料、人员。

业主应按照承包商提供的操作维护手册(并可能要求承包商给予指导)进行竣工后检验，承包商可以主动参加竣工后检验，也可在业主要求下参加。

事实上，在实践中，即使是包括设计的总承包合同，如果属于土木工程，合同中通常是不规定“竣工后检验”的，并不是设计—建造总承包合同都有“竣工后检验”的。具体合同是否规定此类检验，通常取决于“工程的性质”。

此类检验应在业主接收工程后尽快进行，业主应提前 21 天通知工程准备好并在之后可以进行检验的日期，检验必须在该日期后的 14 天内进行，具体日期由业主来定；如果承包商不在商定的时间和地点参加检验，业主可自行检验，承包商应认可业主的检验结果。

检验结果由双方共同整理和评价，评价时要考虑业主在竣工之前的使用造成的影响。

与竣工检验相反，竣工后检验主要由业主负责，包括提供需要的人员和物品，以及负责程序方面的安排。

承包商处于协助地位，如果业主方不要求其参加，他可以主动参加，也可以不参加。若业主要求其参加，他必须参加，否则应对业主自行检验的结果认可。但合同规定，业主必须将检验的时间通知承包商。

一般来说，承包商应主动参加竣工后检验，以便了解检验的具体结果和发现的问题，这样，才能便于参加评价和进行维修。

由于此类检验决定着承包商是否成功地完成了工程，因此，检验的标准的规定十分重要，此类性能标准一般在“业主的要求”中规定，通常包括原料质量标准、能源等消耗指标、产品质量标准、产出率等。但由于“业主的要求”是在工程可行性研究阶段编制的，因此不可能很完整、具体，这可能导致双方对检验结果的评定方面看法不一。因此，在条件允许的情况下，业主在编制竣工后检验标准时尽可能将标准具体化。

2）延误的检验

由于竣工后检验主要由业主负责安排，而竣工后检验完成的时间与承包商的利益直接相关，如履约证书的签发、后一半保留金的退还等。因此，如果业主无正当理由，导致竣工后检验的执行延误，承包商可要求索赔费用和利润；如果在缺陷通知期内没有完成竣工后检验的情况下，仍认为工程已经通过了竣工检验。本款实际上是保护承包商的一个条款。

3）重复检验

如果第一次竣工后检验没有通过，则承包商应按规定修复缺陷，完成修复后，双方任一方均可要求按原来条件再重复进行检验；如果此类重复检验是由于承包商的原因引起的，并导致业主方支付了额外费用，业主可以按程序向承包商提出索赔。

4）未能通过竣工后检验

若工程没有通过竣工后检验，在合同规定了没有通过该检验相应的赔偿费，并且承包商在缺陷通知期内支付了该笔赔偿费，则仍认为工程已经通过了竣工后检验。

若工程没有通过竣工后检验，承包商提议对工程进行修复，则业主可以通知承包商，他需要等到业主方便的时间才能进入工程进行检修，并将这一时间通知承包商，承包商有义务等待该时间。

但若业主在缺陷通知期内仍没有给予承包商此类通知，则认为承包商此类义务已经完成，并且工程通过了竣工后检验。

若业主没有正当理由，延误了承包商进入工程调查检验失败的原因或整修的时间，导致额外费用，承包商应通知工程师并有权索赔相应的费用和利润。

有时，虽然工程没有达到竣工后检验要求达到的标准和效率，但如果工程仍可以正常运行，使得业主早投产、早收益，业主可能不希望因承包商进行整修工作影响工程的持续运行。在这种思想的指导下，业主在合同中可能会规定：承包商在支付相应的赔偿费下，仍可认为工程通过了竣工后检验。

另外，业主也可以通知承包商等待到工程运行暂时停止来维修，但此通知应在缺陷通知期内发出，否则，承包商就不再承担维修的义务。

理论上讲，若工程没有通过竣工后检验，在整修后应再重新检验；重新检验不合格，再维修，再检验，循环往复。但此情况可能会极大影响业主的投产和收益。若出现的问题属于非实质性问题，承包商在支付一定的赔偿费后可以被认为完成了合同。若合同没有相应规定，双方可以谈判。若谈判失败，可以进行仲裁。另外，业主也可按终止条款来终止合同，并按终止合同下的规定进行处理。

10.1.3 银皮书条件下业主的合同管理

与新红皮书和新黄皮书中工程师代表业主来管理工程不同，在银皮书的模式下，业主对工程的管理由其亲自或委派其代表来具体执行，可以说这是银皮书与新红皮书和新黄皮书最大的区别之一。

1. 施工前业主的合同管理

1）确定业主代表

业主可以任命一位代表，代替业主行使管理承包商的职能，业主应将业主代表的名字、地址、职责和权限通知承包商。

2）支付预付款

在银皮书中，预付款的第一笔支付款都是在合同协议生效后或业主收到履约保证后42天内支付，而新红皮书和新黄皮书中规定是在中标函签发后42天内，或业主收到履约保证后21天内支付；期中支付的时间相同，都是在业主或工程师收到报表后56天支付。

2. 施工阶段业主的合同管理

在银皮书中的施工阶段，业主的合同管理主要表现在通过公称宽度支付控制工程质量与进度。关于合同价格与进度款支付，银皮书与新黄皮书的规定基本相同，略微有差别。

1）合同价格

在银皮书中，业主除了根据合同做出的某些调整以外，支付应按照在协议书中规定的包干合同价格；合同价格中已经包括了税收，承包商应自己支付有关税收，业主对此费用一概不再补偿。

由于银皮书中没有包括关于“明细表”(Schedule)的定义，因此黄皮书中关于“明细表”中有关内容的规定没有在银皮书中出现。但在实践中，EPC合同包括“明细表”的情况也很常见。

2) 期中支付

业主在收到承包商的报表之后，如果不同意承包商报表中的某项内容，则他应在收到报表的28天内通知承包商，并给出理由。本款的规定与新红皮书和新黄皮书有差别，在这两个合同条件中，工程师根据承包商的报表，决定出合理的期中支付金额，向业主开具支付证书，要求业主依据该支付证书向承包商支付。

3) 支付的时间安排

银皮书与新红皮书和新黄皮书差别较大的是在最终支付的时间上。根据银皮书的规定，业主应在收到承包商的最终报表和结清单后42天支付；而在新红皮书和新黄皮书中，业主收到工程师签发的最终支付证书后56天才支付。由于工程师在收到承包商的最终报表和结清单后28天内向业主开出最终支付证书。因此，从承包商递交最终报表和结清单到业主支付最终支付款的时间实际上为28天+56天=84天，这比银皮书中，承包商在递交最终报表和结清单后42天就可以收到最终支付款要晚很多。可以说，在最终支付款的支付时间上，银皮书对承包商还是有利的。

4) 保留金的支付

银皮书中对保留金的支付与新黄皮书相同，这里不再赘述。

3. 竣工验收阶段业主的合同管理

1) 部分工程的接收

银皮书中本款规定：“如果在合同中没有另外规定或双方另有商定，业主不得接收或使用工程的某部分(区段除外)。”这一规定虽然有弹性，但赋予了承包商一定的权利，即如果承包商不同意，或在其他合同文件中没有规定，业主不能擅自要求承包商将某部分工程移交给业主(区段除外)。但在新红皮书和新黄皮书中“部分工程的接收”中规定，只要业主需要，工程师可以为永久工程的任何部分签发接收证书，这样的规定，赋予了业主方随时接受和占有某部分工程的权利，这与银皮书有一定的区别。

2) 对竣工检验的干扰

在银皮书中本款规定：“如果由于业主负责的原因，致使竣工检验被延误超过了14天，则承包商应在可能时尽快进行竣工检验。”但如果因此导致了承包商损失，可以提出索赔工期、费用和利润。

而在新红皮书和新黄皮书中规定：“如果由于业主负责的原因，则在本应该完成竣工检验的那一天，即认为业主已经接收了相应的工程。”并且，如果因此导致了承包商损失，可以提出索赔工期、费用和利润。

从上面的对比来看，仍然是新红皮书和新黄皮书中的规定比银皮书中的规定有利于承包商，因为只要竣工检验被业主负责的原因延误，就认为业主已经接受了该工程，而在银皮书中，承包商则没有这项权利。

3) 竣工后检验

银皮书中，本款的前一部分规定与新黄皮书中的规定相同，都是业主主要负责进行竣工后检验，承包商协助参加。但在后一部分，银皮书规定“竣工后检验的结果由承包商汇编和评价”，而新黄皮书规定“竣工后检验的结果由双方汇编和评价”。

10.1.4 绿皮书条件下业主的合同管理

1. 施工前业主的合同管理

1）提供现场和办理许可证与执照

业主必须按照规定的时间向承包商提供现场(Provision of Site)以及进入现场的权利，协助承包商办理施工所需要的许可证(这是国际惯例，与红皮书是一样的，参见红皮书2.1和2.2款)。

2）业主的责任

下列16种情况，由业主负责：①战争以及敌对行为等；②工程所在国的起义、革命等内部战争或动乱；③非承包商(包括其分包商)人员造成的骚乱和混乱等；④放射性造成的离子辐射或核废料等造成的污染以及造成的威胁等，但承包商使用此类物质导致的情况除外；⑤飞机以及其他飞行器造成的压力波；⑥业主占有或使用部分永久工程(合同明文规定的除外)；⑦业主方负责的工程设计；⑧一个有经验的承包商也无法合理预见并采取措施来防范的自然力的作用；⑨不可抗力；⑩非承包商引起的工程暂停；⑪业主任何不履行合同的情况；⑫一个有经验的承包商也无法合理预见的在现场碰到的外部障碍等；⑬变更导致的延误或中断；⑭承包商报价的日期后发生的法律变更；⑮由于业主享有工程用地权利所导致的损失；⑯承包商为实施工程或修复工程缺陷造成的不可避免的损害。

从列出的业主承担的责任范围来看，绿皮书处理风险分担的原则是对承包商有利的，甚至比新红皮书和新黄皮书更“亲承包商”。

2. 施工阶段业主的合同管理

1）变更管理

业主有权下达变更指令。如果变更估价就采用以下5种方法之一：①双方商定一个包干价；②按合同中规定的适当单价；③若无适当单价，参照合同中的单价来估价；④双方商定的，或业主认为适当的新单价；⑤业主可以指示按协议书附录中所列的计日工单价。

此情况下，承包商应对自己的工时、机械台班以及消耗材料进行记录，以备估价。根据不同的情况，双方可以选择一种适当的方法进行估价。在各类方式中，最理想的就是双方商定一个包干价。

2）预警通知

业主有责任将其察觉到的可能延误工程或导致费用索赔的任何情况尽早通知对方；承包商必须采取一切合理步骤减少此类影响。

3）业主的工程估价

实际上，业主可以根据工程的具体情况和自己的工程建设策略选择其中的一种价格方式，也可以根据工程各部分的具体情况来选择其中的几种。下面简单介绍一下这几种价格机制的特点和适用的条件。

(1) 纯包干合同价格：这种合同价格由承包商依据业主的招标文件报出，只是单纯的一个总价，一般固定不变，通常适用于工程量小、工期短、金额小、工种单一、工程量相对固定的工程，一般工程款一次或两次结清。

（2）附费率表的包干合同价格：这种价格方式是承包商在报出总价时，同时附有一个费率(单价)表，表明总价中各项工作单价，供业主参考，但一般支付时仍按总价支付。所附费率表的主要作用是在工程变更时估价使用。因此，这种合同价格适用于合同额较大、发生变更的可能性较大、但业主在招标时又没有能力或不愿意编制工程量表的情况。

（3）附工程量表的包干合同价格：这种价格方式实际上与上一种类似，不同点主要是业主在招标文件中编入了工程量表，承包商所报的总价基于此工程量表。这种方式要求业主在招标阶段的投入较大，但有利于减少合同执行过程中的矛盾。

（4）附工程量表的重新测量合同价格：在这种方式下，承包商在工程量表中填入单价，并计算出总报价，但此总价一般只是一个名义价格，合同实际的最终结算价格将取决于实际完成的工程量和工程量表中的单价，因此，这种价格方式更适用于工程量在招标时不能确定的工程，这实际上是一种单价合同。

（5）费用补偿形式的合同价格：这种价格方式实际上是一种“实报实销”的价格机制，但承包商的实际开支以及计算方式需要得到业主的认可。

4）业主的期中支付

绿皮书 11.3 款规定，业主在收到承包商报表后 28 天内支付承包商，但可以从中扣除保留金以及不同意的款额。

业主应按照协议书附录中规定的比例来扣除保留金。在扣除其不同意的款额时，业主应向承包商说明不同意的原因。

业主不受以前决定支付给承包商期中款额的约束，即如果业主认为他以前应支付承包商的款额有误，他有权进行修改。

业主在收到承包商应提交的履约保证之前，可以暂时扣发此类进度款。

在绿皮书中，似乎对保留金的规定不太充分，本款只规定按协议书附录中的比例(5%)进行减扣，没有说明应扣的保留金的限额。

5）支付前一半保留金

绿皮书规定在业主颁发给承包商工程接收通知后的 14 天内归还承包商前一半保留金。

绿皮书给了 14 天的时间限制，而不是像前面红、黄、银皮书 3 个合同条件中只是规定“当工程的接收证书签发后，前一半保留金即应退还给承包商(新红皮书)”，或“当工程的接收证书签发并通过一切工程检验后，前一半保留金即应退还给承包商(新黄皮书和银皮书)”。

实践中，也有在工程接收后将所有保留金都退还承包商的情况，但承包商此时应向业主提供一份银行保函，保函金额等于保留金的一半，作为承包商在后期的担保，来替代后一半保留金，目的是加速承包商的资金周转。

6）支付后一半保留金

剩余的保留金在协议书附录后规定的期限届满后 14 天内退还，或在承包商修复好缺陷通知期中应修复的缺陷或完成扫尾工作后的 14 天退还，两个时间以较迟者为准。本规定暗示，业主一旦归还了后一半保留金，即认为业主认可承包商完成了缺陷责任和扫尾工作。

7）最终结算款

本款规定两个方面的内容：一是限定了承包商向业主提交最终账目和支持文件的时间，另一个是业主在收到账目和文件后应向承包商支付的时间限制。

业主在收到承包商提交的账目和文件之后的28内，支付承包商，若业主对某款项有疑义，可暂时扣发该部分，并向承包商说明理由。

如果业主不遵守时间，则其应当承担相应的违约责任。

8）延误支付

如果业主延误支付承包商的任何应得款项，承包商有权获得利息，计算方法按协议书附录中的规定。应注意，在业主延误支付工程款时，获得利息仅仅是承包商的权利之一。如果延误付款引起了连锁反应，承包商还可以享有其他权利，如降低施工进度、暂停工程、甚至终止合同，由此造成的损失由业主承担。

3. 竣工验收阶段业主的合同管理

1）接受工程

绿皮书规定业主在两种情况下都可以接收工程：工程全部竣工或工程基本竣工。但若属于后者，承包商必须立即完成扫尾工作。

本规定暗示，如果业主认为工程没有达到竣工状态，则他可以不接收工程。此情况下，一般业主会通知承包商，说明仍需完成的工作。

2）修复缺陷

业主可以在协议书附录中规定的期限内，通知承包商修复缺陷或完成扫尾工作；若缺陷由承包商的设计、材料、工艺或不符合合同要求引起，则修复费用由承包商承担，其他原因引起的由业主承担；业主通知后，承包商没有在合理时间内修复缺陷或完成扫尾工作，业主有权自行完成相关工作，费用由承包商承担。

3）剥离和检验

业主可以下达指令，剥离隐蔽工程进行检查。但如果检查结果证明该部分工程符合合同规定，则此类剥离和检查应按照变更工作处理，承包商应得到相应支付。实际这是一个业主控制承包商的工作质量的措施，相当于前面3个合同条件中的质量控制条款。

绿皮书没有给出表示承包商彻底完成工程的“履约证书”或“缺陷责任证书”。只是在第8条用了“接收通知”这一术语，表示承包商基本完成了工程，并在(缺陷)通知期内完成剩余的扫尾工作和修复有关缺陷。在该期限结束后或在承包商完成扫尾工作和通知期内发现的缺陷后，在绿皮书中并没有按照惯例，规定业主向承包商签发一份类似“履约证书”性质的文件。这似乎是绿皮书的遗憾。

FIDIC的4本书中，业主合同管理比较见表10-1。

表10-1 FIDIC4本书业主合同管理比较

管理阶段	红皮书	黄皮书	银皮书	绿皮书
施工前	(1) 提供担保与承担的风险； (2) 提供现场与办许可证； (3) 暂定金和指定分包商	(1) 编制业主的要求； (2) 设置明细表； (3) 业主要求有误	(1) 确定业主代表； (2) 确定其他业主人员； (3) 业主决定； (4) 支付预付款	(1) 提供现场和办理许可证与执照； (2) 业主的责任

续表

管理阶段	红 皮 书	黄 皮 书	银 皮 书	绿 皮 书
施工过程	(1) 提供资料与设备； (2) 保留金和预付款； (3) 资金安排； (4) 进度款支付； (5) 变更管理； (6) 业主终止	(1) 监督和控制承包商的初步设计和详细设计工作按照“业主的要求”进行； (2) 按照支付表支付工程款； (3) 保留金支付	(1) 合同价格的确定与调整； (2) 期中支付； (3) 支付的时间安排； (4) 保留金支付	(1) 变更管理； (2) 预警通知； (3) 业主的工程估价； (4) 业主的期中支付； (5) 支付前一半保留金； (6) 支付后一半保留金； (7) 最终结算； (8) 延误支付
竣工验收	(1) 竣工验收； (2) 业主接收	(1) 竣工后检验； (2) 延误的检验； (3) 重复检验； (4) 未通过竣工后的检验	(1) 对部分工程的接收； (2) 对竣工的干扰； (3) 竣工后检验	(1) 接受工程； (2) 修复缺陷； (3) 剥离和检验
缺陷通知期	(1) 业主通知； (2) 缺陷通知期的延长； (3) 未修复的缺陷； (4) 移走有缺陷的工作； (5) 履约证书			

10.2 工程师的合同管理

这里所说的工程师就是FIDIC合同条件中所说的“咨询工程师”，在我国的建设工程合同中叫监理工程师。在红皮书和黄皮书合同条件中，由工程师管理，在银皮书和绿皮书合同条件中，工程师的位置被“业主代表”所取代。

10.2.1 红皮书工程师的合同管理

工程师由发包人(业主)任命，与发包人签订咨询服务委托协议书，根据工程施工合同的规定，对工程的质量、进度和费用进行控制和监督，以保证工程项目的建设能满足合同的要求。如果发包人准备替换工程师，必须提前不少于42天发出通知以征得承包商的同意。如果要求工程师在行使某种权利之前需要获得发包人批准，则必须在合同专用条件中加以限制。

1. 工程师在合同中的进度管理

(1) 批准承包商的进度计划。承包商的施工进度计划必须满足合同规定工期(包括工程师批准的延期)的要求，同时必须经过工程师的批准。

（2）发布开工令、停工令和复工令。工程师至少应提前7天将开工日期通知承包商，承包商应当在接到工程师发出的开工通知后开工。如果由于某种原因需要停工，工程师有权发布停工令。当工程师认为施工条件已达到合同要求时，可以发出复工令。这些指令应该以书面形式给出。

（3）控制施工进度。如果工程师认为工程或其他任何区段在任何时候的施工进度太慢，不符合竣工期限的要求，则工程师有权要求承包商采取必要的步骤，加快工程进度，使其符合竣工期限的要求。

（4）经工程师批准的延期时间，应视为合同规定竣工时间的一部分。

（5）发布工程变更令。合同中工程的任何部分的变更，包括性质、数量、时间的变更，必须经工程师的批准，由工程师发出变更指令。

（6）颁发移交证书和缺陷责任证书。经工程师检查验收后，工程符合合同的标准，即颁发移交证书和缺陷责任证书。

（7）解释合同的有关文件。当合同文件的内容、字义出现歧义或含糊时，则应由工程师对此做出解释或校正，并向承包商发布有关解释或校正的指示。

（8）有权对争端做出决定。在合同的实施过程中，如果发包人与承包商之间产生了争端，工程师应按合同的规定对争端做出决定。

2. 工程师在合同中的质量管理

（1）对现场材料及设备有检查和控制的权利。对工程所需要的材料和设备，工程师随时有权检查。对不合格的材料、设备，工程师有权拒收。承包商的所有设备、临时工程和材料，一经运至现场，未经工程师同意，不得再运出现场。

（2）监督承包商的施工。监督承包商的施工是工程师最主要的工作。一旦发现施工质量不合格，工程师有权指令承包商进行改正或停工。

（3）对已完工程有确认或拒收的权利。任何已完工程，应由工程师进行验收并确认。对不合格的工程，工程师有权拒收。工程师拒绝接收承包商的工程有两大类：一类是工程本身有缺陷，如浇筑的混凝土出现了规范不允许的裂缝或蜂窝麻面；另一类是产品本身没有缺陷，但不符合合同的规定。

（4）对工程采取紧急补救措施。一旦发生事故、故障或其他事件，如果工程师认为进行任何补救或其他工作是工程安全的紧急需要，则工程师有权采取紧急补救措施。

（5）要求解雇承包商的雇员。对于承包商的任何人员，如果工程师认为在履行职责中不能胜任或出现玩忽职守的行为，则有权要求承包商予以解雇。

（6）批准分包商。如果承包商准备将工程的一部分分包出去，他必须向工程师提出申请报告。未经工程师批准的分包商不能进入工地进行施工。

（7）工程师可以随时对其助理授权或者收回授权，在授权范围内，他们向承包商发出的指示、批准、开具证书等行为与工程师具有同等效力。

3. 工程师在合同中的费用管理

（1）确定变更价格。任何因为工作性质、工程数量、施工时间的变更而发出的变更指令，其变更的价格由工程师确定。工程师确定变更价格时，应充分和承包商协商，尽量取得一致性意见。

（2）批准使用暂定金额。暂定金额的使用必须按工程师的指示进行。

（3）批准使用计日工。如果工程师认为必要，可以发出指示，规定在计日工的基础上实施任何变更工作。对这类变更工作应按合同中包括的计日工作表中所定项目和承包商在其投标书中所确定的费率和价格向承包商付款。

（4）有权批准向承包商付款。所有按照合同规定应由发包人向承包商支付的款项，均需由工程师签发支付证书给发包人，发包人再据此向承包商付款。工程师还可以通过任何临时支付证书对他所签发的任何原有支付证书进行修正或更改。如果工程师认为有必要，他有权停止对承包商付款。

10.2.2 黄皮书工程师的合同管理

黄皮书工程师的合同管理与红皮书基本相同，相同点不再赘述。主要职责如下所述。

1. 工程师应履行合同中规定的职责

根据业主任命工程师的条件，如果要求工程师在履行任何这种职责之前须得到业主的具体批准，除非合同中有明确规定，工程师无权解除合同规定的承包商的任何义务。

2. 工程师对工程师代表的任命

工程师可任命工程师代表对工程师负责，并应履行和行使工程师根据可能赋予他的职责和权利。工程师可随时将赋予工程师的任何职责授权给工程师代表，并可在任何时候撤回这种授权。任何授权或撤回都应采用书面形式，并且在将其副本送交承包商和业主之后方能生效。

1）对工程师代表权利的限制

工程师代表没有对任何工程设备或工艺提出否定意见，不应影响工程师对上述工程设备或工艺提出否定意见并发出指示要求对其修正的权利。

2）承包商对工程师代表的质疑

如果承包商对工程师代表任何决定或指示有疑问时，他可将该疑问提交工程师，工程师应对上述决定或指示予以确认、否定或更改。工程师的行为应公正。

3. 工程师行使处理权

① 做出决定，表示意见或同意；②表示满意，或批准；③确定价值；④采取可能会影响业主或承包商权利和义务的行动。

工程师应在合同条款的范围内并兼顾所有具体情况，做出公正的处理。

4. 工程师的决定和指示

工程师的任何非书面的决定或指示应该书面确认。

工程师在收到承包商和业主对其决定的质疑时，应进行确认、否定或更改，同时说明理由。如果任一方对工程师采取的行动持有不同意见，或如果工程师在规定的28天内没有对承包商的通知做出答复，且上述问题又未能友好解决时，则该方有权根据合同将这一问题提交仲裁。承包商应将上述要求及时通知工程师。在承包商收到书面确认后，此类决定或指示方能生效。

10.2.3 银皮书业主代表的合同管理

在银皮书条件下，工程师的角色由业主代表代替。

1. 业主代表的职责

业主的代表应履行其职责，行使其被授予的权利，除了没有终止合同的权利以外，若没有另外规定，业主的代表应被认为是业主的全权代表。

若业主计划更换其代表，则应提前14天将替代人员的名字、地址、职责和权利通知承包商。

这与新黄皮书中对工程师的规定虽然有某些类似，但明显的不同有两点：一是一般情况下，业主的代表为业主的全权代表(终止合同的权利除外)，而在新红皮书和新黄皮书中，对工程师的权利规定时，却没有此类措辞，显然，在银皮书下，业主对其代表的干预比较少；二是银皮书赋予业主随时更换其代表的权利，只不过提前14天通知而已。如果大家还记得更换工程师的程序，就会发现，业主更换代表的权利要比更换工程师的权利大得多。

2. 其他业主人员的职责

其他业主人员(Other Employer's Personnel)是指除业主代表以外的助理人员。业主或业主代表可以随时将某些职责与权利授予其助理人员，并可以随时收回此类授权，授权和收回授权需要在承包商收到通知后才生效。

助理人员的一般职责为检查永久设备与材料，或进行相关试验来控制质量；助理人员的具体职位包括驻地工程师、独立检查员等在现场工作的人员；助理人员应具备恰当资格，具体为有能力履行被授予的职责和行使被授予的权利，能流利地用合同规定的语言进行沟通。

可以看出，这与新红皮书和新黄皮书中对工程师的授权类似。银皮书同样要求业主人员必须是合格的专业人员。

10.2.4 绿皮书业主代表的合同管理

绿皮书和银皮书一样，都是业主代表扮演工程师的角色。

1. 被授权人

被授权人(Authorised Person)即业主派一名自己的人员来全权代表业主行使业主的权利的人。被授权人负责项目管理工作。该被授权人应在协议书附录中指明，或业主另行通知承包商。

如果业主另外再派遣代表做项目管理的具体工作，那么这类被授权人常常只负责业主的决策问题，而不负责具体事务，否则该被授权人将会作为业主的全权代表，不但负责决策，而且负责实际管理工作。

2. 业主的代表

业主同时可以任命一个公司或个人来行使某些职责，这一公司或个人可就叫业主代表

(Employer's Representative)。这一公司或人员在协议书附录中说明，或由业主随时通知承包商，其职责和权利也应由业主通知承包商。

绿皮书中的这种规定具有不确定性，即业主可以派遣这样的代表，也可以不派遣。

FIDIC 4 本书中，工程师(业主代表)合同管理工作比较表见表 10-2。

表 10-2 FIDIC 4 本书工程师(业主代表)的合同管理工作比较

红皮书(工程师)	黄皮书(工程师)	银皮书(业主代表)	绿皮书(业主代表)
1. 进度管理 (1) 批准承包商的进度计划； (2) 发出开工令、停工令和复工令； (3) 控制施工进度； (4) 发布工程变更令； (5) 颁发移交证书和缺陷责任证书； (6) 解释合同中有关文件； (7) 有权对争端做出决定。 2. 质量管理 (1) 对现场材料及设备有检查和控制的权利； (2) 监督承包商的施工； (3) 对已完工程有确认或拒收的权利； (4) 采取紧急补救措施； (5) 解雇承包商的雇员； (6) 批准分包商； (7) 对其助理授权或者收回授权。 3. 费用管理 (1) 确定变更价格； (2) 批准使用暂定金额； (3) 批准使用计日工； (4) 有权批准向承包商付款(在收到承包商报表 28 天内向业主签发支付证书)	其他与红皮书相同，与红皮书比较，权利较大。有权审批承包商提交的文件，随时随地审查承包商应提交的文件	业主代表全权代表业主履行监督管理的职责，权利比红、黄皮书中工程师的大。但是业主更换他的权利也比红、黄皮书中的权利大。负责管理工程的进度质量和资金。业主代表和工程师一样具有发布指令、批准、检查、指示、通知和要求试验等权利	绿皮书中业主代表的设置很灵活，可设可不设，如果设置了权利就如同黄皮书负责管理工程的进度质量和资金

10.3 承包商的合同管理

承包商是合同主要当事人之一，负责工程的施工建设。FIDIC 红皮书对其权利义务和相关要求规定的特别详细。这节主要阐述红皮书下承包商的合同管理。黄皮书、银皮书和绿皮书条件下承包商的合同管理只做概述，与红皮书里有的内容相同部分不再赘述。承包商增加收入的途径有 3 个：价格调整、工程变更和索赔，承包商在合同管理中不要失去这 3 种创收的机会。

10.3.1 红皮书下承包商的合同管理

1. 施工前承包商的合同管理

1) 承包商的一般义务

(1) 承包商应根据合同和工程师的指令来施工和修复缺陷。

(2) 承包商应提供合同规定的永久设备和承包商的文件。

(3) 承包商应提供其实施工程期间所需的一切人员和物品。

(4) 承包商应为其现场作业以及施工方法的安全性和可靠性负责。

(5) 承包商为其文件、临时工程，以及永久设备和材料的设计负责，但不对永久工程的设计或规范负责，除非有明确规定。

如果合同要求承包商负责设计某部分永久工程，承包商执行该设计的程序如下。

(1) 承包商应按合同规定的程序向工程师提交有关设计的承包商的文件。

(2) 这些文件应符合规范和图纸，并用合同规定的语言书写，这些文件还应包括工程师为了协调所需要的附加资料。

(3) 承包商应为其设计的部分负责，并在完成后，该部分设计应符合合同规定这部分应达到的目的。

(4) 在竣工检验开始之前，承包商应向工程师提交竣工文件和操作维护手册，以便业主使用，不提交这些文件，该部分工程不能认为完工和验收。

2) 承包商提供履约保证和办理保险

履约保证(Performance Security)是业主要求承包商提供的，保证承包商按照合同履行其合同义务和职责。承包商应自费按投标函附录规定的金额和货币办理履约保证，在收到中标函之后的28天内将履约保证提交给业主，给工程师抄报复印件；开出履约保证的机构应得到业主的批准，并来自工程所在国或业主批准的其他辖区；承包商应保证，在工程全部竣工和修复缺陷之前，履约保证应保持一直有效，并能被执行；如果履约保证中的条款规定有效期，如果承包商在有效期届满之前的28天前仍拿不到履约证书，他应将履约保证的有效期相应延长到工程完工和缺陷修复为止。

承包商应该明白业主在下列情况下才能依据履约保证提出索赔。

(1) 承包商没有按上面的规定延长履约保证的有效期，此时业主可以将该履约保证全部没收。

(2) 在双方商定或工程师决定后的42天内，承包商没有支付已商定或工程师决定的业主的索赔款。

(3) 在收到业主发出的补救违约的通知之后42天内，承包商仍没有补救。

(4) 业主有权终止合同的情况。

如果业主无权提出履约保证下的索赔，但他仍这样做了，由此导致承包商的一切损失均由业主承担，包括法律方面的费用；业主在收到工程师签发的履约证书21天内将履约保证退还给承包商。

履约保证有两种常见的类型。一种是银行开的履约保函，英文为Performance Bank Guarantee，这类保函的额度通常为合同额的10%；它又分为有条件的(Conditional)和无条件的(Unconditional/Demand)两种。有条件的履约保函通常规定，业主在没收保函之前要通知承包商，说明理由，并经承包商同意，或者当承包商不同意时，仲裁裁决业主有权没收保函。只有这样，开具保函的银行才会同意业主兑现履约保函。无条件履约保函则没有先决条件，只要业主认为其有权没收，直接可以到银行将保函兑现。

另一种为担保公司或保险公司开的履约担保，英文为 Surety Bond，其额度一般比较大，有的业主甚至要求合同额的100%。这两类保证中条款的内容在国际上并无统一格式，在新版合同条件后面附上了 FIDIC 推荐的这两类履约保证的范例格式。

承包商还要根据合同规定办理各种保险。

3) 选择承包商的代表确定分包商

“承包商的代表”(Contractor’s Representative)，在我国习惯称为“施工项目经理”。在 FIDIC 合同条件中，通常有一专门条款来规定对他的要求。

(1) 承包商任命承包商的代表。

承包商应任命承包商的代表并赋予其在执行合同中的一切必要权利；承包商的代表可以在合同中事先指定；如果没有指定，在开工之前，承包商将人选及其简历提请工程师同意；如果工程师不同意或同意后又收回了同意，承包商应提出其他合适人选，供工程师同意；没有工程师的同意，承包商不得私自更换承包商的代表。

(2) 承包商代表的职责。

承包商的代表应把其全部时间用于在现场管理其队伍的工作；如果施工期间他需要临时离开项目现场，应指派他人代其履行有关职责，替代人选应经工程师同意；承包商的代表应代承包商接收工程师的各项指令；承包商的代表可以将他的权利和职责委托给有能力下属，并可随时撤回；但此类委托和撤回必须通知给工程师后才生效，被委托的权利和职责应在通知中写清楚；承包商的代表和被委托权利的关键职员应能流利地使用合同规定的主导语言来交流。

(3) 确定分包商。

承包商在确定分包商时不得将整个工程分包出去；承包商应为分包商的一切行为和过失负责；承包商的材料供货商以及合同中已经指明的分包商无需经工程师同意；其他分包商则需经过工程师的同意；承包商应至少提前 28 天通知工程师分包商计划开始分包工作的日期，以及开始现场工作的日期；承包商与分包商签订分包合同时，分包合同中应加入有关规定，使得分包合同能够在特定的情况下将分包合同转让给业主。

对承包商而言，分包商的工作好坏，直接影响到整个工程的执行。在选择分包商时，要注意其综合能力，具体要考虑 4 个因素：报价的合理性、技术力量、财务力量、信誉。

(4) 放线与安全措施。

承包商现场开工的第一步就是派自己的测量工程师在现场进行测量放线，确定整个工程的位置。放线需要的原始数据一般在合同中规定或由工程师通知给承包商。

承包商应按照合同规定的或工程师通知的原始数据进行放线；承包商应负责工程各个部分的准确定位，如果工程的位置、标高、尺寸、准线等出了差错，他应进行修正；如果业主提供的原始参照数据出现错误，则业主应负责，但承包商在使用这些数据之前有义务“使用合理的努力”来核实这些数据的准确性。

工程建设过程比较危险，容易造成人员伤亡。在现代社会中，安全施工越来越受到人

们的关注，这不但体现在各国的有关法律中，而且在工程建设合同中也往往单独予以规定。

FIDIC红皮书规定：①承包商应遵守一切适用的安全规章；②承包商应照管好有权进入现场的一切人员的安全；③承包商应努力保持现场井井有条，避免出现障碍物，构成威胁；④在工程被业主验收之前，承包商应在现场提供围栏、照明、保安等；⑤如果承包商的施工影响到了公众以及毗邻财产的所有者或用户的安全，则他必须提供必要的防护设施。

(5) 承包商递交进度计划。

在开工前承包商向业主递交一份详细的进度计划。承包商应在收到开工通知后的28天内向工程师递交一份详细的施工进度计划；如果承包商现有的进度计划与承包商的实际进度或合同义务不符，承包商应对其进度修改，并再次提交给工程师；进度计划应包括下列内容：①承包商实施工程的顺序就是各阶段工作的时间安排，如设计(如果工作包含设计内容)、承包商文件的编制、货物采购、施工安装、检验等；②涉及指定分包商工作的各个阶段；③合同中规定的检查和检验的顺序和时间安排；④一份支持报告，包括承包商的施工方法和主要施工阶段以及各个阶段现场所需的各类人员和施工设备的数量。

(6) 承包商调查核实现场数据。

承包商要调查了解现场地形条件与地质条件、水文气候条件、工程范围以及为完成相应工作量而需要的各类物资；工程所在国的法律以及行业惯例，包括雇用当地工人的习惯做法；承包商对各项施工条件的需求，包括现场交通条件、人员和食宿、水电，以及有关设施。

2. 施工过程承包商的合同管理

1) 承包商的现场管理

(1) 承包商对“三通一平”的管理。

在我国，习惯上是业主提供“三通一平”(通水、通电、通路和场地平整)。但在FIDIC合同中，提倡承包商负责“三通一平”。在工程项目现场，电、水以及燃气等通常由承包商自行解决，但有时如果业主提供水电等比较方便，也可以向承包商提供，但一般是收费的。承包商还负责获得为施工所需的各类特别或临时通道的权利。这就意味着承包商在投标阶段进行现场考察时，需要详细了解施工过程中必须使用的通道和路线，是否需要通过私家道路，是否需要修建一些临时或特别通道等，以便在投标报价中予以考虑。

(2) 承包商对环境的管理。

在工程施工的活动中，承包商有责任消除对周围环境产生不好的影响。承包商不得干扰公众的便利，也不得干扰人们正常使用的任何道路，不管这些道路是公共道路或是业主和他人的私家道路。但如果因施工不得已而为之，则应该控制在必要和恰当的范围内；如果因承包商不必要和不恰当地干扰他人招致任何赔偿或损失，则应由承包商自行承担一切后果，保障业主方免遭由此招致的任何影响，如各类赔偿费，法律方面的费用等。

在国际工程中，不但合同要求承包商在施工中注意此类问题，有些国家的法律对施工造成的各类影响也有严格规定，特别是在市区等人口稠密的地方施工，如土方开挖时，还同时要洒水，防止尘土飞扬；我国的许多城市规定，高考期间在考场附近必须停止一切有噪声的施工作业。对于此类要求，有时也体现在合同的规范中。

(3) 承包商的现场作业管理。

① 承包商负责进场路线。

施工过程中大量设备要进出现场，承包商应了解清楚进场路线，也应了解清楚此类道路的适宜性；承包商应努力避免来回运输对道路和桥梁可能导致的损害，因此，应使用合适的运输工具和合适的路线；承包商应对其使用的通道自行负责维修，并在经得政府主管部门同意之后，沿进场道路设置警示牌和路标；如果没有现成的适宜道路供承包商使用，承包商为此付出的费用由自己承担。承包商在从其他地方(一般为港口)往现场运输大型施工设备或永久设备时，要自己负责寻找合适的路线，并且发生的有关费用业主概不负责。因此，承包商在投标阶段的现场考察时，对进场路线，尤其是承包商要运输大型设备的路线是否适宜，应当特别注意。

② 承包商负责货物运输。

承包商应提前21天将准备运进现场的永久设备和其他重要物品通知工程师；一切货物的包装、装卸、运输、接收、储存和保护，均由承包商负责；如果货物的运输导致其他方提出索赔，承包商应保障业主不会由此而受到损失，并自行去与索赔方谈判，支付有关索赔款。

③ 承包商负责设备。

工程的施工离不开施工机械，为了高效地使用施工设备，保证工期，合同往往规定，承包商运到现场的施工设备要专门用于该工程。承包商应对一切承包商的设备负责。承包商的施工设备运到现场之后，就应看作专用于该工程。

④ 承包商的安全保卫工作。

承包商要负责现场的安全保卫工作。为了防止偷盗和人为破坏，合同可能要求承包商雇用正式的保安公司的人员来保卫现场的安全。对于一些特别设施，如承包商爆破作业所用炸药的仓库，可能需要请求当地部队来守卫。在国际工程实施过程中，有时甚至发生工程人员被枪击、绑架等恶性事件，严重影响工程的正常进行，降低承包商的施工效率。

⑤ 承包商的现场作业管理。

承包商应将自己的施工作业限制在现场范围以内，在工程师同意后，也可另外征地作为附加工作区域，承包商的设备和人员只准处于这些区域，不得越界到毗邻土地；施工过程中，承包商应保证现场井井有条，没有不必要的障碍物，施工设备和材料应妥善存放；验收证书签发后，承包商应清理好相关现场，除缺陷通知期(维修期)必需的设备材料外，其他一切应清理出现场，使现场处于“整洁和安全”的状态。

作为一个管理水平高的承包商，其施工作业应体现出自己的“职业形象”。施工设备在下班后应停放指定的位置，而不应乱放，这不仅涉及形象问题，而且有时还会导致事故。实践证明一个布置妥当、井井有条的现场更易于提高总体工作效率。

2) 承包商的进度管理

从工程实施进程(工期)来看，与工期管理密切关联的内容有开工、进度、竣工、缺陷通知期以及工程延期。

(1) 开工(Commencement of Work)。

对于开工，FIDIC条件规定：工程师至少应提前7天将开工日期通知承包商；如果专用条件中没有其他规定，开工日期应在承包商收到中标函后42天内；承包商在开工日期

后应“尽可能合理快”地开始实施工程，之后应以恰当的速度施工，不得拖延。前两条是对业主的约束，保证了承包商当业主方在规定的时间内没有允许承包商开工而导致了承包商的损失的索赔权，后一条是对承包商的约束，当承包商迟迟不能开工，业主方有权索赔。所以承包商要积极做好开工准备，一旦开工首先占有现场。

竣工时间(Time for Completion)是合同要求承包商完成工程的时间，承包商应在竣工时间内完成整个工程；如果合同同时还规定了某区段的竣工时间，那么竣工时间指的是一时间段，承包商要记住这些时间或工期来进行进度控制。

(2) 施工暂停与复工管理。

在承包商施工过程中，随时可以受到工程师暂停整个或部分工程的指令；暂停期间，承包商应保护好工程，避免损失；如果暂停的责任在于承包商，暂停的后果由承包商承担。如果暂停的责任属于业主，承包商能获得因暂停施工以及复工招致的费用损失和工期延误的补偿。承包商要注意的是及时将损失通知工程师并得到他的书面确认。

那么如何计算暂停期间承包商的费用问题，这通常涉及的是承包商的项目现场人员现场施工设备的闲置费，总部和现场管理费等。计算的标准通常是依据承包商投标报价，有时需要承包商对某些内容进行价格分解。这需要承包商将暂停期间各项开支做好记录，作为索赔费用的依据。另外，承包商应注意自己在暂停期间的行为，履行好自己一方的义务，这是索赔成功的基础。在实践中，有些项目为了避免麻烦和争执，在合同谈判阶段，业主和承包商可能就施工设备和人员闲置费等相关费用商定一个补偿标准，在实际发生暂停时执行。

暂停施工如果涉及永久设备的工作或永久设备和材料运送的暂停超过28天，并且承包商按照工程师的指令已经将此类设备和材料标记为业主的财产，那么承包商有权从业主处获得这些仍没有运至现场的设备和材料的支付；支付的金额应为暂停日这些物品的价值。

如果工程暂停超过84天，承包商可以要求工程师允许他复工；如果工程师在承包商提出复工要求后28天内没有给予复工许可，设备人员闲置费补偿标准常取决于双方根据项目的实际情况而进行的谈判解决。如果暂停时间过长，承包商觉得从合同范围删减掉暂停的工作，或终止整个合同对其有利的话，他有权做出自己的选择。

如果没有出现删减暂停的工作或终止整个合同的情况，那么，工程在开始复工时即在工程师同意或下达复工令后，承包商与工程师应联合对受到影响的工程、永久设备和材料进行检查；如果暂停期间，工程、设备或材料出现了问题，承包商应进行补救。

(3) 承包商编制月进度报告。

承包商要按时编制和报送月进度报告。月进度报告实际上是承包商每月所做的一次工作总结，写入重要的事件和资料。如果不按时提交，工程师可以拒绝承包商的期中工程款的支付。

(4) 工期索赔管理。

承包商的工期索赔包括两个方面：一是由于业主的过错导致工期的延误；另一是外部情况导致工期延误。承包商要想使索赔成功，不但要善于发现其索赔的权利，而且应严格遵守实施此类索赔的程序。

在国际工程施工过程中遇到当局引起的延误(Delays Caused by Authorities)，承包商已经积极遵守了施工所在国的合法当局制定的程序，这些当局延误或打扰了承包商的工作，延误或打扰是承包商无法提前预见的。如果上述3个条件都满足，则此类延误或打扰可作为承包商提出工期索赔的原因。也就是说，只有承包商提出证据，证明自己的做法符合这3个条件，才获得索赔工期的权利。

承包商要特别注意进度管理最好不要出现实际进度太慢，不能在合同工期内完成工程，或者进度已经或将落后于现有的进度计划，而承包商又无权索赔工期的情况。这种情况下工程师可以要求承包商赶工，并且承包商承担自己的赶工费和业主为赶工付出的额外费用(为配合承包商的加班，业主方的人员一般也得加班，导致业主比正常情况施工多付加班费)。

实践中，经常遇到这种情况：工程师要求承包商赶工，承包商按其要求进行了赶工，但承包商同时提出了工期索赔，而工程师没有批准。原因是经过承包商赶工，工程按时完成了，而最终仲裁员裁定承包商有权延期，但此时工程已经完工，那么承包商在此情况下怎么样为其赶工得到补偿？承包商可以将工程师要求赶工的通知看作一项可推定的变更命令。工程师变更了新的合同工期(等于原工期加上裁定延期工期)，进而按变更的原则来提出经济索赔。因为最后裁定承包商有权获得延期，这证明工程师“没有正当的原因”而扣发了给予承包商的延期决定，或者工程师下达的赶工指令是不正确的。

承包商要特别规避“拖期赔偿费”，这是对承包商的一种约束。由于承包商的原因导致工程拖期，承包商赔偿业主的这笔“拖期赔偿费”是很高的，因为有惩罚的性质。但如果拖期赔偿费标准明显高于业主的损失，则有可能被法律认定此规定没有效力。

3）承包商的质量管理

(1) 编制质量体系。

承包商依据合同规定的各项内容编制一套质量保证体系，表明其遵守合同的各项要求；在每一设计和实施阶段开始之前，所有具体的工作程序和执行文件，提交给工程师，供其参阅；在向工程师提交任何技术文件时，该文件上面应有承包商自己内部已经批准的明确标识；执行质量保证体系并不解除承包商在合同中的任何义务和责任。

(2) 承包商实施工程作业的规则。

质量是工程的生命。为了工程质量，无论是永久设备和材料的加工与制造，还是其他的工程施工作业，承包商都应遵守下列3项原则：①如果合同中有具体的规定，按此类具体方式来实施；②应按照公认的良好惯例，以恰当的施工工艺和谨慎的态度去实施；③若合同没有另外的规定，应使用恰当配备的设施和无害材料来实施。

(3) 检查(Inspection)与检验(Testing)。

业主在施工期间对承包商工作的检查与检验是控制工程质量的手段，那么承包商应该做的是提供一切机会协助业主方人员完成此类工作，并提供所需设施等；当完成的一项工作在隐蔽之前，或者任何产品在包装储存或运输之前，承包商应及时通知工程师；如果承包商没有通知工程师，则在工程师要求时，承包商应自费打开已经覆盖的工程，供工程师检查，并随后恢复原状。检验过程中，承包商为检验要提供的服务包括提供合格的人员、设施仪器、能源材料等消耗品。

尽管已经进行了检验或给予了认可，承包商仍有责任换掉不符合合同的材料和永久设备；对不符合合同要求的工作一律返工；在发生紧急情况时，如事故、意外事件等，为了

工程的安全需要紧急做的任何工作；承包商应在合理的时间内执行工程师的指令，如果属于紧急情况，应立即执行；若准备对永久设备、材料及工程的其他部分检验，承包商应与工程师提前商定检验的时间和地点。

(4) 承包商对工程材料的质量管理。

承包商在将材料用于工程之前，应向工程师提交有关材料的样品和资料，取得工程师的同意；此类样品包括承包商自费提供的厂家的标准样品以及合同中规定的其他样品。

承包商可以依据规范以及有关设计要求，向厂家提出要采购的材料的技术数据。厂家将自己产品的技术数据提供给承包商，承包商认为符合要求之后，在下订单之前，把此类技术数据提交给工程师，经工程师同意后再下达订单，这样就可避免工程师对已经采购的材料拒绝用于工程的被动局面。

有些国际工程合同中明确规定，一些重要的永久设备在下订单之前需要得到业主对厂家的批准，或者承包商只能从业主批准的供货商名单中购买。

4) 承包商的支付管理

承包商的支付管理的目的就是顺利地从业主那拿到应得的合同价格(工程款)。合同价格等于工程单价乘以实际完成的工程量，再加上包干项。合同价格已经包含了承包商应支付的各种税费。

(1) 提交包干项分解表。

为了方便工程师判断每月报表中的包干项目的支付申请是否合理，承包商要在开工后28天内向工程师提交一份包干项的分解表。

(2) 承包要支付预付款和收回保留金。

承包商要按照规定支付业主的预付款，并且还要注意在工程完成签发接收证书后向工程师索要40%的保留金，当缺陷通知期结束以后要收回保留金的60%。

(3) 申请期中支付和最终支付。

期中付款在国内通常称为进度款，其性质为工程执行过程中根据承包商完成的工程量给予的临时付款。在每个月末之后，承包商应按工程师批准的格式向工程师提交月报表，一式6份，详细列出承包商认为自己有权获得的款额，并附有证明文件，工程师根据关规定支付证书给业主，业主以此为据支付给承包商工程进度款。

最终支付申请是在工程全部完成，缺陷通知期结束后，承包商收到履约证书后的56天内，承包商应按工程师批准的格式，向其提交最终报表草案，一式6份，同时附有证明文件作为结算申请书；最终报表草案详细列明两项内容：一是承包商完成的全部工作的价值；二是承包商认为业主仍需要支付给他的余额。

承包商应争取与工程师尽快确定无争议的那一部分款项，以尽早收回，减少风险。对于剩下的问题，可逐一谈判，如果涉及的争议金额较大，有可能需要仲裁解决。

(4) 承包商对延误付款的权利。

合同规定了业主必须支付承包商款项的时间限制，如果业主不在规定的时间付款，承包商有权就没有收到的款额收取融资费，按月复利计，从上款规定的应支付日期开始计算收取融资费；计算融资费的利率按支付货币国家中央银行的贴现率再加上3个百分点，支付融资费的货币也与应支付货币相同；承包商不需要正式通知和证明，就有权获得上述付款，同时还可获得其他补救权利。

承包商切记，在合同中不但要规定业主延误支付时要负担利息，同时还要规定，承包商还有暂停、甚至终止合同的权利，否则就可能会在工作中极为被动。因为虽然业主支付利息，但工程实施需要资金不断注入，如果资金一时无法筹集到，这极可能会影响到设备材料采购，进而延误工期。如果只规定承包商享有利息的权利，此外没有其他权利，那么延误工期的后果只能由承包商来承担，因为承包商索赔工期时，找不到合同条款可依据。承包商需要注意此类貌似公平的合同陷阱。

(5) 支付货币(Currencies of Payment)。

由于国际工程的参与方来自不同国家，有时不可能全部用当地货币支付，尤其当地货币不能自由兑换时，更是如此。那么，国际工程中对支付货币是这样规定的。合同价格应以投标函附录中指定的一种或多种货币支付；若中标合同款额全部是以当地币表示的：①当地币和各外币的支付数额或比例，计算支付款时使用的固定汇率，应按投标函附录中的规定，或双方另外商定执行；②暂定金额下的支付以及因立法变动调价应按适当的货币和比例支付；③支付进度款时，除因立法变更调价之外，凡属于“申请期中支付证书”中报表前4项所列的各项内容，应按①中的规定执行；投标函附录中规定的(拖期)赔偿费应以投标函附录规定的货币以及比例支付；承包商应支付业主的其他费用，应以业主开支的货币来支付，或者双方商定亦可；如果承包商以某币种应支付业主的金额超过了业主按该币种支付承包商的款额，则余额可从业主以其他币种支付承包商的款额中扣除；如果投标函附录中没有规定兑换率，则使用的兑换率应为由工程施工所在国央行确定的在基准日期当天的兑现率。

5) 承包商的变更管理

在工程进程中，业主(通过工程师)可以在施工期间对工程进行变更，并给出了变更的范围(见本书“红皮书业主的合同管理”)；承包商不得自行对工程进行变更。

(1) 承包商收到变更指令后的通知行为。

虽然承包商不得对工程自行变更，但是承包商在变更管理中并非完全处于被动地位。如果承包商收到变更指令后通知工程师无法随时获得变更需要的物品，并附有证明资料后，可以暂时不执行变更工作，但工程师在权衡承包商的通知和证明后，可以撤销变更，修改变更，也可以仍然要求按原指令变更。如果在这种情况下，工程师坚持变更，那么承包商这一通知和证据无疑为索赔工期和费用提供了比较可靠的证据。承包商应该利用这种通知行为为自己的索赔积累证据。

(2) 价值工程(Value Engineering)。

由于承包商是工程的具体执行者，他比较了解工程实施中的实际情况，加上有的承包商经验丰富，因而可能会有一些降低成本、缩短工期的想法。为了鼓励承包商提出合理化建议，FIDIC合同条件做出了以下规定：如果承包商认为自己的建议能够使得工程缩短工期，降低工程实施，维护或运营之成本，提高项目竣工后的效率或价值，如果承包商的建议节约了工程费用，则承包商得到的报酬应为节约费用的一半。

(3) 承包商的变更建议书。

FIDIC合同条件的变更程序规定在正式下达变更指令之前，工程师可能会征求承包商的意见，要求承包商提交建议书，承包商应尽快答复；如果承包商无法提交建议书，应说明原因；如果提交建议书，则建议书应包括：变更工作的实施方法和计划；工程总体进度计划因变更必须进行调整的建议；承包商对变更的费用估算；工程师收到承包商的建议书后应尽快答复，可以批准、否决或提出意见，但承包商在等待答复的过程中应正常工作。

承包商编制的变更建议书可能被采纳、也可能不被采纳。如果承包商是应工程师要求编制建议书，如果不进行变更，业主应补偿承包商一定的建议书编制费。

(4) 暂定金和计日工。

暂定金额(Provisional Sums)支付给承包商的款项需要满足两个条件：一是工程师下达的指令，要承包商实施该工作；二是此类工作属于暂定金额下的工作。暂定金额主要涉及某些变更工作和指定分包商的工作。对于暂定金额下的变更工作，这笔款项按变更估价支付承包商；如果是暂定金额下的指定分包商工作，承包商可以收取一定的管理费和利润，具体计算方法按明细表(如工程量表或计日工表)规定的相关百分比或投标函附录中规定的百分比(即“暂定金额调整百分比”)乘以实际费用开支(即支付给指定分包商的费用)而得到。

在实践中，通常暂定金额加入承包商的投标报价中，成为其整个报价的一部分。同时，应注意，凡指明由暂定金额下开支的费用(如对于支付货币比例问题)，在实践中一般最终都会协商确定，如果不能确定，则可以按争端程序来解决。

计日工(Daywork)是指如果在工程执行过程中，出现了一些额外不属于承包商分内的零散工作，工程师可以下达变更指令，要求承包商按计日工方式来实施此类工作；此类工作按合同中的计日工表和以下程序进行估价。计日工也是承包商增加收入的途径。在国际工程实践中，承包商非常重视在投标报价中把这一部分价格提高一些。

在国际工程中，通常在招标文件中有一个计日工表，列出有关施工设备、常用材料和各类人员等，要求承包商报出单价，以备工程实施期间业主方(工程师)要求承包商做一些附加的“零散工作”时的支付依据。计日工通常由相关的暂定金额支付。

承包商须每天将计日工作所耗资源报工程师，一式两份，工程师核定后签字退还承包商一份，但没有规定工程师签字退还一份的时间规定。在实践中，如果承包商与工程师方关系良好时，工程师一般在这方面比较合作，承包商也就比较容易拿到工程师签字的核定计日工作量(其他类似的签证也是如此)，所以承包商与工程师搞好关系非常重要。

(5) 立法变动与调整。

工程建设的时间跨度一般比较长，承包商投标时所考虑的影响报价的因素可能会因建设期间相关立法变动(如税法的变动)而受到影响，从而影响到工程的实际费用。那么，FIDIC合同条件是这样规定的：①在基准日期(投标书截止日期前28天)之后，如果工程所在国的法律发生变动，引入了新法律，或废止修改了原有法律，或者对原法律的司法解释或政府官方解释发生变动，从而影响了承包商履行合同的义务，则应根据此类变动引起工程费用增加或减少的具体情况，对合同价格进行相应的调整；②如果因立法变动致使承包商延误了工程进度，招致了额外费用，他可以根据20.1款“承包商的索赔”索赔工期和费用。

承包商编制投标报价的依据之一就是工程所在国的各项法律，如《税法》、《劳动法》、《保险法》、《海关法》、《环境保护法》等，如果这些法律发生变动，其工程费用当然会受到影响，因为这常常是承包商无法预见的，因此根据影响的程度对合同价格以及工期做出调整是公平合理的。

（6）价格变动与调整。

对于国际工程，支付工程款一般分为外币和当地币两部分，对于正常的合同款，可以按照合同中规定的比例进行支付；对于变更调整的款额应使用哪种货币支付呢？FIDIC合同条件规定，在确定变更款时，应同时确定支付变更款使用的货币；在确定使用何种货币时，应考虑两个因素：一是完成变更工作实际需要哪些货币；二是合同规定支付合同价格的货币比例。

如果在基准日期后，某些材料、设备、劳工等的价格出现波动，应根据FIDIC合同条件中的调价公式来调整。

$$Pn=a+bLn/Lo+cEn/Eo+dMn/Mo+\cdots$$

公式说明：

①“Pn”为适用于第n月的调价系数，用该系数乘以第n期间(一般为“月”，以下简称“月”)的估算工程进度款，即可得出调价后的该月工程款，该系数适用于各种支付货币；

②“a”为固定系数，表示不调整的那部分合同款，“b”、“c”、“d”、“…”为工程费用构成的调整比例，如劳工、材料、施工设备等，这些系数值的大小在“数据调整表”(投标函附录中所附的并且已经贴写了数据的列表)中予以规定；

③“Ln”、“En”、“Mn”、“…”为用于第n月支付的现行费用指数或参照价格，其指数值取该月最后一天以前第49天当天适用的指数值，不同的支付货币，不同的费用构成相应的指数值；

④“Lo”、“Eo”、“Mo”、“…”为基本费用指数或参照价格，其指数取基准日期当天适用的指数值，每种支付货币所对应的费用构成，应取相应的指数值。

3. 竣工验收阶段承包商的合同管理

承包商要明确自已在竣工检验阶段的义务，按合同规定处理好延误检验、重新检验和未能通过竣工检验等事务。承包商在这个阶段还要报送竣工报表。

1）承包商的义务

（1）承包商应根据FIDIC合同条款“检验”中的规定来执行竣工检验。

（2）但在开始检验之前，承包商必须提交“承包商文件”(指由承包商根据合同提交的所有计算书、计算机程序和其他软件、图纸、手册、模型和其他技术性文件)。

（3）承包商需要将准备好进行竣工检验的日期提前21天通知工程师。

（4）如果双方没有另外商定其他时间，那么竣工检验应在上述承包商“准备好进行竣工检验的日期”后的14天内开始，具体到在哪一天(几天)进行，则按工程师的指令。

（5）如果业主在竣工检验前使用了工程，那么在评定竣工检验结果时，工程师应考虑业主的使用对工程的性能造成的影响。

（6）一旦通过竣工检验，承包商应尽快将一份正式的检验报告提交给工程师。

2）承包商对延误的检验的处理

如果竣工检验被业主方延误，导致承包商额外的费用和延误的工期，承包商有权要求索赔工期、费用和利润。

对未通过检验的工作和未通过竣工检验的工程，承包商要积极修复，要求重新检验。由此造成的额外费用由承包商自己承担。

3）承包商报送竣工报表

颁发工程接收证书后的84天内，承包商应按工程师规定的格式报送竣工报表，其内容包括以下三方面。

（1）到工程接收证书中指明的竣工日期为止，根据合同完成全部工作的最终价值。

（2）承包商认为应该支付给他的其他款项，如要求的索赔款、应退还的部分保留金等。

（3）承包商认为根据合同应支付给他的估算总额。所谓“估算总额”是指这笔金额还未经过工程师审核同意。估算总额应在竣工结算报表中单独列出，以便工程师签发支付证书。

4. 承包商在缺陷通知期的合同管理

1）承包商在缺陷通知期内应承担的义务

工程师在缺陷通知期内可就以下事项向承包商发布指示。

（1）将不符合合同规定的永久设备或材料从现场移走并替换。

（2）将不符合合同规定的工程拆除并重建。

（3）实施任何因保护工程安全而需要进行的紧急工作，不论事件起因于不可预见事件还是其他事件。

2）承包商的补救义务

承包商应在工程师指示的合理时间内完成上述工作。若承包商未能遵守指示，业主有权雇用其他人实施并予以付款。如果属于承包商应承担的责任原因导致，业主有权按照业主索赔的程序向承包商索赔。

3）履约证书

履约证书是承包商已按合同规定完成全部施工义务的证明，因此该证书颁发后工程师就无权再指示承包商进行任何施工工作，承包商即可办理最终结算手续。

缺陷通知期内工程圆满地通过运行考验，工程师应在期满后的28天内，向业主签发解除承包商承担工程缺陷责任的证书(履约证书)，并将副本送给承包商。

承包商与合同有关的实际义务已经完成，但合同尚未终止，还有财务和管理方面的合同义务。业主应在证书颁发后的4天内，退还承包商的履约保证书。

缺陷通知期满时，如果工程师认为还存在影响工程运行或使用的较大缺陷，可以延长缺陷通知期，推迟颁发证书，但缺陷通知期的延长不应超过竣工日后的2年。

4）最终结算

最终结算是指颁发履约证书后，对承包商完成全部工作价值的详细结算，以及根据合同条件对应付给承包商的其他费用进行核实，确定合同的最终价格。

颁发履约证书后的56天内，承包商应向工程师提交最终报表草案，以及工程师要求提交的有关资料。工程师在接到最终报表和结清单附件后的28天内签发最终支付证书，业主应在收到证书后的56天内支付。只有当业主按照最终支付证书的金额予以支付并退还履约保函后，结清单才生效，承包商的索赔权也即行终止。

10.3.2 黄皮书下承包商的合同管理

黄皮书与红皮书相比，承包商在合同管理中最大的不同就是工作范围除了施工还包括设计，即承包商要完成生产设备的设计、制造和安装。黄皮书的承包商条款与红皮书基本相同不再赘述，只叙述不同之处。

1. 施工前承包商的合同管理

1）承包商建议书

承包商的建议书(Contractor's Proposal)是承包商编写的投标技术方案，包括设计、施工，以及采购等工作安排计划。这份投标文件是反映承包商技术力量的主要标志。

承包商的建议书编制得越详细，越有利于减少合同双方在工程实施阶段就工程的设计等问题产生的矛盾。但由于承包商编制详细的建议书，尤其是设计部分，需要一定的费用和时间，因此，承包商可能不太愿意为投标花费太大的代价，尤其是当投标人数目较多时，要求承包商编制十分详细的建议书有时不太实际。

承包商有两个时间需要对“业主的要求”进行研究：一个是承包商投标期间，目的为了编制投标文件和计算报价；另一是在工程开工后，目的是在开始设计以前保证“业主的要求”中的问题能及时发现。如果“业主的要求”中的错误影响了承包商的工作，允许承包商提出索赔。但必须满足一个条件，即“业主的要求”中出现的错误必须是一个有经验的承包商经过认真核查也无法发现的。因此，如果承包商要索赔，他必须证明，他按要求在上述两个时间段都进行了合理的审核，而未能发现错误，并应能提供证据。

2）承包商的设计义务

工程设计大致可划分3个阶段：概念设计阶段、基础(初步)设计阶段、详细设计阶段。概念设计通常由业主在项目可行性研究阶段进行，并将设计出的图纸与文件编入“业主的要求”中，作为招标文件的一部分；初步设计也称为基础设计，由承包商在投标时依据业主的要求来做或提出详细的设计计划，并在中标后具体实施；详细设计是在承包商完成初步设计后，于工程实施过程中逐步完成。承包商在设计方面的义务如下所述。

(1) 承包商应执行工程的设计并为之负责。

(2) 从事设计的人员必须是合格的工程师或其他专业人员，如果业主的要求中规定了相关标准，则设计人员应达到该标准。

(3) 除合同另有规定以外，设计人员和设计分包商应报经工程师同意。

(4) 承包商应保证其设计人员和设计分包商具备设计所必需的经验和能力，并保证在缺陷通知期届满之前他们随时能参加与工程师的讨论。

(5) 开工通知颁发之前，承包商应仔细审核业主的要求中的设计标准和计算书以及任何放线参照数据，并在投标函附录规定的时间内，将发现的错误通知工程师；工程师收到通知后，应决定是否变更，并通知承包商；如果该错误是一个有经验的承包商在提交投标文件前经过仔细审查招标文件和现场可以预见的，则合同费用和竣工时间不予调整。

由于设计工作比较专业，很多承包商本身不具备设计能力，因此需要进行设计分包。设计工作是总承包工作中的核心工作之一，设计工作执行的好坏直接关系到后续施工是否能够顺利进行。可以这样认为，好的设计是总承包项目成功的一半。

3）业主要求中出现错误是承包商的索赔条件

黄皮书规定，承包商应在规定的时间内将发现的业主的要求中的错误通知业主，这项规定实际上给承包商提供了一个索赔机会，但承包商本身至少要做到以下几个方面。

(1) 必须证明他在投标期间仔细审阅了招标文件的各项规定，尤其是业主的要求中的各类规定。

(2) 必须在投标期间仔细踏勘了现场。

(3) 在整个投标期间的做法属于一个有经验的承包商的通常做法。

(4) 由于业主的要求中的错误的隐蔽性，他仍不能够发现该类错误。

如果达不到上述条件，则即使由于发现的错误导致变更，费用和工期仍不能得到索赔。

4）承包商的文件

承包商的文件(Contractor's Documents)既是工程的实施的操作依据，又是承包商内部控制工程质量的前提。

(1) 承包商的文件内容包括：①业主的要求中规定的技术文件；②为满足法规要求的批准须编制的文件；③合同要求的竣工文件；④操作维护手册。

(2) 承包商的文件编写要求。

承包商应使用合同规定的语言编制。除前面提到的承包商的文件以外，承包商还需要编制为指导其人员施工所需的其他文件，并接受业主的人员的检查。若业主的要求中规定承包商的文件应提交工程师审查或批准，则应按要求提交，并附通知；除非业主的要求中另有规定，否则，从工程师收到承包商的文件和通知算起，审核或批准的时间不应超过21天。

(3) 承包商的文件递交和审批程序如下：①需要取得工程师批准或许可的承包商的文件已经提交给工程师后21天内，工程师应通知承包商文件是否予以批准，若批准，可以不给出额外说明；若不批准，应说明不符合合同的地方。②工程师批准文件之前，相关工程不得开工。③审核期届满后，即认为工程师已经批准承包商的文件，除非工程师在审核期内通知承包商该文件不符合合同的方面。④对于承包商的所有文件，审核期不届满，相关施工工作不得开始。⑤承包商应按照审核或批准的文件实施。⑥若承包商随后希望修改以前已经提交给工程师的文件，则他应立即通知工程师，并将修改的文件按程序提交给工程师。⑦若工程师认为需要承包商编制进一步的文件，承包商应立即编制。⑧任何此类审核或批准不解除承包商的任何义务和责任。

对承包商的文件的审核与批准，主要目的是保证承包商的设计等符合合同的规定。从理论上讲，也给业主一个变更其原来要求的机会。

工程师掌握着批复权，因为得不到批准，承包商不得开工。工程师是承包商承担总承包工程的主要潜在风险之一，承包商应特别注意保证与业主建立良好的合作关系，以自身的技术实力赢得对方的信任，这样将有助于文件的批复；以合同为手段，在确信自身设计符合合同要求，而对方故意刁难时，可以参阅合同中相关的条款提出索赔。

如果工程师指示承包商编制进一步的承包商的文件，承包商应立即执行。在执行此指令时，承包商应注意，工程师要求的文件是否属于合同规定的范围之内，若不属于，则有权将此类指令视为变更指令。

5）承包商的保证

在总承包合同中，通常要求承包商对其设计和施工做出承诺或保证，承包商应保证其设计、文件、施工及完成的工程符合工程实施所在国的法律和合同文件。这就要求承包商在投标阶段应该对该国的相关法律进行查阅，可以通过业主或当地代理来了解，如海关的相关规定等。在执行合同的规定时，有关组成合同的文件很多，彼此之间有可能存在不一致的情况，执行时最好要求工程师澄清，并应按最有优先权的文件执行。

6）技术标准和规章的研究

承包商的设计、文件、工程实施，及竣工后的工程都必须符合当地技术标准和法律规章。这就提醒承包商，在承担包括设计的总承包工程时，一个重要的问题就是需要了解工程所在国涉及工程建设的相关法律，尤其是工程建设的技术标准及环保法规，并且在投标阶段就要进行研究。

2. 工程实施阶段承包商的合同管理

1）承包商负责培训

培训(Training)是设计—施工总承包合同的一个特点，原因是在工程结束以后，工程的运行需要“本土化”，让当地人掌握工程操作和维护的有效途径就是让工程的设计和实施者去对业主的人员进行培训。黄皮书规定，承包商应根据业主的要求中的具体规定，对业主的人员进行工程操作和维护培训；如果合同规定的培训在工程接收前执行，则完成培训工作之前，不能认为工程已经竣工，因而业主也不予以接收。

从理论上讲，承包商没有义务保证接受培训的学员一定到达某一水平，但如果培训效果不好，学员达不到工程操作和维护的技能，这可能会导致业主以“承包商没有完成培训”为借口，拖延签发接收证书。承包商的培训计划应反映在承包商向业主提交的进度计划中。

2）承包商编制竣工文件

竣工文件(As-built Documents)是业主工程项目的重要的存档文件，也是对今后工程检修所需的必要资料。编制竣工文件通常是承包商工作的一部分。承包商应按实际施工情况编制完整的竣工记录，保存在现场，并在竣工检验开始前提交工程师两份副本；承包商还应向工程师提供竣工图纸，此类图纸应按“承包商文件”重点规定提交工程师审查，承包商应就绘制竣工图纸的尺寸，基准系统等具体事宜征得工程师的同意；接收证书颁发之前，承包商应按照业主的要求中的规定，向工程师提交规定的竣工图纸的份数与类型，工程师收到此类文件之前，工程不被认为完工，不能进行接收。

这里提醒承包商，要注意实施过程中对有关工作的记录，要做到随施工、随整理，防止工程已经完成，但由于竣工文件没有同步编制而延误工程移交的时间。

3）承包商编制操作维护手册

对于包括设计的总包工程，如机电工程，合同都规定，编制操作维护手册(Operation and Maintenance Manuals)是承包商工作的一部分。在竣工检验开始前，承包商应将操作维护手册的临时版本提交工程师，手册的编制标准应能满足业主运行、维护、修理工程中的永久设备等需要；操作维护手册的最终版本以及业主的要求中规定的其他手册必须在工程接收之前提交给工程师，否则工程不予接收。

4）承包商对设计错误的责任

在总承包项目中，既然设计是工作的一部分，当然承包商应对设计负责。黄皮书合同条件规定，如果承包商的文件中出现错误、疏漏、缺陷等，不管工程师对其批准与否，这些文件的修改以及相关工程的返工，都由承包商自费负责。这一规定再次显示出国际工程中的这样一个原则：即使工程师(业主代表)批准了承包商的各类文件，其后果还是由承包商负担。业主方的批准或许可只是一种监督，承包商在合同下的责任是向业主提交一个符合合同要求的“最终产品”。

但本款的规定，需要与业主的要求中的错误的规定联系起来，如果承包商的设计错误是由于业主的要求的问题引起的，则承包商还是有可能进行索赔的。

5）承包商的支付管理

黄皮书的合同价格基本属于不可调价的总价合同，但也可按照合同规定进行调整。承包商在要求支付工程款时，红皮书以工程量表为依据，而黄皮书以明细表为依据，这种明细表不像工程量表那样对合同价格有约束力，它只能为支付工程款提供参考。

总价合同一般包括“支付表”，如果支付表达规定不详细，承包商则要编制另一程序，详细说明计算方式，报工程师批准，作为支付工程款的依据。

承包商要注意在投标函附录中要规定保留金的支付，如果没有规定业主可不退还保留金。与红皮书不同的是，黄皮书签发的接收证书有时是工程区段，则从保留金的一半中退还相应的比例。

3. 工程竣工验收阶段承包商的合同管理

1）竣工后检验承包商的责任

竣工检验承包商的责任与红皮书相同部分不赘述，只讲不同的部分即“竣工后检验”。因为黄皮书合同条件是包括设计的总承包合同，承包商需要按照“业主的要求”中的规定来设计和施工。此类合同，特别是机电工程，要求工程完成后达到某一性能标准，如能源消耗与产出的标准。为了检验工程竣工后是否达到了规定的标准，就需要在投产后进行检验，即“竣工后检验”。

在竣工后检验过程中，承包商处于协助地位。承包商提供操作维护手册并对业主给予指导。承包商可以主动参加竣工后检验，也可在业主要求下参加；如果承包商不在商定的时间和地点参加检验，业主可自行检验，承包商应认可业主的检验结果；如果承包商因为业主无故延误竣工后检验招致了额外费用，承包商应向工程师发出通知，并有权根据索赔程序索赔额外费用以及合理利润；如果工程没有通过竣工后检验，则承包商应按黄皮书11.1款的规定修复缺陷；如果此类重复检验是由于承包商的原因引起的，并导致业主支付了额外费用，业主可以按程序向承包商提出索赔。

2）承包商对缺陷负责的4种情况

(1) 缺陷是由于承包商的设计导致的。

(2) 永久设备，材料或施工工艺不符合合同要求。

(3) 由此承包商对业主人员进行的培训以及其编制的操作维护手册等原因，导致工程不能正常运行或维护。

(4) 承包商没有遵守其他合同义务。

3）未能通过竣工后检验承包商的责任

承包商在缺陷通知期内支付了未通过检验的赔偿费赔偿费，认为工程已经通过了竣工后检验；若工程没有通过竣工后检验(Failure to Pass Tests After Completion)，承包商提议对工程进行修复，则承包商有义务等待答复。若业主在缺陷通知期内仍没有给予承包商此类通知，则认为承包商此类义务已经完成，并且工程通过了竣工后检验；若业主没有正当理由，延误了承包商进入工程调查检验失败的原因或整修的时间，导致额外费用，承包商应通知工程师并有权索赔相应费用和利润。

10.3.3 银皮书下承包商的合同管理

在银皮书模式下，虽然从工作范围上与新黄皮书类似，但从实施工程所承担的责任与风险上，承包商承担的要多得多。

1. 施工前承包商的合同管理

1）确定承包商的代表与分包商

本款的规定与新红皮书和新黄皮书中对承包商的代表的规定很类似，略有不同的是承包商的代表可以离开现场，只不过，他在离开现场前将临时代替其行使职责的人通知业主即可，而这一替代人员不需要得到业主的事先同意。

在银皮书中，分包商的选定不需要经过业主的批准，这与新红皮书、新黄皮书中对分包商的管理有一点不同，它给予承包商自由选择分包商的权利。但在实践中，某些EPC合同还是要求承包商选择的分包商需要经过业主的批准，尤其是涉及负责提供重要永久设备的分包商(供应商)时，有时业主的要求是十分严格的。

2）承包商对设计的责任

承包商在工程设计之前必须明确承包商的设计责任。黄皮书中是在开工后要求承包商详细审查“业主的要求”，而银皮书是承包商在投标阶段就要详细审查“业主的要求”。在银皮书中，承包商承担的责任要比新黄皮书中承包商承担的设计责任大。因为黄皮书规定，承包商不但对自己的设计负责，而且对业主的要求中的某些错误也应负责。而根据新黄皮书的规定，如果“业主的要求”中有错误，且是一个有经验的承包商在投标阶段无法发现的问题，承包商有权利索赔。而银皮书对“业主的要求”必须进行充分的研究，对发现的问题，要求业主澄清。否则，如果是基于“业主的要求”的错误信息编制投标文件，后果由承包商负担。

3）编制承包商的文件

关于承包商文件(Contractor’s Documents)的规定与新黄皮书中的规定类似，所不同的是在新黄皮书中，对于承包商的文件，有的需要工程师审查(Review)，有的则需要批准(Approval)。而在银皮书下，承包商的文件只需要业主审查，不需要业主批准。因此，在银皮书下，业主的管理显然比新黄皮书下宽松，对承包商比较有利。

但承包商必须注意，这并不是意味着可以按自己的意图进行设计，设计必须符合合同的要求，如果在业主审查过程中发现其不符合合同的地方，仍必须立即修改。

2. 施工过程承包商的合同管理

1) 关于承包商“放线”和“现场数据”的责任

关于放线银皮书规定：承包商应按照合同规定的原始数据进行放线，并保证放线的正确性等。这一点与红皮书和黄皮书规定的相同，但是银皮书却删除了新红皮书和新黄皮书中的下面的规定，即如果原始数据有错误，承包商可以就由此导致的损失向业主提出索赔。这就加大了承包商的潜在风险。承包商应特别注意，在放线之前，应对有关数据进行详细的核实，不要过分信赖业主提供的数据的正确性。

关于现场数据承包商应负责审查和解释业主提供的现场数据，业主对此类数据的准确性，充分性和完整性不负担任何责任。显然，银皮书使承包商完全承担这方面的风险，没给承包商在这方面提出索赔留有一定的余地。

2) 施工过程承包商承担不可预见的风险

在新红皮书和新黄皮书下，承包商碰到不可预见的外部条件时可以向业主提出索赔，但是银皮书中规定：承包商被认为已经了解到有可能影响到工程的一切风险因素；只要承包商签订了合同，就意味着他接受了预见到圆满完成工程所碰到的一切困难，以及所需要的全部费用，合同价格不因任何没有预见到的困难或费用而进行调整；合同中另有说明的除外。可见银皮书基本排除了承包商以不可预见条件为理由向业主索赔的合同依据，因而，此类索赔不可能成功。这就提醒承包商，必须清醒地认识到在银皮书模式下自己所承担的风险，并采取相应的防范措施。

3) 承包商的进度管理

关于开工、暂停、延误方面的管理大体与黄皮书相同，这里不再赘述，只讲不同点，即关于竣工时间的延长。

新黄皮书中(新红皮书也一样)，在下列5种情况下，承包商有权提出延长工程竣工时间的要求。

(1) 发生合同变更或某些工作量有大量变化。

(2) 本合同条件中提到的赋予承包商索赔权的原因。

(3) 异常不利的气候条件。

(4) 由于流行病或政府当局的原因导致的无法预见的人员或物品的短缺。

(5) 业主方或在现场的其他承包商造成的延误、妨碍或阻止。

而在银皮书中，上面的5种情况中，只剩下列3种情况下，允许承包商提出索赔工期。

(1) 发生合同变更或某些工作量有大量变化。

(2) 本合同条件中提到的赋予承包商索赔权的原因。

(3) 业主方或在现场的其他承包商造成的延误、妨碍或阻止。

可见，银皮书下的风险分担严重向承包商倾斜。在采用银皮书合同条件时，承包商要特别注意研读自己承担的风险，才能在投标阶段和工程实施阶段防范这些风险。

4) 变更与支付管理

关于合同价格的变更，银皮书规定：“如果合同价格因劳务、物品以及工程其他投入的费用波动而进行调整，则应在专有条件中予以规定。”而在新红皮书和新黄皮书下，直接规定了如何因劳务费用和物价波动进行调整，并给出了调价公式。FIDIC 更倾向于在新红皮书和新黄皮书下进行物价调整，而银皮书中一般不予以调整。在银皮书中，物价波动的风险由承包商承担。

申请期中支付是承包商直接向业主提出支付申请报表，报表的内容与新黄皮书中的一样。期中支付时间与红、黄皮书相同，都是在业主(工程师)收到报表后 56 天支付。预付款支付时间银皮书是预付款的第一笔支付款都是在合同协议生效后或业主收到履约保证后 42 天内支付，而新红皮书和新黄皮书中规定是在中标函签发后 42 天内，或业主收到履约保证后 21 天内支付。对于保留金的支付与黄皮书相同。可见在最终支付的时间上，银皮书对承包商有利。

3. 竣工检验阶段承包商的合同管理

这一阶段承包商的合同管理与黄皮书基本相同，所不同的就是“竣工后检验”。银皮书中，本款的前一部分规定与新黄皮书中的规定相同，都是业主主要负责进行竣工后检验，承包商协助参加。但在后一部分，银皮书规定“竣工后检验的结果由承包商汇编和评价”，而新黄皮书规定“竣工后检验的结果由双方汇编和评价”。从这一规定来看，黄皮书对承包商是有利的。

10.3.4 绿皮书下承包商的合同管理

绿皮书中承包商的合同管理及其一般义务与前 3 个合同条件相同的地方就不重复论述，只陈述不同点。

1. 施工前承包商的合同管理

1) 确定承包商代表和分包商

承包商任命项目代表(承包商的项目经理)时，必须将该员的简历送交业主，并取得业主同意。关于确定分包商和红皮书 4.4 款的规定相同。

2) 承包商的设计管理与责任

承包商按照合同规定的范围进行设计。承包商完成设计后，应立即提交给业主；业主 14 天将意见反馈给承包商；如果设计不符合合同，业主应拒绝，但需要说明理由；若设计被拒绝，或在等待业主批复的 14 天内，承包商不得进行相关永久性的工程实施；承包商应对被拒绝的设计进行改正，随后立即再提交给业主；对业主有意见的设计，承包商在进行了必要的修改之后，再立即提交给业主。与新黄皮书和银皮书相比，业主的批复时间也比较短，为 14 天。和红、黄皮书一样，对承包商需要提交批复的次数没有限制。

承包商的设计责任是指如果业主把全部或部分设计工作委托给承包商时，承包商所负的责任。承包商对其设计负责，并保证其设计符合合同规定的预期目的；若承包商的设计涉及侵权，承包商也须自己负责；业主只为自己的图纸和规范负责。

3) 承包商的履约保证与保险办理

如果协议书附录中有规定，承包商应在开工日期后 14 天内，按业主批准的格式提交一份履约保证给业主，并应由业主批准的第三方开具。新红皮书和新黄皮书规定，承包商提交履约保证的时间是在收到中标函后的 28 天内；银皮书规定在双方签订协议书后 28 天内。

承包商要办理保险，并向业主提供证据，证明保险单一、有效，并已经交了保险费，如果承包商不办理保险，则由业主办理，其费用从承包商处收回。

2. 施工阶段承包商的合同管理

1）承包商的进度管理

(1) 实施工程。

承包商应在开工日期开工，并行动迅速，不得延误；而且在竣工时间内完成工程。

(2) 承包商提交进度计划。

承包商应按协议书附录规定的时间和格式向业主提交一份进度计划(开工后14天内)，格式没有具体给出。在前面3个合同条件中，要求承包商提交进度计划的时间为开工后的28天内。显然，对与此类简明合同适用的小型工程，由于编制进度计划相对简单，所需时间比大型工程要少，这是合理的。

(3) 工期延长(Extension of Time)。

若工程因业主的责任导致了延误，承包商有权按程序(绿皮书10.3款)索赔工期；业主接到承包商的索赔申请后，结合承包商提供的证据，给予适当的延期。

(4) 延迟完工(Late Completion)。

若承包商没有按期完工，需要按照协议书附录中规定的每天赔偿数额对业主进行赔偿。在协议书附录中，同时规定了赔偿的限额，为合同金额的10%。

2）承包商的支付管理

(1) 承包商的每月报表(Monthly Statement)。

承包商每月获得的进度款包括3部分：①已实施的工程价值；②已运到永久设备和材料费，具体计算方法按协议书附录规定；③同时根据合同进行相应的增加或减扣。

承包商每月向业主提交报表，作为要求支付上述款额的付款申请。在每月报表中，一般先列出截止到该月累计完成的工程价值，再列出在上一个支付证书已经支付的工程价值，将前者减去后者，即为该月所得到的工程的价值。对于设备、材料费，一般是运到现场后，按一定比例支付一次，等安装或使用到工程上，再支付剩余部分。本书的协议书附录规定，运到现场后，材料支付80%，永久设备支付90%，但这些材料和永久设备必须属于协议书附录中列明的材料和设备。

(2) 期中支付(Interim Payment)。

承包商要注意业主在收到报表后28天内支付承包商，但可以从中扣除保留金以及不同意的款额。索要业主扣留的保留金需要在完工以后。绿皮书规定归还承包商第一半保留金的时间是业主颁发给承包商工程接收通知后的14天内。绿皮书则给了14天的时间限制，而前面3个合同条件没有归还第一半保留金的时间限制，只是规定“当工程的接收证书签发后，第一半保留金即应退还给承包商(新红皮书)”，或“当工程的接收证书签发并通过一切工程检验后，第一半保留金即应退还给承包商(新黄皮书和银皮书)”。

要做到在工程接收后将所有保留金都退还承包商，承包商必须向业主提供一份银行保函，保函金额等于保留金的一半，作为承包商在后期的担保，来替代后一半保留金，这样做的目的是加速承包商的资金周转。

后一半保留金在协议书附录后规定的期限届满后14天内退还给承包商，或在承包商修复好缺陷通知期中应修复的缺陷或完成扫尾工作后的14天内退还，这两个时间以较迟者为准。

一旦后一半保留金全部退还给承包商，即认为业主认可承包商完成了缺陷责任和扫尾工作。

(3) 最终结算款(Final Payment)。

承包商应在完成扫尾工作或修复各项缺陷后(以最晚者为准)42天内提交最终账目和支持文件。业主在收到承包商提交的账目和文件之后的28天内，支付承包商，若业主对某款项有疑问，可暂时扣发该部分，并向承包商说明理由。

如果业主延误支付工程款时，承包商不仅有获得利息索赔的权利，还享有其他权利，如降低施工进度、暂停工程、甚至终止合同，由此造成的损失由业主承担。

3) 承包商的变更管理

承包商应在变更指令后的28天内，向业主提交一份包括变更各项内容在内的变更估价书，或在索赔事件发生后的28天内，提交列明各项索赔费用的索赔书；业主审查后，方可同意；若不同意，业主决定变更或索赔费用额度。

绿皮书规定的变更估价与前面的红、黄、银皮书3个合同条件的规定有所不同。绿皮书规定变更估价先由承包商提出列明分项的变更估价书，然后由业主同意，若不同意，业主可以自行决定；但在新红皮书和新黄皮书中，由工程师商定或决定变更价值，并明确包括一定的利润；银皮书是由业主直接和承包商商定或决定变更的金额，也包括利润。由于在这3个合同条件下，都要求承包商在实施变更时记录费用，因此，工程师或业主决定变更金额时，也一般基于承包商的费用记录。但如果承包商对业主的决定有疑问，则可以按争端解决程序要求裁决或仲裁。

遗憾的是绿皮书只规定承包商提交索赔的时间限制，却没有规定业主答复的时间限制，而前面3个合同条件给出了工程师(业主)必须答复的时间限制(42天)。由于绿皮书没有相关规定，所以对承包商很不利。提醒承包商注意如果采用绿皮书，在合同谈判时应写明这种时间限制。

4) 承包商对工程的照管与不可抗力的责任

(1) 承包商对工程的照管(Contractor's Care of the Works)。

从工程一开工，到收到业主的接收工程的通知，承包商负责整个工程的照管；业主接收后，照管责任由业主方负责；若承包商照管工程期间工程遭受损害，承包商应修复，达到合同要求；除非由“业主的责任”中所列出的情况导致，否则，承包商对工程的损害以及由于工程相关的所有赔偿要求负担全部责任，保证业主及其人员不因此而受到损害。

这里要注意的是承包商虽然有义务修复被损害的工程，但有权向业主提出索赔。反过来，即使业主接收了工程，如果工程出现了问题，并证明是承包商的原因(材料、设备、工艺等方面)，承包商仍应负责，至少在缺陷通知期内，业主有权要求承包商自费修复。

(2) 承包商对不可抗力的权利与义务。

若发生不可抗力，阻止一方无法履行合同义务，该方应立即通知对方；若有必要，承包商应暂停实施工程，并在业主同意下，从现场撤离施工设备。

若不可抗力事件持续了84天，任一方都可以向对方发出终止合同的通知，并在通知发出28天后生效。终止后，承包商应获得的剩余工程款，包括承包商完成的工作的价值仍没有支付的部分；运到现场的永久设备和材料的价值；承包商应得到的索赔款(绿皮书10.4款)；暂停导致的费用和撤离现场费用，但从这些费用中，应扣除承包商应支付业主的款项。应支付的剩余款应在终止通知日起的28天内支付。

“不可抗力”在绿皮书中的定义与红皮书中的类似，这里不再赘述。

3. 竣工验收和缺陷通知期阶段承包商的合同管理

承包商在竣工验收中的合同管理工作与红皮书类似，这里不再赘述，只研究承包商在缺陷通知期的责任。

承包商接到业主通知后修复缺陷或完成扫尾工作；若缺陷由承包商的设计、材料、工艺或不符合合同要求引起，则修复费用由承包商承担，其他原因引起的由业主承担；业主通知后，承包商没有在合理时间内修复缺陷或完成扫尾工作，业主有权自行完成相关工作，费用由承包商承担。通知的时间实际上就是前面几个合同条件中的“缺陷通知期”。类似的说法还有“维修期”、“质保期”，在红皮书第四版中被称为“缺陷责任期”。在本协议书附录中，该期限被规定为365天。

如果剥离隐蔽工程进行检查。但如果检查结果证明该部分工程符合合同规定，则此类剥离和检查应按照变更工作处理，承包商应得到相应的支付费。

在绿皮书中，只要承包商得到了业主的“接收通知”，就表示承包商基本完成了工程，并在(缺陷)通知期内完成剩余的扫尾工作和修复有关缺陷。绿皮书中没有“履约证书”。

4. 承包商的违约责任与合同终止

绿皮书12.1款规定承包商发生下列情况业主可以通知其违约。

(1) 放弃工程。

(2) 拒绝接受业主的有效指令。

(3) 拖延开工和延误进度。

(4) 不顾书面警告，违反合同。

若承包商收到通知后，没有在14天内对其违约采取一切合理措施进行补救，业主可以在随后的21天内，发出第二次通知，终止合同。承包商应从现场撤出，并应按第二次通知中业主的指示，将材料、永久设备以及承包商的设备留在现场，供业主使用，工程竣工后再另行处理。

本款列出了承包商在实施工程时的4种违约情况，并规定了整改期限，否则业主可以终止合同，后果由承包商自负。

终止合同后，承包商有权得到他已经完成的工程价值，以及合理运到现场的材料和永久设备的价值，并依据下列原则进行调整。

(1) 加上承包商应得到的索赔款。

(2) 扣除业主有权从承包商得到的款项。

(3) 若承包商违约或破产导致业主合同终止，业主可以再扣除等于在终止日仍没有实施的工程的价值的20%款额。

(4) 若业主违约或破产导致的承包商合同终止，承包商有权额外再获得等于在终止日仍没有实施的工程的价值的10%款额。

经过调整后，若业主欠承包商，业主应在通知终止后的28天内，支付承包商；若调整后，承包商欠业主，则承包商应在通知终止后的28天内，支付业主。

实践中如果业主宣布破产，承包商是很难拿到本该拿到的工程价值的。虽然有业主向承包商提供的支付担保，承包商可以凭其索赔，但因为业主破产后，其所有财产应按《破产法》的规定来处理，承包商只是一个普通的债权人，其应得赔偿通常放在清偿次序的后面。所以这一风险承包商在投标时就要有所准备。

如果承包商破产，即使业主手中有承包商的履约保证和扣留在现场的承包商的设备，能不能顺利得到赔付，也往往依赖于适用法律的规定。

FIDIC 4本书下，承包合同管理的比较见表10-3。

表10-3 FIDIC 4本书下承包商的合同管理比较

管理阶段	红皮书	黄皮书	银皮书	绿皮书
施工前	(1) 明确自己的义务； (2) 提供履约保证办理保险； (3) 选承包商代表和分包商； (4) 提交进度计划； (5) 放线与安全措施； (6) 调查核实现场数据	(1) 明确自己的义务； (2) 提供履约保证办理保险； (3) 编制承包商建议书； (4) 对业主错误承包商索赔的前提工作； (5) 编制承包商文件； (6) 保证设计质量的措施	(1) 明确自己的义务； (2) 提供履约保证办理保险； (3) 确定承包商代表与分包商； (4) 承包商承担设计责任； (5) 编制承包商文件	(1) 明确自己的义务； (2) 提供履约保证办理保险； (3) 选承包商代表和分包商； (4) 负责设计； (5) 提交进度计划
施工过程	(1) 现场管理； (2) 进度管理； (3) 质量管理； (4) 支付管理； (5) 变更管理	(1) 承包商负责培训工作； (2) 编制竣工文件； (3) 编制操作维护手册； (4) 承包商承担设计错误责任； (5) 进度管理； (6) 质量管理； (7) 支付管理； (8) 变更管理	(1) 承包商对放线和现场数据负责； (2) 承包商承担不可预见风险； (3) 保留金支付； (4) 进度管理； (5) 质量管理； (6) 支付管理； (7) 变更管理	(1) 进度管理； (2) 质量管理； (3) 支付管理； (4) 变更管理； (5) 对工程的照管
竣工验收	(1) 提交承包商文件； (2) 对延误检验的处理； (3) 报送竣工报表	(1) 竣工后检验； (2) 对缺陷负责； (3) 未通过竣工后的检验； (4) 参与评价检验结果	(1) 竣工后检验； (2) 对缺陷负责； (3) 未通过竣工后的检验； (4) 独自评价检验结果	(1) 提交承包商文件； (2) 对延误检验的处理； (3) 报送竣工报表

续表

管理阶段	红皮书	黄皮书	银皮书	绿皮书
缺陷通知期	(1)接受工程师通知；(2)缺陷补救；(3)办理最终结算接受履约证书；(4)从业主处取回履约保函	(1)办理最终结算接受履约证书；(2)从业主处取回履约保函	(1)办理最终结算接受履约证书；(2)从业主处取回履约保函	(1)接受工程师通知；(2)缺陷补救；(3)办理最终结算接受履约证书；(4)从业主处取回履约保函

本章小结

通过学习本章，应掌握的知识点包括：FIDIC合同红皮书、黄皮书、银皮书和绿皮书中业主的管理、承包商的管理和工程师的管理；FIDIC合同中业主、承包商和工程师三方的权利和义务及其相互关系；红皮书、黄皮书、银皮书和绿皮书各自的应用范围及其主要区别。

习　　题

1. 单项选择题

(1) FIDIC合同条件规定，合同的有效期是指从合同签字之日起到(　　)日止。

A. 颁发工程移交证书

B. 颁发解除缺陷责任证书

C. 承包商提交给业主的“结算清单”生效

D. 工程移交证书注明的竣工之日

(2) FIDIC合同条件规定的“暂列金额”特点之一是(　　)。

A. 该笔费用的金额包括在中标的合同价内

B. 业主有权根据施工的实际需要控制使用

C. 此项费用的支出只能用于中标承包商的施工

D. 工程竣工前该笔费用必须全部使用

(3) 在FIDIC合同条件中，(　　)属于承包商应承担的风险。

A. 施工遇到图纸上未标明的地下构筑物

B. 社会动乱导致施工暂停

C. 专用条款内约定为固定汇率，合同履行过程中汇率的变化

D. 施工过程中当地税费的增长

(4) FIDIC合同条件规定，当颁发部分工程移交证书时，(　　)。

A. 不应返还保留金

B. 应退还一半保留金

C. 应退还该部分工程占合同工程相应比例保留金的一半

D. 应全部退还保留金

(5) FIDIC合同条件规定，(　　)之后，工程师就无权再指示承包商进行任何施工工作。

A. 颁发工程移交证书　　B. 颁发解除履约证书

C. 签发最终支付证书　　D. 承包商提交结清单

(6) FIDIC合同条件规定，工程师视工程的进展情况，有权发布暂停施工指令。属于(　　)的暂停施工，承包商可能得到补偿。

A. 合同中有规定

B. 由于不利的现场气候条件影响

C. 为工程施工安全

D. 现场气候条件以外的外界条件或者障碍导致

(7) FIDIC合同条件规定，在颁发整个合同工程的移交证书后84天内，承包商应向工程师报送(　　)。

A. 最终报表　　B. 竣工报表　　C. 结算清单　　D. 临时支付报表

(8) 业主对分包合同的管理主要表现在(　　)。

A. 对施工现场的协调管理　　B. 对分包工程的支付管理

C. 对分包工程的批准　　D. 行使对分包商的自主选择权

2. 多项选择题

(1) FIDIC施工合同条件规定的合同文件组成部分包括(　　)。

A. 规范　　B. 图纸　　C. 资料表

D. 投标保函　　E. 中标函

(2) FIDIC施工合同条件规定的“不可预见物质条件”范围包括(　　)。

A. 不利于施工的自然条件　　B. 招标文件未说明的污染物影响

C. 不利的气候条件　　D. 招标文件未提供的地质条件

E. 战争或外敌入侵

(3) FIDIC施工合同条件规定的指定分包商，其特点为(　　)。

A. 由业主选定并管理

B. 与承包商签订合同

C. 其工程款从工程量清单中的工作内容项目内开支

D. 承担不属于承包商应完成工作的施工任务

E. 由承包商负责协调管理

(4) 在FIDIC合同条件中，工程接收证书的主要作用有(　　)。

A. 指明竣工日期

B. 转移工程照管责任

C. 颁发证书日，即缺陷责任期起始日

D. 作为办理竣工结算的依据

E. 意味着承包商与合同有关的实际义务已经完成

(5) 在FIDIC合同条件中，对于颁发工程移交证书的程序，下列说法正确的是(　　)。

A. 工程达到基本竣工要求后，承包商以书面形式向工程师申请颁发移交证书

B. 工程师接到申请后的28天内，若认为已满足基本竣工条件，即可颁发证书

C. 如工程师认为没有达到基本竣工条件则指出还应完成哪些工作

D. 承包商按工程师指示完成相应工作并得到其认可后，需再次提出申请

E. 承包商按工程师指示完成相应工作并得到其认可后，不一定需要再次提出申请

(6) 在FIDIC合同条件中，对于分包工程变更管理，下列说法正确的是(　　)。

A. 工程师可根据总包合同对分包工程发布变更指令

B. 承包商可根据工程进度情况自主发布变更指令

C. 对分包商完成的变更工程的估价，应参照总包合同工程量表中相同或类似的费率来核定

D. 若变更指令的起因不属于分包商责任，分包商可向承包商索赔

E. 若变更指令的起因不属于承包商责任，分包商不可向承包商索赔

3. 案例分析题

(1) 某高等级公路工程，系世界银行贷款项目，按FIDIC合同条件进行招投标和施工管理。公路全长75.5km，穿越黄土沟壑、基岩土地和河谷阶地三大地貌区。沿线地形复杂，断层滑坡分布较多。原设计地质勘探工作薄弱，对滑坡和高边坡的处理均未予以足够的预见和重视。

项目共分7个合同段，合同总价为9.77亿元人民币。其中暂定金额为6 600万元人民币，计日工金额为2 950万元人民币。

在工程施工过程中，发生多处塌方，施工难以继续，大量的工程隐患严重影响工程质量，如不采取措施，必将对工程和未来的运营造成极大的威胁。为保证质量，承包商积极反应，监理工程师确认，业主和监理工程师协商后做出了对原设计进行修改的决定。编写工程变更报告上报世界银行，世行派出监督团现场督察。根据修改后的设计需增加人民币1.81亿元人民币。资金到位以后，大大鼓舞了承包商的积极性，不仅在给进设计方面提供了很多创意，而且在施工中积极主动采取大量保证工程质量的措施使得工程高质量圆满完成。

问题：① 本工程谁承担了因设计变更增加的1.81亿元的风险？为什么？

② 增加的1.81亿元工程款超过了计划的15%，是怎样处理的？

③ 在提高工程质量上哪一方起到了至关重要的作用？

(2) 我国黄河干流上的大型水利枢纽工程小浪底水坝，是利用世界银行贷款进行建设的国家重点工程。工程总投资347.46亿元人民币。采用FIDIC合同条件按照国际惯例进行合同管理，全面推行项目法人制、招投标制和建设监理制。

工程分三个标段面向世界公开招标，第Ⅰ标段由意大利英波吉罗公司(Impregilo S. P. A)牵头的中外联合体中标，中标价5.6亿元人民币和2.16亿美元，工期91个月，1994年6月开工，2001年12月31日完工；第Ⅱ标段由德国旭普林公司(Zoublin)牵头的中外联合体中标，中标价10.9亿元人民币和5.06亿德国马克，工期84个月，1994年7月开工，2001年6月完工；第Ⅲ标段由法国杜美兹公司(Dumez)牵头的中外联合体中标，中标价3.6亿元人民币和8 421万美元，工期74个月，1994年6月开工，2001年7月31日完工。小浪底工程咨询公司(监理公司)统一协调进行全面的合同管理。以英语为工作语言。这里所说的中外联合体是指多家外国公司和中国的公司组成的联合体。Ⅰ标占合同总价约30%，Ⅱ标占合同总价约50%，Ⅲ标占合同总价约20%。工程实施中，世界银行组成督查组督察工程投资情况，还向我国推荐国际工程专家咨询组协助我国的监理工程师。

工程实施过程中，第Ⅱ标段承包商实力较弱出现问题较多，特别是缺乏导流洞施工经验，遇到地质条件恶劣和预想不到的塌方，承包商以施工不安全为由，停工威胁，索要巨额赔偿。业主和承包商做了以下工作：①咨询工程师向他申明FIDIC合同通用条款“承包商义务”、“误期延误赔偿”等，要求承包商立即复工，至于增加的费用专门研究解决，承包商迫于合同压力复工；②咨询工程师和业主主动向承包商引荐中国水电一、三、四、十四局作为他们的分包商，承包商答应按照“指定分包商”，在咨询工程师的一再说服下没有按“指定分包商”；③双方通过DRB解决争端经，过无数次的谈判，指出“承包商的不良表现”缩短了双方对补偿额的心里差距，最后合理地给予承包商的补偿使得承包商心服口服，最后使得工程高质量完工。

问题：① DRB是怎样的一个组织?

② 为什么咨询工程师不同意“指定分包商”?

③ 工程实施中遇到问题是谁发挥了重要作用?

④ 采用世界银行贷款的项目有何好处?

(3) 在某桥梁工程中，承包商按业主提供的地质勘查报告做了施工方案，并投标报价。开标后业主向承包商发出了中标函。由于该承包商以前曾在本地区进行过桥梁工程的施工，按照以前的经验，他觉得业主提供的地质报告不准确，实际地质条件可能复杂得多。所以在中标后做详细的施工组织设计时，他修改了挖掘方案，为此增加了不少设备和材料费用。结果现场开挖完全证实了承包商的判断，承包商向业主提出了两种方案费用差别的索赔。但被业主否决，业主的理由是：按合同规定，施工方案是承包商应负的责任，他应保证施工方案的可用性、安全、稳定和效率。承包商变换施工方案是从他自己的责任角度出发的，不能给予赔偿。

问题：① 业主不予赔偿的主张是否正确?

② 承包商应该怎么样做才能确立自己的索赔地位得到补偿?

第11章 工程分包合同管理

教学目标

通过学习本章，应达到以下目标：

(1) 清晰认识分包合同及分包合同中的相互关系；

(2) 全面掌握分包合同的管理，对生产实践有一定的应用能力。

学习要点

知识要点	能力要求	相关知识
分包合同中的管理关系	(1) 掌握分包合同的概念和种类； (2) 掌握主合同与分包合同的关系	(1) 劳务分包和专业分包； (2) 主合同与分包合同的关系； (3) 分包合同中业主、工程师与承包商的关系； (4) 分包商违约时业主、工程师与承包商之间的关系及与分包商的关系
分包合同管理实务	(1) 分包合同的三方管理； (2) 分包合同的支付管理； (3) 分包合同的变更管理； (4) 分包合同索赔管理	(1) 业主、工程师和承包商对分包合同管理； (2) 支付程序，承包商的支付审查、承包商不承担逾期付款责任的情况； (3) 承包商代表下变更令分包商执行，非分包商原因补偿费用的增加； (4) 由业主承担和承包商承担的责任

续表

知识要点	能力要求	相关知识
国际工程劳务分包合同管理	(1) 国际工程劳务分包合同分类及其订立； (2) 劳务合同的费用计算与报价； (3) 现场管理及承包商的反计费扣款； (4) 劳务分包的招标、谈判与签署； (5) 劳务团队和管理人员的挑选和派遣	(1) 劳务分包合同的4种分类方法； (2) 计算与报价、谈判与签署、反计费扣款； (3) 承包商指令、承包商设备等
国际工程施工分包合同管理	(1) 合同管理机构的设置与日常管理； (2) 承包商的反计费扣款管理； (3) 劳务调差管理； (4) 外币调差与后继法规管理	(1) 人员、机构和"迟付款利息"； (2) "借方单"和"贷方单"、"劳务调差基准年"； (3) 外币调差公式和法规变更基准日

基本概念

分包合同；劳务分包合同；施工分包合同；指定分包商；劳务调差；汇率调差；反计费扣款。

引例

工程项目实施过程中最复杂最棘手的问题之一就是工程分包。法律法规对分包是有严格限制的，主体工程是不能分包的，分不好就有转包的嫌疑，因为转包是法律法规明令禁止的。工程分包过程中除了业主、咨询工程师(监理师)、总承包商及分包商相互间的复杂关系以外，还涉及有关各方在合同中的地位、责任和义务。尤其是当发生业主、总承包商和分包商中的任何一方无力偿付债务甚至破产时，受损方，能否根据有关合同从尚有偿付能力的另一方那里得到合理补偿，在相当程度上就要取决于分包前工作的成功与否。

11.1 分包合同的概念及其相关规定

工程项目分包是指在工程合同的实施过程中，承包商将其工作或与合同相关的暂定工作的某些特定部分分包给合同中规定的，或承包商选择的，或工程师指定的分包商来承担的合同行为。这里所谓的分包是指一级分包，即承包商将不超过其总工作任务的49%分给一级承包商。如果一级分包商再将部分工作任务分包给他人，则构成二级分包商；二级分包商如果也将部分工作任务分包出去，则构成三级分包商；依次类推。

11.1.1 分包合同的概念及其分类

1. 分包合同的概念

上一级承包商与下一级承包商就某一部分工作的权利义务签订的意思表示一致的协议就叫分包合同。

2. 分包合同的分类

1994年，FIDIC《土木工程施工分包合同条件》对工程分包合同的性质进行了分类：①承包商内部分包(Domestic Subcontract)合同；②合同或业主指定的分包(Nominated Subcontract)合同；③“合同变更”型分包(Variation Order)合同。

(1) 主合同实施过程中，业主或工程师命令更换及批准后，正在实施某一暂定金额项目的分包商与承包商签订的合同。

(2) 主合同实施过程中，业主或工程师命令更改主合同约定的任一暂定金额项目的分包商与承包商签订的合同。

综上所述，可把这些分包合同归为两大类：一是专业分包合同；二是劳务作业分包合同。专业分包合同是指施工总承包商就某项专业工程包括劳务或专门采购发包给具有相应资质的其他建筑商或供应商并与之签订的合同；劳务作业分包合同是指施工总承包商或者专业承包商将其承包工程中的劳务作业发包给劳务分包商，并与之签订的合同。

11.1.2 关于分包合同的主要关系

1. 主合同与分包合同的关系

主合同是业主与承包商之间的工程买卖合同，分包合同是主承包商在主合同项下与分包商签订的买卖合同。分包合同必须以主合同为基础，以主合同为前提条件，分包商必须在遵守分包合同的同时，遵守主合同的各项规定。应当认为分包商对主合同的规定有全面的了解，包括合同条件、有关技术规范、图纸、参考资料等相关细节。如果主合同实施过程中出现一些大的争议，分包合同也会相应地受到影响。

如我国某大型工程由承包商(外国公司)承担。其中，施工中的绑轧钢筋笼时用于支撑和定位的任何辅助材料，包括绑扎铅丝、支撑马凳、悬吊钢筋、支垫隔离结构及其他定位结构，均不应单独计价。所以承包商在投标报价时已经把这笔费用计入结构钢筋的单价中，实际支付时不再另外计价。但是在承包商与分包商(我们国内的公司)的分包合同中，并没有述及有关辅助支撑钢筋工作的支付细节，也就是说只是笼统地规定绑扎一吨钢筋的价格，没有细分为辅助材料的费用和主要材料的费用。而国内的分包商没有仔细研读主合同的细节，签合同时忽略了这一点，所以即使在辅助材料上花费巨大，也无权从主承包商处得到辅助钢筋的付款。实际上，主承包商在这一报价中也有失误，实际支付大于报价支付，一直在向业主索赔，他们还利用分包商与业主同属于一个国家的关系，告诉我国的分包商如果帮助承包商从业主处要来这笔费用，承包商肯定会补偿分包商。结果是承包商在业主那里得到了补偿，却一分钱也没有补偿给分包商，原因是主合同里没有规定。

可见，作为分包商，如何仔细研读主合同与分包合同，特别是其中的差异，是避免签订不平等分包合同的关键，是索赔成功的前提。作为一个主承包商，灵活运用主合同与分包合同的关系，特别是其中的差异，来转移主合同的风险，达到更好地约束管理分包商的目的，也是保护其合同利益的一种技巧。

2. 分包合同中业主、工程师与承包商的关系

1) 工程师对分包的批准

承包商在工程分包时，如果是劳务分包和根据合同规定的规格进行材料采购分包，均

无需经过工程师的批准，承包商可以自行与分包商签订劳务分包合同或材料采购合同。如果是在主合同签订时，业主和承包商之间已经协议一致的分包合同，属于规定的内容，应严格按合同规定执行；如果合同执行中随意改变，有可能引发业主与承包商之间的变更与索赔问题；如果在工程实施过程中，承包商有意将工程的某一具体部分进行分包，应取得工程师的同意，如果工程师不予批准，则承包商不能将此部分工程分包给自己选定的分包商。

2）指定分包商

“指定分包商”（Nominated Subcontractors）是指已经或由业主或工程师指定、选定或批准来实施合同中所列暂定金额（Provisional Sums）项目的任何当事人；或者根据合同规定要求承包商必须向其分包项目的所有当事人。

“指定分包商”包括下列5种情况。

(1) 投标时承包商找的合作伙伴，在主合同中经业主认可作为承包商的分包合伙人。

(2) 主合同实施过程中由承包商找来的、经业主或工程师认可来实施某一暂定金额项目的分包商。

(3) 在主合同中，经业主指定将要来实施某一非暂定金额项目的分包商。

(4) 在主合同中，经业主指定将要来实施某一暂定金额项目的分包商。

(5) 主合同实施过程中，经业主指定来实施某一暂定金额项目的分包商。

作为承包商，应特别注意上述(1)、(2)两种情况，虽然都是由承包商自己来找分包商，但一经主合同协议认可或经业主或工程师批准作为某一暂定金额项目的实施者，则应归属于“业主指定的分包商”的范畴。在做相应项目的支付申请时，应写明承包商已支付或应支付给分承包商的金额；如果承包商同时有自己的劳务或设备参与该工作，承包商应得到按BOQ计日形式或按变更估价的相应金额。承包商对指定分包商的监督费用、管理费和利润，按BOQ中规定的指定分包合同价的一定比率计费；或BOQ中未有规定时，按投标书附件中规定的，某项或全部暂定金额开支的一定百分比计费。

一个有经验的承包商在操作指定分包的同时，可以把自己的劳务和设备尽可能转入指定分包商名下，以争取较大份额的对指定分包合同的监管费和利润提成。其中，劳务工资可以让分包商代为发放；设备可采用租赁的方式出租给分包商。而且，还可以要求分包商提供履约保函、设备损坏担保等，使得指定分包合同真正成为主承包商没有风险（Risk-free）的盈利合同。

一个有经验的业主在操作指定分包合同问题时，可以在主合同中将某些具有“指定分包”性质的内容写在合同中的“专有条件”、“特殊应用条件”或协议书、补充协议书、协议备忘录及授标书中，将其特别规定为“非指定分包”。这样，根据合同文件的优先次序原则，合同第一部分“通用条件”中“指定分包商”的定义不能得到具体的应用，承包商为了中标，有时也不得不接受这样的条件。

例如，小浪底工程国际Ⅰ、Ⅱ、Ⅲ标的合同，在“专用条件”的36.6款（旧版本的FIDIC合同条件）“使用当地材料”中，规定“燃料、水泥、硅粉、粉煤灰、钢筋、钢板、木材及炸药”等指定材料，承包商必须从业主指定的当地供货商处购买。显然分包商按“通用条件”59.1款应构成“指定分包商”，但业主在“专用条件”36.6款中又特别规定，

“这些指定的供应商不应被看作是依照合同指定的分包商”，使承包商不能按59.4款得到“指定材料”分包合同的百分比费用提成。

3. 分包商违约时业主、工程师与承包商之间的关系

如果分包合同属于承包商“内部分包合同”(Domestic Subcontract)，如提供劳务、供应工程材料、设备(不经批准)，或是分包某项具体非暂定金额工程项目(必须经业主或工程师批准)。由于分包商的原因，导致主承包商对业主的任何违约，由主承包商与分包商承担连带责任。

如果分包合同属于“指定分包合同”(Nominated Subcontract)，承包商有权反对指定分包商。如果业主或工程师强行指定分包商，承包商可以提出“如果由于指定分包商原因，导致承包商对业主有任何违约，承包商只承担由于承包商自身原因所造成的部分违约责任(如果有的话)，由于指定分包商的违约对主承包商造成任何损失，承包商有权从业主处索得相应的附加费用或延长工期”；“一旦发生指定分包商违约行为，业主或工程师有义务立即重新指定顶替的分包商，或者按照合同条件发布变更令”等附加条件来保护承包商的利益。这种情况对业主极为不利，业主应该尽力避免。因为业主与所指定的分包商之间没有任何直接的合同关系，所以业主无权从主承包商处索回延期损害赔偿费；而对主承包商非常有利，他可以从业主处得到合法的顺延工期，而且还可以从分包商处索回合同中规定的误期损害赔偿费，以及弥补延期对主承包商自己所造成的损失。

4. 分包合同中业主、工程师、承包商与分包商的关系

在FIDIC条件下的国际工程分包中，业主与分包商之间没有任何直接的合同关系，除指定分包合同以外。但是，国际施工的一般情况是主承包商属于外籍有竞争性的大承包商，而业主、工程师与多数分包商属于工程所在国的机构、公司、企业。为了维护本国公司的利益，业主、工程师与分包商之间存在着或多或少的利害关系，使得业主、工程师在与主承包商打交道时常会顾及当地分包商的利益不得不向主承包商做出让步，而有经验的外籍主承包商更是利用这一因素一边胁迫业主，一边让分包商出面私下找业主交涉，在分包商得到小利益时，为主承包商自己谋得大利益。

5. 分包合同中承包商与分包商的关系

承包商与分包商的关系，从市场的角度看，与业主与承包商的关系一样，是买方与卖方的关系。不同点在于有无第三方监理，业主与承包商之间有工程师这一第三方作为中间人协调处理日常监理事物，调停双方的争端；承包商与分包商之间，除非是指定分包商，业主和工程师不能就承包商对分包商的付款问题及争端加以干涉和裁决，承包商完全掌握着是否支付分包商款项的权利，还可以随时找理由对分包商进行反计费(Contra-charge)扣款，使承包商总处于优势而分包商总是处于劣势，双方争议再大工程师也无法干预，只能等待事后承包商与分包商发起仲裁或法庭解决。但是仲裁结果也并非都是为委屈一方主持公道，双方各有各的道理，谁对合同理解得透彻，在过去的运作过程中运用得巧妙，信函来往、会议纪要、工作日记、照片、录音等基础工作做得全面、系统，谁就有了充足证据来证明自己的论点，维护自己的利益。

11.2 分包合同管理实务

综合上述分包合同的各种关系，可以总结出以下分包合同的管理实务。分包合同管理实务主要包括业主、工程师、承包商对分包合同的管理，分包合同的支付管理，分包合同的变更管理和分包合同的索赔管理。

11.2.1 分包合同的三方管理

1. 业主对分包合同的管理

业主不是分包合同的当事人，对分包合同权利义务如何约定也不参与意见，与分包商没有任何合同关系。但作为工程项目的投资方和施工合同的当事人，他对分包合同的管理主要表现为对分包工程的批准。

2. 监理人(工程师)对分包合同的管理

监理人(工程师)仅与承包商建立监理与被监理的关系，对分包商在现场的施工不承担协调管理义务。只是依据主合同对分包工作内容及分包商的资质进行审查，行使确认权或否定权；对分包商使用的材料、施工工艺、工程质量进行监督管理。为了准确地区分合同责任，监理人(工程师)就分包工程施工发布的任何指示均应发给承包商。分包合同内明确规定，分包商接到监理人(工程师)的指示后不能立即执行，需得到承包商同意才可实施。

3. 承包商对分包合同的管理

承包商首先要注意主体工程不能分包，哪些部位是主体工程设计文件已标明。

承包商作为两个合同的当事人，不仅对业主承担着整个合同工程按预期目标实现的义务，而且对分包工程的实施负有全面管理责任。承包商须委派代表对分包商的施工进行监督、管理和协调，承担如同主合同履行过程中工程师的职责。承包商的管理工作主要通过发布一系列指示来实现。接到工程师就分包工程发布的指示后，应将其要求列入自己的管理工作内容，并及时以书面确认的形式转发给分包商令其遵照执行，也可以根据现场的实际情况自主地发布有关的协调、管理指令。

11.2.2 分包合同的支付管理

1. 分包合同的支付程序

分包商在合同约定的日期，向承包商报送该阶段施工的支付报表。承包商应在分包合同约定的时间内支付分包工程款，逾期支付要计算拖期利息。

2. 承包商代表对支付报表的审查

接到分包商的支付报表后，承包商代表首先对照分包合同工程量清单中的工作项目、单价或价格，复核取费的合理性和计算的正确性，并依据分包合同的约定扣除预付款、保留金、对分包施工支付的实际应收款项、分包管理费等后，核准该阶段应付给分包商的金额。然后，再将分包工程完成工作的项目内容及工程量，按主合同工程量清单中的取费标准计算，填入到向工程师报送的支付报表内。

3. 承包商不承担逾期付款责任的情况

(1) 属于工程师不认可分包商报表中的某些款项。

(2) 业主拖延支付给承包商经过工程师签证后的应付款。

(3) 分包商与承包商或与业主之间因涉及工程量或报表中某些支付要求发生争议。

承包商代表在应付款日之前及时将扣发或缓发分包工程款的理由通知分包商的，则不承担逾期付款责任。

11.2.3 分包工程的变更管理

承包商代表接到工程师依据主合同发布的涉及分包工程变更指令后，以书面确认方式通知分包商，也有权根据工程的实际进展情况自主发布有关变更指令。

分包商执行了工程师发布的变更指令，进行变更工程量计量及对变更工程进行估价时应请分包商参加，以便合理地确定分包商应获得的补偿款数额和工期拖延时间。

承包商依据分包合同单独发布的指令大多与主合同没有关系，若变更指令的起因不属于分包商的责任，承包商应给分包商相应的费用补偿并对分包合同工期予以顺延。如果工期不能顺延，则要考虑赶工措施费用。

进行变更工程估价时，应参考分包合同工程量表中相同或类似工作的费率来核定。否则，应通过协商，确定一个公平合理的费用加到分包合同价格之内。

11.2.4 分包工程的索赔管理

分包合同履行过程中，当分包商认为自己的合法权益受到损害时，不论事件起因于业主或工程师的责任，还是承包商应承担的义务，他都只能向承包商提出索赔要求，并保持影响事件发生后的现场同期记录。

1. 应由业主承担责任的索赔事件

如果认为分包商的索赔要求合理，且原因属于主合同约定应由业主承担风险责任或行为责任的事件，要及时按照主合同规定的索赔程序，以承包商的名义就该事件向工程师递交索赔报告。承包商应定期将该阶段为此项索赔所采取的步骤和进展情况通报分包商。承包商处理这类分包商索赔时应注意以下两个基本原则。

(1) 从业主处获得批准的索赔款为承包商就该索赔对分包商承担责任的先决条件。

(2) 分包商没有按规定的程序及时提出索赔，导致承包商不能按主合同规定的程序提出索赔的，不仅不承担责任，而且承包商为了减小事件影响为分包商采取任何补救措施的费用由分包商承担。

2. 应由承包商承担责任的事件

此类索赔产生于承包商与分包商之间，工程师不参与索赔的处理，双方通过协商来解决。

11.3 国际工程劳务分包合同管理

在国际工程施工承包合同中，劳务分包是一种主要的分包形式。发达国家的承包商，在承揽到工程以后，由于本国劳务费用高，往往以劳务分包方式和发展中国家劳务公司签订劳务分包合同。而承包商只派遣少量的本公司技术人员和管理人员做施工的高层管理工作，或外聘有经验的技术人员和管理人员做日常的管理工作。

11.3.1 国际工程劳务分包合同分类及其订立

1. 国际工程劳务分包合同分类

(1) 按劳务来源可分为：①工程所在国劳务分包合同；②工程所在国本地劳务分包合同；③工程所在国境外劳务分包合同。

(2) 按交易方式可分为：①工程项目劳务分包总价合同；②工程项目劳务分包单价合同；③劳务雇佣计日工分包合同。

(3) 按指定与否可分为：①承包商内部劳务分包合同；②业主或工程师批准的劳务分包合同；③业主或工程师指定的劳务分包合同。

(4) 按管理和付款方式可分为：①劳务费全额付给分包商的分包合同；②劳务费全额付给分包商单位的分包合同；③劳务费按比例付给单个劳务个人和分包商单位的分包合同。

2. 国际工程劳务分包合同的订立

在国际工程施工中，劳务合同是确定承包商与分包商之间、雇主与劳务人员之间法律关系及双方权利和义务的重要文件。劳务合同的内容不得与当地劳动法相抵触。

目前，国际上签订的劳务合作合同，内容上大都采用欧洲金属工业联络组织(OLIME)制定的《向国外提供技术人员的条件》规定的主要内容。该条件主要内容分两部分：第一部分共82项，内容包括适用范围、客户义务、计费组成、工伤、疾病与死亡、工作中断、计账支付、价格修订、许可证件。第二部分包括当地法律规章与安全条例、工作条件、劳力增派、合同外的工作、承包人责任、适用法律、仲裁条款。

英国的土木工程施工的《纯劳务分包合同》范本主要内容包括两个部分：第一部分包括适用范围、分包商义务、计费组成、特殊条件(包括开工日期、缺陷责任期、最低保险金额、付款限期、保留金比例、保留金返还、增值税、承包商提供的服务等)、双方签字。第二部分为通用条款，共16条，主要内容包括以下方面。

(1) 分包商应按本通用条件和特殊条件规定，努力地、态度良好地实施承包商指令的工作，令承包商满意。分包商的报价与本条件不一致的地方，以本条件优先。

(2) 变更指示及变更的定价(双方协商定价，若不能取得一致意见，应采用原报价中相应的公平合理的价格)。

(3) 竣工移交前分包商对分包工程的照管，分包商对缺陷责任期满21天以内承包商指出的工程缺陷负责。

(4) 在人员伤亡和财产损失上分包商向承包商提供的保障；分包商对人员伤亡和财产损失的保险。保险单、保险费发票的出示及承包商代为保险。

(5) 分包商支付工人的工资、工人劳动时间、劳动条件应遵守国家有关法规。

(6) 承包商对分包商承包款的支付和扣除。

(7) 保留金的返还。

(8) 承包商可以扣除如下款项：①国家建筑工业培训委员会征收的费用；②分包商未履行国家保险捐付法定责任给承包商招致的费用。

(9) 分包商减税证、免税证的出示。分包商出示减税证、免税证时，承包商对税款的扣除。

(10) 报价不含增值税。若分包商是增值税的纳税人，他应向承包商出示证明，承包商应在给分包商的支付款中加上增值税款项。

分包商拿到承包商支付的款项以后，应在7天之内向承包商出示上缴增值税的发票。否则承包商有权扣发将来的所有承包款。付款应单独开列付款单据。

(11) 分包商遵守国家法律、法规及保障现场工作人员的健康与安全。

(12) 承包商向分包商免费提供服务，及分包商为工程施工应自费提供的服务和设施。

(13) 分包商应保持现场整洁、清理施工废渣、保护通道及竣工清场。

(14) 承包商有权要求分包商现场培训承包商的雇员。双方应首先在相关的财务问题上达成一致协议。

(15) 分包合同的终止。

自动终止有如下两种情况：①主合同被终止；②分包商破产、解体、临时清算、接管。

根据本合同的终止，承包商应提前通知分包商：①分包商未能遵守本条件或国家的有关法律、法规；②分包商未能保持合理的施工进度。

(16) 争议与仲裁。

11.3.2 劳务合同的费用计算与报价

纯粹的劳务分包商(Labour-only Subcontract)一般是为承包商提供劳务人员(Labour)和劳务管理人员(如工长 Forman、工程师 Engineer、测量员 Surveyor 等)，在承包商的监督管理之下，使用承包商的设备和材料进行施工获取劳务分包费。

纯粹劳务分包合同的报价比较简单，一般包括劳务人员工资、管理人员工资、现场管理费、总部管理费、利润、税金(营业税等)、保险等。报价方式可以是报一个总价(Lump Sum)，也可以报一个工程量价目表(BOQ)，或者以计日工(Day-Work)形式报价。实际中，采用BOQ方式报价较为常见，在报BOQ清单的同时，另外附上一份计日工单价，以便将来的变更估价。BOQ的项目编排可以与主合同一致，也可以改变分项方式另行报价。主合同BOQ上没有的项目，分包合同上也可以另外开列；相反，主合同上单列的项目，分包合同BOQ上也可以不单独开列，应视具体情况可采用不平衡报价法酌情处理，只是要注意合同有关条款的规定，注意分包合同与主合同的关系及其各自的有关规定，以免造成事后被动的局面。

11.3.3 劳务分包的招标、谈判与签署

纯劳务分包的招标可以采用邀请多家投标(Invitation to Offer)，然后通过开标、决标的方式竞争性选择中标单位；也可以直接和一家或多家分包商直接谈判，达成合同协议。

承包商为了减小工程承包的风险，招标和谈判过程中往往对分包商提出各种银行保函和各种保险要求。银行保函可能包括投标保函、履约保函、设备损失保函等。分包商承担的保险包括人身伤害保险、设备损失保险、机动车保险、第三方责任险等。

招投标及谈判的过程实际上也是一个双方询价和还价的过程。承包商与分包商之间通过来回地询盘(Enquiry)、发盘(Offer)和还盘(Counter-Offer)，最后达成一致，承包商选定满意的分包商(Acceptance)，发给中标函(Letter of Acceptance)，双方签署合同协议(Contract Agreement)，确立合同关系。

11.3.4 劳务团队和管理人员的挑选和派遣

劳务团队和管理人员的挑选和派遣是国际劳务分包合同管理的一个重要环节。在编制分包工程的劳务计划时，首先需根据分包工作的规模确定工程量、采用的施工方法，并按适当的劳动定额计算所需劳动力的数量，然后根据工程进度计划，合理安排劳务用工计划和管理人员计划，绘成计划图表，作为劳务分包合同的附件之一，提供给承包商。日后此劳务计划文件将成为双方索赔的依据之一。

在劳务团队的组成上，一般可考虑普工从当地招募，带班工长、重要岗位的技术工人可以考虑在公司内部挑选，领队、工程师、会计、翻译、测量师、预算师等管理人员，可较多地从公司内部挑选。对于境外工程的劳务分包，应考虑尽可能在当地招募普工、有经验的技工以及部分翻译人员，以便降低成本。另外，管理人员的数量根据工程性质不同和团队的大小不同，其劳务总数的比例也不一样，不过这个比例一般在5%～15%左右，需根据情况而定。

对于国际工程劳务分包合同项目，在管理人员的挑选问题上，最重要的一点是要挑选有较高外语水平的翻译人员和有经验的国际工程合同管理专业人员。这一点在合同谈判和签署阶段，以及合同实施过程中都显得极为重要。承包商与分包商之间，哪方在外语和合同专业上的水平高，就占据主动权。有经验的国际工程公司常通过外聘方式取得有丰富经验的高水平专业人员，有时还随时邀请一些索赔专家或咨询公司帮助处理合同问题。

11.3.5 劳务分包的现场管理及承包商的反计费扣款

国际工程分包合同一般对分包商的现场管理要求很严。承包商在合同协议中往往编入较多的限制条件，让分包商必须严格遵守，否则承包商就有权向分包商进行反计费扣款。

承包商对分包商的反计费主要涉及分包商的现场管理问题。对于劳务分包合同，主要涉及如下一些方面的现场问题。

1. 承包商的指令

承包商指令的工作，分包商未按指令及时实施的，承包商代为实施或另雇人员实施，

费用由分包商承担。

2. 承包商提供的设备

分包商对承包商提供的设备使用不当，不小心或人为地造成损坏或丢失的，费用由分包商承担。

3. 承包商设备的零部件及消耗材料

分包商使用不当，不小心或人为地造成设备零部件及消耗材料超定额使用的，超额费用由分包商承担。

4. 承包商提供的永久性工程材料

如钢材、硅等永久性材料的过度浪费，又如在挖方阶段，分包商不注意造成超挖，则后期混凝土浇筑阶段，回填超挖部分的混凝土费应由分包商承担。

5. 承包商的设备或材料移做他用

分包商未经承包商同意，“免费”将承包商的设备或材料移做他用的，承包商应向分包商收费。

6. 承包商提供的临时施工用材料

分包商对施工消耗材料(如钢材、炸药、油料、膨润土材料)管理不善，用量超出正常情况下的使用定额(此定额一般是在工程实施的初期一定时间内测算出来的该工程的实际定额)的，超额成本由分包商承担。

7. 承包商为分包商提供的服务

分包合同中未明确为“免费”时，工程实施过程中为分包商提供的各种服务，包括临时紧急援助，代为采购材料、油料、施工及安全保护用品，提供食宿等，承包商有权收取其费用。

8. 第三方人员、财产及其他损失

由于分包商责任所造成的第三方人员、财产及其一切损失或索赔，费用全部由分包商承担。

9. 现场的整洁及道路交通问题

由于分包商管理不善，现场乱弃、乱堆材料、废渣，阻碍交通，或影响承包商或其他分包商的交通或工作的，承包商有权向分包商扣款。

10. 承包商与分包商的现场协作

在公用设施上故意妨碍他人、不为他人提供方便、妨碍他人施工的，承包商由权向分包商扣款。

11. 劳保及安全问题

如果分包合同规定分包商应负责工人的劳动保护，为工人提供各种劳保用品，并认为分包合同单价已包含此类费用，则承包商发现分包商并未给工人配发必要的劳保用品或因此发生安全事故时，承包商有权向分包商扣款。

分包商不按合同履行自己的责任，承包商就可以扣款。小浪底某工程外国承包商一方面利用地质条件变化太大和赶工为借口向业主大笔索赔，另一方面又向分包商进行苛刻的扣款，这反映了外国承包商对合同管理与索赔很有经验，能在和业主与分包商的交往中获得最大利益。

11.4 国际工程施工分包合同管理

国际工程施工分包合同指施工全包性分包合同，全包性的施工分包合同包括了劳务部分的承包，比纯劳务分包合同复杂得多，分包合同价一般为主合同总价的60%～75%左右。FIDIC合同条件总体上来说是倾向承包商的，而ICE和JCT合同条件则属于倾向业主的。在分包合同中，分包商愿意选择FIDIC标准分包合同范本，而承包商则愿意选择ICE和JCT范本。

国际工程承包商在确定分包时有严密的招标组织过程，如同业主招标一样，这里不再赘述(参见前边的招投标章节)。这一点是国内企业要借鉴的。

11.4.1 合同管理机构的设置与日常管理

精明的承包商或分包商，首先必须有高水平的合同管理人员和高效运作的合同管理机构。

合同管理的人员组成，首先应有国际工程合同的高级专业人才和高级翻译，其次还必须有雄厚的技术力量、机电物资管理队伍、行政管理机构和办公自动化系统等做支持。

合同管理机构，应考虑主合同与分包合同相对分开，工程款的计量支付与索赔反索赔相对分开的机构设置。这种按各自不同的合同对象和工作内容进行划分的机构设置有利于提高工作效率，降低工作中的冲突发生次数，使合同正常履行。

日常合同管理，首先要注意多研究合同来往和信函来往，事无巨细，应做到心中有数，有较好的解决办法。其次要特别注意培养现场管理人员和工人的合同意识，现场管理人员(如工长、现场指挥、班长等)是合同管理者的助手，必须有高度的合同意识，必须像合同管理者一样认真研究合同、熟悉合同，随时为合同管理者寻找发生在现场上的合同扣款、索赔与反索赔事件的信息和证据，参与合同的相关争议谈判，与合同管理者一起共同把合同管理好。

国际工程施工的计量与支付，应分别对工程进度款、变更款、索赔款、各种调差进行单独计量，然后再对预付款、保留金，以及违约罚款、迟付利息等加以计算，最后汇总申请中间支付或期末支付。

值得注意的是“迟付款利息”。一般在分包合同文件中都有这类规定：不论业主是否有拖欠承包商的付款，如果承包商应该给予分包商的款项到期未能兑现给分包商，分包商应在7天之内书面提出关于利息的索赔，承包商应按主合同所规定的利息率向分包商支付利息。所以，分包商必须在7天之内(根据分包合同规定的具体天数而定)向承包商提交书面的利息索赔，否则就丧失了计取利息的权利。分包商都存在干了活却拿不到钱的现象，这就要求承包商注意不要失去索赔的机会。

11.4.2 承包商的反计费扣款管理

承包商对分包商的索赔及扣款，一般是以反计费的形式直接计入分包商的中间支付(如“月支付”)证书中的，每月发生的反计费当月兑现。不过有时为了不打击分包商的积极性，保证分包商的当月工资开支，承包商往往同意把部分扣款移至下月，甚至对某些可扣可不扣的项目特许免扣，并以此为条件要求分包商干好下一步工作。

对分包商的每一个具体扣款项目，承包商一般是以向分包商发借方单(Debit Note)的方式正式通知分包商，并计入分包商的扣款账目。如果分包商有疑问，可以进行反对，如果确属不合理扣款，承包商再向分包商发贷方单(Credit Note)冲掉相应的借方账项。

如果承包商请求分包商帮助完成承包商责任内的某项工作(如采购、修理等)，承包商也可以用向分包商发贷方单的形式计入分包商的账目。

11.4.3 劳务调差管理

劳务分包合同在劳务调差上也是一笔大的款项。在签订合同的同时，如果不对劳务调差基准时间加以约定，则很有可能将来在劳务调差上造成大的损失。特别是在我国，政府对劳务调差是每一年才公布一个指数，而不是按月公布新的指数，这就给劳务调差带来了较大的投机性。分包商完全可以和承包商协商谈判，争取订立一个较早的基准年作为调价的基础。

分包商在签订合同时要注意诸如“应当认为分包商的单价已包括将来可能的劳务调差价格，所以分包商将不应得到劳务调差补偿费”的特别规定。如果是这样，分包商就不要听信承包商的关于“分包商帮主承包商向业主讨调价补偿费，然后补偿给分包商”的承诺。事实是分包商有义务帮助承包商从业主处要回调差款，而分包商却没有权利得到相应的调差款。这是要求分包商在签合同时要力争避免写上去的条款。

还有一种情况，就是由于几个分包商的相互竞争，分包合同价压得很低，实际报价的劳务单价已是过去好几年的单价(如2002年的劳务价格水平)，而承包商与分包商签订的分包合同却规定，劳务调差基准年为当前年(如2009年)，并规定分包商有义务向承包商提供其可能要求的劳务调差资料，以保证承包商从业主处得到劳务调差款。其结果是分包商倍受损失。这种情况更是分包商所避免发生的。

11.4.4 外币调差与后继法规管理

分包商在签订合同时要采用和主合同一样的外汇调价公式才是明智之举。这样，承包商可以避免汇率波动带来的损失。

后继法规引起的费用增减，根据FIDIC条件也应进行价格调整。对于分包合同来说，如果分包合同未对“法规变更基准日”做出具体规定，且分包合同投标书名说明“按当前法规进行报价”，则主合同的相应规定可以使用到分包合同中，即分包合同的“法规变更基准日”采用主合同投标截止日前28天当日日期。

也就是说，如果分包合同未对“法规变更基准日”做具体规定，分包报价书也未具体阐明在某一具体日期报价，那么按合同文件的优先次序规定，只能推定为分包合同是主合同规定的相应“法规变更基准日”报的分包价格。分包商可以采用与承包商完全一致的方法进行“后继法规”的索赔，即承包商应把他从业主处索赔回来的“后继法规”调价费中由承包商所实施工程的相应部分转给分包商，使分包商合理地得到由其实施工程应该得到的那部分补偿。

11.4.5 工程收尾阶段的合同管理

自基本竣工日起，工程真正进入最后的收尾阶段，这一阶段往往是合同的紧张阶段，直至合同的最后完结，一环扣一环，时间天数规定较多，但分包合同在时间规定上要做一定的调整，以满足主合同的时间限制要求。分包合同工程收尾阶段的时间安排大致与FIDIC合同的安排一样，不再赘述。

本章小结

通过学习本章，应掌握的知识点包括：分包合同的概念与种类；分包合同的管理关系及其管理实务；分包合同与主合同的关系；劳务分包合同管理和工程施工分包合同管理实务；承包商的反计费扣款；分包商的索赔管理。

习　题

1. 单项选择题

(1) 对于工程分包合同可以归为两大类：一是专业分包合同，二是(　　)。

A. 劳务作业分包合同　　B. 指定分包合同

C. 承包商内部分包合同　　D. 合同变更型分包合同

(2) 专业分包合同是指施工总承包商就某项(　　)发包给具有相应资质的其他建筑商或供应商并与之签订的合同。

A. 劳务　　B. 专业工程，包括劳务或专门采购

C. 采购　　D. 专业工程

(3) 劳务作业分包合同是指(　　)将其承包工程中的劳务作业发包给劳务分包商，并与之签订的合同。

A. 业主　　B. 施工总承包商

C. 施工总承包商或者专业承包商　　D. 专业承包商

(4) 承包商在工程分包时，如果是劳务分包和根据合同规定的规格进行材料采购分

包，均(　　)。

A. 需业主批准　　B. 需工程师批准

C. 无需业主批准　　D. 无需经过工程师的批准

(5) 如果分包合同属于承包商"内部分包合同"或是分包非暂定金额工程项目，由于分包商的原因，导致主承包商对业主的任何违约，由(　　)。

A. 主承包商与分包商承担连带责任　　B. 主承包商承担年责任

C. 分包商承担责任　　D. 主承包商不与分包商承担连带责任

2. 多项选择题

(1) 主合同与分包合同的关系是(　　)。

A. 分包合同必须以主合同为前提条件

B. 分包商遵守分包合同的同时遵守主合同的各项规定

C. 应当认为分包商对主合同的规定有全面的了解

D. 主合同实施过程中出现争议会影响分包合同

E. 主合同实施过程中出现争议不会影响分包合同

(2) 分包合同中业主、工程师、承包商与分包商的关系是(　　)。

A. 业主与分包商之间没有任何直接的合同关系，除指定分包合同以外

B. 由于业主、工程师与分包商存在着或多或少的利害关系

C. 业主、工程师会顾及当地分包商的利益不得不向主承包商做出让步

D. 分包商得到小利益时，为主承包商自己谋得大利益

E. 业主与分包商没有利益关系

(3) 分包合同中承包商与分包商的关系是(　　)。

A. 买方与卖方的关系

B. 有工程师作为中间人协调处理事物

C. 业主和工程师不能干预总承包商对分包商的付款问题及争端

D. 承包商完全掌握着是否支付分包商款项的权利

E. 承包商总处于优势而分包商总是处于劣势

(4) 国际工程劳务分包合同按劳务来源可分为(　　)。

A. 工程所在国劳务分包合同

B. 工程所在国本地劳务分包合同

C. 工程所在国境外劳务分包合同

D. 工程项目劳务分包总价合同

E. 工程项目劳务分包单价合同

(5) 国际工程劳务分包合同按管理和付款方式可分为(　　)。

A. 劳务费全额付给分包商的分包合同

B. 劳务费全额付给分包商单位的分包合同

C. 劳务费按比例付给单个劳务个人和分包商单位的分包合同

D. 承包商内部劳务分包合同

E. 业主或工程师批准的劳务分包合同

3. 思考题

(1) 我国法规规定是怎样定义非法分包的(参见背景知识)?

(2) 分包商在与承包商签合同时应怎样编写汇率调价条款才对自己有利?

(3) 分包商在与承包商签订合同时应怎样编写劳务调差条款才对自己有利?

(4) 承包商是怎样对分包商进行反计费扣款管理的?

(5) 分包商研读主合同条款，认识主合同与分包合同的关系有何意义?

4. 案例分析题

(1) 2008年四月某生物工程有限公司(本案被告，以下简称被告)找到唐先生和乔先生(本案原告，以下简称原告)要将承揽的“某医科大学生物安全实验室装修工程”分包给原告施工，原告研究后给被告打电话问能否支付现金?原告是以家庭亲属组成的工程队没有公章，没有账号不能接受转账，只能接受现金，被告称能支付现金。原告同意接这个工程。2008年4月10号被告给原告发来F10设计/制作明细表(电子邮件1)，4月20号又发来“医科大学附属第一医院生物安全实验室装修工程合同书”和原始图纸。其实合同只是医大与被告签的合同电子版，意在告诉原告装修工程的工程范围。原告立刻组织人力机具进行动工、迁运。可是，2008年5月4日—2008年8月期间被告连续发来变更图纸1、2、3、4、5、6，这6张图纸把原来F10设计/制作明细表确定的工程范围除了涂料之外所有的项目均发生了根本性的变更，不但成倍增加了工程量还提高了材料品质，并且变更了工程范围。原告按照被告签字的6张变更图纸的要求施工，除了装修工程还有给排水工程和电气安装工程都由原告施工。施工过程中原告多次要求与被告正式签订书面合同，被告迟迟不签。工程竣工，验收合格，于2008年7—10月陆续投入使用。原告对医科大学生物实验室的这项工程总投入共计190万元人民币，而被告到2010年12月13日累计支付原告人民币共计110万，支付方式是转账支票，要求原告开具指定的材料明细发票以便做账。原告只好找多家公司入账，支付税点，开具发票，然后提出现金。剩余工程款80万元被告不予认可。2008年9月下旬原告按照“竣工装修收尾协议”第二条“甲方负责支付按照乙方报价经审计后的剩余工程款”的要求给被告发去工程报价单，被告迟迟不予回应。原告又拿出双方签订结算工程款的协议，协议上说“按照医大的审计支付工程款”，协议上没有盖被告公章，有被告项目经理签字，同时还有录音，但被告就是不承认还欠工程款。原告诉到法院，并请求人民法院依法依据审计报告判令被告支付拖欠原告的剩余工程款116万元及所欠工程款的利息。

案件审理简介：

① 第一次开庭被告辩称不认识原告，该工程不是原告施工。对盖有被告项目经理W印章的原被告双方结算协议书，被告辩称公司没有W这个人。原告提供的图纸不知道是在哪偷的。以诉讼主体错误为由，请求法院驳回。

② 第二次开庭被告承认原告是他们的员工。面对原告律师从医大基建处调取原告承包的工程档案15份，上面清楚的盖有W印章的验收单和原告签字，被告不得不承认工程是原告施工的，但称原告只是被告的员工，员工的工资按时发放不存在拖欠工程款的问题。W在签结算协议没有单位公章，之前就已经不是本公司员工，他的签字和录音都不代表本公司。

③ 第三次开庭被告承认与原告有合同关系，承认原告承包了医大工程。当原告律师在工商局调取被告的工商档案，证明W一直是公司合伙人时，要求被告按照结算协议(协议写明：原告所施工工程，医大给审计多少就支付多少)给付所欠工程款，请求法院到医大调取工程审计明细，这时被告传来消息：“别到医大了，影响不好，承认是原告干的工程了。”可以协商支付原告20元工程款。原告不同意。

④ 第四次开庭，被告出示原告的竣工结算文件(被告经过公证)辩称原告施工的工程量只有190万元，而不是300多万元。且包工不包料，料钱已经支付不欠原告工程款。案件审理时隔1年多以后，被告在铁证面前承认与原告有合同关系了，但拿出他们经过公证的，原告在法庭上早已出示的“工程结算报告”被告自己屡屡不承认的，为什么发生这戏剧性的变化呢？原因是原告指出医大对原告承包工程的审价为300多万，而结算报告报价是190万元。

⑤ 第五次开庭被告拿出80多万工程材料款剪口发票称不拖欠工程款。法院审理从第一次开庭到第五次开庭一年多的时间过去了，被告又提供能够与原告竣工结算报告一一对应的工程材料剪口发票近80万元，原告没有认可，原告认为，诉争工程在2008年10月份竣工并投入使用，被告拿出的2009年末到2010年末的剪口发票系私下购买，并且没有原告签字，法院不应采信，请求法院让被告出示资金流向证明和原告清点被告发来工程材料的签字。

⑥ 第六次开庭被告用没有标记用途的支票存根证明为原告支付工程材料款。被告出示的16张转账支票存根全都没有用途，也没有收款单位，原告又提出异议，这种支票本可以在银行购得，支票存根可以造假。但被告提供的原告签字的发票都是按被告的要求开具的材料发票，总计110万元，也就是原告承认的收到被告支付的110万元工程款。

⑦ 原被告双方证据。

(a) 原告证据。工程验收单13份、总包商项目经理签结算协议书一份、图纸12份(图纸上有被告总经理手迹和项目经理签字)及被告项目经理的录音；第三方医大的工程档案，证明了原告所干的工程、用电子邮箱发给被告的一份工程结算报告总造价190万元(直接费)。

(b) 被告证据。距第一次庭审一年半多以后出示(开始否认后来承认的经公证处公证的)原告的工程结算报告证明工程总造价190万元，被告单方找鉴定单位做的工程鉴定证书一份、材料款剪口发票11张，证明支付工程材料款80万元人民币，原告已经承认得到了110万元工程款，所以不欠原告工程款。

审案过程梳理：

① 被告答辩意见的变化：从不认识原告到认识，从不承认有合同关系到承认有合同关系，从不承认原告工程结算总造价190万元到承认(自己还做了公证)。最后牢牢抓住没有书面合同的关键点否认包工包料，辩称“既然原告承认我们支付了工程款110万元，我们还支付了工程材料款80万，所以我们不欠原告工程款，出于人道我们同意支付原告20万元人民币”。

② 原告观点：原告始终承认被告已经支付工程款110万元，还欠工程款(不算各种费用)80万元，加上各种费用共欠116万元，既然被告承认了原告的结算报告(双方认可的证据)，为了尽早结案，原告放弃各种费用，要求法院判令被告欠剩余的80万元工程款还给

原告。如果被告认为不欠工程款，就应该拿出190万元的有原告签字的发票或支票。而有原告签字的票据只有110万元。

③ 法院审委会有两种观点。第一种观点认为：鉴于被告多变的答辩观点和原告的充分证据，被告拖欠工程款属实，诉争工程是包工包料工程，既然双方认可诉争工程总造价190万元，被告被告已经支付110万元，尚欠原告80万元工程款，被告的80万元材料款没有原告签字，不能认为被告支付了80万元材料款。第二种观点认为既然原告拿到了工程款110万元，并且工程款又用于购买材料，原告拿不出80万元材料发票，被告提供了80万元的发票与原告的工程结算报告的每一项都严丝合缝地对应，无懈可击，属于包工不包料工程，被告不欠原告工程款，由于双方没有合同，法院没有资格让被告出示所有的材料都必须有原告签字的证据，所以被告不欠原告工程款。

法院最后的判决：

一审法院审理两年之后认为由于总工程造价是190万元(双方认可的)，而原告承认被告给付110万元，结合双方交易习惯，及被告抗辩的高度盖然性及严密逻辑体系……加上被告购买材料款80万元与原告的结算报告每一项对应得严丝合缝，被告确已不欠付原告工程款，驳回原告的诉讼请求。原告败诉。

原告不服，上诉至中级人民法院，法庭审理中被告要求维持原审判决，原告律师再一次提出自己的观点：被告材料款对应原告结算报告严丝合缝本身就是造假，原告每一项的报价都是综合报价(即铝合板吊顶58万元不是用铝合板材料58万元，而是包括人工费、机械加工费、技术措施费和材料费)；被告承认诉争工程是在2008年10月份竣工验收并投入使用的，那么被告拿出的所谓严实合缝的80万材料款是在2009—2010年开具的，本工程早已竣工并投入使用了，怎么还会发生本工程的材料款呢？这80万元的发票是证据造假。中级人民法院采纳了律师意见，中级人民法院认为：一审法院未能查明事实，举证分配不合理，故发回重审。

重申法院认为被告拖欠原告工程款80万事实清楚，故判决被告给付原告80万元工程款及其拖欠工程款的利息。被告不服提出上诉，上诉法院维持了重申法院的判决。

问题：① 分包商诉至法院请求救济时主要提供哪些证据？

② 本案承包商在一审时为何败诉？谈一谈你的观点。

③ 本案中哪些地方充分体现了分包商的劣势地位？

④ 本案分包商最后能够胜诉有几处关键点分包商做到了？

⑤ 原告后来为何不主张被告偿还116万元而是主张被告偿还80万元了呢？

⑥ 通过本案我们从中吸取了哪些经验教训？

(2) 某房地产开发公司为开发新世纪花园，于某年1月11日与该市某建筑公司签订建设工程合同，合同约定：工程总造价为6 000万元，开工前拨付工程款2 300万元，6月30日前再拨付工程款4 400万元，余下工程款待验收合格后扣除一年的保修金200万元后一次付清。开工日期为1月26日，竣工日期为当年10月26日。若哪一方违约处以工程款总造价6 000万元的5%的违约金。合同签订后，开发公司依约履行合同，将工程款拨付给建筑公司。建筑公司于同年1月18日又与该市某实业公司(下称C)签订了建设工程承包合同书，建筑公司将承包的工程扣除手续费500万元后以5 500万元的价款转包给C，C对整个工程负责。在整个施工过程中，开发公司得知转包一事后也未提出制止。同年10

月6日，C建筑公司、开发公司和有关建设部门对新世纪花园工程进行了检查验收，将工程评定为优良工程。而建筑公司总计支付给C 4 500万元，尚欠1 000万元以种种理由拒付。无奈之下，C以建筑公司、开发公司为被告诉至法院，请求判令建筑公司支付工程款1 000万元，开发公司承担连带责任。

法院审理认为：开发公司与建筑公司所签订的建设工程合同为有效合同；建筑公司与C所签订的建设工程承包合同为无效合同；在判决书生效后10日内由建筑公司支付工程款1 000万元给C，开发公司负连带责任。

问题：C与开发公司没有合同关系，为何开发公司可以作为被告？

(3) 某开发商将开发的酒店工程发包给A并签订了《工程承包合同》，A将整个工程设计分包给B并签订了《建筑工程设计合同》，将整个工程施工任务转包给C并签订了《施工合同》。而后C根据B的设计图纸进行了施工，经验收合格，工程交付使用。开发商使用1个月后，楼顶空中花园对顶层造成严重损害，并有水渗漏到6层的房间内，导致6层写字楼的客户无法正常办公，租用的客户不断向酒店提出租金和损失索赔。针对这种情况，对此开发商要求A进行维修和部分工程返修，但是始终未能从根本上解决问题。经当地的建设工程质量监督部门检测，确认工程设计存在严重质量缺陷是导致工程渗水的主要原因；另外，施工单位在工程施工中有偷工减料的情节，特别是导致渗水的材料——水泥的标号不够。面对上述质量问题，开发商将A诉讼至法院，要求A赔偿工程损失和其他直接损失。

法院经过审理后，追加B和C为第三人参加诉讼。判决：①A承担工程质量全部责任，对于质量不合格造成的直接损失和间接损失承担全部赔偿责任；②B和C对工程质量不合格承担连带责任。

问题：法院为何追加B和C为第三人参加诉讼？

第12章 委托监理与勘察设计及采购合同管理

教学目标

通过学习本章，应达到以下目标：

(1) 全面掌握委托监理合同、勘察、设计合同的管理实务；

(2) 熟练掌握三种合同管理主要条款，并能分析相应案例。

学习要点

知识要点	能力要求	相关知识
工程委托监理合同管理	(1) 掌握监理合同示范文本及合同有效期； (2) 掌握监理人应完成的监理工作； (3) 掌握签约酬金与支付； (4) 掌握监理人与委托人的义务； (5) 掌握合同生效、变更与终止及违约责任	(1) 示范文本的组成和监理人责任期； (2) 正常工作、附加工作和相关服务； (3) 正常、附加工作酬金和奖金； (4) 监理人七大义务，委托人七大义务； (5) 工期延误、情况改变和终止原因
勘察与设计合同管理	(1) 掌握勘察设计合同示范文本； (2) 掌握勘察设计合同的订立； (3) 掌握设计合同的生效、期限、终止； (4) 掌握设计合同的和变更； (5) 掌握设计合同履行过程中双方的责任	(1) 两种示范文本各自用途； (2) 发包人提供的现场工作条件、资料及委托的工作范围； (3) 定金担保、设计期限与合同终止； (4) 双方的责任及双方的违约责任

续表

知识要点	能力要求	相关知识
工程采购合同管理	(1) 掌握材料采购合同的交货检验； (2) 掌握材料采购合同的违约责任； (3) 掌握设备监理的主要工作内容	(1) 验收依据及数量和质量验收； (2) 未按约交货、质量缺陷与运输责任； (3) 启动试车、性能验收和最终验收

基本概念

附加监理工作；额外监理工作；衡量法；理论换算法；查点法；经验鉴别法；物理试验和化学实验。

引例

委托监理合同是指建设单位(称委托人)聘请监理单位(称受托人)对工程项目进行管理，明确双方权利、义务的协议。勘察设计合同是指建设单位或有关单位(称委托人)与勘察、设计单位(称承包人)为完成商定的勘察、设计任务，明确双方权利义务关系的协议。工程采购合同是指具有平等主体的自然人、法人、其他组织之间为实现建设工程物资买卖，设立、变更、终止相互权利义务关系的协议。对于这些合同的管理就是对这些合同的履行而进行的协调控制过程。为规范建设工程监理活动，维护建设工程监理合同当事人的合法权益，住房和城乡建设部、国家工商行政管理总局对《建设工程委托监理合同(示范文本)》(GF—2000—2002)进行了修订，制定了《建设工程监理合同(示范文本)》(GF—2012—0202)，本合同自颁布之日起执行，原《建设工程委托监理合同(示范文本)》(GF—2000—2002)同时废止。

12.1 工程委托监理合同管理

监理合同是委托合同的一种，其标的是服务，即监理工程师凭借自己的知识、经验、技能受业主委托为其所签订其他合同的履行实施监督和管理。《建设工程监理合同(示范文本)》(GF—2012—0202)对合同文件的构成及合同条款内容进行了补充与完善，对一些概念和条文及文本格式都做了调整，保持与国际惯例一致。

12.1.1 监理合同示范文本及合同有效期

1. 新版(GF—2012—0202)监理合同示范文本

《建设工程委托监理合同》(示范文本)由“协议书”、“通用条件”、“专用条件”三大部分组成。

"协议书"，是纲领性的法律文件，是一份标准的格式文件，是由工程概况、词语限定、组成合同的文件、总监理工程师、签约酬金、期限、双方承诺与合同签订八部分组成。与旧版(GF—2000—2002)合同范本相比增加了"总监理工程师"、"期限"和"合同订立"的内容，对"签约酬金"部分进行了细化。

本合同文件及其解释顺序如下。

(1) 协议书。

(2) 中标通知书(适用于招标工程)或委托书(适用于非招标工程)。

(3) 专用条件及附录A、附录B。

(4) 通用条件。通用条件由旧版11项内容总和为新版的8大内容即："定义与解释""监理人的义务""委托人义务""违约责任"支付""合同生效、变更、暂停、解除与终止""争议解决"和"其他"。

(5) 投标文件(适用于招标工程)或监理与相关服务建议书(适用于非招标工程)。

(6)"专用条件"。

2. 合同有效期

监理合同的有效期即监理人的责任期。不是以约定的日历天数为准，而是以监理人是否完成了包括附加工作和额外工作的义务来判定。

因此通用条款规定，监理合同的有效期为双方签订合同生效后，工程准备工作开始，到监理人完成本合同约定的全部工作，以及委托人与监理人结清并支付全部酬金，监理合同才终止。

在监理过程中，如果因工程建设进度的推迟或延误而超过书面约定的日期，双方应进一步约定相应延长的合同期。

12.1.2 监理人应完成的监理工作

1. 正常工作

"正常工作"指本合同订立时通用条件和专用条件中约定的监理人的工作。

2. 附加工作

"附加工作"是指本合同约定的正常工作以外监理人的工作。在新版合同范本中取消了"额外工作"，原来意义的"额外工作"都并入"附加工作"。

3. 相关服务

"相关服务"是指监理人受委托人的委托，按照本合同约定，在勘察、设计、保修等阶段提供的服务活动。这一工作是新版示范文本新加的内容，去掉了原来的"额外工作"。

12.1.3 签约酬金与支付

1. 签约酬金

签约酬金包括监理酬金和相关服务酬金

2. 监理酬金

监理酬金是正常工作酬金，它指监理人完成正常工作，委托人应给付监理人并在协议书中载明的酬金额。

3. 相关服务酬金

相关服务酬金包括：勘察阶段服务酬金、设计阶段服务酬金、保修阶段服务酬金和其他相关服务酬金。

4. 附加工作酬金

附加工作酬金是指监理人完成附加工作，委托人应给付监理人的金额。

5. 奖金

奖金是监理人在监理工作过程中提出的合理化建议，使委托人得到了经济效益，委托人应按专用条件中的约定给予的经济奖励。

6. 支付

监理人应在本合同约定的每次应付款时间的7天前，向委托人提交支付申请书。支付申请书应当说明当期应付款总额，并列出当期应支付的款项及其金额。支付的酬金包括正常工作酬金、附加工作酬金、合理化建议奖励金额及费用。

12.1.4 监理人的义务

1. 监理人必须完成的22项工作内容

(1) 编制监理规划及其细则，并在第一次工地会议7天前报委托人。

(2) 参加委托人主持的图纸会审和设计交底会议。

(3) 参加由委托人主持的第一次工地会议；主持监理例会并根据工程需要主持或参加专题会议。

(4) 审查施工承包人提交的施工组织设计，重点审查其中的质量安全技术措施、专项施工方案与工程建设强制性标准的符合性。

(5) 检查施工承包人工程质量、安全生产管理制度及组织机构和人员资格。

(6) 检查施工承包人专职安全生产管理人员的配备情况。

(7) 审查施工承包人提交的施工进度计划，核查承包人对施工进度计划的调整。

(8) 检查施工承包人的试验室。

(9) 审核施工分包人资质条件。

(10) 查验施工承包人的施工测量放线成果。

(11) 审查工程开工条件，对条件具备的签发开工令。

(12) 审查施工承包人报送的工程材料设备等质量证明文件的有效性和符合性，并按规定对用于工程的材料采取平行检验或见证取样方式进行抽检。

(13) 审核施工承包人提交的工程款支付申请，签发或出具工程款支付证书，并报委托人审核、批准。

(14) 在巡视、旁站和检验过程中，发现工程质量、施工安全存在事故隐患的，要求施工承包人整改并报委托人。

(15) 经委托人同意，签发工程暂停令和复工令。

(16) 审查施工承包人提交的采用新材料、新工艺、新技术、新设备的论证材料及相关验收标准。

(17) 验收隐蔽工程、分部分项工程。

(18) 审查施工承包人提交的工程变更申请，协调处理施工进度调整、费用索赔、合同争议等事项。

(19) 审查施工承包人提交的竣工验收申请，编写工程质量评估报告。

(20) 参加工程竣工验收，签署竣工验收意见。

(21) 审查施工承包人提交的竣工结算申请并报委托人。

(22) 编制、整理工程监理归档文件并报委托人。

2. 监理人必须执行的监理依据

(1) 适用的法律、行政法规及部门规章。

(2) 与工程有关的标准。

(3) 工程设计及有关文件。

(4) 本合同及委托人与第三方签订的与实施工程有关的其他合同。

双方根据工程的行业和地域特点，在专用条件中具体约定监理依据。相关服务依据在专用条件中约定。

3. 监理人必须保证建立岗位稳定及监理人员的质量

本合同履行过程中，总监理工程师及重要岗位监理人员应保持相对稳定，以保证监理工作正常进行。

监理人更换总监理工程师时，应提前7天向委托人书面报告，经委托人同意后方可更换；保证监理人员的资格与能力能够胜任，及时更换合同范本中规定的6种人(①严重过失行为的；②有违法行为不能履行职责的；③涉嫌犯罪的；④不能胜任岗位职责的；⑤严重违反职业道德的；⑥专用条件约定的其他情形)。

4. 监理人必须履行的职责

监理人按照法律法规和相关标准及合同履行职责。

(1) 及时处置和协调对于委托人与承包人的意见和矛盾。

(2) 对于本合同出现的仲裁和诉讼提供必要的证明资料。

(3) 在授权范围内处理委托人与承包人所签订合同的变更事宜。

(4) 在紧急情况下发出指令后在24小时内以书面形式报委托人。

(5) 除专用条件另有约定外，监理人发现承包人的人员不能胜任本职工作的，有权要求承包人予以调换。

5. 提交报告

监理人应按专用条件约定的种类、时间和份数向委托人提交监理与相关服务的报告。

6. 文件资料的保留与归档

在本合同履行期内，监理人应在现场保留工作所用的图纸、报告及记录监理工作的相关文件。工程竣工后，应当按照档案管理规定将监理有关文件归档。

7. 妥善保管使用的委托人财产

监理人无偿使用附录B中由委托人提供的财产，在本合同终止时将清单提交委托人，并按专用条件约定的时间和方式移交。

12.1.5 委托人的义务

1. 告知

委托人对合同中明确的监理人、总监理工程师和授予项目监理机构的权限，如有变更，应及时通知承包人。

2. 提供资料

委托人应按照附录B约定，无偿向监理人提供工程有关的最新资料。

3. 提供工作条件

(1) 按照附录B约定，派遣人员，提供房屋、设备，供监理人无偿使用。

(2) 负责协调工程建设中所有外部关系，为监理人履行本合同提供必要的外部条件。

4. 派委托人代表

委托人应授权一名熟悉工程情况的代表，负责与监理人联系。在签订本合同后7天内，将委托人代表的姓名和职责书面告知监理人。当委托人更换委托人代表时，应提前7天通知监理人。

5. 委托人意见或要求

在本合同约定的监理与相关服务工作范围内，委托人对承包人的任何意见或要求应通知监理人，由监理人向承包人发出相应指令。

6. 答复

委托人应在专用条件约定的时间内，对监理人以书面形式提交并要求做出决定的事宜，给予书面答复。逾期未答复的，视为委托人认可。

7. 支付

委托人应按本合同约定，向监理人支付酬金。

12.1.6 合同生效、变更、解除与终止

1. 合同生效与正常终止

合同自签字与盖章之日起生效。监理人完成本合同约定的全部工作，委托人与监理人结清并支付全部酬金。本合同即告终止。

2. 合同变更、暂停与解除

1）变更

任何一方提出变更请求时，双方经协商一致后可进行变更。

（1）非监理人原因增加的监理工作视为附加工作。

（2）合同生效后，变更而暂停的工作其善后及恢复服务的准备工作（不超过 28 天）应为附加工作。

（3）合同签订后，法规变更引起监理与相关服务变化的双方协商调整酬金。

（4）非监理人原因造成工程费用增加，正常工作酬金应依约调整。

（5）变更导致监理人的正常工作量减少，酬金依约调整。

2）暂停与解除

除双方协商一致可以解除本合同外，当一方无正当理由未履行本合同约定的义务时，另一方可以根据本合同约定暂停履行本合同直至解除本合同。

（1）双方协商一致解除合同。合同履行期间，无法预见的原因导致履行无意义，经双方协商一致，可以解除本合同，在解除之前，监理人应做出合理安排，使开支减至最小。

（2）委托人解除合同。解除合同导致监理人的损失，应由委托人予以补偿，补偿金额由双方协商确定。解除本合同必须以书面形式。

因监理人不按约履行义务，委托人应通知监理人限期改正。若委托人在监理人接到通知后的 7 天内未收到监理人书面形式的合理解释，则可在 7 天内发出解除本合同的通知，自通知到达监理人时本合同解除。委托人支付此前的酬金，但监理人承担“监理人的违约责任”。

（3）监理人解除合同。暂停施工解除合同：暂停部分监理工作与超过 182 天，监理人可发出解除本合同约定的该部分义务的通知；暂停监理全部工作超过 182 天，监理人可发出解除本合同的通知，本合同自通知到达委托人时解除。委托人应将监理酬金支付至本合同解除日，且应承担“委托人违约责任”。

委托人不按约支付监理酬金监理人解除合同。监理人在约定支付之日起 28 天后仍未收到委托人按应付的款项，可向委托人发出催付通知。委托人接到通知 14 天后仍未支付或未提出监理人可以接受的延期支付安排，监理人可向委托人发出暂停工作的通知并可自行暂停全部或部分工作。暂停工作后 14 天内监理人仍未获得委托人应付酬金或委托人的合理答复，监理人可向委托人发出解除本合同的通知，自通知到达委托人时本合同解除，委托人应承担约定的责任。

（4）不可抗力的解除和暂停。不可抗力致使本合同部分或全部不能履行时，一方应立即通知另一方，可暂停或解除本合同。

本合同解除后，本合同约定的有关结算、清理、争议解决方式的条件仍然有效。

3. 合同终止

以下条件全部满足时，本合同即告终止。

（1）监理人完成本合同约定的全部工作。

（2）委托人与监理人结清并支付全部酬金。

12.1.7 违约责任

1. 监理人的违约责任

监理人未履行本合同义务的，应承担相应的责任。

(1) 监理人违约导致委托人损失，监理人负赔偿责任，赔偿金额在专用条件中约定。监理人承担部分赔偿责任的，赔偿金额由双方协商确定。

(2) 监理人向委托人的索赔不成立时，监理人应赔偿委托人由此发生的费用。

2. 委托人的违约责任

委托人未履行本合同义务的，应承担相应的责任。

(1) 委托人违反本合同约定造成监理人损失的，委托人应予以赔偿。

(2) 委托人向监理人的索赔不成立时，应赔偿监理人由此引起的费用。

(3) 委托人未能按期支付酬金超过28天，应按专用条件约定支付逾期付款利息。

3. 除外责任

因非监理人的原因，且监理人无过错，发生工程质量事故、安全事故、工期延误等造成的损失，监理人不承担赔偿责任。

因不可抗力导致本合同全部或部分不能履行时，双方各自承担其因此而造成的损失、损害。

12.2 勘察与设计合同管理

勘察、设计合同的承包人不仅必须具有法人资格，而且必须是经国家认可的勘察、设计单位。

12.2.1 勘察设计合同示范文本

1. 勘察合同示范文本

勘察合同范本按照委托任务的不同分为两个版本。

1) 建设工程勘察合同(一)(CF—2000—0203)

该范本适用于为设计任务提供勘察工作的委托任务，包括岩土工程勘察、水文地质勘查(含凿井)、工程测量、工程物探等条款。

合同的主要条款包括：①工程概况；②发包人应提供的资料；③勘察成果的提交；④勘察费用的支付；⑤发包人、勘察人责任；⑥违约责任；⑦未尽事宜的约定；⑧其他约定事项；⑨合同争议的解决；⑩合同生效。

2) 建设工程勘察合同(二)(CF—2000—0204)

该范本的委托工作内容仅涉及岩土工程，包括取得岩土工程的勘察资料，对项目的岩土工程进行设计、治理和监测工作。

合同的主要条款除了上述勘察合同应具备的条款以外，还包括变更及工程费的调整；材料设备的供应；报告、文件、治理的工程等的检查和验收等方面的约定条款。

2. 设计合同示范文本

设计合同范本按照委托任务的不同分为两个版本。

1）建设工程设计合同(一)(GF—2000—0209)

该范本适用于民用建设工程的设计，合同的主要条款包括：①订立合同依据的文件；②委托设计任务的范围和内容；③发包人应提供的有关资料和文件；④设计人应交付的资料和文件；⑤设计费的支付；⑥双方责任；⑦违约责任等。

2）建设工程设计合同(二)(GF—2000—0210)

该范本适用于委托专业工程的设计，除了上述设计合同应具备的条款以外，还应增加设计依据；合同文件的组成及优先次序；项目的投资要求、设计阶段和设计内容；保密等条款。

12.2.2 勘察设计合同的订立

1. 发包人提供的现场工作条件

根据项目的具体情况和合同的约定，发包人应提供的条件可能包括：①落实土地征用、青苗树木赔偿；②拆除地上地下障碍物；③处理施工扰民及影响施工正常进行的有关问题；④平整施工现场；⑤修好通行道路、排水沟渠以及水上作业用船等。

2. 发包人提供的资料

1）设计依据文件和资料

在签订合同时，发包人应提供的资料包括：①经批准的项目可行性研究报告或项目建议书；②城市规划许可文件；③工程勘察资料等。

2）项目设计要求文件

该文件内容包括：①工程范围和规模；②限额设计的要求；③设计依据的标准等。

3. 发包人委托任务的工作范围

(1) 设计范围和建筑物的合理使用年限，合同中应明确建设规模、详细列出工程分项的名称、层数和建筑面积，以及建筑物的合理使用年限。

(2) 委托的设计阶段和内容，可能包括方案设计、初步设计和施工图设计的全过程。

(3) 设计深度要求，发包人不得要求设计人违反国家标准或强制性规定，具体要求根据项目特点在合同中约定：①方案设计文件应满足编制初步设计文件和控制概算的需要；②初步设计应满足编制施工招标文件和施工图设计文件，主要设备、材料订货的需要；③施工图设计文件应满足材料采购、非标准设备制作和施工的需要，并注明建设工程的合理使用年限。

(4) 设计人员配合施工工作的要求：①向发包人和施工承包人进行设计交底；②处理有关设计问题；③参加重要隐蔽工程部位验收和竣工验收等事项。

12.2.3 设计合同的生效、期限与终止

1. 合同生效

设计合同采用定金担保，合同总价的20%为定金。设计合同在双方当事人签字盖章，并且发包人支付定金后生效。发包人应在合同签字3日内支付该款项，设计人收到定金为设计开工的标志。发包人未能按时支付，设计人有权推迟开工时间，且交付设计文件的时间相应顺延。

2. 设计期限

设计期限是判定设计人是否按期履行合同义务的标准，除了合同约定的交付设计文件(包括约定分次移交的设计文件)的时间以外，还可能包括由于非设计人应承担责任和风险的原因，经过双方协议补充确定应顺延的时间之和，如设计过程中发生影响设计进展的不可抗力事件；非设计人员引起的设计变更；发包人应承担责任的事件对设计进度的干扰等。

3. 合同终止

设计合同在正常履行的情况下，工程施工完成竣工验收工作，或委托专业建设工程设计完成施工安装验收，设计人为合同项目的服务结束，合同终止。

12.2.4 设计合同变更

设计合同变更通常指设计人承接工作范围和内容的改变。

1. 设计人的工作

设计人交付设计资料及文件后，按规定参加有关的设计审查，并根据审查结论负责对不超出原定范围的内容做必要的调整补充。

2. 委托任务范围内的设计变更

如果发包人根据工程的实际需要确需修改建设工程的勘察、设计文件时，应当首先报经原审批机关批准，然后由原勘察、设计单位修改，经过修改的设计文件仍需按设计管理程序经有关部门审批后使用。

3. 委托其他设计单位完成的变更

在某些特殊情况下(如变更增加的设计内容专业性特点较强，超过了设计人资质条件允许承接的工作范围)，发包人经原设计人书面同意后，也可以委托其他具有相应资质等级的勘察设计单位修改。修改单位对修改的勘察、设计文件承担相应责任，设计人不再对修改的部分负责。

4. 发包人原因的重大设计变更

发包人变更委托设计项目、规模、条件或因提交的资料错误，或所提交资料做了较大修改，以致造成设计人设计需返工时，双方除需另行协商签订补充协议以外，发包人应按设计人所耗工作量增付设计费。

在未签合同前发包人已同意设计人所做的各项设计工作，发包人应按收费标准支付设计费。

12.2.5 设计合同履行过程中双方的责任

1. 发包人的责任

1）提供设计依据资料

发包人应按时提供设计依据资料和基础资料，而且要对资料的正确性、完整性及时限性负责。

2）提供必要的现场工作条件

发包人有义务为设计人在现场工作期间提供必要的工作、生活方便条件，可能涉及工作、生活、交通等方面的便利条件，以及必要的劳动保护装备。

3）外部协调工作

设计阶段成果完成后，应由发包人组织鉴定和验收，并负责向发包人的上级或有管理资质的设计审批部门申报，完成审批手续。

施工图完成后，发包人应将施工图报送建设行政主管部门，并由其委托的审查机构进行安全和强制性标准、规范执行情况等内容的审查。发包人和设计人共同保证施工图设计满足以下条件：①建筑物(包括地基基础、主体结构体系)的设计稳定、安全、可靠；②设计符合消防、节能、环保、抗震、卫生、人防等有关强制性标准、规范；③设计的施工图达到规定的设计深度；④不存在有可能损害公共利益的其他影响。

4）其他相关工作

发包人委托设计人配合引进项目的设计任务，从询价、对外谈判、国内外技术考察直至建成投产的各个阶段，应吸收设计人参加。出国费用，除制装费外，其他费用由发包人支付。

未经设计人同意，发包人对交付的设计资料及文件不得擅自修改、复制或向第三人转让或用于本合同外的项目。

如果发包人从施工进度的需要或其他方面考虑，要求设计人员比合同规定时间提前交付设计文件时，必须征得设计人同意，并应支付相应的赶工费。

2. 设计人的责任

1）保证工程质量

设计人要按合同规定的标准完成各阶段的设计任务，并对提交的设计文件的质量负责。负责设计的建(构)筑物要注明合理的使用年限，对选用的材料构配件要注明规格、型号、性能等技术指标。

对于各阶段设计文件审查会提出的修改意见，设计人应负责修正和完善。设计人应按规定参加有关的设计审查，并根据审查结论负责对不超出原定范围的内容做必要的调整补充。

2）对外商的设计资料进行审查

需要使用外商提供的制造图纸，设计人应负责对外商的设计资料进行审查，并负责该合同项目的设计联络工作。

3) 工作任务

(1) 初步设计。

初步设计包括：①总体设计(大型工程)；②方案设计，包括建筑设计、工艺设计、方案比选等；③编制初步设计文件，包括完善选定的方案、分专业设计并汇总、编制说明与概算、参加初步设计审查会议、修正初步审计等。

(2) 技术设计。

提出技术设计计划，包括：①工艺流程试验研究、特殊设备的研制、大型建(构)筑物关键部位的试验研究；②编制技术设计文件；③参加初步审查，并做必要的修正。

(3) 施工图设计。

施工图设计包括建筑、结构和设备设计，专业设计的协调，编制施工图设计文件。

4) 配合施工的义务

配合施工的义务包括：①设计交底；②解决施工中出现的设计问题；③工程验收等。

5) 保护发包人的知识产权

设计人应保护发包人的知识产权，不得向第三人泄露、转让发包人提交的产品图纸等技术经济资料。

3. 设计合同发包人的违约责任

1) 发包人延误支付

逾期违约金标准：支付金额(万元/天)×2%×天数，设计文件提交的时间顺延。逾期30天以上，设计人有权暂停履行下阶段工作，并书面通知发包人。

2) 审批工作的延误

逾期审批工作的延误为发包人的风险，设计人按约定提交设计文件和相关资料后，按照设计人已完成全部设计任务对待，发包人应按合同约定结清全部设计费。

3) 因发包人原因要求解除合同

在合同履行期间，发包人要求终止或解除合同的原则：①设计人未开始设计工作的，不退还已付的定金；②已开始设计工作的，发包人应根据设计人已进行的实际工作量阶段设计费的一半支付；超过一半时，按该阶段设计费的全部支付。

4. 设计人的违约责任

1) 设计错误

应对设计文件和资料中出现的遗漏或错误负责修改或补充。由于设计错误造成工程质量事故损失，设计人除负责采取补救措施外，应免收直接受损失部分的设计费。损失严重的还应根据损失的程度和设计人责任大小支付赔偿。

2) 设计人延误完成设计任务

对于设计人自身原因造成的，应减收设计费[标准：设计费(万元/天)×2%×天数]。

3) 设计人原因要求解除合同

合同生效后，设计人要求终止或解除合同，设计人应双倍返还定金。

12.3 工程采购合同管理

工程采购合同包括物资采购(材料采购和设备采购)、承揽和技术合同。这节只学习物资采购合同及其管理。

12.3.1 材料采购合同的交货检验

1. 验收依据

可作为双方验收的依据包括以下方面。

(1) 采购合同。

(2) 供货方提供的发货单、计量单、装箱单及其他有关凭证。

(3) 合同内约定的质量标准(执行的标准代号、标准名称)。

(4) 产品合格证、检验单。

(5) 图纸、样品及其他技术证明文件。

(6) 双方当事人共同封存的样品等。

2. 交货数量检验

1) 供货方代运货物的到货检验

采购方在现场提货地点应与运输部门共同验货，采购方接收后，运输部门不再负责。属于交运前出现的问题，由供货方负责，运输过程中发现的问题由运输部门负责。

2) 现场交货的到货检验

数量验收的方法包括衡量法、理论换算法、查点法。①衡量法：即根据各种物资不同的计量单位进行检尺、检斤，以衡量其长度、面积、体积、重量是否与合同约定一致。如胶管衡量其长度；钢板衡量其面积；木材衡量其体积；钢筋衡量其重量等。②理论换算法：如管材等各种定尺、倍尺的金属材料，测量其直径和壁厚后，再按理论公式换算验收。换算依据为国家规定标准或合同约定的换算标准。③查点法：检验采购定量包装的计件物资，只要查点到货数量即可。包装内的产品数量或重量应与包装物标明的一致，否则应由厂家或封装单位负责。

3) 交货数量的允许增减范围

交货数量在合理的尾差和磅差内(运输过程中的合理损耗)，不按多交或少交对待，双方互不退补。超过界限范围，按合同约定方法计算多交或少交的数量。

如果超出合理范围，则按实际交货数量计算。不足部分由供货方补齐或退回不足部分的货款；采购方同意接受的多交付部分，进一步支付溢出数量货物的货款。但在计算多交或少交数量时，应将订购数量与实际数量比较，均不再考虑合理磅差和尾差。

3. 交货质量检验

1) 质量责任

不论采用何种交接方式，采购方均应在合同规定的由供货方对质量负责的条件和期限内，对交付产品进行验收和实验。某些必须安装试运转后才能发现内在质量缺陷的设备，应于合同内规定缺陷责任期或保修期。在此期限内，凡检测不合格的物资或设备，均由供货方负责。

2）验收方法

合同内应具体写明检验的内容和手段，以及检测应达到的质量标准。质量验收的方法可以采用经验鉴别法(即通过目测、手触或以常用的检测工具测量后，判定质量是否符合要求)、物理试验(根据对产品的性能检验目的，可以进行拉伸试验、压缩试验、冲击试验、金相试验及硬度试验等)和化学实验(即抽出一部分样品进行定性分析或定量分析的化学试验，以确定其内在质量)。

3）对产品提出异议的时间和方法

合同内应具体写明采购方对不合格产品提出异议的时间和拒付货款的条件。采购方提出的书面异议中，应说明检验情况，出具检验证明和对不合格规定产品提出具体的处理意见。因采购方使用、保管、保养不善原因导致的质量下降，供货方不承担责任。

在接到采购方的书面异议后，供货方应在10天内(或合同商定的时间内)负责处理，否则视为默认采购方提出的异议和处理意见。

12.3.2 材料采购合同的违约责任

1. 供货方的责任

1）未能按合同约定交付货物

(1) 因供货方原因导致不能全部或部分交货。

应按合同规定的违约金比例乘以不能交货部分货款计算违约金，违约金不足以弥补实际损失时，可以修改其计算方法，使实际损失得到合理的补偿，如施工承包人为了避免停工待料，不得不以较高价格紧急采购不能供应部分的货物而受到的价差损失等。

(2) 逾期交货。

对于逾期交货，无论是自提还是到指定地点接货，均要按约定依据逾期交货部分货款总价计算违约金。对于自提货物而不能按期交货时，若发生采购方的其他额外损失(如空车的往返费用)，应由供货方承担。

发生逾期交货事件后，供货方还应在发货前与采购方就发货的事宜进行协商：①采购方需要时，可继续按照约定数量发货，并承担逾期交货责任；②如果采购方认为已不需要，有权在接到发货协商通知后的15天内，通知供货方办理解除合同手续；③逾期不予答复的，视为同意供货方继续发货。

(3) 提前交货。

对于自提，采购方接到对方发出的提前提货通知后，可以根据自己的实际情况拒绝提前提货；对于供货方提前发运或交付的货物，采购方有权按合同规定的时间付款，而且对于多交货部分，以及品种、型号、规格、质量等不符合合同规定的产品，在代为保管期内实际支出的保管、保养等费用由供货方承担。代为保管期内，不是因采购方保管不善而导致的损失，仍由供货方负责。

(4) 交货数量与合同不符。

交付的数量多于合同约定，且采购方不接受时，可在承付期内拒付多交部分的货款和运杂费。在同一城市，可拒收多交部分；不在同一城市，采购方应先把货物接收下来并负责保管，然后将详细情况和处理意见在到货后的10天内通知对方。

交付的数量少于合同约定，采购方凭有关的合法证明在承付期内拒付少交部分的货款，也应在到货后的10天内将详细情况和处理意见通知对方。供货方接到通知后应在10天内答复，否则视为同意对方的处理意见。

2) 产品质量缺陷

交付货物的品种、型号、规格、质量等不符合合同规定，如果采购方同意使用，应当按质论价；如果采购方不同意使用，由供货方负责包换或保修。不能修理或调换的产品，按供货方不能交货对待。

3) 供货方的运输责任

(1) 包装责任。

凡因包装不符合规定而造成货物运输过程中的损坏或灭失，均由供货方负责赔偿。

(2) 发运责任。

错发到货地点或接货人时，除应负责运输合同规定的到货地点或接货人外，还应承担对方因此多支付的一切实际费用和逾期交货的违约金。如果供货方未按合同约定的路线和运输工具发运货物，要承担由此增加的费用。

2. 采购方的责任

1) 未按合同约定接收货物

(1) 采购方要求中途退货，应向供货方支付按退货部分货款总额计算的违约金。

(2) 采购方违反合同规定拒绝接货，要承担由此造成的货物损失和运输部门的罚款。

(3) 采购方不按期提货，除须支付按逾期提货部分货款总值计算延期付款的违约金以外，还应承担逾期提货时间内供货方实际发生的代为保管、保养费用。

2) 逾期付款

应按合同内约定的计算办法，支付逾期付款利息(延期付款利率一般为万分之五/天)。

3) 误填交接地点或接货人

不论是由于采购方在合同内错填到货地点或接货人，还是未在合同约定的时限内及时将变更的到货地点或接货人通知对方，导致供货方送货或代运过程中不能顺利交接货物，所产生的后果均由采购方承担。责任范围包括自行运到所需地点或承担供货方及运输部门按采购方要求改变交货地点的一切额外支出。

12.3.3 设备监理的主要工作内容

1. 设备制造前的监理工作

在合同约定的时间内，监理方应组织有关方面的人员对供货方提交的订购设备的设计和制造、检验的标准(包括标准、图纸、资料、工艺要求)，进行会审后尽快给予同意与否的答复。

2. 设备制造阶段的监理工作

1) 设备监理方式

监理对设备制造过程的监造实行现场见证和文件见证。

(1) 现场见证的形式。

现场见证的形式包括：①以巡视的方式监督生产制造过程，检查使用的原材料、元件质量是否合格，制造工艺是否符合技术规范的要求等；②接到供货方的通知后，参加合同内规定的中间检查试验和出厂前的检查试验；③在认为必要时，有权要求进行合同内没有规定的检验，如对某一部分的焊接质量有疑问，可以对该部分进行无损探伤试验。

(2) 文件见证。

文件见证指对所进行的检查或检验认为质量达到合同规定的标准后，在检查或试验记录上签署认可意见，以及就制造过程中有关问题发给供货方的相关文件。

2) 对制造质量的监督

(1) 监督检验的内容。

采购方和供货方应在合同内约定设备监造的内容，监理依据合同的规定进行检查和试验。

(2) 检查和试验的范围。

检查和试验的范围：①原材料和元器件的进厂检验；②部件的加工检验和实验；③出厂前预组装检验；④包装检验。

(3) 制造质量责任。

① 监理工程师在监造中对发现的设备和材料质量问题，或不符合规定标准的包装有权提出改正意见并暂不予以签字时，供货方需采取相应改进措施保证交货质量。无论监理工程师知道或要求与否，供货方均有义务主动及时地向其提供设备制造过程中出现的较大的质量缺陷和问题，不得隐瞒，在监理工程师不知道的情况下供货方不得擅自处理。

② 监造代表发现重大问题要求停工检验时，供货方应当遵照执行。

③ 不论监理工程师是否参与监造与出厂检验，或者参加了监造与检验并签署了监造与检验报告，均不能视为免除供货方对设备质量应负的责任。

3) 监理工作应注意的事项

(1) 制造现场的监造检验与见证，尽量结合供货方工厂实际生产过程进行，不应影响正常的生产进度(不包括发现重大问题时的停工检验)。

(2) 监理工程师应按时参加合同规定的检查和试验，否则供货方工厂的试验工作可以正常进行，结果有效。若供货方未及时通知监理代表而单独检验，监理工程师不承认该检验结果，供货方应在监理工程师在场的情况下进行该项试验。

(3) 供货方供应的所有合同设备、部件(包括分包与外购部分)，在生产过程中都需进行严格的检验和试验，出厂前还需进行部件或整机组装试验，并且均需有正式的记录文件。

只有以上所有工作完成后才能出厂发运，供货方还应在随机文件中提供合格证和质量证明文件。

4) 对生产进度的监督

(1) 对供货方在合同设备开始投料制造前提交的整套设备的生产计划进行审查并签字认可。

(2) 每个月末供货方均应提供月报表，说明本月包括制造工艺过程和检验记录在内的实际生产进度，以及下一月的生产、检验计划。监理工程师审查同意后，作为对制造进度控制和其他合同及外部关系进行协调的依据。

3. 设备运抵现场的监理工作

(1) 如果由于采购方或现场条件原因要求供货方推迟设备到货时，应及时通知对方，并承担推迟期间的仓储费和必要的保养费。

(2) 货物到达目的地后，采购方向供货方发出到货检验通知，应尽力与对方代表共同进行检验。在双方共同清点货物并运抵现场后，监理工程师应尽快与供货方共同进行开箱检验，如果采购方未通知供货方而自行开箱或某一批设备到达现场后在合同规定时间内不开箱，产生的后果由采购方负责。

(3) 由于采购方的原因，发现损坏或短缺，供货方在接到采购方的通知后，应尽快提供或替换相应的部件，但费用由采购方负责。供货方若对采购方提出的修理、更换、索赔的要求有异议，应在接到采购方书面通知后合同约定的时间内提出，否则上述要求即告成立。

(4) 供货方在接到采购方提出的索赔通知后，应按合同约定的时间尽快修理、更换或补发短缺部分，由此产生的制造、修理和运费及保险费均应由责任方负担。

4. 设备施工(安装)阶段的监理工作

1) 监督供货方的施工或现场服务

如果由采购方负责设备安装，供货方应提供的现场服务内容可能包括：派出必要的现场服务人员(职责有指导安装与调试、处理设备的质量问题、参加试车与验收试验等)和技术交底。

2) 监督安装、调试的工序

(1) 整个安装、调试过程应在供货方现场技术人员指导下进行，重要的工序需经监理工程师签字认可。

(2) 设备安装完毕后的调试工作由供货方的技术人员负责，或采购方的人员在其指导下进行。供货方应尽快解决调试中出现的设备问题，其所需时间应不超过合同的约定时间，否则将视为延误工期。

5. 设备验收阶段的监理工作

1) 启动试车

安装调试完毕后，双方共同参加启动试车的检验工作，分为无负荷空运和带负荷试运行。若检验不合格，属于设备质量原因，由供货方负责修理、更换并承担全部费用；如果属于施工质量问题，由采购方拆除后纠正缺陷。不论何种原因导致试车不合格，经过修理或更换设备后再次进行试车试验，直到满足合同规定的试车质量要求为止。

2) 性能验收

性能验收又称为性能指标达标考核，由采购方负责，供货方参加。试验大纲由采购方负责，监理工程师与供货方讨论后确定。试验现场和所需的人力、物力由供货方负责。监理工程师应组织供货方人员提供试验所需的测点、一次性元件和装设的试验仪表，以及做好技术配合和人员配合工作。

性能验收试验完毕，每套合同设备都达到合同规定的各项性能保证指标后，监理工程师与采购方和供货方共同签署合同设备初步验收证书。

如果合同设备经过性能测试检验，表明未能达到合同约定的一项或多项保证指标时，监理工程师与双方共同协商后，可以根据缺陷或技术指标试验值与供货方在合同内的承诺值偏差程度，按下列原则区别对待。

(1) 在不影响合同设备安全、可靠运行的条件下，若有个别微小缺陷，供货方在双方商定的时间内免费修理，监理工程师可同意签署初步验收证书。

(2) 如果第一次性能验收试验达不到合同规定的一项或多项性能保证值，则监理工程师与双方应共同分析原因，划清责任，由责任一方采取措施，并在第一次验收试验结束后合同约定的时间内进行第二次验收试验。若能顺利通过，则签署初步验收证书。

(3) 在第二次性能验收试验后，若仍有一项或多项指标未能达到合同规定的性能保证值，按以下责任的原因分别对待：①属于采购方原因，合同设备应被认为初步验收通过，监理工程师签署初步验收证书。此后供货方仍有义务与采购方一起采取措施，使合同设备性能达到保证值。②属于供货方原因，则应按合同约定的违约金计算方法赔偿采购方的损失。

(4) 在合同设备稳定运行规定的时间后，如果由于采购方原因造成性能验收试验的延误超过约定的期限，监理工程师也应签署设备初步验收证书，视为初步验收合格。

注意：初步验收证书只是证明供货方所提供的合同设备性能和参数。截至出具初步验收证明时可以按合同要求予以接收，但不能视为供货方对合同设备中存在的可能引起合同设备损坏的潜在缺陷所应负责任解除的证据。供货方的质量缺陷责任期时间，应保证到合同规定的保证期终止后或到第一次大修时。当发现这类潜在的缺陷时，供货方应按照合同的规定进行修理或调换。

3) 最终验收

(1) 合同内应约定具体的设备保证期限(保证期从签发初步验收证书之日起开始计算)。

(2) 在保证期内的任何时候，当供货方提出由于其责任原因致使性能未达标而需要进行检查、试验、再试验、修理或调换，监理工程师应做好安排和组织配合，以便进行上述工作。供货方应负担修理或调换的费用，并根据实际修理或更换使设备停运所延误的时间，将质量保证期限做相应延长。

(3) 合同保证期满后，监理工程师在合同规定时间内应向供货方出具合同设备最终验收证书。条件是此前供货方已完成监理工程师在保证期满前提出的各项合理要求，设备的运行质量符合合同的约定。

(4) 从每套合同设备最后一批交货到达现场之日起，如果因采购方原因在合同约定的时间内未能进行试运行和性能验收试验，期满后即视为通过最终验收。监理工程师应与采购方和供货方共同协商后签发合同设备的最终验收证书。

本章小结

通过学习本意，应掌握的知识点包括：监理合同的示范文本组成；监理合同双方当事人的权利和义务；监理合同的价格与酬金。勘察设计合同文本；勘察设计发包人提供的资料和委托的工作范围；设计合同履行过程中双方的责任；监理合同、勘察设计合同的生效、变更与终止。

习　题

1. 单项选择题

(1) 委托监理合同中所称的“监理人”是指(　　)。

A. 项目监理机构　　B. 监理单位

C. 总监理工程师　　D. 监理单位的法定代表人

(2) 在选择工程施工分包人方面，监理人有(　　)。

A. 选定权　　B. 认可权或否决权

C. 建议权　　D. 直接指定权

(3) 监理招标中标通知书中写明的委托人接受的合同价，是指工程监理的(　　)酬金。

A. 正常工作　　B. 附加工作　　C. 相关服务　　D. 所有工作

(4) 因非监理人原因而暂停或终止监理业务，其善后工作及恢复监理业务的工作称为工程监理的(　　)。

A. 正常工作　　B. 附加工作　　C. 额外工作　　D. 其他工作

(5) 建设工程设计合同履行时，(　　)是设计人的责任或义务。

A. 提供有关设计的技术资料

B. 修改预算

C. 向有关部门办理各设计阶段设计文件的审批工作

D. 确定设计深度与范围

(6) 设计合同规定，设计人承担合同义务的期限至(　　)日止。

A. 交付设计文件　　B. 设计文件审查通过

C. 完成设计变更　　D. 工程竣工验收合格

(7) 某大宗水泥采购合同，进行交货检验清点数量时，发现交货数量少于订购的数量，但少交的数额没有超过合同约定的合理尾差限度，采购方应(　　)。

A. 按订购数量支付

B. 按实际交货数量支付

C. 待供货方补足数量后再按订购数量支付

D. 按订购数量支付但扣除少交数量依据合同约定计算的违约金

(8) 材料采购合同在履行过程中，供货方提前一个月通过铁路运输部门将订购物资运抵项目所在地的车站，且交付数量多于合同约定的尾差，(　　)。

A. 采购方不能拒绝提货，多交货的保管费用应由采购方承担

B. 采购方不能拒绝提货，多交货的保管费用应由供货方承担

C. 采购方可以拒绝提货，多交货的保管费用应由采购方承担

D. 采购方可以拒绝提货，多交货的保管费用应由供货方承担

2. 多项选择题

(1) 在材料采购合同中，交货质量的验收方法有(　　)。

A. 化学实验　　B. 衡量法　　C. 物理试验

D. 查点法　　E. 经验鉴别法

(2) 监理人解除合同的主要原因是(　　)。

A. 暂停施工　　B. 委托人不按约支付监理酬金

C. 导致监理人的损失　　C. 监理人不按约履行义务

E. 监理人违约

(3) 监理合同范本(GF—2012—0202)规定的监理工作包括(　　)。

A. 正常工作　　B. 附加工作　　C. 相关服务

D. 额外工作　　E. 监督工作

4. 设计人的违约责任是(　　)。

A. 设计错误　　B. 延误完成设计任务

C. 设计人原因要求解除合同　　D. 设计人应双倍返还定金

E. 对外商的设计资料审查不当

(5) 设备验收阶段的监理工作包括(　　)。

A. 启动试车　　B. 性能验收　　C. 小缺陷修复验收

D. 第二次性能验收　　E. 设备初步验收

3. 案例分析题

(1) 某日监理员王工到工地办公室上班，经过正在进行基础钢筋工程施工的框架结构D号楼工程，发现施工现场运进了一批长度大约为9m的φ25的钢筋，钢筋工正在制作安装。

本工程二天前由于业主提出改变使用功能，要求柱距增大，梁的断面不变，经监理同意和设计确认，将梁DJL－6的钢筋φ18全部改为φ25，其他不变按原图施工；监理员王工走近观察，发现钢筋实物外观粗糙、标识不清，且有部分锈斑；监理员王工意识到这批钢筋可能有问题，立刻到工地办公室查看D号楼的钢筋原材料报验情况，没有φ25钢筋出厂质量证明资料。

王工马上打电话向监理工程师吴工说明φ25钢筋情况。不久后监理工程师吴工到了工地并对现场的情况进行了核实，施工现场没有技术管理人员在场，正好材料员老周经过，

向监理工程师吴工说明情况：原来图纸中没有φ25的钢筋，现在提出用φ25的钢筋，目前在本县城采购不到这种钢筋，由于工期紧张，这批φ25的钢筋是昨天下午从20号楼运进来的，20号楼也是由老周本人负责材料采购，出厂质量证明资料齐全的，经监理见证送样复验也是合格的。老周拍着自己的胸口向监理工程师吴工保证这批φ25的钢筋绝对没有问题。

监理员王工补充说他以前在20号楼监理，这批钢筋是某大厂的，出厂的资料齐全，经复验也是合格的。回到监理办公室，监理工程师吴工提出了3种处理意见并与监理员王工进行沟通，选择其中一种方法进行处理。

① 根据了解的情况这批φ25的钢筋是合格的，但要求施工单位除锈后才能使用，就不用见证复验了。

② 让施工单位上报出厂质量证明资料，让监理员王工核查φ25钢筋出厂质量证明文件，对该批φ25的钢筋进行见证送样复验。

③ 施工单位未经申报擅自使用φ25的钢筋，为了保证工程质量，也避免施工单位造成更大的材料损失，由监理吴工发布工程局部停工令。

问题：① 监理员王工和监理工程师吴工在监理工作方法和程序上有什么不妥的地方？

② 如果你是本工程的监理工程师应该怎么处理比较合理？

(2) 某监理单位承担了一工业项目的施工监理工作。经过招标，建设单位选择了甲、乙施工单位分别承担A、B标段工程的施工，并按照《建设工程施工合同(示范文本)》分别和甲、乙施工单位签订了施工合同。建设单位与乙施工单位在合同中约定，B标段所需的部分设备由建设单位负责采购。乙施工单位按照正常的程序将B标段的安装工程分包给丙施工单位。在施工过程中，发生了如下事件。

事件1：建设单位在采购B标段的锅炉设备时，设备生产厂商提出由自己的施工队伍进行安装更能保证质量，建设单位便与设备生产厂商签订了供货和安装合同并通知了监理单位和乙施工单位。

事件2：总监理工程师根据现场反馈信息及质量记录分析，对A标段某部位隐蔽工程的质量有怀疑，随即指令甲施工单位暂停施工，并要求剥离检验。甲施工单位称：该部位隐蔽工程已经专业监理工程师验收，若剥离检验，监理单位需赔偿由此造成的损失并相应延长工期。

事件3：专业监理工程师对B标段进场的配电设备进行检验时，发现由建设单位采购的某设备不合格，建设单位对该设备进行了更换，从而导致丙施工单位停工。因此，丙施工单位致函监理单位，要求补偿其被迫停工所遭受的损失并延长工期。

问题：① 在事件1中，建设单位将设备交由厂商安装的做法是否正确？为什么？

② 在事件1中，若乙施工单位同意由该设备生产厂商的施工队伍安装该设备，监理单位应该如何处理？

③ 在事件2中，总监理工程师的做法是否正确？为什么？试分析剥离检验的可能结果及总监理工程师相应的处理方法。

④ 在事件3中，丙施工单位的索赔要求是否应该向监理单位提出？为什么？对该索赔事件应如何应处理。

第4篇

工程索赔管理与应用

第13章 工程索赔的起因与依据

教学目标

通过学习本章，应达到以下目标：

(1) 了解承包商工程索赔常见问题；

(2) 熟悉FIDIC红皮书承包商索赔条款；

(3) 掌握索赔工作的程序与索赔报告的方法；

(4) 掌握业主的索赔的程序。

学习要点

知识要点	能力要求	相关知识
承包商工程索赔常见问题	(1) 了解现场条件变化索赔； (2) 掌握工程范围变更索赔； (3) 了解工程拖期索赔； (4) 熟悉加速施工索赔	(1) 现场条件变化索赔； (2) 工程范围变更索赔； (3) 工程拖期索赔； (4) 加速施工索赔
FIDIC红皮书承包商索赔条款	(1) 了解承包商的明示索赔条款； (2) 掌握承包商的隐含索赔条款	(1) 承包商的明示索赔条款； (2) 承包商的隐含索赔条款
索赔工作的程序与索赔报告	(1) 理解索赔工作程序； (2) 掌握索赔报告的编制	(1) 索赔工作程序； (2) 索赔报告的编制
业主的索赔	(1) 了解业主向承包商索赔的特点； (2) 掌握业主向承包商索赔的主要内容	(1) 国有土地上房屋征收的概念； (2) 国有土地上房屋征收程序

基本概念

第一类不利的现场条件；第二类不利的现场条件；附加工程；额外工程；加速施工的成本开支；承包商的明示索赔条款；承包商的隐含索赔条款；合同文件分析；工期延误；工程缺陷。

引例

在建筑市场还是发包人占主导地位的环境下，承包人处于劣势地位。在工程建设过程中，发包人能按合同约定支付工程款、顺利办理变更签证手续，承包人已感庆幸，哪敢再向发包人提索赔！其实不然，承包人在合同履行中，按照发包人的指令和通知进入施工现场后，一旦遇到了不具备开工条件、工程量增加、设计变更、工期延误等情况，当发包人拒绝签证时，承包人可在合同约定的期限内向对方提出索赔请求。有效运用索赔，可以增加利润空间，对承包方具有重要的意义。

只要工程索赔应做到有依据、有证据、有程序，基层单位或组建的工程项目部中有专门的索赔谈判人员。同时，掌握一定的索赔方法和策略。以理服人，不轻易拒绝继续谈判，善于采纳对方合理意见，在坚持原则的基础上做适当的让步，寻求双方都能接受的解决办法，赢得索赔是完全有保障的。

13.1 承包商工程索赔常见问题

13.1.1 现场条件变化索赔

现场条件变化是在工程实施过程中，承包商“遇到了一个有经验的承包商不可能预见到的不利的自然条件或人为障碍”，因而导致承包商为完成合同要花费计划外的开支。按照国际工程承包惯例，这些额外开支应该得到业主的补偿。

工程现场条件变化这一事实，在不同的合同标准条件中有不同的称呼。FIDIC“新红皮书”称其为“不可预见的外界条件”(Unforeseeable Physical Conditions)。在美国的土木工程标准合同条件中，将施工现场条件变化称为“不同的现场条件”(Differing Site Conditions)。这些不同的合同语言，其含义是相同的，它们引起了施工现场条件变化索赔。

1. 不利现场条件的类型

在工程承包中，把不利的现场条件分成两类，作为处理索赔的重要根据。

1) 第一类不利的现场条件

第一类不利的现场条件是指招标文件中描述的现场条件失误，即在招标文件中对施工现场存在的不利条件虽然已经提出，但严重失实，或其位置差异极大，或其严重程度差异极大，从而使承包商误入歧途。这一类不利的现场条件主要指以下方面。

(1) 在开挖现场挖出的岩石或砾石，其位置高程与招标文件中所述的高程差别甚大。

(2) 招标文件钻孔资料注明系坚硬岩石的某一位置或高程上，出现的却是松软材料。

(3) 实际的破碎岩石或其地下障碍物，其实际数量大大超过招标文件中给出的数量。

(4) 设计指定的取土场或采石场开采出来的土石料，不能满足强度或其他技术指标的要求，而要更换料场。

(5) 实际遇到的地下水在位置、水量、水质等方面与招标文件中的数据相差悬殊。

(6) 地表高程与设计图纸不符，导致大量的挖填方量。

(7) 需要压实的土的含水量数值与合同资料中给出的数值差别过大，增加了碾压工作的难度或工作量等。

2) 第二类不利的现场条件

第二类不利的现场条件是指在招标文件中根本没有提到，而且按该项工程的一般施工实践完全是出乎意料地出现的不利现场条件。这种意外的不利条件，是有经验的承包商难以预见的情况。

(1) 在开挖基础时发现了古代建筑遗迹、古物或化石。

(2) 遇到了高度腐蚀性的地下水或有毒气体，给承包商的施工人员和设备造成意外的损失。

(3) 在隧洞开挖过程中遇到强大的地下水流等。

2. 处理原则

上述两种不同类型的现场不利条件，无论是招标文件中描述失实的，还是招标文件中根本未曾提及的，都是一般工程实施中承包商难以预料的，从而引起工程费用大量增加或工期延长。从合同责任上讲，不是承包商的责任，因而应给予相应的经济补偿和工期延长。

但是，在工程索赔实践中，经常见到有的工程师不能正确地对待这一问题，往往使由于不利的自然条件引起的索赔问题成为最难解决的合同争端。他们认为，只要承认了存在不利的施工现场条件，就说明该工程项目的勘探和设计工作存在严重缺点，就会影响自己设计咨询公司的业务信誉。在这一思想指导下，工程师一遇到承包商提出的不利自然条件索赔，常常拖延不理，或干脆拒绝。这样往往把索赔争端导向升级，直至诉诸仲裁或法院诉讼。工程师应该相信，办事公正、实事求是也是一个企业信誉水平的体现。

13.1.2 工程范围变更索赔

工程范围变更索赔是指承包商根据业主和工程师指令完成某项工作，而承包商认为该项工作已超出原合同的工作范围，或超出他投标时估计的施工条件，因而要求补偿其新增开支。

1. 新增工程的类型

在工程范围变更的各种形式中，新增工程的现象最为普遍。工程师在其工程变更指令中，经常要求承包商完成某种新增工程。这些“新增工程”，可能包括各种不同的范围和规模，其工程量也可能很大。因此，要在索赔管理中严格确定“新增工程”的确切范围。

如果它是属于工程项目合同范围以内的“新增工程”，应称为“附加工程”，如果它是属于工程项目合同范围以外的“新增工程”，则应称为“额外工程”。

1）附加工程

所谓附加工程，是指那些为该合同项目所必不可少的工程，如果缺少了这些工程，该合同项目便不能发挥项目预期的作用。或者说，附加工程就是合同工程项目所必需的工程，这才是合同语言中真正的“附加工程”，也是承包商在接到工程师的工程变更指令后必须完成的工作，无论这些工作是否列入该工程项目合同文件。

2）额外工程

所谓额外工程，是指工程项目合同文件中“工作范围”中未包括的工作。缺少这些工作，原订合同工程项目仍然可以运行并发挥其效益。所以，额外工程乃是一个“新增的工程项目”，而不是原合同项目工程量表中的一个新的“工作项目”。如果属于“附加工程”，即使工程量表中没有列入，它也可以增列进去；如果是“额外工程”，便不应列入工程量表中去。

如何确定一项新增工程属于“附加工程”，还是属于“额外工程”，这是索赔中经常遇到的问题。在实践中，业主往往想使已签订合同的工程项目扩大规模，发挥更大的经济效益。他常常以下达“新增工程”的变更指令方式，要求承包商完成某些“额外工程”，而在支付这些工程的进度款时，仍按工程量表中的投标单价计算。例如，要求将原合同规定的100km公路再延长40km；或在已建成的9座灌溉扬水站以外，再增建2座新扬水站等。

在工程项目的合同管理和索赔工作中，应该严格区分“附加工程”和“额外工程”这两种工作范围不同的工作，不要因为有些人把它们笼统地称为“新增工程”而把它们混为一谈。因为在合同管理工作中，在处理这两种工作范围不同的工程时，例如，在是否要重新发出工程变更指令，是否要重新议定单价，以及采取什么结算支付方式等方面，都有不同的合同手续和做法，见表13-1。

表13-1　新增工程索赔处理原则

工作性质	按合同工作范围	工程量表中的工作项目	工程变更指令	单　价	结算支付方式
新增工程	附加工程：属原合同工作范围以内的工程	列入工程量表的工作	不必发变更指令	按投标单价	按合同规定的程序按月结算支付
		未列入工程量表	要补发变更指令	议定单价	按合同规定的程序按月结算支付
	额外工作：超出原合同工作范围的工程	不属工程量表中的工作项目	要发变更指令	新定单价	提出索赔，按月支付
			或另订合同	新定单价或合同价	提出索赔，或按新合同程序支付

2. 处理原则

在工程索赔的实践中，确定合同工程的工作范围时，通常遵循以下原则。

(1) 包括在招标文件中的“工程范围”所列的工作内，并在工程量表、技术规范及图纸中所标明的工程，均属于“附加工程”。

(2) 工程师指示进行的“工程变更”，如属于“根本性的变更”，则属于“额外工程”。

(3) 发生的工程变更的工程量或款额，超过了一定的界限时，即超出了“附加工程”的范围，应属于“额外工程”。

(4) 如果属于“附加工程”，则计算工程款时，应按照投标文件工程量表中所列的单价进行计算，或参照近似工作的单价计算。如果确定是属于“额外工程”，则应重新议定单价，按新单价支付工程款。

议定新单价是索赔中的一个重要而敏感的问题，合同双方应参照合同条款，在尊重客观事实的基础上，经过平等协商，达成一致的决定。如果协商不能达成一致，则由工程师在公正平等的原则下提出新的单价。

13.1.3 工程拖期索赔

工程拖期索赔是指承包商为了完成合同规定的工程花费了较原计划更长的时间和更大的开支，而造成拖期的责任不在承包商方面。此处工期拖期的原因可能是由于业主的责任，或是其他客观原因，而不是承包商本身的责任。

工程拖期索赔通常在下列情况下发生。

(1) 业主的原因：如未按规定时间向承包商提供施工现场或施工道路，干涉施工进展，大量地提出工程变更或额外工程，提前占用已完工的部分建筑物等。

(2) 工程师的原因：如修改设计，不按规定时间向承包商提供施工图纸，图纸错误引起返工等。

(3) 客观原因是业主和承包商都无力扭转的。如政局动乱、战争或内乱、特殊恶劣的气候、不可预见的现场不利自然条件等。

1. 工程拖期的分类

在工程索赔工作中，通常把工期延误分成两类。

(1) 可原谅的拖期：这类工期延误不是承包商的责任，因而是可以得到原谅的。如前述的(1)、(2)、(3)种原因。

(2) 不可原谅的拖期：这一类工期延误是由于承包商的原因而引起的，如施工组织不好、工效不高、设备材料供应不足，以及由承包商承担风险的工期延误(如有经验的承包商可预见到的天气变化)，对于不可原谅的拖期，承包商是无权索赔的。

2. 处理原则

1) 按照不同类型的延误处理

对于上述两类不同的拖期，索赔处理的原则是截然不同的。

在可原谅的拖期情况下，如果拖期的责任者是业主或工程师，则承包商不仅可以得到工期延长，还可以得到经济补偿。这种拖期被称为“可原谅并给予补偿的拖延”。虽然是可原谅的拖期，但其责任者不是业主，而是由于客观原因时，承包商可以得到工期延长，但得不到经济补偿。这种拖期被称为“可原谅但不给予补偿的拖延”。

在不可原谅的拖期情况下，由于责任者是承包商，因而不但得不到工期延长，也得不到经济补偿。这种延误造成的损失，则完全由承包商负担。在这种情况下，承包商有两种选择：一个是采取赶工措施，或增加施工力量，或延长作业时间，把延误的工期抢回来，以自己的代价保证工程项目按合同规定的日期建成，这是积极的选择，也是一个有信誉的承包商的正确选择；另一种选择是消极的，即对工期延误不采取任何措施，任其拖延。这时，承包商不仅要承担误期损害赔偿费，还可能被业主终止合同，限期撤出现场，并承担有关的经济损失。

关于工期延误索赔的分类及其处理原则，见表13-2。

表13-2　工期延误索赔的分类及处理原则

索赔原因	是否可原谅	拖期原因	责任者	处理原则	索赔结果
工程进度拖延	可原谅的拖期	(1) 修改设计； (2) 施工条件变化； (3) 业主原因拖期； (4) 工程师原因拖期	业主 (工程师)	可给予工期延长； 可补偿经济损失	工期＋经济补偿
		(1) 异常恶劣气候； (2) 工人罢工； (3) 天灾	客观原因	可给予工期延长； 不给予经济补偿	工期
	不可原谅的拖期	(1) 工效不高； (2) 施工组织不好； (3) 设备材料供应不及时	承包商	不延长工期；不补偿经济损失；向业主支付误期损害赔偿费	索赔失败；无权索赔

2) 按延误的有效期处理

(1) 判别造成拖期的哪一种原因是最先发生的，即确定“初始延误”者，它首先应对工程拖期负责。在初始延误发生作用期间，其他并发的延误者不承担拖期责任。

(2) 如果初始延误者是业主，则在业主造成的有效延误期内，承包商既可得到工期延长，又可得到经济补偿。

(3) 如果初始延误者是客观因素，则在客观因素发生影响的有效期内，承包商可以得到工期延长，但很难得到经济补偿。

13.1.4　加速施工索赔

当工程项目计划进度受到干扰时，导致项目不能按时竣工，会影响总目标工期的实现。业主通过分析认为，工程的推迟完工将会给自己带来重大的经济损失或不利的政治影响，则可发布加速施工指令，要求承包商投入更多资源来完成该工程项目，确保总目标工期的实现，这必然会导致承包商工程成本的增加，引起承包商的索赔。

当项目的施工遇到可原谅的拖期时，采用什么措施属于业主的决策。这里有两种选择：一是给承包商延长工期，容许整个工程项目的竣工日期相应拖后；二是要求承包商采取加速施工的措施，宁可增加工程成本，也要按计划工期建成投产。

业主在决定采取加速施工时，应向承包商发出书面的加速施工指令，并对承包商为加速施工拟采取的加速施工措施进行审核批准，明确加速施工费用的支付问题。承包商就加速施工所增加的成本开支，将提出书面的索赔文件，这就是加速施工索赔（Acceleration Claims）。

1. 加速施工的成本开支

采取加速措施时，承包商要增加相当大的资源投入量，使原定的工程成本大量增加，形成了附加成本开支。这些附加开支主要包括以下几个方面。

（1）采购或租赁原施工组织设计中没有考虑的新的施工机械和有关设备。

（2）增加施工的工人数量，或采取加班施工。

（3）增加材料供应量和生活物资供应量。

（4）采用奖励制度，提高劳动生产率。

（5）工地管理费增加等。

由于加速施工必然导致工程成本开支大量增加，因此承包商在采取加速措施以前一定要取得业主和工程师的正式认可，否则不宜正式开始加速施工。因为有时工程师虽然口头要求承包商加速施工，但他认为这是承包商的责任，要使工程项目按合同规定的日期建成，不谈论已经形成施工拖期的责任属于谁。这就为将来加速施工索赔埋下了合同争端的隐患。

2. 处理原则

1）明确工期延误的责任

在发生工期拖后时，合同双方要及时研究拖期的原因，具体分析拖期的责任，确定该延误是“可原谅的”还是“不可原谅的”。有时，合同双方一时难以达成一致的意见，不能确定具体责任者。这种情况下，如果业主决心采取加速施工措施，以便工程按期建成时，便应发出“加速施工指令”，及时扭转施工进度继续拖后的事实。至于加速施工的费用及责任问题，可留待以后解决。

2）确定加速施工的持续天数

如果工程拖期是由于施工效率降低引起的，而工效降低是由于客观原因造成时，业主则应给承包商相应天数的“工期延长”。这个“工期延长”就可以由该工程项目的“计划工期”和“实际工期”比较确定。

由于施工效率降低而导致施工进度缓慢，从而引起工期延长时，可在原计划工期的基础上，根据工效降低的影响程度，计算出实际所需的工期。也就是应该给承包商延长的施工时间。

13.2 FIDIC红皮书承包商索赔条款

13.2.1 承包商的明示索赔条款

承包商的明示索赔条款指承包人所提出的索赔要求，在该工程项目的合同文件中有文字依据，承包人可以据此提出索赔要求，并取得经济补偿。这些在合同文件中有文字规定的合同条款，称为明示条款。

明示索赔条款大致可分为3类，即业主原因、工程师原因和客观原因。一般来说，由业主原因引发的索赔，承包商既可以得到工期的延长，又可以得到相关费用甚至利润补偿；由工程师原因引发的索赔也是如此，这是因为业主在与承包商签订的合同中承诺了工程师代表他应履行的职责，如果工程师未按合同的规定履约，即认为业主违反了合同；由客观原因引起的索赔，承包商一般只能得到工期的延长，有时可得到费用补偿，但不能得到利润补偿。

13.2.2 承包商的隐含索赔条款

合同中隐含的索赔，又称为默示索赔条款。承包人的该项索赔要求，虽然在工程项目的合同条款中没有专门的文字叙述，但可以根据该合同的某些条款的含义，推论出承包人有索赔权。这种索赔要求，同样有法律效力，有权得到相应的经济补偿。隐含条款是一个广泛的合同概念，它包含合同明示条款中没有写入、但符合双方签订合同时设想的愿望和当时环境条件的一切条款。这些隐含条款，或者从明示条款所表述的设想愿望中引申出来，或者从合同双方在法律上的合同关系引申出来，经合同双方协商一致，或被法律和法规所指明，都成为合同文件的有效条款，要求合同双方遵照执行。

隐含索赔条款的分类基本类似于明示条款。一般来讲，承包商利用明示索赔条款论证自己的索赔权利相对较易，而依据隐含索赔条款论证索赔权就困难多了，有时需联系有关明示条款、适用法律或国际惯例，并结合具体情况来解释和论证。因此，承包商必须认真研究、熟知各类索赔条款，并在具体工程项目中加以运用，以有效地维护自己的经济利益。

13.3 索赔工作的程序与索赔报告

13.3.1 索赔工作程序

在合同实施阶段中所出现的每一个索赔事项，都应按照工程项目合同条件的具体规定和工程索赔的惯例，抓紧协商解决。

工程索赔处理的程序，一般按以下5个步骤进行。

第一步，提出索赔要求。

第二步，报送索赔资料。

第三步，谈判解决索赔争端。

第四步，调解解决索赔争端。

第五步，提交仲裁或诉讼。

上述5个工作程序，可归纳为两个阶段，即友好协商解决和诉诸仲裁或诉讼。友好协商解决阶段，包括从提出索赔要求到调解解决索赔争端4个过程。对于每一项索赔工作，承包商和业主都应力争通过友好协商的方式来解决，不要轻易地诉诸仲裁或诉讼。

1. 提出索赔要求

按照国际通用的合同条件的规定，凡是由于业主或工程师方面的原因，出现索赔工作程序、工程范围或工程量的变化，引起工程拖期或成本增加时，承包商有权提出索赔。当出现可索赔事项时，承包商应该用书面信件正式发出索赔意向通知书，表明其索赔权利；另一方面，应继续进行施工，不影响施工的正常进展。如果该索赔意向通知书未在合同规定的时间内发出，承包商的索赔要求可能将遭到业主和工程师的拒绝。

索赔意向通知书的内容很简单，说明索赔事项的名称，引证相应的合同条款，提出自己的索赔要求即可。至于要求的赔款额，或应得的工期延长天数，以及有关的证据资料，可以以后在规定的时间内陆续再报。

2. 报送索赔资料

因为业主对承包商索赔的报告相对简单，下面仅对承包商的索赔报告的准备进行论述。在正式提出索赔要求以后，承包商应抓紧准备索赔资料，计算索赔款额，或计算所需的工期延长天数，编写索赔报告书，并在规定的时间内正式报出。如果索赔事项的影响继续存在，事态还在发展，则每隔一定时间向工程师报送一次补充资料，说明事态发展情况。最后，当索赔事项影响结束后的规定时间内报送此项索赔的最终报告，提出全部具体的索赔款额和(或)工期延长天数，附上最终账目和全部证据资料，要求工程师和业主审定。

在工程索赔工作中，索赔报告书的质量和水平和索赔的成败关系极为密切。一项符合法律规定与合同条件的索赔，如果报告书写得不好，例如，对索赔权论证不力、索赔证据不足、索赔款计算有错误等，轻则使索赔结果大打折扣，重则会导致整个索赔失败。因此，承包商在编写索赔报告时，应特别周密、审慎地论证阐述，充分地提供证据资料，对索赔款计算书反复校核，不允许存在任何计算错误。对于技术复杂或款额巨大的索赔事项，必要时聘用合同专家、法律顾问、索赔专家或技术权威人士担任咨询顾问，以保证索赔取得较为满意的成果。

3. 通过谈判和调解解决索赔争端

通过谈判和调解友好地协商解决索赔争端，是合同双方的共同利益所在。尤其是工程项目的业主，应将此作为自己的重要职责之一。所谓友好协商解决，是指索赔问题通过业主、工程师和承包商的共同努力得到解决，即由合同双方根据工程项目的合同文件规定及有关的法律条例，通过友好协商达成一致的解决办法。实践证明，绝大多数的索赔争端是可以通过这种方法圆满解决的。

1）通过谈判解决索赔争端

（1）做好谈判解决争端的准备工作。

索赔谈判一般由工程师主持，双方在索赔谈判前应充分准备好谈判所需的证明材料。作为承包商，应提交有说服力的索赔或者要求补偿的详细清单，并附有合同依据和计算依据，包括施工记录、来往信函、文件图纸，最好还有工程师的书面指示和记录等。总之，文件的证明以及论据的合理，不仅可以加强自己在谈判中的主动地位，还可以获得所有参加谈判人员的理解和支持。

（2）采取多层次和灵活的谈判方法。

双方可以先进行低层次谈判，第一次一般采取非正式的形式，双方交换意见，互相探听对方的立场观点，了解可能的解决方案。再逐步扩展到高层次协商解决问题。凡是能在工地现场商定的问题，尽可能就地协商解决。可以先和业主代表或有关部门讨论有关重要问题，最后再同业主高层次人员正式谈判，以求解决一些重大问题的争端。这种多层次谈判，可以促使对方低层次人员说服其高层人员，并使高层次谈判有一定的回旋余地。

还可以采用会内会外交替协商谈判以缓和争端。如果多次正式会谈均不能达成协议时，则需要采取进一步的协商解决措施，如通过中间人斡旋，寻求进行妥协的可能性。

2）调解解决索赔争端

当争端双方直接谈判无法取得一致的解决意见时，为了争取通过友好协商的方式解决索赔争端，根据工程索赔的经验，可由争端双方协商邀请中间人进行调停，亦能够比较满意地解决索赔争端。

这里所指的“中间人”，可以是争端双方都信赖熟悉的个人(工程技术专家、律师、估价师或有威望的人士)，也可以是一个专门的组织(工程咨询或监理公司、工程管理公司、索赔争端评审组、合同争端评委会等)。

调解解决索赔争端的优点是：它可以避免合同争端的双方走向法院或仲裁机关，使争端较快地得到解决，又可节约费用。也使争端双方的对立不进一步地激化，最终有利于工程项目的建设，也符合双方的长远利益。

4. 工程师在处理索赔中的作用

在工程索赔工作中，工程师起着十分重要的作用。一个工程项目的索赔工作能否处理好，很大的程度上取决于工程师的工作责任心和职业道德。工程承包合同中，大都强调工程师解决索赔争端的权利。发生索赔后，都要先以书面形式提交工程师，要求工程师在合同规定的时间内做出公正的决定。工程师在索赔管理工作中的任务，主要包括以下两个方面。

1）预防索赔的发生

在工程项目承包中，出现索赔是正常现象，尤其是规模大、工期长的工程。但是，从合同双方的利益出发，应该使索赔事项的次数减至最低限度。在这里，工程师的工作深度和工作态度起着很大的作用，他应该努力做好以下工作。

（1）做好设计和招标文件。

工程项目的勘察设计工作做得仔细深入，可以大量减少工程实施期间的工程变更数量，也可以尽量避免遇到不利的自然条件或人为障碍，不仅可以减少索赔事项的次数，也可保证工程的顺利进行。招标文件包括合同条件、工程量表、技术规范和施工图纸等大量技术经济文件。这些文件的编写质量愈高，愈能减少索赔的发生。

（2）协助业主做好招标工作。

招标工作包括投标前的资格预审、组织标前会议、组织公开开标、评审投标文件、做出评标报告、参加合同谈判及签订合同协议书等工作。为了减少工程期间的索赔争端，要注意处理好两个问题：一是选择好中标的承包商，即选择信用好、经济实力强、施工水平高的承包商，报价最低的承包商不一定就是最合适中标的承包商；二是做好签订合同协议书的各项审核工作，在合同双方对合同价、合同条件、支付方式和竣工时间等重大问题上彻底协商一致以前，不要仓促地签订合同。否则，将会带来一系列的合同争端。

（3）做好施工期间的索赔预防工作。

许多索赔事项都是合同双方分歧已长期存在的暴露。作为监督合同实施的工程师，应在争端的开始阶段就认真地组织协商，进行公正的处理。例如，在发生工期延误时，合同双方往往是互相推卸责任，互相指责，使延误日益严重化。这时，工程师应及时地召集专门会议，同业主、承包商一起客观地分析责任。如果责任难以立刻明确，可留待调查研究，而立即研究赶工的措施，采取果断的行动，以减少工期延误的程度。这样的及时处理，很可能使潜在的索赔争端趋于缓和，再继以适当的工程变更或单价调整，就可能使索赔争端得到较圆满的解决。

2）及时解决承包商提出的索赔问题

（1）合同文件分析。

工程师在接到承包商的索赔报告以后，并在必要时要求承包商对短缺的资料进行补充后，即开始合同文件分析工作。合同文件分析的目的，是根据已发生的、引起索赔的事项，对工程项目合同文件中的有关条款进行严格的分析，以确定索赔事项的起因、是否可以避免、是否采取了减轻损失的措施以及合同责任等4个方面的实际情况。澄清这些问题非常重要，它是进行工期索赔和经济索赔的基础。查明引起索赔的起因，往往涉及合同责任的问题。

根据索赔事项的具体情况对合同文件进行严格分析，其最终目的是确定合同责任，这是索赔是否成立的基础。在进行合同文件分析时，要根据索赔事项的具体情况对有关的合同条件进行分析。

在完成合同文件分析工作并明确合同责任的基础上，再继续进行工程进度影响分析和工程成本影响分析，以确定不属于承包商责任的前提下可能发生的工期延长天数和索赔款额。

（2）工程进度影响分析。

工程进度影响分析的目的是研究确定应给承包商的工期延长的天数。承包商在工期索赔报告中往往把同时进行的作业工种的受影响的延误天数，简单地叠加起来，要求按叠加的总天数延长工期，而没有考虑是否影响关键工期，即处于工程关键路线上的、影响整个工程竣工日期的工种延误天数。

对于业主的索赔要求，工程师要做的工作是：①研究业主的索赔要求，对业主提出的索赔事项，对照合同条件和具体证据进行研究，肯定合理的索赔要求，对有异议的要求同业主再次讨论；②进行业主的索赔处理，根据合同条件的规定，将业主的索赔决定正式通知承包商并在月结算单中予以扣减。

13.3.2 索赔报告的编制

一个完整的索赔报告书，一般包括4个部分。

第一部分——总论部分，概括地叙述索赔事项。

第二部分——合同论证部分，叙述索赔的根据。

第三部分——索赔款额和(或)工期延长的计算论证和分析。

第四部分——证据部分。

1. 总论部分

每个索赔报告书的首页，应该是该索赔事项的一个总述。它概要地叙述发生索赔事项的日期和过程；说明承包商为了减轻该索赔事项造成的损失而做过的努力；索赔事项对承包商增加的额外费用和(或)工期延长天数；以及自己的索赔要求。最好在上述论述之后附上一个索赔报告书编写人、审核人的名单，注明每个人的职称、职务，以表示该索赔报告书的权威性和可信性。总论部分应简明扼要，对于较为重大的索赔事项，一般也应以3～5页篇幅为限。

2. 合同引证部分

合同引证部分是索赔报告关键部分之一，它的目的是论述自己有索赔权，这是索赔成立的基础。合同引证的主要内容，是该工程项目的合同条件及相关技术文件，说明自己理应得到经济补偿和(或)工期延长。因此，索赔人员应通晓合同文件，善于在合同条件、技术规范、工程量表以及来往函件中寻找索赔的法律依据，使自己的索赔要求建立在合同和法律的基础上。

在合同引证部分的最后，如果了解到有类似的索赔案例，无论是发生在工程所在国的，还是其他工程项目上的，都可以作为例证提出。英美法系是案例法系，提供相关案例有助于在使用英美法系的国家论证自己索赔要求的合理性。

对于某些合同条款的引证，如不利的自然条件或人为障碍、合同范围以外的额外工程、不可抗力等，应在索赔报告书中做详细的论证，并引用有说服力的证据资料。因为在这些方面经常会有不同的观点，对合同条款的含义不同的解释往往是索赔争端的焦点。

综合上述，合同引证部分一般包括以下内容。

(1) 概述索赔事项的处理过程。

(2) 发出索赔通知书的时间。

(3) 引证索赔要求的法律规定、合同条款和技术文件。

(4) 指明所附的证据资料。

3. 索赔款额计算部分

在论证索赔权以后，应接着计算索赔款项，具体论证和分析合理的经济补偿款额。这是经济索赔报告的第三部分，也是索赔报告书的主要部分。

款额计算的目的是以具体的计价方法和计算过程说明承包商应得到的经济补偿款额。

如果说合同论证部分的目的是确立索赔权，则款额计算部分的任务是决定应得的索赔款。前者是定性的，后者是定量的。

在款额计算部分中，承包商应首先注意采用合适的定量分析模型。至于采用哪一种计价方法，应根据索赔事项的特点及自己掌握的证据资料等因素来确定。其次，应注意每项开支的合理性，并指出相应的证据资料的名称及编号。只要计价方法合适，各项开支合理，则计算出的索赔款总额就具有说服力。

索赔款计价的主要组成部分有：由于索赔事项引起的额外开支的人工费、材料费、施工机械费、现场管理费、上级管理费、利息、税收、利润等。每一项费用开支，应附以相应的证据或单据。

4. 工期延长论证部分

在索赔报告中进行工期论证的目的，首先是为了获得工期的延长，以免承担误期损害赔偿费的经济损失。其次，可能在此基础上，探索获得经济补偿的可能性。因为如果投入了更多的资源时，就有权要求业主对附加开支进行补偿。对于单纯的工期索赔报告，工期延长论证是它的第三部分。

在索赔报告中论证工期的方法主要有横道图表法、关键路线法、进度评估法、顺序作业法等。

在工期索赔报告中，应该对实际工期、计划工期等工期的长短(天数)进行详细的论述，说明自己要求工期延长(天数)或加速施工费用(款额)的根据。

如果采取了加速施工措施，则实际工期的天数较计划工期的天数将显著地缩短。这个计划工期同实际工期之差，即缩短计划工期的天数，就是加速施工所挽回的工期天数。这个被挽回的天数，有时亦被称为“理论上的工期延长”。因此，在分析工期时可以说，加速施工所挽回的工期天数等于理论上的工期延长天数。

5. 证据部分

证据部分通常以索赔报告书附件的形式出现，它包括了该索赔事项所涉及的一切有关证据资料以及对这些证据的说明。证据是索赔文件的必要组成部分，没有详实可靠的证据，索赔是不可能成功的。

索赔证据资料的范围甚广，它包括工程项目施工过程中所涉及的有关政治、经济、技术、财务等许多方面的资料。这些资料，应该在整个施工过程中持续不断地搜集整理、分类储存，最好是存入计算机中以便随时查询、整理、分析或补充。这些证据资料，并不是都要放入索赔报告书的附件，而是针对索赔文件中提到的开支项目，有选择、有目的地列入，并进行编号，以便审核查对。在引用每个证据时，要注意该证据的效力和可信程度。为此，对重要的证据资料最好附以文字说明，或附以确认函件。除文字报表证据资料以外，对于重大的索赔事项，还应提供直观的记录资料，如录像、摄影等证据资料。

13.3.3 索赔的时间限制与处理

关于承发包商索赔时限问题，我国2013版施工合同范本和1999年版本FIDIC施工合同(红皮书)有关规定基本达到了统一。

1. 承包商索赔的时间限制

根据合同约定，承包人认为有权得到追加付款和(或)延长工期的，应按以下程序向发包人提出索赔。

(1) 承包人应在知道或应当知道索赔事件发生后28天内，向监理人递交索赔意向通知书，并说明发生索赔事件的事由；承包人未在前述28天内发出索赔意向通知书的，丧失要求追加付款和(或)延长工期的权利。

(2) 承包人应在发出索赔意向通知书后28天内(FIDIC施工合同是42天内)，向监理人正式递交索赔报告；索赔报告应详细说明索赔理由以及要求追加的付款金额和(或)延长的工期，并附必要的记录和证明材料。

(3) 索赔事件具有持续影响的，承包人应按合理时间间隔继续递交延续索赔通知，说明持续影响的实际情况和记录，列出累计的追加付款金额和(或)工期延长天数。

(4) 在索赔事件影响结束后28天内，承包人应向监理人递交最终索赔报告，说明最终要求索赔的追加付款金额和(或)延长的工期，并附必要的记录和证明材料。FIDIC施工合同还规定，监理人收到索赔报告42天内应表示批准或不批准。但2013版施工合同在此没有时间规定。

(5) 承包人按竣工结算审核约定接收竣工付款证书后，应被视为已无权再提出在工程接收证书颁发前所发生的任何索赔。

(6) 承包人按最终结清提交的最终结清申请单中，只限于提出工程接收证书颁发后发生的索赔。提出索赔的期限自接受最终结清证书时终止。

2. 承包人对发包人索赔的处理

(1) 承包人收到发包人提交的索赔报告后，应及时审查索赔报告的内容、查验发包人证明材料。

(2) 承包人应在收到索赔报告或有关索赔的进一步证明材料后28天内，将索赔处理结果答复发包人。如果承包人未在上述期限内作出答复的，则视为对发包人的索赔要求认可。

(3) 承包人接受索赔处理结果的，发包人可从应支付给承包人的合同价款中扣除赔付的金额或延长缺陷责任期；发包人不接受索赔处理结果的，按2013版施工合同范本第20条“争议解决”约定处理。

3. 发包人(业主)的索赔时间限制

FIDIC施工合同(1999红皮书)没有规定发包人(业主)的索赔时间限制，只说明发现索赔事件要尽快地发出索赔通知。我国2013版施工合同范本规定：发包人应在知道或应当知道索赔事件发生后28天内通过监理人向承包人提出索赔意向通知书，发包人未在前述28天内发出索赔意向通知书的，丧失要求赔付金额和(或)延长缺陷责任期的权利。发包人应在发出索赔意向通知书后28天内，通过监理人向承包人正式递交索赔报告。

4. 对承包人索赔的处理

(1) 监理人应在收到索赔报告后14天内完成审查并报送发包人。监理人对索赔报告存在异议的，有权要求承包人提交全部原始记录副本。

(2) 发包人应在监理人收到索赔报告或有关索赔的进一步证明材料后的28天内，由监理人向承包人出具经发包人签认的索赔处理结果。发包人逾期答复的，则视为认可承包人的索赔要求。

(3) 承包人接受索赔处理结果的，索赔款项在当期进度款中进行支付；承包人不接受索赔处理结果的，按照第20条“争议解决”约定处理。

13.4 业主的索赔

在工程项目合同中，对合同双方(业主和承包商)均赋予提出合理索赔的权利，以维护受损害一方的正当利益。在工程承包实践中，当承包商遇到了难以预见的或自己难以控制的客观原因或业主的原因而使工程成本增加或延误了工期时，将提出进行公平调整的要求，即承包商对业主的索赔。业主可以对承包商的索赔要求进行评议，提出其不符合合同条款的地方，或指出计算错误的地方，或去除索赔计价中的不合理部分，从而压低其索赔款额，甚至将其索赔要求全部否定。同时，业主也可以利用工程合同条款赋予的权利，对由于承包商违约而造成业主的损失提出索赔要求，以维护自己的合法权益。本节主要讨论业主向承包商索赔的特点，以及业主向承包商索赔的主要内容。

13.4.1 业主向承包商索赔的特点

同承包商提出的索赔一样，业主对承包商的索赔要求也是为了维护自己的合法权益，避免由于承包商的原因而蒙受的经济损失。在具体的工作程序方面，业主对承包商的索赔工作不像承包商的索赔工作那么复杂。在处理业主对承包商的索赔款方面，亦没有那么困难。这些特点和区别，亦是工程承包市场上占统治地位的“买方市场”规律所决定的。

业主对承包商的索赔工作的特点，主要表现在以下方面。

(1) 业主对承包商可索赔的措施，基本上都已列入工程项目的合同条款，如投标保函、履约保函、预付款保函、保留金、误期损害赔偿费、工程检验和缺陷通知期的有关规定等。在合同实施的过程中，许多业主对承包商的索赔措施已顺理成章地一一体现了。

(2) 业主对承包商的索赔，不需要提交什么报告之类的索赔文件，只需通知承包商即可。有的业主对承包商的索赔决定，如承包商保险失效、误期损害赔偿费扣除等，根本不需要事先通知承包商，就可以直接扣款。

(3) 业主对承包商的索赔款额，由业主和工程师根据有关法律和合同条款确定，且直接从承包商的工程进度款中扣除。如工程进度款数额不够，使可以从承包商提供的任何担保或保函中扣除。如果还不够抵偿业主的索赔款额，业主还有权扣押、没收承包商在工地上的任何财产，如施工机械等。这同承包商取得索赔款的过程和难度相比，有天壤之别。

(4) 业主对承包商的工期索赔可以体现为延长缺陷通知期，但应该有一个限度。如FIDIC“新红皮书”规定，缺陷通知期的延长不得超过两年。

当然，这并不意味着业主可以任意而为。业主应通情达理，工程师应公平行事，这在国际工程承包界已是众所周知的职业道德。同时，业主也必须考虑到本身的信誉和长远利益。

13.4.2 业主向承包商索赔的主要内容

工程承包中的业主对承包商的索赔，主要有以下3个方面。

1. 工期延误

在工程项目的施工过程中，由于多方面的原因，往往使工程竣工日期较原定竣工日期拖后，影响到业主对该工程的利用计划，给业主带来经济损失。按照国际工程承包的惯例，业主有权向承包商索赔，即要求他承担“误期损害赔偿费”。承包商承担这项赔偿费的前提是这一工期延误的责任属于承包商方面。

工程的工期，一般是指从工程师发出的“开工令”中所指明的日期开始，直至工程“实质性竣工”的日期，即指整个工程已基本建成，可以按照原定的设计要求交付使用。实质性竣工标志着业主向承包商支付了大部分的工程款；承包商开始实施缺陷通知期的职责；业主开始使用该项工程，并向承包商退还部分保留金等。

工程合同中规定的误期损害赔偿费，通常都是由业主在招标文件中确定的。业主在确定这一赔偿金的费率时，一般要考虑以下诸项因素。

(1) 由于本工程项目拖期竣工不能投产，租用其他设施时的租赁费。

(2) 继续使用原设施或租用其他设施的维修费用。

(3) 由于工程拖期而引起的投资(或贷款)利息。

(4) 工程拖期带来的附加监理费。

(5) 原计划收入款额的落空部分等。

业主应该注意赔偿费率的合理性，不应把它定得过高，超出合理的数额。而且，在工程承包实施中，一般都对误期损害赔偿费的累计扣款总额有所限制，如不得超过该工程项目合同价的5%～100%。至于误期损害赔偿费的计算方法，在每个工程项目的合同文件中均有具体规定。一般按每延误一天赔偿一定的款额计算。

2. 工程缺陷

工程承包合同条件都规定，如果承包商的工程质量不符合技术规范的要求，或使用的设备和材料不符合合同规定，或在缺陷通知期未满以前未完成应该负责修补的工程时，业主有权向承包商追究责任，要求补偿业主所承受的经济损失。这就是由于工程缺陷业主对承包商的索赔，或称为质量缺陷业主对承包商的索赔。

工程缺陷包括的主要内容有以下方面。

(1) 承包商建成的某一部分工程，由于工艺水平差，而出现倾斜、开裂等破损现象。

(2) 承包商使用的材料或设备不符合合同条款中指定的规格或质量标准，从而危及建筑物的安全性。

(3) 承包商负责设计的部分永久工程，虽然经过了工程师的审核同意，但建成后发现了缺陷，影响工程的安全性。

(4) 承包商没有完成按照合同文件规定的应进行的隐含的工作等。

上述工程缺陷或未完成的工作，引起业主的任何损失时，业主有权向承包商提出索赔。

这些缺陷修补工作，承包商应在工程师和业主规定的时期内做完，并经检查合格。在缺陷通知期届满之际，工程师在全面检查验收时发现的任何缺陷，一般应在14天以内要求承包商修好，才能向业主移交工程，从而完成缺陷通知期的责任。否则，业主不仅可以拒绝接收工程，还可以向承包商提出索赔。

缺陷处理的费用，应该由承包商自己承担。如果承包商拒绝完成缺陷修补工作，或修补质量仍未达到合同规定的要求时，业主则可从其工程进度款中扣除该项修补所需的费用。若扣款额还不能满足修补费的需要时，业主还可从承包商提交的履约保函或保留金中扣除。

3. 承包商的其他违约行为

除了上述两项主要的业主对承包商的索赔以外，业主还有权对承包商的其他任何违约行为提出索赔。在业主对承包商的索赔实践中，常见的由于承包商违约而引起的业主对承包商的索赔主要有以下几点。

(1) 承包商运送自己的设备和材料时，损坏了沿途的公路或桥梁，公路交通部门要求修复。

(2) 承包商所申办的工程保险，如工程一切险、人身事故保险、第三方责任险等过期或失效时，业主代为重新申办这些保险所发生的一切费用。

(3) 由于工伤事故，给业主人员或第三方人员造成的人身或财产损失。

(4) 承包商的材料或设备不符合合同要求，而需要重复检验时的费用开支。

(5) 由于不可原谅的工期延误，引起的在拖期时段内工程师的服务费用及其他开支。

(6) 承包商对业主指定的分包商拖欠工程款，长期拒绝支付，指定分包商提出了索赔要求。

(7) 当承包商严重违约，不能(或无力)完成工程项目合同的职责时，业主有权终止其合同关系，由业主自己或雇用另一个承包商来完成工程，业主这时还可以使用原承包商的设备、临时工程或材料，然后再清理合同付款。

(8) 有时，工程项目的合同条款中包含了防备贿赂、泄密等专用条款，在实施这种合同的过程中，如果业主发现承包商有进行贿赂或严重泄密等行为时，也有权向承包商进行业主对承包商的索赔，甚至终止其合同关系。

案例分析

加速施工费的组成、评估和支付

加速施工费用通常包括以下费用：额外设备费、额外劳务工资、效率损失、加班和班次奖金，以及因补救措施和增加监管相联系的重新安排工作次序中所必需的不可预见材料费、设备费、人员移动的费用等。

可以补偿的加速施工费应该限制于用于赶工的实际费用，所谓实际费用应是可以用会计账目系统进行证明的承包商为实施赶工的实际支出。例如，增加设备、应用设备的采购发票和运输支出发票加以证明；加班费用应用赶工期间的加班人员的工薪单予以证实。但实际施工中，赶工往往同原来计划的工作、变更工作及其他索赔工作同时发生或进行，特别是在事先没有明确赶工措施或合同双方对赶工措施存在争议的情况下，对赶工并不存在一个单独的会计账目系统。这时候要核算可补偿的加速施工费，就存在相当的难度，需要做认真、全面的计算和分析。如在小浪底泄洪工程的加速施工费评估中，工程师在确定发生的全部额外费用后，再根据对承包商施工计划、施工过程中发现的问题、已经支付情况的全面分析和计算，确定要扣除下述 9 条不属于可补偿的赶工的费用，剩余金额则同意作为应补偿的加速施工费金额。

小浪底工程在进行加速施工费的评估时，采用的评估方法之一是 DRB(争议评审团)建议的“ButFor”(若不是)的费用计算法，即通过比较在没有赶工情况下投入的资源情况和在赶工情况下实际投入的资源情况确定因赶工而增加的资源，再通过要求承包商提供其投入的这些资源的发票、运行记录等方式来计算相应的费用金额。

一般而言，若仅是由于可原谅的延误造成的赶工，加速施工费均由业主承担；而仅由于不可原谅的延误引起的承包商加速施工，相关费用包括因加速施工引起的额外监理费用均由承包商承担。但实际施工中，往往发生的是同期延误，进行的赶工也是为克服同期延误所进行的赶工。这时就需明确哪一部分费用是由业主负责的赶工引起的，哪一部分费用是由承包商负责的赶工引起的？从而就出现了加速施工费的分摊问题。

如何进行分摊呢？有一种方案是确定造成赶工的总延期，然后分析总延期中由业主负责的占多少，由承包商负责的占多少？如某隧洞施工中开挖阶段发生了 200 天的延期，业主不同意延期，要求在后续的混凝土施工中进行赶工。经过延期分析，开挖阶段 200 天延期中由业主负责的有 80 天，由承包商负责的有 120 天。则混凝土赶工时发生的额外费用中的 40%由业主承担，剩余的 60%由承包商自己承担。

由于赶工往往需要持续较长的一段时间，而加速施工费可能在整个赶工阶段都要发生，加速施工费如何支付也成为一个问题。在赶工前达成赶工协议的情况下，一般均会明确加速施工费用的支付方式。但经常见到的是虽对实施赶工有协议，但对具体的加速施工费金额却未能达成协议。这种情况下，通常业主会预付一笔金额用于赶工，同时要求承包商对承诺增加的施工设备提供担保。在赶工期间，可以要求承包商对双方同意的赶工措施提出费用，业主评估支付。在赶工结束后，提出整体加速施工费用，确定最终加速施工费金额，多退少补。需要注意的是，业主若想达到赶工的目标，特别是在赶工明显是因可原谅延误引起的情况下，应尽量提前或及时支付承包商的加速施工费，不能以加速施工费未最终确定为由拖延或拒绝对加速施工费的支付。这有利于承包商切实采取赶工措施并提高赶工的积极性，防止因加速施工费支付不及时使承包商没有能力采取措施或不愿采取措施。当然，对加速施工费的提前或及时支付金额应以较为准确的估算为准，不能为了赶工，承包商提出多少就支付多少，这同样会损害业主的利益。在小浪底工程中，工程师在发布变更指令中就明确这一指令涉及的具体金额，业主也在承包商按指令要求完成相应工作后就予以支付。在赶工实施过程中，因增加了很多额外的赶工措施，业主也通过挂账支付的方式来保证承包商实施这些赶工措施的资金要求，从而使小浪底工程能按期甚至提前完工，实现了赶工的目标。

大型土木工程项目在施工中由于变更、外界干扰、不可预见的物理障碍、施工管理等方面的原因，出现延误是经常的事。一旦工程的直线工期出现延误，合同双方通常就会考虑赶工问题，由于赶工的实施通常会对工程项目的进度、质量和投资产生重大影响，从而直接影响工程项目的经济和社会效益。因此，在对赶工方面有关问题进行决策时，一定要慎重从事，注意以下方面的问题。

(1) 引起赶工延误的责任。

(2) 及时对是否进行赶工做出判断和决定。

(3) 尽量事前对赶工措施、费用金额以及赶工的范围和时间要求达成一致。

万一出现赶工方面的争议，合同双方应通过协商及时解决，并不得因争议影响现场施工。同时要采取合适的评估方式解决争议，加速施工费的确定原则是实际费用。还要注意及时支付加速施工费，避免因加速施工费支付不及时，造成承包商无力实施赶工措施，从而影响工程进度。

尽管如此，鉴于赶工可能产生的重大影响，业主和工程师在决定是否采取赶工措施时，一定要进行全面的经济、技术分析，只有确定赶工从经济和社会角度都适宜的情况下，才能进行赶工。不能为了按期完工或献礼的需要，不顾赶工可能造成的经济损失和质量缺陷，不做任何经济分析地提出赶工要求。

本章小结

本章知识点：承包商工程索赔常见问题；不利现场条件的类型；工程范围变更索赔；新增工程索赔处理原则；工程拖期索赔；工程拖期的分类；工期延误索赔的分类及其处理原则；加速施工索赔；索赔工作程序；工程师在处理索赔中的作用；索赔报告的编制；业主向承包商索赔的特点。

习　　题

1. 名词解释

(1) 现场条件变化；(2) 第二类不利的现场条件；(3) 工程范围变更索赔；(4) 附加工程；(5) 额外工程；(6) 工程拖期索赔；(7) 加速施工索赔；(8) 承包商的明示索赔条款；(9) 承包商的隐含索赔条款；(10) 承包商对业主的索赔。

2. 单项选择题

(1) 承包商工程索赔常见问题是(　　)。

A. 现场条件变化索赔　　B. 工程范围变更索赔

C. 工程拖期索赔　　D. 加速施工索赔

(2) 新增工程的类型是(　　)。

A. 附加工程　　B. 额外工程　　C. 附属工程　　D. 拓展工程

(3) FIDIC“红皮书”第四版规定，当最终结算时的合同价超过(或小于)其有效合同价格的(　　)时，应进行合同价调整。

A. 20%　　B. 10%　　C. 15%　　D. 25%

(4) 工程拖期索赔通常在下列情况下发生(　　)。

A. 业主的原因　　B. 工程师的原因

C. 设计规划原因　　D. 客观原因

(5) 下列方法中哪种为解决索赔争端的最佳途径？(　　)

A. 双方的友好协商　　B. 中间人调停

C. 提交法院诉讼　　D. 提交仲裁机关

(6) 对于业主的索赔要求，工程师要做的工作是(　　)。

A. 研究业主的索赔要求　　B. 裁定业主的索赔结果

C. 调停业主的索赔额度　　D. 进行业主的索赔处理

(7) 一个完整的索赔报告书的第二部分是(　　)。

A. 证据部分

B. 概括地叙述索赔事项

C. 叙述索赔的根据

D. 索赔款额和(或)工期延长的计算论证和分析

3. 思考题

(1) 承包商工程索赔的常见问题有哪些？它们的处理原则如何？

(2) 不利现场条件的类型分为哪两种？分别举例说明。

(3) 承包商的隐含索赔条款与承包商的明示索赔条款相比有什么区别？

(4) 工程索赔处理的程序一般分哪5个步骤？

(5) 一个完整的索赔报告书一般包括几个部分？分别是什么？

第14章 索赔模型与索赔矩阵

教学目标

通过学习本章，应达到以下目标：

（1）了解索赔模型的原则；

（2）掌握索赔矩阵的编制方法；

（3）掌握价格调整模型；

（4）熟悉索赔矩阵的应用程序与设想。

学习要点

知识要点	能力要求	相关知识
索赔模型	（1）了解索赔费用的构成； （2）熟悉索赔费用的一般计算的方法； （3）掌握上级管理费索赔模型； （4）掌握施工效率索赔模型； （5）了解工期索赔模型； （6）掌握价格调整模型	（1）索赔费用的构成； （2）索赔费用的一般计算； （3）上级管理费索赔模型； （4）施工效率索赔模型； （5）工期索赔模型； （6）价格调整模型
索赔矩阵的编制	（1）了解索赔矩阵的结构； （2）掌握索赔矩阵与其他数据库的结合； （3）熟悉索赔矩阵的应用程序与设想	（1）索赔矩阵的构建； （2）索赔矩阵与其他数据库的结合； （3）索赔矩阵的应用程序与设想

基本概念

分项法；总费用法；修正的总费用法；艾曲利(Eichleay)模型；胡德森(Hudson)模型；因素模型；学习曲线模型；网络分析法模型；比例分析法模型；单价调整；合同价调整；权重系数表。

引例

一般来讲，索赔金额由施工机械的停置费用、由于停工而引起的施工单位资金再利用所产生的利润、当期企业管理费用、所欠工程款所引起的同期银行贷款利息等组成。处理此种索赔，要求审计人员详细了解建设单位签字认可的施工组织设计，明确该工程所使用的大型机械的功率及施工网络图、每个施工段所需的施工人员数量、对于施工单位资金再利用所产生的利润及当期管理费用，应了解该单位承建同类型项目时所产生的利润和企业管理费用，需施工单位出具以往企业利润和管理费的情况证明等。

索赔贯穿于施工的全过程，因此，施工索赔报告提交的及时性成为索赔成立的首要因素。在索赔事件发生后就应立即展开索赔，以免延误索赔的有效时间。

14.1 索赔模型

14.1.1 索赔费用的构成

索赔费用一般由以下几项构成。

(1) 人工费。索赔费用中的人工费是指完成合同之外的额外工作所花费的人工费用；由于非承包商责任的工效降低所增加的人工费用；超过法定工作时间加班劳动费用；法定人工费增长以及非承包商责任工程延误导致的人员窝工费和工资上涨费等。

(2) 材料费。材料费的索赔包括：由于索赔事项材料实际用量超过计划用量而增加的材料费；由于客观原因材料价格大幅度上涨；由于非承包商责任工程延误导致的材料价格上涨和超期储存费用。

(3) 施工机械使用费。施工机械使用费的索赔包括：由于完成额外工作增加的机械使用费；非承包商责任工效降低增加的机械使用费；由于业主或监理工程师原因导致机械停工的窝工费。

(4) 分包费用。分包费用索赔是指分包商的索赔费，一般也包括人工、材料、机械使用费的索赔。分包商的索赔应如数列入总承包商的索赔款总额。

(5) 工地管理费。索赔款中的工地管理费是指承包商完成额外工程、索赔事项工作以及工期延长期间的工地管理费，包括管理人员工资、办公、通信、交通费等。

(6) 利息。利息的索赔通常发生于下列情况：拖期付款的利息；由于工程变更和工程延期增加投资的利息；索赔款的利息；错误扣款的利息。

(7) 总部管理费。索赔款中的总部管理费主要是指工程延误期间所增加的管理费。

(8) 利润。一般来说，由于工程范围的变更、文件有缺陷或技术性错误、业主未能提供现场等引起的索赔，承包商可以列入利润。但对于工程暂停的索赔，一般监理工程师很难同意在此项索赔中加进利润损失。

14.1.2 索赔费用的一般计算

索赔费用的计算方法有分项法、总费用法和修正总费用法。

1. 分项法

按每个索赔事件所引起损失的费用项目分别分析计算索赔值。分项计算通常分3步：①分析每个或每类索赔事件所影响的费用项目，应与合同报价中的费用项目一致；②计算每个费用项目受索赔事件影响后的数值，通过与合同价中的费用值进行比较即可得到该项费用的索赔值；③将各费用项目的索赔值汇总得到总费用索赔值。

2. 总费用法

总费用法又称总成本法，就是当发生多次索赔事件以后，重新计算出该工程的实际总费用，再从这个实际总费用中减去投标报价时的估算总费用，计算出索赔金额，具体公式是

$$索赔金额=实际总费用-投标报价估算总费用$$

3. 修正总费用法

修正的总费用法是对总费用法的改进，即在总费用计算的原则上，去掉一些不合理的因素，使其更合理。修正的内容包括以下方面。

(1) 将计算索赔款的时段局限于受到外界影响的时间，而不是整个施工期。

(2) 只计算受影响时段内的某项工作受影响的损失，而不是计算该时段内所有施工工作所受的损失。

(3) 与该项工作无关的费用不列入总费用。

(4) 对投标报价费用重新进行核算。按受影响时段内该项工作的实际单价进行核算，乘以实际完成的该项工作的工作量，得出调整后的报价费用。

按修正后的总费用计算索赔金额的公式如下：

$$索赔金额=某项工作调整后的实际总费用-该项工作的报价费用$$

修正总费用法与总费用法相比，有了实质性的改进，已相当准确地反映出实际增加的费用。

14.1.3 上级管理费索赔模型

上级管理费是属于承包商整个公司的，不能直接归类于各具体工程的管理费用，与现场管理费相比，上级管理费数额相对固定，一般仅在工程延期和工程范围变更时允许上级管理费索赔。

目前国际上用得最广泛的是“艾曲利(Eichleay)模型”。该模型由艾曲利公司首先提

出，并在1960年美国“军工合同纠纷仲裁团”(The Armed Services Board of Contract Appeal，ASBCA)仲裁的一起索赔案中首次得到采用的。该模型适用于工程延期和工程范围变更这两种情况。

1. 工程延期索赔中的Eichleay模型

(1) 公司总的上级管理费在被延期合同上的分摊额(A_1)为

$$A_1=\frac{\text{被延期合同的金额}}{\text{原合同期内所有合同金额之和}}\times\text{原合同期上级管理费总额}$$

(2) 该合同单位时间应提供的上级管理费数(B_1)为

$$B_1=\frac{A_1}{\text{原合同期(天或周)}}$$

(3) 本合同应索赔的延期上级管理费(C_1)为

$$C_1=B_1\times\text{延期时间(天或周)}$$

该模型的应用存在这样一个前提假设：若某工程的工期延长了，就相当于该工程占用了本应调往其他工程的施工力量，而这些施工力量可以相应从其他工程获取上级管理费补偿，因而产生了上级管理费的机会损失，故此应予以补偿。

2. 工程范围变更中的Eichleay模型

(1) 上级管理费的分摊额(A_2)为

$$A_2=\frac{\text{与变更合同有关的原直接费}}{\text{原合同期内全部工程直接费}}\times\text{原合同期上级管理费总额}$$

(2) 与变更合同有关的原直接费单位货币中所含上级管理费(B_2)为

$$B_2=\frac{A_2}{\text{与变更合同有关的原直接费}}$$

(3) 应索赔的上级管理费数(C_2)为

$$C_2=B_2\times\text{变更增加的直接费}$$

该模型适用于在此期间承包商承担的各项工程项目的主要费用比例变化不大的情况，否则会明显不合理。如变更直接费占比例较大的工程，上级管理费补偿较多，反之较少。

还有一个用于计算工程延期期间上级管理费的模型是“胡德森(Hudson)模型”。它起源于英国，在1970年出版的《胡德森论建筑和土建工程合同》(Hudson on Building and Civil Engineering Contract)第十版中首次得到解释并被广泛应用。其计算过程如下所述。

(1) 确定或估计上级管理费的百分比(A_3)。

(2) 该工程单位时间内应分摊的上级管理费(B_3)为

$$B_3=\frac{\text{延期合同价值}\times A_3}{\text{合同工期(天或周)}}$$

(3) 延期应索赔的上级管理费(C_3)为

$$C_3=B_3\times\text{延期时间(天或周)}$$

该模型应用的主要问题是如何确定出上级管理费的百分比。

14.1.4 施工效率索赔模型

由于业主违约、工程变更、工程师要求过于苛刻、不利的自然条件和客观因素等都会对承包商的施工形成严重干扰，致使施工效率降低。由于施工效率降低而造成的损失在工程索赔中占有很大的比重。但施工效率降低索赔往往不会以一项独立的索赔出现，而是作为其他索赔的一个组成部分。

施工效率降低是一个比较复杂的问题，实际中还没有一种非常准确的计算方法。实际计算时往往要同时采用几种方法，互相补充，互为支持，有时还可能要对承包商近5年或10年的历史施工效率的资料加以研究才能得出比较接近实际的结果。

1. 常用工效降低索赔估算模型

1）以一项具体工作为基础的计算方法

以一项具体工作为基础的计算方法是以某项工作为单位，计算该项工作施工过程中实际的人工费开支，同投标报价时该项工作估算的人工费比较而得出的索赔额。其计算公式为

工效降低索赔额＝该项工作实际开支的人工费－投标报价中该项工作的人工费

当然该公式的使用应有3个前提：①投标报价是合理的；②人工费超出部分是由于非承包商原因造成的；③承包商实际成本数据是准确可靠的，否则难以令人信服。

2）以一特定的工作项目为基础的计算方法

其计算公式为

工效降低索赔额＝某一特定工作项目实际支出的人工费－
该工作项目在投标报价中的人工费

同上一种方法相比，该方法只是在应用细节上有所差异。应用这种方法时，承包商必须具备足够详细的实际开支与估价资料支持。这种方法仅局限于某工作项目，因而使争端的因素大为减少，索赔较容易解决。

3）时段工效比较法

选定工效降低显著的施工时段记录其人工费支出，与未发生工效降低的同种工作同一时段的正常状况下的人工费支出相比较得出相应索赔额。其计算公式为

工效降低索赔额＝工效降低期间的人工费支出－同一时段下正常状况下的人工费支出

此方法必须有同种工作正常状态下的人工费支出的记录资料。

在实际索赔工作中，施工机械作业效率降低所造成的索赔数额往往比人工工效降低的索赔数额要大得多。施工机械作业效率降低索赔可按上述公式做同样的处理，只是把式中的人工费改为施工机械费。

2. 劳动生产率科学计算模型

目前用于劳动生产率计算的科学计算模型有延误模型（Delay Model）、动作模型（Activity Model）、任务模型（Task Model）等，这些模型多来源于工业工程，它们研究的核心是时间研究和工作取样。在此介绍另外两种，即因素模型（Factor Model）和学习曲线模型（Learning Curve Model）。

1）因素模型

因素模型是一种研究全员劳动生产率的多变量模型，它对因素的量度包括了对全员劳动生产率和相关因素的统计分析，并以下式加以表示：

$$AUR_t = IUP(q) + \sum_{i=1}^{m} a_i x_i + \sum_{j=1}^{n} (y)_j$$

式中 AUR_t——t 时期内实际(或预计)全员劳动生产率；

IUP——标准状态下一般作业的理想生产率，IUP 是 q 的函数；

q——作业重复的次数，IUP 随 q 增加，反映了“学习”效果；

m——影响劳动生产率因素的个数；

α_i——因素 i 对劳动生产率的影响值(常数)；

x_i——0～1 变量，表明因素 i 存在与否；

$f(y)_j$——那些用整数变量或连续变量表示的因素对劳动生产率的影响的子模型；

n——所有用整数变量或连续变量表示的子模型个数。

影响劳动生产率的因素主要有劳动能力、设计特点、现场状况、管理状况、建设方法、工程组织结构等。该模型还被用来对温度、湿度、噪声、风速等对劳动生产率影响的研究。

因为该模型涉及多个变量，而每个变量都需要大量的实际测量数据来支持，对这些数据进行统计分析才能确定各个子函数 $f(y)_j$。

2）学习曲线模型

该模型的基本思想是随工作重复次数的增加，工人对工作掌握程度、熟练程度会得到提高，工作方法也会更科学，相应的劳动生产率会在一定范围内日益增长。

在一定范围内，生产单位产品所需工时随累计产量的增大而呈现递减趋势，由此产生了学习曲线的解析式

$$y = ax^b$$

式中 y——生产单位产品累计平均时间；

a——产出第一个单位产品所消耗的时间；

b——改进函数(表示学习进步的程度)；

x——累计产量。

$$b = \frac{\lg r}{\lg 2}$$

式中 r——学习比率。

学习比率等于累计产量加倍时每单位产品累计平均时间比值。依据实际经验，学习比率通常取 80%(参见《经济大辞典》会计卷第 576 页，上海辞书出版社，1991)。

$$b = \frac{\lg 0.8}{\lg 0.2} \approx -0.322$$

学习曲线可被粗略描述为

$$y = ax^{-0.322}$$

在实际应用中，某工程项目某承包商的学习比率应根据以往正常生产情况测算得出。设已知承包商过去正常情况下的任意两组数据(x_i，y_1；x_2，y_2)，则可得

$$y_1 = ax_1^b$$

$$y_2 = ax_2^b$$

$$b=\frac{\lg\frac{y_1}{y_2}}{\lg\frac{x_1}{x_2}}$$

$$r=2^b$$

实际索赔工作中，学习曲线可以作为计算劳动生产率降低损失的一种有效的补充方法。

14.1.5 工期索赔模型

工期索赔是与费用索赔并列的又一大类型索赔问题。就索赔报告而言，这两种索赔通常分别编写，但两者有着密切的关系，许多重大的费用索赔往往以工期索赔的获得为前提，工期索赔的最终目的则是获得费用补偿。

发生工期索赔的原因主要有业主违约、工程变更和不可预见事件等。工期索赔的计算主要有网格分析法和比例分析法两种。

1. 网络分析法模型

网络分析法是通过分析索赔事件发生前后的网络计划，对比两种工期计算结果得出工期索赔值，它是一种科学合理的分析方法，适用于各种索赔事件的工期索赔计算。

网络分析法的基本思路是，假设工程一直按原网络计划确定的顺序和工期进行。现发生一个或一些非承包商原因造成的干扰事件，使网络中的某个或某些活动受到干扰而延长了持续时间。将这些活动受干扰后的持续时间代入网络中，重新进行网络分析，得到一个新的工期。新工期与原工期之差为干扰事件对总工期的影响，即为工期索赔值。如果受干扰的活动在关键线路上，则该活动的持续时间延长即为总工期的延长值；如果该活动在非关键线路上，受干扰后仍在非关键线路上，则这个干扰事件对工期无影响，不能提出工期索赔；如果干扰事件虽不在关键线路上，但使用了原计划网络中确定的时差，则可以认为该事件的持续时间得到了相应的延长，一旦时差用完，该事件就进入了关键线路，产生工期索赔。

网络中非关键活动的时差也是一种资源，关于业主和承包商谁拥有这种资源的问题，有多种说法，一般可认为谁先使用就归谁，一旦失去对谁都失去。

网络分析技术理论及其计算机应用软件现已很成熟，如现在在工程界得到广泛应用的Primavera的进度计划管理软件P3(Primavera Project Planner)。具体网络计算过程在此不再详述。网络分析技术一旦用于工程进度控制，必将为工期索赔问题科学合理的解决提供方便。

2. 比例分析法模型

网络分析模型用于工期索赔的前提条件是必须使用网络分析技术进行工程进度计划的编制与控制。在实际工程中，网络技术的应用往往受到很多非技术因素的影响，致使我国许多工程承包公司还没有应用网络技术。而干扰事件常常仅影响某些单项工程、单位工程或分部分项工程的工期，要分析它们对总工期的影响，可以采用更为简单的比例分析法进行估算。

1）合同价比例分析法

(1) 用于工期索赔。

$$工期索赔值=\frac{受干扰部分工程的合同价}{原整个工程合同总价}\times原合同总工期$$

(2) 用于变更带来的工期索赔。

$$工期索赔值=\frac{变更增加的合同价}{原整个工程合同总价}\times原合同总工期$$

2）按单项工程工期拖延的平均值计算

设有 m 项单项工程同时受到某干扰事件的影响，对各项工程造成的影响如下。

单项工程 A_1 推迟 d_1 天；

单项工程 A_2 推迟 d_2 天；

… … … …

单项工程 A_m 推迟 d_m 天。

各单项工程总延长天数(D)为

$$D=\sum_{i=1}^{m}d_i$$

单项工程平均延长天数为

$$\overline{D}=\frac{D}{m}$$

考虑到对各单项工程影响的不均匀性，对总工期的影响可考虑增加一个调整量 Δd ($\Delta d>0$)。

$$\Delta d=\frac{\sum_{i=1}^{m}|d_i-\overline{D}|}{m}$$

总工期索赔值(T)为

$$T=\overline{D}+\Delta d$$

比例分析法的特点是简单、方便、易于理解，但有时不符合实际情况，因为它将关键活动与非关键活动同等看待。对于变更工程顺序、赶工、删减工程量时，则不可使用此方法。

14.1.6 价格调整模型

价格调整包括单价调整和合同价格调整两个方面。

1. 单价调整

有的合同规定，当某一个分项工程或其子项的实际工程量比工程量表中的工程量相差一定的百分比时，双方可以讨论改变单价，但单价调整的方法和比例最好在签订合同时写明，以免事后发生纠纷。

单价调整时，一般都要求承包商对要调整的内容做出单价分析。

单价分析也可称为单价分解，就是对工程量表上所列分项工程的单价进行分析、计算和确定，或者说是研究如何计算不同分项工程的直接费和分摊其间接费、利润和风险等之后得出每个分项工程的单价。

1）直接费

（1）人工费 a_1。有时分为普工、技术工和工长3项，有时也可以不区分。根据人工定额即可求出完成此分项工程所需的总工时数，乘以每工时的单价即可得到人工费总计，每工时人工费单价的详细分项计算。

（2）材料费 a_2。根据技术规范和施工要求，可以确定所需材料品种及材料消耗定额，再根据每一种材料的单价即可求出每种材料的总价及全部材料的总价。

（3）工程设备费 a_3。根据招标文件中对有关工程设备的套数、规格等要求，同时要计入运输、安装、调试以及备件等费用。

（4）施工机械费 a_4。列出所需的各种施工机械，并参照本公司的施工机械使用定额即可求出总的机械台时数，再分别乘以机械台时单价，即可得到每种施工机械的总价和全部施工机械的总价。

$$A=a_1+a_2+a_3+a_4$$

与工程设备有关的项目，如每台电梯(包含采购、安装、调试)的单价分析，直接费中包括 a_3，而绝大多数与工程设备无关的分项工程，如每立方米土开挖单价，每立方米混凝土浇筑单价，则不含 a_3。

2）间接费 B

间接费的详细计算应该按照一个工程的全部间接管理费的总和 $\sum B$，与该工程项目所有分项工程的直接费总和 $\sum A$ 相比，先得出间接费比率系数 b。

$$b=\frac{\sum B}{\sum A}$$

如果是一个十分有经验的公司，也可以根据本公司过去在某一国家或地区承包工程的经验，直接确定一个间接费比率系数 b。然后用 b 乘以直接费来求出每个分项工程的间接费 B。

$$B=A\times b$$

3）每个分项工程的总成本 W

可按下式计算：

$$W+A+B$$

4）利润、风险费和上级管理费之和 M

设利润、风险费以及上级管理费之和是工程总成本 W 的一个百分数 m，则

$$M=W\times m$$

m 的变化范围很大。利润和风险是根据公司本身的管理水平、承包市场战略、地区政治经济形式、竞争对手、工程难易程度等许多因素来确定的，利润、风险费再加上上级管理费三者之和，大体上可在工程总成本的10%～18%范围内进行考虑，外国公司这个比率往往更高。

5）每个分项工程的单价 U

$$U=\frac{W+M}{\text{该分项工程的工程量}}$$

2. 合同价调整

合同价调整主要是由于物价上涨引起的合同价调整。

对于物价上涨引起合同价调整，可按世界银行发布的工程招标报价示范文件中推荐的价格调整公式计算。其计算公式如下

$$p=x+a\frac{EL}{EL_0}+b\frac{LL}{LL_0}+c\frac{PL}{PL_0}+d\frac{FU}{FU_0}+e\frac{BI}{BI_0}+f\frac{CF}{CF_0}+g\frac{RS}{RS_0}+h\frac{SS}{SS_0}+i\frac{TI}{TI_0}+j\frac{MT}{MT_0}+k\frac{MI}{MI_0}$$

式中 P——价格调整系数；

X——固定系数；

a，b，…，k——可变系数，$X+a+b+\cdots+k=1.00$；

EL——外来工人工资的现行价格指数；

EL_0——外来工人工资的基本价格指数，即签订合同时的价格指数；

LL、PL、FU、BI、CF、RS、SS、TI、MT、MI——当地工人、施工机械、燃料、沥青、水泥、应力钢筋、结构钢筋、木材、海运、其他调整项目的现行价格指数；

LL_0，…，MI_0——它们的基本价格指数，即签订合同时的价格指数。

关于 X，a，b，…，k 等权重系数，代表各项费用在合同总价中所占比例的估计值，世界银行推荐的某个贷款项目的权重系数见表 14-1。

表 14-1 权重系数表

工种 \ 系数	X	a	b	c	d	e	f	g	h	i	j	k	合计
土方工程	0.10	0.13	0.10	0.38	0.15	0.00	0.02	0.02	0.00	0.00	0.05	0.06	1.00
结构工程	0.10	0.16	0.14	0.24	0.05	0.00	0.09	0.06	0.00	0.00	0.08	0.08	1.00
表面修理	0.22	0.12	0.15	0.32	0.10	0.00	0.00	0.00	0.00	0.00	0.00	0.09	1.00

例如，对于水泥的调价，其系数差别显著：用水泥最多的是结构工程，系数取 0.09；土方工程次之，取 0.02；表面修整工作一般不用水泥，故取 0.00。

签订合同时的基本指数是指递送投标书截止日前 m 天的数值，而工程结算月份的现行价格指数是指结算月份结算日前 m 天的数值(一般规定 m 为 28～50 天)。如在上述时间内，当地政府机关或商会未发布有关指数或价格时，则可由工程师来决定暂时采用的指数或价格，待有关的政府机关或商会发布指数或价格后，再修正支付的金额。承包商既不得索取，也不支付此修正支付金额的利息。

在求出价格调整系数 p 后，即可按照签订合同时的各项价格计算出月付款证书中应支付的合同金额 P_0，再计算出调整后的本月应支付的合同金额 $P=P_0\times p$。

14.2 索赔矩阵的编制

工程索赔是合同各方，尤其是承包商必不可少的维护其经济利益的最基本的管理行

为。工程索赔涉及工程项目招投标、设计、施工、合同条件、相关法律、保险、融资、成本管理、计划管理等各方面的经验和知识，是一门跨多学科的系统工程。索赔管理的难度也很大，尤其是重大索赔工作牵涉金额巨大，有时拖延多年，往往需要有丰富实践经验，并只有掌握索赔问题专门知识的索赔专家才能做好。

工程索赔在我国正处于发展阶段，我国对外承包公司和国内大型国际工程项目业主单位面临的一个最主要的问题是缺乏工程索赔的经验和专业的索赔管理人才。另外，高级索赔专家的培养和雇用费用昂贵。为了解决这一问题，可以通过在实践工作中的切身体会和理论上的研究，提出了建立索赔专家系统的初步模型：索赔矩阵，旨在共享索赔专家丰富的知识和经验，提高索赔工作效率，进而提高索赔成功率，同时也力求降低索赔管理本身的成本。

14.2.1 索赔矩阵的构建

索赔矩阵的构建是将索赔的分类(矩阵的行)和可索赔的费用、利润和工期等(矩阵的列)以矩阵的形式有机地结合在一起。表 14-2 就是一个以 FIDIC“土木工程施工合同条件”(1999 年)为基础，承包商对业主索赔的索赔矩阵示例。

首先，对索赔进行合理的分类可以有效地指导索赔管理工作，以明确索赔工作的任务和方向。索赔的分类方法有很多，在表 14-2 中，索赔矩阵的“行”就是按索赔的合同根据分类组成的。该分类参照了关于 FIDIC“红皮书”的“摘要”(The FIDIC Digest: Contractual Claims and Responsibilities under the 4th Edition of the FIDIC Conditions)第 77 页列举的承包商可引用的索赔条款，这就是索赔专家的意见。因为该书的两位作者都是有丰富国际工程合同管理和索赔经验，并且对 FIDIC 合同条件有很深研究的专家。总之，索赔矩阵的行是由索赔专家针对项目使用的合同条件进行深入、细致的分析和研究之后提出方案来确定的。

另外，矩阵的“列”是由可索赔的费用、利润和工期组成的。可索赔的费用一般包括人工费、材料费、施工机械费和间接费(包括上级管理费和现场管理费)。其中，这些费用项目还可以进一步细分，其他项目分类详见矩阵中各列。索赔矩阵的列一般并不随合同条件的变化而变化，可以保持相对稳定。

表中索赔矩阵的各行各列及其分类均给予了特定的、唯一的编号、矩阵的行用 R 系列表示，矩阵的列用 C 系列表示。矩阵的各个元素：E——可以由此项目索赔；P——可能由此项目索赔；空格——不存在此项目索赔的可能性或可能性极小。

例如，R12×C11=E，表示 R12——“业主未能提供现场”，存在 C11——“人员闲置”的索赔；R12×C14=P，表示可能存在 C14——“劳动生产率降低”的索赔；R12×C12=空格，表示得到 C12——“加班工作”索赔的可能性没有或极小。

其中 E、P 或空格的界定是笔者结合某一由世界银行贷款的高速公路项目初步确定的，在此仅为一个示例说明。索赔矩阵中的元素 E、P 或空格应是由索赔专家针对项目所使用的合同条件，并综合考虑项目各方面的因素而确定的。

这些元素的确定是索赔矩阵的关键，其准确程度也决定着该矩阵模型质量高低和其是否真正具有实用价值。元素 E、P 或空格的确定，也就是向索赔专家获取知识、建立系统知识库的主要工作之一。

表 14－2　索赔矩阵示例

索赔分类			索赔依据的合同条款	索赔的确定＼可索赔的费用项目	C10				C20			C30			C40						C50		C60				C70	
					人工费				材料费			施工机械费			间接费						其他费用		利润				工期	
					C11	C12	C13	C14	C21	C22	C23	C31	C32	C33	C41	C42	C43	C44	C45	C46	C51	C52	C61	C62	C63	C64	C71	C72
					人员闲置	加班工作	额外劳动力的雇用	劳动效率降低	额外材料使用	材料运杂费的增加	材料采购及保管费增加	机械闲置	机械使用费的增加	机械作业效率降低	合同期间上级管理费的增加	工期延长期间的上级管理费	合同期间现场管理费的增加	工期延长期间的现场管理费	合同期间其他间接费的增加	工期延长期间的其他间接费	保险、担保费的增加	其他补偿费用	合同变更利润	合同延期机会利润	合同解除利润	其他利润补偿	处于关键线路上的项目	处于非关键线路上项目
R10	业主违约	R11	6.3/4	施工图纸拖期交付	E			P			P	P		P		P		P		P	P			P			E	P
		R12	42.2	业主未能提供现场	D			P			P	P		P		P		P		P	P			P			E	P
		R13	65.8	终止合同																		E			P			
		R14	69	业主违约	E			P			P	E		P	P	P	P	P		P	P	E		P			E	P
R20	工程变更	R21	51.1	工程变更	P	P	P	P	P	P	P	P	P	P	P	P	P	P	P	P	P	P	E	P		P	E	P
		R22	52.1/2	变更指令付款	P	P	P	P	P	P	P	P	P	P	P	P	P	P	P	P	P	P	E	P		P	E	P
		R23	52.3	合同额增减超过15%			P		P				P		P		P		P				P					
R30	工程师指令	R31	18.1	工程师指令钻孔勘探		P	P	P			P		P	P			P				P					P		
		R32	31.2	为其他承包商提供服务			P						P									P				P		
		R33	36.5	进行试验			E	P			P		P	P		P	P	P		P	P			P			E	P
		R34	38.2	指示剥露或开凿			E	P			P		P	P			P				P							
		R35	49.3	要求进行修理			E		E				P													P		
		R36	50.1	要求检查缺陷			E						P									P						

续表

索赔分类		索赔依据的合同条款		索赔的确定 \ 可索赔的费用项目	C10				C20			C30			C40						C50		C60				C70	
					人工费				材料费			施工机械费			间接费						其他费用		利润				工期	
					C11	C12	C13	C14	C21	C22	C23	C31	C32	C33	C41	C42	C43	C44	C45	C46	C51	C52	C61	C62	C63	C64	C71	C72
					人员闲置	加班工作	额外劳动力的雇用	劳动效率降低	额外材料使用	材料运杂费的增加	材料采购及保管费增加	机械闲置	机械使用费的增加	机械作业效率降低	合同期间上级管理费的增加	工期延长期间的上级管理费	合同期间现场管理费的增加	工期延长期间的现场管理费	合同期间其他间接费的增加	工期延长期间的其他间接费	保险、担保费的增加	其他补偿费用	合同变更利润	合同延期机会利润	合同解除利润	其他利润补偿	处于关键线路上的项目	处于非关键路线上项目
R40	暂停施工	R41	40.2	中途暂停施工	E			P			P	P		P		P	P	P		P	P			P			E	P
R50	业主风险	R51	20.3	业主的风险及修复	E		P	P	P	P	P	P	P	P	P		P		P		P				P			
		R52	65.3	特殊风险引起的工程破坏	E		P	P	P	P	P	P	P	P	P		P		P		P				P			
		R53	65.5	特殊风险引起的其他开支	E		P	P	P	P	P	P	P	P	P		P		P		P				P			
R60	不利的自然条件和客观障碍	R61	12.2	不利的自然条件	E	P	E	E	P		P	P	P	P		P	P	P		P	P			P			E	P
		R62	27.1	发现化石、古迹等	E	P	E	E	P		P	P	P	P		P	P	P		P	P			P			E	P
R70	合同缺陷	R71	5.2	合同论述含糊												P		P		P		E		P			E	P
		R72	17.1	数据差错、放线错误			E	P	P		P		P	P			P				P					P		
R80	其他	R81	70.1	成本的增加																		E						
		R82	70.2	法规变化						P												E						
		R83	71.1	货币及汇率变化																		E				P		

14.2.2 索赔矩阵与其他数据库的结合

索赔矩阵模型可以作为一种索赔管理思路，给实际索赔管理人员处理索赔问题一个方向性的指导。必须将索赔矩阵和其他相关的数据库结合起来使用，才能够真正发挥其作用。为此，要建立专门的或与项目其他数据库共享的数据库，如工程项目数据库(DB1)、工程量及定额数据库(DB2)、索赔案例数据库(DB3)和索赔定量计算模型数据库(DB4)等。

索赔矩阵中的每一个标有E或P的元素，均可能在相应的数据库里找到对应的内容，以之作为索赔处理的证据资料、参考数据、成功的参考案例、计算模型等。

工程项目数据库DB1中的数据主要来源于总工程项目的管理信息系统，是一个索赔管理与项目管理信息系统的主要接口。实践经验表明，如果等到发现索赔线索之后再去收集、整理有关的数据就已经晚了，完整的索赔数据是靠日积月累形成的。如必须建立起项目专用的班报、日报管理系统，随时存储、更新最新的工程施工进展情况以及遇到的问题，这些都是日后索赔必不可少的数据。因此，数据库DB1的日常更新维护工作量非常大，它是一个项目综合信息管理水平的体现。同时也需要其他管理软件所提供数据的配合，如当进行工期索赔时可以使用美国Primavera公司的进度计划管理软件P3(Primavera Project Planner)中的数据和网络图对实际进度计划与原进度计划进行计算和比较，分析造成工期延误的原因；当需要调用有关项目合同文档和来往信函等资料时，可以采用美国Primavera公司的合同管理软件Expedition的数据等。

工程量及定额数据库DB2做起来相对简单，若为单价合同，可将工程量表做成数据库，同时应将工程的有关定额数据建到数据库中。索赔案例数据库DB3是需要收集大量国内外同行业相关的获得成功索赔的案例，并对其进行标准化和规范化处理，这需要由索赔专家和合同管理人员来实施，同时，索赔专家还应该把他们对每一个索赔案例的评价意见写入数据库。索赔定量计算模型数据库DB4是用来将比较成熟、能在实际中使用的索赔定量计算模型，如用于上级管理费索赔计算的“Eichleay”模型、用于计算劳动生产率的“学习曲线”模型等进行分类存储，很多模型可以作为处理索赔事件做定量计算时的参考，这项工作也要由专业索赔人员进行。

当然，这些数据库并不是一朝一夕能够建立和完善起来的，每个数据库的内容都需要在实践中不断的充实和改进。这是一项很有意义、但又非常艰巨的工作。

14.2.3 索赔矩阵的应用程序与设想

一个工程项目开始实施之前要由索赔专家和项目有关人员一起建立起本项目专用的索赔矩阵模型，并逐步建立起相关的数据库。在项目实施过程中，首先要在DB1中保持所有有关的同期记录和相关的数据和文件。当一个索赔事件发生以后，可以参考索赔矩阵给出的索赔分类，尽快找到索赔事件的主要合同依据，并分析相关的合同条款。然后索赔人员就可以在已经建好的索赔矩阵模型上确定在哪一行上，进而可以看该行上是否有E和P元素，再看对应的列就可以找出此索赔事件可以得到哪些方面的费用索赔，是否有利润或工期索赔。而根据索赔矩阵与各相关数据库的关系，可以不断从DB1中提取相关的同期记录和数据，并可参照DB2中的价格和定额确定可参考的单项费率，同时在DB3中找出类似成功的索赔案例作为参考和样板，甚至可作为论证索赔和索赔谈判的依据。若有可能，在DB4中找出可使用的索赔定量计算模型，准确估算出索赔的金额或要求索赔的工期。

按上述步骤，即使对索赔管理并不是很熟悉的人员也能像一个索赔专家一样很快做出初步、有根据的索赔报告，大大提高了索赔工作的效率。进一步的索赔报告以及最终的索赔报告的编制仍然重复上述步骤。这样，一般参与索赔管理的人员在处理索赔事件时就有了很强的针对性，结合索赔项目的最新具体数据以及其本人的判断，确定一个具体的实施方案。这个过程本身也是一般索赔管理人员迅速学习提高的过程。

鉴于该模型的用户、承包商、业主和工程师单位的项目管理水平和索赔管理水平不同，可以设想索赔矩阵模型的使用可分为下面 3 个步骤或层次。

第一，对于项目管理水平和信息管理水平相对较低的用户，可在项目实施的初期聘请几位高水平的索赔专家按照本文的思路帮助建立起针对项目的索赔矩阵模型，并且由计算机方面的人员配合建立起模型专用的数据库，尽可能多地收集和整理与索赔有关的信息，以构成对未来索赔事件的支持。在这个阶段，索赔矩阵模型只能起到对索赔管理提供基本思路，进行初步的支持作用，并指出索赔管理的方向。

第二，对于自己已经拥有一定数量较高水平的索赔管理人员，并且能够建立起较为完备的项目管理信息系统的用户，可以让自有的索赔管理人员配合外聘高水平的索赔专家共同建立起索赔矩阵模型，并在使用过程中对模型进行不断的完善和升级，同时充分利用项目管理信息系统的资源，建立起共享的数据库，这样对索赔的处理就能真正起到支持和辅助索赔决策的作用。

第三，在第二步的基础之上，运用专家系统的理论和成熟的信息技术逐步建立起索赔专家系统。汇集各种来源的索赔知识和经验，建立知识库，进而建立推理机制，使系统真正具有推理能力，并能使索赔管理人员和系统进行启发式的人—机对话。帮助索赔管理人员和决策者快速计算出各种可能的索赔解决方案。可将专家系统作为交互式智能问题解决和咨询系统，从而大大增强使用者的索赔谈判和决策能力。

专家系统的很多能力来源于所存储的大量专门知识，以计算机为基础的专家系统，要力求去收集足够的专家知识。计算机能试验各种各样的、把事实组合起来以产生专家推理结果的方法。这样，专家系统就能成为一种实验知识的表达和应用方法的实验工具。索赔专家系统在某种程度上可以被作为一种汇集该领域各种来源的索赔专门知识的工具。因此，专家系统建立和开发本身可对工程索赔管理的发展做出重要的贡献。

初步索赔专家系统模型的索赔矩阵的思路主要是想探讨如何把国内外索赔专家的知识和经验为一般参与索赔管理的人员所共享，并能加速培养高水平的国际工程索赔专业人才，从而尽快弥补目前我国对外承包公司和大型工程的业主单位索赔专家数量不足的缺陷，降低工程中大量存在的索赔问题处理过程的成本。同时也希望通过对索赔矩阵模型的分析、研究和使用，使索赔工作程序化、标准化和规范化，以达到提高索赔工作的效率，进而提高索赔成功率的目的。

案例分析

索赔管理中的索赔事件与费用关系的矩阵分析

工程项目管理的核心是合同管理，而合同管理的关键又是索赔管理，从 20 世纪中期云南

鲁布革引水发电工程首次采用国际工程管理模式以来，索赔的出现给长期受计划经济约束、法律意识和合同意识比较淡薄的中国工程管理界带来很大的冲击。随着对外开放后大量外资项目和世界银行贷款等项目的建设，对外工程承包业务的发展以及项目法人责任制、招投标制、工程建设监理制、合同管理制等国内建筑基本制度的建立，加上 FIDIC 工程合同的引入，工程索赔逐渐被国内的建设单位、监理单位和施工单位认识和重视起来，特别是施工单位在当今竞争激烈的建筑市场，“中标靠低价，盈利靠索赔”已经成为国际建筑承包商普遍达成的共识。正常情况，工程承包能够取得的利润为工程造价的 3%～5%，而在国外，通过索赔能够使工程收入增至工程造价的 10%～20%，甚至有些索赔额超过合同额。因此，对于施工单位来说，如何做好对索赔的管理，已经成为与提升其经济利益直接相关的工作，每一个索赔事件对于合同履行的影响包括合同工期的拖延和费用的增长，因此承包单位就应抓住如何延长合同工期和补偿费用这两项主要工作来提高索赔效果。如何把握索赔机会、准确提出索赔依赖于施工单位对于索赔事件的准确分析。进行索赔的第一步就是分析每一个索赔事件对建设工期和费用的影响。有关建设工期的延期分析，而对索赔费用的影响通过索赔事件与索赔原因以及索赔费用与索赔原因的关系可以进行进一步分析。

索赔的依据是合同，并且是合同的继续，是解决双方合同争执的独特方法，签订一个有利的合同而做出的各种努力是最有力的索赔管理，但由于施工中不可预见的因素较多，索赔事件的发生是不可避免的。对于具体发生的每一项索赔事件，承包商应根据其发生的缘由。可能某一索赔事件的发生不是一方面的原因造成的，这时则应分解开来，逐项详细地分析各项索赔事件类型与各种索赔原因类型间的关系。可以对它们进行汇总归类，构成模糊关系矩阵 **A**。由于每一个国家和地区的情况都不相同，即使在同一个国家，各地的情况也不一样，索赔事件都有区别。按常见事件的类型列于矩阵中，**A** 是一个 13×4 阶矩阵。

$$\mathbf{A}=\begin{array}{c} \\ M_1 \\ M_2 \\ \vdots \\ M_{13} \end{array}\begin{array}{c} \begin{array}{cccc} P_1 & P_2 & P_3 & P_4 \end{array} \\ \begin{bmatrix} X_{1\cdot1} & X_{1\cdot2} & X_{1\cdot3} & X_{1\cdot4} \\ X_{2\cdot1} & X_{2\cdot2} & X_{2\cdot3} & X_{2\cdot4} \\ \vdots & \vdots & \vdots & \vdots \\ X_{13\cdot1} & X_{13\cdot2} & X_{13\cdot3} & X_{13\cdot4} \end{bmatrix} \end{array}$$

式中 P_1——工期拖期索赔；

P_2——工程变更索赔；

P_3——加速施工索赔；

P_4——不利施工条件索赔；

M_1——施工顺序变化；

M_2——设计变更；

M_3——放慢施工速度；

M_4——工程师指令错误或未及时给出；

M_5——图纸或规范错误；

M_6——现场条件不符；

M_7——地下障碍和文物；

M_8——业主未及时提供占用权；

M_9——业主不及时付款；

M_{10}——业主采购的材料设备问题；

M_{11}——不利气候条件；

M_{12}——暂停施工；

M_{13}——不可抗力。

$$X_{ij}=\begin{cases}0 & M_i 与 P_j 无关 \\ a_{ij}(0<a_{ij}<1) & M_i 与 P_j 可能有关 \quad i=1,2,\cdots,13 \\ 1 & M_i 与 P_j 相关 \quad j=1,2,3,4\end{cases}$$

对于 X_{ij} 的取值，如果 M_i 索赔事件对 P_j 索赔原因确实相关时取1；不相关时取0；可能相关或可能不相关时取值位于区间(0，1)内，当 $a_{ij}=0.5$ 时，最具模糊性。

每一项索赔事件发生后，都会发生相应的费用，按索赔费用与索赔原因的关系，同样建立模糊关系矩阵，将发生的常见的费用项归类列入矩阵中，**B** 为一个17×4阶矩阵。

$$\boldsymbol{B}=\begin{matrix} & P_1 & P_2 & P_3 & P_4 \\ N_1 & Y_{1\cdot1} & Y_{1\cdot2} & Y_{1\cdot3} & Y_{1\cdot4} \\ N_2 & Y_{2\cdot1} & Y_{2\cdot2} & Y_{2\cdot3} & Y_{2\cdot4} \\ \vdots & \vdots & \vdots & \vdots & \vdots \\ N_{17} & Y_{17\cdot1} & Y_{17\cdot2} & Y_{17\cdot3} & Y_{17\cdot4}\end{matrix}$$

式中 N_1——增加的直接工时；

N_2——生产率损失增加的直接工时；

N_3——增加的劳务费率；

N_4——增加的材料数量；

N_5——增加的材料单价；

N_6——增加的分包商的工作；

N_7——增加的分包商费用；

N_8——设备出租的费用；

N_9——自有设备使用的费用；

N_{10}——增加自有设备费率的费用；

N_{11}——现场的工作管理费(可变)；

N_{12}——现场的工作管理费(固定)；

N_{13}——公司管理费(可变)；

N_{14}——公司管理费(固定)；

N_{15}——资金成本利息；

N_{16}——利润；

N_{17}——机会利润损失。

$$Y_{ij}=\begin{cases}0 & N_i 与 P_j 无关 \\ b_{ij}(0<b_{ij}<1) & N_i 与 P_j 可能有关 \quad i=1,2,\cdots,17 \\ 1 & N_i 与 P_j 相关 \quad j=1,2,3,4\end{cases}$$

可以分析模糊矩阵 **A** 与 **B** 皆与索赔原因相关，可以将两矩阵进行模糊关系合成，从而得出索赔事件与索赔费用直接的模糊关系矩阵，**R** 为一个13×17阶矩阵。

$$\boldsymbol{R}=\boldsymbol{A}\cdot\boldsymbol{B}^{\mathrm{T}}=\begin{bmatrix} Z_{1\cdot 1} & Z_{1\cdot 2} & \cdots & Z_{1\cdot 17} \\ Z_{2\cdot 1} & Z_{2\cdot 2} & \cdots & Z_{2\cdot 17} \\ \vdots & \vdots & \vdots & \vdots \\ Z_{13\cdot 1} & Z_{13\cdot 2} & \cdots & Z_{13\cdot 17} \end{bmatrix}$$

按照 J. Adrian 等人总结出的经常发生的索赔事件、索赔费用与索赔原因关系矩阵 $\boldsymbol{A}$、$\boldsymbol{B}$ 以及计算的合成关系矩阵 $\boldsymbol{R}$ 列出于下：其中的 a_{ij} 与 b_{ij} 皆是取用最大模糊值 0.5。

可以看出 $\mathrm{Ker}R\neq\Phi$，$\boldsymbol{R}$ 为正规模糊矩阵，取阈值 $\lambda=1$，得到 Boole 矩阵 $\boldsymbol{R}_{\lambda}$。

$$\boldsymbol{A}=\begin{bmatrix} 0.5 & 0.5 & 0.5 & 0.5 \\ 0.5 & 1 & 0.5 & 0.5 \\ 1 & 0 & 0 & 0 \\ 1 & 0.5 & 0.5 & 0 \\ 0.5 & 1 & 0 & 1 \\ 0.5 & 0 & 0 & 1 \\ 0.5 & 0 & 1 & 1 \\ 1 & 0 & 0.5 & 0 \\ 1 & 0 & 0 & 0 \\ 1 & 0 & 0.5 & 0 \\ 1 & 0 & 0.5 & 1 \\ 1 & 0 & 0.5 & 1 \\ 1 & 0 & 0.5 & 0 \end{bmatrix} \qquad \boldsymbol{B}=\begin{bmatrix} 0 & 1 & 0 & 0 \\ 1 & 0.5 & 1 & 0.5 \\ 1 & 0.5 & 1 & 0.5 \\ 0 & 1 & 0.5 & 0.5 \\ 1 & 1 & 0.5 & 0.5 \\ 0 & 1 & 0 & 0.5 \\ 1 & 0.5 & 0.5 & 1 \\ 0.5 & 1 & 1 & 1 \\ 1 & 1 & 0.5 & 1 \\ 0.5 & 0 & 0.5 & 0.5 \\ 0.5 & 1 & 0.5 & 1 \\ 1 & 0 & 0 & 0.5 \\ 0.5 & 0.5 & 0.5 & 0.5 \\ 1 & 0.5 & 0 & 0.5 \\ 1 & 0.5 & 0.5 & 0.5 \\ 0.5 & 1 & 0.5 & 1 \\ 0.5 & 0.5 & 0.5 & 0.5 \end{bmatrix}$$

$$\boldsymbol{R}=\begin{bmatrix} 0.5 & 0.5 & 0.5 & 0.5 & 0.5 & 0.5 & 0.5 & 0.5 & 0.5 & 0.5 & 0.5 & 0.5 & 0.5 & 0.5 & 0.5 & 0.5 & 0.5 \\ 1 & 0.5 & 0.5 & 1 & 1 & 1 & 0.5 & 1 & 1 & 0.5 & 1 & 1 & 0.5 & 1 & 0.5 & 0.5 & 0.5 \\ 0 & 1 & 1 & 0 & 1 & 0 & 1 & 0.5 & 1 & 0.5 & 0.5 & 1 & 0.5 & 1 & 1 & 0.5 & 0.5 \\ 0.5 & 1 & 1 & 0.5 & 1 & 0.5 & 1 & 0.5 & 1 & 1 & 0.5 & 0.5 & 1 & 0.5 & 1 & 1 & 0.5 \\ 1 & 0.5 & 0.5 & 0.5 & 1 & 1 & 1 & 1 & 1 & 0.5 & 1 & 0.5 & 0.5 & 1 & 0.5 & 1 & 0.5 \\ 0 & 0.5 & 0.5 & 0.5 & 0.5 & 0.5 & 1 & 1 & 1 & 0.5 & 1 & 0.5 & 0.5 & 0.5 & 0.5 & 1 & 0.5 \\ 0 & 1 & 1 & 0.5 & 0.5 & 0.5 & 1 & 1 & 1 & 0.5 & 1 & 0.5 & 0.5 & 0.5 & 0.5 & 1 & 0.5 \\ 0 & 1 & 1 & 0.5 & 1 & 0 & 1 & 0.5 & 1 & 0.5 & 0.5 & 1 & 0.5 & 1 & 1 & 0.5 & 0.5 \\ 0 & 1 & 1 & 0 & 1 & 0 & 1 & 0.5 & 1 & 0.5 & 0.5 & 1 & 0.5 & 1 & 1 & 0.5 & 0.5 \\ 0 & 1 & 1 & 0.5 & 1 & 0 & 1 & 0.5 & 1 & 0.5 & 0.5 & 1 & 0.5 & 1 & 1 & 0.5 & 0.5 \\ 0 & 1 & 1 & 0.5 & 1 & 0.5 & 1 & 1 & 1 & 0.5 & 1 & 1 & 0.5 & 1 & 1 & 0.5 & 0.5 \\ 0 & 1 & 1 & 0.5 & 1 & 0 & 1 & 0 & 0.5 & 0.5 & 0.5 & 1 & 0.5 & 1 & 1 & 0.5 & 0.5 \\ 0 & 1 & 1 & 0.5 & 1 & 0 & 1 & 0.5 & 1 & 0.5 & 0.5 & 1 & 0.5 & 1 & 1 & 0.5 & 0.5 \end{bmatrix}$$

$$
\boldsymbol{R}_\lambda=\begin{bmatrix}
0&0&0&0&0&0&0&0&0&0&0&0&0&0&0&0&0\\
1&0&0&1&1&1&0&1&1&0&1&0&0&0&0&1&0\\
0&1&1&0&1&0&1&0&1&0&0&1&0&1&1&0&0\\
0&1&1&0&1&0&1&0&1&1&0&0&1&0&1&1&0\\
1&0&0&0&1&1&1&1&1&0&1&0&0&0&0&1&0\\
0&0&0&0&0&0&1&1&1&0&1&0&0&0&0&1&0\\
0&1&1&0&0&0&1&1&1&0&1&0&0&0&0&1&0\\
0&1&1&0&1&0&1&0&1&0&0&1&0&1&1&0&0\\
0&1&1&0&1&0&1&0&1&0&0&1&0&1&1&0&0\\
0&1&1&0&1&0&1&0&1&0&0&1&0&1&1&0&0\\
0&1&1&0&1&0&1&1&1&0&1&1&0&1&1&0&0\\
0&1&1&0&1&0&1&0&1&0&0&1&0&1&1&0&0\\
0&1&1&0&1&0&1&0&1&0&0&1&0&1&1&0&0
\end{bmatrix}
$$

从$\boldsymbol{R}_\lambda$可以看出，各索赔事件与索赔费用有详细的、直接的相关关系，如与设计变更直接相关的费用项包括增加的直接工时、增加的材料数量、增加的材料单价、增加的分包商的工作、设备出租的费用、自有设备使用的费用、现场工作管理费(可变)和利润等，这也是拟定索赔报告需要注重的分项费用，其他依次可以很方便地从$\boldsymbol{R}_\lambda$中找出各自需要注重的费用分项。索赔费用的存在是由于建立合同时还无法确定的某些应由业主承担的风险因素导致的结果，承包商的报价中一般不含有业主应承担的风险对报价的影响部分。因而，一旦这一类风险发生并影响承包商的成本时，承包商提出费用索赔是正常和合理的，但由于索赔费用的大小关系到承包商的盈亏，也影响着业主的工程建设成本，因而费用索赔常常是双方分歧最大的索赔。在当今竞争激烈的建筑市场，有些承包商不得以低标竞得工程，在这种情况下，如何准确把握索赔事件的费用分项、抓住关键项成为承包商在进行索赔管理时首要工作，只要承包商掌握充足的理由，本着诚信、合理、引证、时限、准确等原则提出相应的索赔报告，业主也会认真处理的，因为这关系到共同面临的项目的成功与否。

本章小结

本章知识点：索赔费用的构成；索赔费用的一般计算；上级管理费索赔模型；施工效率索赔模型；工期索赔模型；价格调整模型；索赔矩阵的构建；索赔矩阵的应用程序与设想；索赔矩阵模型使用的3个步骤；工期索赔的原因；网络分析法的基本思路；工期拖延的平均值计算。

习　题

1. 名词解释

(1) 分项法；(2) 总费用法；(3) 修正总费用法；(4) 单价分析；(5) 上级管理费；

(6) 网络分析法；(7) 学习曲线模型。

2. 单项选择题

(1) 索赔费用的计算方法有(　　)。

A. 分项法　　B. 总费用法
C. 清单分析法　　D. 修正总费用法

(2) 上级管理费索赔模型使用最多的是(　　)。

A. 延误模型(Delay Model)　　B. 胡德森(Hudson)
C. 艾曲利(Eichleay)模型　　D. 任务模型(Task Model)

(3) 发生工期索赔的原因主要有(　　)。

A. 业主违约　　B. 设计单位破产　　C. 工程变更　　D. 不可预见事件

(4) 索赔矩阵中的元素有(　　)。

A. A　　B. O　　C. P　　D. E

(5) 工期索赔的计算主要有(　　)。

A. 网格分析法　　B. 决策树法　　C. 价值工程法　　D. 比例分析法

(6) 现在在工程界得到广泛应用的 Primavera 的进度计划管理软件是(　　)。

A. M4　　B. P4　　C. M3　　D. P3

(7) 工程索赔是合同各方，尤其是(　　)必不可少的维护其经济利益的最基本管理行为。

A. 业主　　B. 监理　　C. 承包商　　D. 工程师

3. 思考题

(1) 索赔费用的构成有哪些?

(2) 网络分析法的基本思路是什么?

(3) 单价调整包括哪些方面?

(4) 列举与索赔矩阵模型共享的数据库。

(5) 索赔矩阵模型的使用可分为哪3个步骤或层次?

4. 案例分析题

(1) 案例1背景。

某建设工程系外资贷款项目，业主与承包商按照FIDIC《土木工程施工合同条件》签订了施工合同。施工合同《专用条件》规定：钢材、木材、水泥由业主供货到现场仓库，其他材料由承包商自行采购。当工程施工至第五层框架柱钢筋绑扎时，因业主提供的钢筋未到，使该项作业从10月3—16日停工(该项作业的总时差为零)。10月7—9日因停电、停水使第三层的砌砖停工(该项作业的总时差为4天)。10月14—17日因砂浆搅拌机发生故障使第一层抹灰迟开工(该项作业的总时差为4天)。为此，承包商于10月20日向工程师提交了一份索赔意向书，并于10月25日送交了一份工期、费用索赔计算书和索赔依据的详细材料。其计算书的主要内容如下。

① 工期索赔。

a. 框架柱扎筋　　10月3日至10月16日停工，计14天

b. 砌砖　　　　　　10月7日至10月9日停工，3天

c. 抹灰　　　　　　10月14日至10月17日迟开工，计4天

总计请求顺延工期：21天

② 费用索赔。

a. 窝工机械设备费：

一台塔吊　　　　　14×234=3 276(元)

一台混凝土搅拌机　14×55=770(元)

一台砂浆搅拌机　　7×24=168(元)

小计：4 214元

b. 窝工人工费：

扎筋35人×20.15×14=9 873.50(元)

砌砖30人×20.15×3=1 813.50(元)

抹灰35人×20.15×4=2 821.00(元)

小计：14 508.00元

c. 保函费延期补偿：(1 500×10%×6‰÷365)×21=517.81(元)

d. 管理费增加：(4 214+14 508.00+517.81)×15%=2 885.977 5(元)

e. 利润损失：(4 214+14 508.00+517.81+2 885.97)×5%=1 106.29(元)

经济索赔合计：23 232.07元

问题：① 承包商提出的工期索赔是否正确？应予批准的工期索赔为多少天？

② 假定经双方协商一致，窝工机械设备费索赔按台班单价的65%计；考虑对窝工人工应合理安排工人从事其他作业后的降效损失，窝工人工费索赔按每工日10元计；保函费计算方式合理；管理费、利润损失不予补偿。试确定经济索赔额。

(2) 案例2背景。

某厂(甲方)与某建筑公司(乙方)订立了某工程项目施工合同，同时与某降水公司订立了工程降水合同。甲乙双方合同规定：采用单价合同，每一分项工程的实际工程量增加(或减少)超过招标文件中工程量的10%以上时调整单价；工作B、E、C作业使用的主导施工机械一台(乙方自备)，台班费为400元/台班，其中台班折旧费为50元/台班。甲乙双方合同约定8月15日开工。工程施工中发生如下事件。

① 降水方案错误，致使工作D推迟2天，乙方人员配合用工5个工日，窝工6个工日。

② 8月21—22日，场外停电，停工2天，造成人员窝工16个工日。

③ 因设计变更，工作E工程量由招标文件中的300m^3增至350m^3，超过了10%；合同中该工作的综合单价为55元/m^3，经协商调整后综合单价为50元/m^3。

④ 为保证施工质量，乙方在施工中将工作B原设计尺寸扩大，增加工程量15 m^3，该工作综合单价为78元/m^3。

⑤ 在工作D、E均完成后，甲方指令增加一项临时工作K，经核准，完成该工作需要1天时间，机械1台班，人工10个工日。

问题：① 上述哪些事件乙方可以提出索赔要求？哪些事件不能提出索赔要求？说明其原因。

② 每项事件工期索赔各是多少？总工期索赔多少天？

③ 工作E结算价应为多少？

④ 假设人工工日单价为25元/工日，合同规定窝工人工费补偿标准为12元/工日，因增加用工所需管理费为增加人工费的20%，工作K的综合取费为人工费的80%。试计算除事件③外合理的费用索赔总额。

第15章 索赔的规避与索赔谈判策略

教学目标

通过学习本章，应达到以下目标：

(1) 了解按合同要求及时提供场地的概念、基本原则及立法体系；

(2) 熟悉承包商对业主的索赔规避；

(3) 掌握索赔谈判的类型与策略。

学习要点

知识要点	能力要求	相关知识
业主对承包商的索赔规避	(1) 了解按合同要求及时提供场地； (2) 掌握严格控制工程变更与设计变更； (3) 熟悉按时支付工程款； (4) 掌握不干扰承包商和及时与其沟通	(1) 按合同要求及时提供场地； (2) 严格控制公车变更与设计变更； (3) 按时支付工程款； (4) 不干扰承包商和及时与其沟通
承包商对业主的索赔规避	(1) 了解加强计划管理的概念； (2) 掌握严格履行合同，避免违约的规则； (3) 熟悉加强与工程师的沟通	(1) 加强计划管理； (2) 严格履行合同，避免违约； (3) 加强与工程师的沟通
索赔谈判的类型与策略	(1) 理解索赔谈判的类型； (2) 掌握索赔谈判的策略	(1) 房地产开发的基本原则； (2) 房地产开发企业的设立及资质

基本概念

纵向谈判；横向谈判；创造索赔机遇；谈判小组；谈判方针；心理准备；温和态度和强硬态度。

引例

承包商在进行施工索赔时，一定要掌握索赔的有利时机，力争单项索赔，使索赔在施工过程中一项一项地单项解决。对于实在不能单项解决，需要一揽子索赔的，也应力争在施工建成移交之前完成主要的谈判与付款。如果业主无理拒绝和拖延索赔，承包商还约束业主的合同“武器”。否则，工程移交后，承包商就失去了约束业主的“王牌”，业主就有可能“赖账”，使索赔长期得不到解决。

对于一个有索赔经验的承包商来说，一般从投标开始就可能发现索赔机会，至工程建成一半时，就会发现很多的索赔机会，施工建成一半后发现的索赔，往往来不及得到彻底的处理。在工程建成1/4～3/4这阶段应大量地、有效地处理索赔事件，承包商应抓紧时间，把索赔争端在这一段内基本解决。整个项目的索赔谈判和解决阶段，应该争取在工程竣工验收或移交之前解决，这是最理想的解决索赔方案。

15.1 业主对承包商的索赔规避

15.1.1 按合同要求及时提供场地

业主取得合同规定的各种法律上的许可，及时按合同要求向承包商提供现场进入和占用权，按合同规定将施工所需水、电、电讯线路从施工场地外部接至约定地点；开通施工场地与城乡公共道路的通道或施工场地内的主要交通干道；及时将水准点与坐标控制点以书面形式交给承包商；妥善协调处理好施工现场周围地下管线和邻接建筑物、构筑物的保护，因为如果业主不能按合同规定取得各项许可并及时提供进入现场的条件，就可能会导致工程不能按照预定的时间开工或者造成工程拖期，从而引起承包商就工期和费用损失的索赔。

15.1.2 严格控制工程变更与设计变更

业主或监理工程师要严格控制工程变更指令的签发，施工过程中，承包人未得到工程师的同意不允许对工程设计随意变更，否则承包人将承担费用损失，延误的工期不予顺延。若工程变更是由非承包商原因引起的，则承包人可提出变更涉及的追加合同价款要求的报告，经工程师确认后来相应地调整合同价款，增加的工程变更价款作为追加合同价款，与工程进度款同期支付。这就要求业主或监理工程师事先对引起工程变更的原因进行分析，采取预控措施，有效减少工程变更事件的发生。

15.1.3 按时支付工程款

拖欠工程款除了会引起承包商对工程款及其利息的索赔以外，还会造成承包商流动资金困难，或者导致承包商依据施工合同暂停施工或放慢施工速度甚至终止施工合同的情况发生，由此带来一系列的合同纠纷。因此，业主一定要注意建设工程施工合同中有关工程款支付的条款规定，特别注意相关条款中的时间限制规定，避免此类索赔事项的发生。

15.1.4 不干扰承包商和及时与其沟通

业主不可随意指示承包商改变作业顺序，不能由于业主负责的原因造成承包商的进度延误。因此，为了减少承包商建设工程施工合同索赔，业主要尽量提供施工条件，尤其是要按照建设工程施工合同的规定认真履行业主的各项义务，使承包商能够按照批准的进度计划施工。

15.2 承包商对业主的索赔规避

15.2.1 加强计划管理

加强进度计划管理，制定切实可行的进度计划，建立完善的进度控制体系，可避免由于进度计划不合理或进度管理不善造成的工期延误。在进度计划编制方面，承包方应视项目的特点和施工进度的需要，编制深度不同的控制性、指导性和实施性施工的进度计划，以及按不同计划周期(年度、季度、月度和旬)的施工计划等，制定切实可行的进度计划，再辅以组织、管理、经济、技术措施来对进度进行控制，来保证工程项目总进度目标的实现。

15.2.2 严格履行合同，避免违约

严格履行合同，避免违约。业主的索赔有些是由于承包商的违约所造成的，预防这方面的索赔，承包商就要认真履约。如合同中规定由承包商负责的保险，承包商要加强管理避免其过期或失效，从而避免因重新申办这些保险所发生费用的业主索赔。

15.2.3 加强与工程师的沟通

处理好与工程师的关系，在工程项目施工过程当中，合同双方应密切配合，承包人应该充分尊重工程师，主动接受工程师的协调和监督，与工程师保持良好的关系，以利于索赔问题的解决；如果与工程师处于对抗的地位，对索赔问题的处理是非常不利的。工程师处理合同事务立场公正，有丰富的施工经验，较高的威信，承包人在提出索赔前会认真做好准备工作，提出那些有充足依据的索赔。发包人、工程师和承包人应该从一开始就努力建立和维持相互关系的良性循环，这对合同顺利实施是非常重要的。

15.3 索赔谈判的类型与策略

所谓建设工程索赔谈判，是指因建设工程合同义务不能履行或者不能完全履行而导致索赔事件出现之后，在索赔当事人之间进行的协商活动。绝大多数情况下，索赔谈判是由于受损方遭受利益的损失而要求对方当事人予以赔偿的行为。所以，在谈判的初始阶段，双方往往会根据索赔文件摊牌。受损方会提出具体的索赔要求，相对方则进行辩驳。双方的这种较量式谈判是双方试探、摸底，以求最大限度满足己方要求的妥协。由于索赔谈判往往会出现矛盾或重大分歧，谈判各方在感情上、行动上可能比较冲动，态度也会比较强硬，使谈判气氛紧张。由于谈判人员处在解决问题的对立面，所以要快捷满意地达成赔偿协议是十分困难的。因此许多谈判专家认为，索赔谈判是最困难的谈判之一。

重合同、重证据是索赔谈判的一个基本要求，而索赔的具体处理方式则涉及谈判的成功与失败。索赔方提出索赔时，总要提出索赔的证据和理由，而受索赔方的反应则可能有两种：一种是承认责任，同意赔偿，双方协商赔偿的方式与额度；另一种是否认全部或部分责任。因此，这就要求索赔的证据一定要确实充分。只有在这个前提之下，索赔方的索赔谈判才可能走上协商谈判的途径。完整艺术的索赔谈判体系是成功索赔的强有力条件，它至少应该包括索赔谈判的前期准备以及谈判过程中的谈判技巧两方面的内容。

15.3.1 索赔谈判的类型

根据谈判方式的不同，可以将谈判类型分为纵向谈判与横向谈判。

1. 纵向谈判

纵向谈判是指在确定谈判的主要问题后，逐个讨论每一问题和条款，讨论一个问题，解决一个问题，一直到谈判结束。这种谈判方式的优点有：①程序明确，把复杂问题简单化；②每次只谈一个问题，讨论详尽，解决彻底；③避免多头牵制、议而不决的弊病；④适用于原则性谈判。但是这种谈判方式也存在着一些不足，主要有：①议程确定过于死板，不利于双方沟通交流；②讨论问题时不能相互通融，当某一问题陷入僵局后，不利于其他问题的解决；③不能充分发挥谈判人员的想象力、创造力，不能灵活地、变通地处理谈判中的问题。

2. 横向谈判

横向谈判是指在确定谈判所涉及的主要问题后，开始逐个讨论预先确定的问题，在某一问题上出现矛盾或分歧时，就把这一问题放在后面，讨论其他问题。如此周而复始地讨论下去，直到所有内容都谈妥为止。这种谈判方式的核心就是灵活、变通，只要有利于问题解决，经过双方协商同意，讨论的条款可以随时调整。也可以把与此有关的问题一起提出来，一起讨论研究，使商谈的问题相互之间有一个协商让步的余地，这非常有利于问题的解决。横向谈判的优点有：①议程灵活，方法多样，不过分拘泥于议程所确定的谈判内容，只要有利于双方的沟通与交流，可以采取任何形式；②多项议题同时讨论，有利于寻找变通的解决办法；③有利于更好地发挥谈判人员的创造力、想象力，更好地运用谈判策略和谈判技巧。当然，这种谈判方式也存在不足，主要表现在：①加剧双方的讨价还价，容易促使谈判双方做不对等让步；②容易使谈判人员纠缠在枝节问题上，而忽略了主要问题。

总之，在谈判中，不是横向谈判，就是纵向谈判。至于采用哪一种形式，主要是根据谈判的内容、复杂程度以及规模来确定的。一般来讲，大型谈判、涉及多方参加的谈判大都采用横向谈判的形式。而规模较小、业务简单，特别是双方已有过合作历史的谈判，则可采用纵向谈判的方式。

15.3.2 索赔谈判的策略

1. 索赔谈判的前期准备

1）创造索赔机遇

在工程施工过程中，承包商应坚持以监理(咨询)工程师及业主的书面指令为主，即使在特殊情况下必须执行其口头命令，也应在事后立即要求用书面形式予以确认，或者致函监理人员及业主确认。同时，应做好施工日志、技术资料等施工记录。每天应当有专人记录，并请现场监理人员签字。当造成现场损失时，还应做好现场摄像、录像，以求达到资料的完整性。对停水、停电，材料的进场时间、数量、质量等，都应做好详细记录。对设计变更、技术核定、工程量增减等签证手续要齐全，确保资料完整。业主或监理单位的临时变更、口头指令、会议研究、往来信函等应及时收集并整理成文字，必要时还可对施工过程进行摄影或录像。

2）做好谈判准备

(1) 组建谈判小组。谈判小组应由熟悉建设工程合同内容，并且参加过该项目投标文件编制的技术人员、商务人员以及工程施工过程中对索赔事项和工程整体情况有充分了解的人员组成。谈判小组负责人，即首席谈判代表，是决定谈判是否成功的关键人物，应认真选定。该负责人应具有谈判经验、良好的协调能力和社交经验；具有一定的口才、良好的心理素质和执著的性格，而且需了解业务，熟悉合同文本。另外，聘请熟悉工程索赔的专业律师参加谈判小组将是有利的，因为在谈判文件条款和敲定谈判协议时，律师具有专业优势。

(2) 事先了解谈判对手。由于背景不同，不同发包人的价值观念、思维方式可能不同，在谈判中采取的方法也会不尽相同。事先了解这些背景情况和对方的习惯做法，对取得较好的谈判结果将是必要的。

(3) 确定基本谈判方针。谈判小组应收集信息，分析发包人方面可能提出的问题，并对其进行认真研究和分析，对关键问题制定出希望达到的上、中、下目标。

(4) 认真准备谈判文件。一般情况下，如果发包人首先提出了谈判要点，承包人应就此准备一份书面材料进行答复。

(5) 谈判的心理准备。除上述实质性准备外，对合同谈判还要有足够的心理准备。尤其是对于缺乏经验的谈判者，以下两点是值得强调的：一方面，和任何谈判一样，索赔谈判是一个艰苦的过程，不会是一帆风顺的，一定要有充分的心理准备，为达到自己的既定目标，不仅要有力争成功的执著信念，还要有足够的“韧性”准备；另一方面，树立谈判勇气，敢于谈判。既然是谈判，就要是对等的，自己要按照“有理、有利、有节”的原则，通过解释自己的理由，说服谈判对手，不能企图强压对手。反之，当对方采取强压方式时，要敢于拒绝，婉言提醒对方，按公平合理原则办事。

2. 索赔过程中的谈判技巧

1）索赔谈判的原则性技巧

索赔谈判技巧可用以下3个标准来评价：第一，在可能达成协议的原则下，双方都应做出必要的让步；第二，应是高效率的；第三，应能改善或至少不损害承包商和业主之间的关系。原则性索赔谈判技巧放弃了观点争论的谈判方式，建议承包商去发现谈判双方任何可能的共同利益和矛盾所在，坚持不受谈判双方意志支配的公正标准。这种谈判方式可归纳为以下4个基本要素。

第一个要素，将谈判者与谈判问题分开。承包商应尊重业主的社会心理、价值观念、传统文化和生活习惯，创造一个较为和谐的索赔谈判气氛，把业主的谈判代表视同工作伙伴，共同向谈判问题进攻，绝不能把攻击矛头指向对方。因为谈判者的情感很容易与谈判问题的实质纠缠在一起，导致观点争论，使情况变得更僵。

第二个要素，把谈判注意力集中于双方共同利益，而不集中于各自的观点，索赔谈判以利益为原则，而不是以立场为原则，并不以辨明是非为目的。在整个索赔谈判过程中，承包商必须牢牢把握这个方向，从业主关心的议题或对业主有利的议题入手，充分阐述业主感兴趣的共同利益，使双方都能感到满意。

第三个要素，在达成协议之前，为双方的共同利益设想出多种可供选择的解决办法。成功的索赔谈判取决于业主做出承包商所渴求的决定，承包商应该想方设法使业主容易做出这个决定，而不是难为他们。承包商应把自己置身于业主的位置上去考虑问题，如果没有使业主感兴趣的选择，就根本不可能达成索赔协议。

第四个要素，坚持采用客观标准和国际惯例，合同是索赔的依据。索赔就是以合同条款作为判定不符合合同或违反合同事件的标准。在工程项目投标、议标和合同签订过程中，承包商应仔细研究有关法律、法规和合同条件，特别要明确合同范围、双方义务、付款方式、工程变更、违约责任、业主风险、索赔时限和争议解决等条款，为索赔提供合法的依据和客观标准。

对双方利益和期望的分析是原则性索赔谈判的基础。通常承包商的目标利益为：第一，使工程顺利通过验收，交付业主使用，尽快完成合同履约责任，结束合同关系；第二，向业主提出索赔请求，取得费用损失的补偿，争取更多收益；第三，对业主的索赔进行反索赔，减少费用损失；第四，进行工期索赔，免除承包商拖延工期的法律责任。而业主的目标利益为：第一，顺利完成工程项目，及早投入使用，实现投资价值；第二，提高工程质量，增加服务项目；第三，针对承包商的索赔请求提出反索赔，尽量减少项目投资；第四，对承包商的违约行为提出索赔。

原则性索赔谈判技巧采用的是通用策略，特别是在工程施工过程中的索赔谈判，一定要发挥公关能力，注意搞好私人关系，避免和业主发生冲突，多谈干扰的不可预见性，少谈业主的个人失误，多谈困难，多诉苦，给业主一个受损者的形象。这样既能争取业主的同情和支持，又能达到双赢，这是原则性索赔谈判追求的最终目标。无论如何，索赔和竞赛不同，即使索赔非常成功，也不能以胜利者的姿态出现。

2）双赢是索赔谈判的最佳目标

首先，谈判要达成一个明智的协议。明智协议的核心特点就是双赢，谈判的结果应满足谈判各方的合法利益，能够公平地解决谈判各方的利益冲突，而且还要考虑到是否符合公众利益。与原则性索赔谈判有所不同，立场争辩式谈判方式使谈判内容和立场局限在一个方面，双方只重视各自的立场，而往往忽视了满足谈判双方的实际潜在需要。

其次，谈判方式必须有效率。谈判方式之所以应有助于提供谈判效率，是因为谈判达成协议的效率也应该是双方都追求的双赢的内容之一。效率高的谈判使双方都有更多的精力拓展商业机会。而立场争辩式谈判往往局限了双方更多的选择方案，有时简直是无谓地消耗时间，从而给谈判各方带来压力，增加谈判不成功的风险。

再次，谈判应该可以改进或至少不会伤害谈判各方的关系。谈判的结果是要取得利益，然而，利益的取得却不能以破坏或伤害谈判各方的关系为代价。从发展的眼光看，商务上的合作关系会带来更多的商业机会。然而，立场争辩式谈判往往却忽视了保持商业关系的重要性，往往使谈判变成了各方意愿的较量，看谁在谈判中更执著或更容易让步。这样的谈判往往会使谈判者在心理上产生不良的反应，容易伤害“脸面”，从而破坏谈判各方关系的续存。

3. 索赔谈判的具体技巧

成功的谈判需要精心和全面的准备，缺乏充分准备的谈判将导致失败。对谈判者来说，以充足的时间和精力分析建议、收集相关的报价及其他数据，形成一个确定的并颇具防御性的谈判立场，要比在谈判桌上任何讨价还价的全部技巧更为重要。充分的准备将使谈判者在谈判中显得坚定有力，使己方在整个谈判过程中始终处于主动地位，并在遇到偶发事件时，仍能充满信心，保持自尊和职业道德。

1）谈判策略

在参加谈判会议之前确定谈判策略是十分重要的。也就是说，要制定一个使谈判主题得以达成协议的框架。

(1) 目标以及实现这些目标的步骤：①哪些目标是在任何情况下都不能让步的；②哪些目标可以让步以及让步的程度；③哪些目标可能需要让步或完全放弃，例如不切实际的希望。

(2) 预测对手的立场以及是否存在可能影响达成协议的法律、法规、规章、政治和公众压力等方面的因素。

(3) 策略应灵活机动，适当的准备同时意味着收集可能用于谈判中支持承包商观点所需的所有数据及文件，这些数据的大部分已包括在索赔文件中，但可能有些辅助的附加证明材料(例如对比图)应被带到会议上来。

2）会议的控制

承包商希望通过以下方式来控制谈判的基调、节奏和气氛，即选择首先讨论的项目内容，将那些进展不顺利的内容搁置一旁，接受某些决定并知道何时让步。对于某些索赔，谈判首先讨论最重要的部分可能效果会更好些，以确保不会由于以后出现何种缺陷或突发

事件而影响其余的索赔。在其余时间，应首先讨论较为次要的部分，以探查对方的态度，使对手失去平衡是一种积极的谈判策略，运用此策略可获得更佳的效果。如果业主希望开始讨论，应当予以支持，只要他的态度是和解的，且承包商对他引导的方向又感到比较满意。

要控制交流，主谈判人员应避免采取防御性姿态并应使其他谈判小组成员保持安静。精明的承包商会使用计谋以使谈判小组成员间产生矛盾，或者某位谈判人员可能会讲出一些破坏该谈判小组原定策略的话，对交流的控制可运用交际手段和机智来完成。一定要准时、诚恳、宽容与耐心，尽量使用简单明了的语言，而不要分散注意力。

承包商应努力控制会议的节奏。索赔中的项目通常可用任何不同的逻辑关系加以排列，因此承包商便有了要求更换话题的合法理由。在谈判规模大且复杂的索赔时，谨慎地考虑以及计划和实行交替的策略与战术，相信会收到较好的效果。

3）高额索赔

在高额索赔中，通常逐项谈判索赔的金额。在谈判初期，承包商应设法查明业主在所有项目上的观点，而不要轻易做出任何承诺，以便了解自己在全局上处于怎样的地位。然后，应研究双方之间的差距，以便了解哪些方面仍有待做工作以及尚需做多少，从而使解决方案更接近于可被接受的数额。在利用附加数据使本方观点更具说服力后，承包商即准备好进入谈判的第二阶段。此时承包商应全力以赴实现自己的目标，并努力使问题全部得到解决。如果双方仍不能做出使对方满意的让步，这一阶段的谈判就必须再次进行，直至达成协议或被迫陷入僵局。即使未能在所有项目上获得成功，坚定的立场仍是十分重要的，应继续保持。

留有某些讨价还价的余地，并期望双方能够达成某种程度的妥协。开始谈判时，承包商的要求应多于其希望得到的。不论他的立场怎样合理，只有那些幼稚的承包商才不准备讨价还价，最终归纳起来是他的立场的强度，至少在一定限度内，谈判是双方在重大问题上讨价还价、互做让步的一种交易。

4）其他谈判技术

有时也需要利用“谈判桌”战术来改变会议的节奏。例如，邀请对方共进午餐，以创造一种轻松的环境；把政治手段作为最后的手段，即如果正当的话，越过谈判负责人直接接触其上司，因为其上司在条件上也许会放宽一些。如果在某个项目上不得不做出让步，让步时应大度些，并带有某种幽默感。同样，如果必须保持某种立场，则不要后退。对于有可能让步的地方，一定不要坚持强硬立场。谈判战术还受到时间和地点的限制，在运用这些战术时，也有必要小心谨慎。

将业主请到谈判桌前这本身就是一件相当困难的事情，因此不要给业主拖延谈判的任何借口，这一点十分重要。索赔建议应尽可能完整并尽早提交，还需制定一个会见业主、协商、提交建议及开始谈判的时间表。未能参加谈判将成为违反合同的一个理由，因此，承包商应尽可能确保业主参加谈判。对于复杂的谈判，承包商应当要求制定一个日程表，以确保讨论将持续到问题的最后解决，谈判中失去主动将弊大于利。其实，谈判中的所有人员都应努力地进行公正谈判，因为这将有利于保持一种合作精神及相互间的尊重，尽管有时各方很难达成协议。但是，如果经过认真负责地努力后，仍无法达成协议，也可以将谈判争议焦点予以明确，或者认同部分非关键事实，减少不必要的争议，为解决索赔纠纷铺垫好道路。

案例分析

FIDIC合同条款

一、背景

2010年5月，中国A公司与毛里求斯公共事业部污水局签订了承建毛里求斯扬水干管项目的合同。该项目由世界银行和毛里求斯政府联合出资，合同金额为877万美元，工期为两年，监理工程师是英国GIBB公司。该项目采用的是FIDIC合同条款。

按照该项目的合同条款的规定，用于项目施工的进口材料，可以免除关税，我方认为油料也是进口施工材料，据此向业主申请油料的免税证明，但毛里求斯财政部却以柴油等油料可以在当地采购为由拒绝签发免税证明。我方对合同条款进行了仔细研究，认为这与合同的规定不一致，因此我方提出索赔，要求业主补偿油料进口的关税。

按照FIDIC条款53.1条的规定，如果承包商决定根据合同某一个条款要求业主支付额外费用(即向业主提出索赔)，承包商应在这个事件最初发生之日起的28天内，通知监理工程师，承包商将提出索赔要求，并将该通知抄送业主。

我方按照上述规定，在2010年9月15日正式致函监理工程师，就油料关税提出索赔，索赔报告将在随后递交，并将该函抄送给了业主。

二、索赔记录

按照FIDIC条款53.2条的规定，在递交了索赔通知之后，承包商应将与该索赔事件有关的、必要的事项记录在案，以作为索赔的依据或证据。而监理工程师在收到索赔通知后，不论业主是否对该项目的索赔承担责任，都要检查这些记录并且可以指示承包商记录他认为合理而重要的其他事项。

因此，我方在每月的月初向监理工程师递交上个月实际采购油料的种类和数量，并将我方与供货商双方签字的交货单复印附后，以便作为计算油料关税金额的依据。监理工程师肯定了我方的做法，要求我们继续保持记录并按月上报。

三、索赔报告

按照FIDIC合同条款53.3条的规定，在递交索赔通知的28天或监理工程师认为合理的期限内，承包商应该将每一项索赔金额的详细计算过程和所依据的理由递交给监理工程师并抄送给业主。在索赔事件对承包商的影响没有终止之前，这个索赔金额应该被认为是一个时段的索赔金额，承包商应该按照监理工程师的要求，继续递交各个时段的索赔金额以及计算这些金额所依据的理由。承包商应该在索赔事件结束的28天内递交最终的索赔金额。

索赔报告的关键是索赔所依据的理由。只有在索赔报告中明确说明该项索赔是依据合同条款中的某一条某一款，才能使业主和监理工程师信服。为此，我方项目经理部仔细地研究了合同条款。

合同条款第一部分特殊条款第73.2条规定：凡用于工程施工的进口材料可以免除关税。对进口材料所做的定义是：①当地不能生产的材料；②当地生产的材料不能满足技术规范的要求，需要从国外进口的；③当地生产的材料数量有限，不能满足施工进度要求，需从国外进口的。

我方提出索赔的第一个理由是：油料是该项目施工所必需的，而且，毛里求斯是一个岛国，既没有油田也没有炼油厂，所需的油料全部是进口的，因此油料应该和该项目其他进口材料如管道、结构钢材等材料一样，享受免税待遇，而毛里求斯财政部将油料作为当地材料是不符合合同条款的。其次，我方从其他在毛里求斯的中国公司那里了解到，毛里求斯财政部曾为刚刚完工的中国政府贷款项目签发过柴油免税证明，这说明有这样的先例，我方将财政部给这个项目签发的免税证明复印件也作为证据附在索赔报告之后。

对于索赔金额的计算，关键在于确定油料的数量和关税税率。如前所述，我方将每一个月项目施工实际使用的油料种类和数量清单都已上报监理工程师，而且这个数量是监理工程师认可的。关税税率则是按照毛里求斯政府颁布的关税税率计算，这样加上我方的管理费，计算得出索赔金额。关税税率的复印件也作为索赔证据附在索赔报告之后。

四、工程师的批复意见

监理工程师在审议了我方的索赔报告后，正式来函说明了他们的意见，并将该函抄送给业主。他们认为免税进口材料必须满足两个要求：①材料必须用于该项目的施工；②材料不是当地生产的。

监理工程师认为油料完全满足以上两个条件，因而承包商有权根据合同条款申请免税进口油料。

五、业主的批复意见

业主在审议了我方的索赔报告和工程师的批复意见后，仍然坚持他们的意见，认为油料是当地材料，拒绝支付索赔的油料关税金额。

至此，由于与业主不能达成一致意见，这个索赔变成了与业主之间的争议，也就进入了争议解决程序。

六、解决争议的第一步——请求监理工程师裁决

FIDIC条款中对业主和承包商之间所发生争议的解决办法和程序做了明确的规定。FIDIC条款67.1条规定：如果业主和工程师之间发生了与合同或者是合同实施有关的，或者是合同和合同实施之外的争议，包括对工程师的观点、指示、决定、签发的单据证书以及单价的确定引起的争议，不论这些争议发生在施工过程中还是工程完工之后，也不论是在放弃或终止合同之前还是之后，首先应该致函监理工程师，并抄送对方，请求监理工程师就此争议进行裁决。监理工程师应该在收到请求之日起的84天内，将其裁决结果通知业主和承包商。

FIDIC条款67.1条还规定：如果业主或者承包商不满意监理工程师的裁决结果，不满意裁决结果的一方决定将此争议提请法庭仲裁，那么在收到裁决结果的70天内，不满意裁决结果的一方应将这个决定书面通知对方并抄送给工程师。还有一种情况是，监理工程师没有在规定的时间内将裁决结果通知业主和承包商，如果业主或者承包商有一方打算将此争议提请法庭仲裁，那么他应在84天的期限到期之后的70天内，将他的决定通知对方并抄送监理工程师。如果在收到监理工程师的裁决之后的70天内，业主和承包商都没有通知工程师，他们打算就此争议提请法庭仲裁，那么工程师的裁决就是最终裁决对业主和承包商都有约束力。

按照以上合同条款的规定，我方在2011年2月26日致函监理工程师并抄送业主，要求就油料免税事宜请监理工程师做出裁决。按照合同规定，监理工程师应该将裁决结果在84天内即2011年5月20日之前通知业主和我方。

2011年5月16日，我方收到了监理工程师的裁决结果。在裁决书中，监理工程师首先声明裁决是根据FIDIC合同条款67.1条的规定和承包商的要求做出的，并且叙述了索赔的背景和涉及的合同条款，简要回顾了在索赔过程中承包商、监理工程师和业主在往来信函中各自所

持的观点。最后工程师得出了以下4点结论。

(1) 柴油、润滑油和其他石油制品不是当地生产的，因此，按照合同条款73.2条的规定，只要是用于该项目施工的油料，在进口时就应该免除关税。

(2) 免除关税只适用于在进口之前明确标明专为承包商进口的油料，承包商在当地采购的，已经进口到毛里求斯的油料不能免除关税。

(3) 毛里求斯财政部的免税规定与合同有冲突，承包商应该得到关税补偿，补偿金额从承包商应该得到免税证明之日算起。

(4) 在同等条件下，财政部已经有签发过柴油免税证明的先例。

根据以上结论，监理工程师做出了如下的裁决。

根据合同条款的规定，承包商有权安排免税进口用于该项目施工所需的柴油和润滑油，因此，承包商应该得到进口油料的关税补偿。补偿期限从2010年10月22日开始(我方申请后应该得到免税证明的时间，业主及财政部的批复期限按两个月计算)到该项目施工结束。

从该裁决结果可以看出，监理工程师确实是站在公正、中立的立场上做出了裁决，这个裁决结果对我方十分有利。

但是尽管监理工程师做出了明确的裁决，业主仍然致函监理工程师，表示对监理工程师的裁决不满意。

鉴于这种结果，经过项目经理部内部讨论并请示公司总部，考虑到该项目的油料用量不大，索赔金额有限(约1.5万美元)，如果提请法庭仲裁，不但会影响我公司今后业务的开展，而且开庭时还要支付律师费用，就是打赢这场官司，索赔回来的钱扣除律师费用后也所剩无几，因此决定不提出法庭仲裁，但争取能够与业主友好协商解决。

七、解决争议的第二步——业主和承包商友好协商解决

FIDIC条款67.2条规定，当业主或承包商有一方按照FIDIC条款67.1条规定通知对方打算通过法庭仲裁的办法解决分歧时，在开始法庭仲裁之前，双方应该努力通过友好协商的办法解决该争议。除非双方协商一致，而且不论是否打算友好协商解决该争议，法庭仲裁都应该在给对方发出法庭仲裁通知的56天之后开始。

这条规定说明，在法庭仲裁之前，有56天的时间由双方友好协商解决该争议。在此期间，我方多方面地做了业主的工作，业主友好地表示可以增加一些额外工程，但是就该项索赔他们也无能为力，问题的关键在于毛里求斯财政部不同意签发免税证明。在这种情况下，该争议没有能够进行友好协商解决。在56天到期之后，我方正式致函业主，我方放弃法庭仲裁。

八、解决争议的第三步——法庭仲裁

按照FIDIC条款67.3条的规定，当争议的双方有一方不服从监理工程师按照FIDIC条款67.1规定所做的裁决，或者双方没有能够按照FIDIC条款67.2规定，通过友好协商达成协议，那么除非合同另有规定，这个争议应该按照国际商业仲裁调解法则，并且由按照该法则指定的一个或多个仲裁员裁决，这个裁决将是最终裁决。仲裁员有权打开、审查和修改工程师所做出的、与该争议有关的任何决定、判断、指令、裁决、单证以及确定的价格。

该条款还规定，争议的双方在法庭仲裁过程中可以不受为监理工程师做出裁决而提供的证据、论点的限制，监理工程师所做的裁决也不能使监理工程师失去在法庭上被请求作为证人或提供证据的资格。法庭仲裁可以在项目完工之前进行，也可以在项目完工之后进行，但不论在何时进行，业主、监理工程师和承包商的义务和职责都不能因为法庭仲裁而改变。

由此可以看出，业主和承包商之间的争议最终的解决办法是法庭仲裁。法庭仲裁往往会花

费很长的时间，而且争议双方为了赢得官司，都要请最好的律师，而律师的费用通常是按小时计算的，非常昂贵。因此，在打算与业主对簿公堂之前，一定要慎重考虑。

综上所述，从该项目的油料关税索赔几乎完整的索赔过程可以看出，一个完整的工程索赔实际上包含了业主和承包商之间争议的解决过程。而在国际承包项目的实施过程中，业主和承包商之间有利益冲突，业主总是想用最少的投资在最短的时间内完成一个工程，而承包商在实施这个工程时总是想用最小的投入赚取最大的利润，因此二者之间的争议，绝大多数还是由索赔引起的。

在国际项目的执行过程中，由于许多国内承包商不熟悉FIDIC条款的索赔程序和争议解决程序，往往是提出了索赔，而且索赔也有理有据，但一旦业主拒绝了索赔要求，承包商也就放弃了索赔，没有请求工程师裁决或提出法庭仲裁，因而损失惨重。实际上绝大多数的工程监理公司是十分注重自己的形象的，如果承包商请求监理工程师裁决，他们都是非常重视的而且是非常公正的，这是因为业主和承包商之间的争议有可能通过法庭仲裁来解决。如果仲裁员监理工程师的裁决不公正，有偏袒业主或承包商的现象，就会损害了工程监理公司自身的形象。另外，一旦承包商就某一争议提请法庭仲裁，业主作为被告也需要花费人力物力准备答辩材料，聘请律师。如果官司输了，业主就得支付所有的索赔费用及由此引起的承包商的其他损失，从这个角度讲业主也不愿意将争议诉诸法庭。因此，对于金额较大的索赔或者与业主的争议，承包商应该依靠合同文件，以不惜诉诸法庭的勇气和决心，坚决地捍卫自己应得的权益。实际上，如果业主发现承包商熟悉合同条款，索赔有理有据，业主为了避免法庭仲裁败诉给自己造成额外经济损失，也就会严格履行合同。

本章小结

本章知识点：业主对承包商的索赔规避；承包商对业主的索赔规避；建设工程索赔谈判；索赔谈判的策略；索赔谈判的前期准备；索赔谈判的原则性技巧；理想的索赔谈判技巧的3个评价标准；索赔涉及的4个基本要素；索赔谈判的最佳目标；会议的控制。

习　题

1. 名词解释

(1) 纵向谈判；(2) 横向谈判；(3) 工程索赔谈判。

2. 单项选择题

(1) 索赔谈判的类型包括(　　)。

A. 纵向谈判　　B. 外围谈判　　C. 内部谈判　　D. 横向谈判

(2) 业主一定要注意建设工程施工合同中有关工程款支付的条款规定，特别注意相关条款中的(　　)规定，避免此类索赔事项的发生。

A. 空间限制　　B. 场地限制　　C. 时间限制　　D. 行政限制

(3) 各种索赔事项中，要特别对(　　)及时办理签证手续。

A. 隐蔽工程　　B. 挖土工程　　C. 埋深工程　　D. 拆除工程

(4) 理想的索赔谈判技巧包含的要素有(　　)。

A. 将谈判者与谈判问题分开

B. 把谈判注意力集中于双方共同利益，而不集中于各自的观点

C. 在达成协议之前，为双方的共同利益设想出多种可供选择的解决办法

D. 坚持采用客观标准和国际惯例，合同是索赔的依据

(5) 工期索赔的计算主要有(　　)两种。

A. 网格分析法　　B. 决策树法　　C. 价值工程法　　D. 比例分析法

(6) 索赔谈判的最佳目标是(　　)。

A. 自身利益最大化　　B. 双赢

C. 自身损失最小化　　D. 对方利益最小化

3. 思考题

(1) 业主对承包商的索赔如何规避?

(2) 承包商对业主的索赔如何规避?

(3) 横向谈判的优点有哪些?

(4) 应如何做好谈判准备?

(5) 理想的索赔谈判技巧可用哪3个标准来评价?

4. 案例分析题

(1) 某工程项目施工采用了包工包全部材料的固定价格合同。工程招标文件参考资料中提供的用砂地点距工地4km。但是开工后，检查该砂质量不符合要求，承包商只得从另一距工地20km的供砂地点采购。而在一个关键工作面上又发生了几种原因造成的临时停工。

5月20—26日，承包商的施工设备出现了从未出现过的故障；应于5月24日交给承包商的后续图纸直到6月10日才交给承包商；6月7—12日施工现场下了罕见的特大暴雨，造成了6月11—14日的该地区的供电全面中断。

问题：① 承包商的索赔要求成立的条件是什么?

② 由于供砂距离的增大，必然引起费用的增加，承包商经过仔细认真计算后，在业主指令下达的第3天，向业主的造价工程师提交了将原用砂单价每吨提高5元人民币的索赔要求。作为一名造价工程师你会批准该索赔要求吗? 为什么?

③ 若承包商对因业主原因造成窝工损失进行索赔时，要求设备窝工损失按台班计算，人工的窝工损失按日工资标准计算是否合理? 如不合理应怎样计算?

④ 由于几种情况的暂时停工，承包商在6月25日向业主的造价工程师提出延长工期26天，成本损失费人民币2万元/天(此费率已经造价工程师核准)和利润损失费人民币2 000元/天的索赔要求，共计索赔款57.2万元。作为一名造价工程师你会批准延长工期

多少天？索赔款额多少万元？

⑤ 你认为应该在业主支付给承包商的工程进度款中扣除因设备故障引起的竣工拖期违约损失赔偿金吗？为什么？

(2) 南亚某国的水电站工程，利用13km河段上的95m水头，修建拦河堰和引水隧洞发电站。水电站装机3台，总装机容量6.9万千瓦，年平均发电量4.625亿千瓦时。

首部混凝土拦河堰长102m，高23.5m，蓄水量为625万立方米。堰顶安装弧形闸门5扇，控制发电站进水口的水位。当5扇闸门全部开启时，可宣泄洪水9 100m^3/s。

电站引水洞经过岩石复杂的山区，洞长7 119m，直径6.4m，全部用钢筋混凝土衬砌。在施工过程中，承包商遇到了极不利的地质条件。在招标文件中，地质资料说明：6%的隧洞长度通过较好的A级岩石，55%的隧洞长度通过尚好的B级岩石，在恶劣状态的岩石(D、E、F级岩石)中的隧洞长度仅占隧洞全长的12%，其余27%隧洞长度上是处于中间强度的C级岩石。事实上，通过开挖过程中的鉴定。D级岩石占隧洞全长的46%，E级岩石段占22%，F级岩石段占15%，中间强度的C级岩石段占17%，根本没有遇到B级和A级岩石。因此，在施工过程中出现塌方40余次，塌方量达340余立方米，喷混凝土支护面积达62 486m^2，共用钢锚杆25 689根。

水电站厂房位于陡峭山坡之脚，在施工过程中发现山体可能滑坡的重大威胁。因此，出现了频繁的设计变更。调压井旁山体开挖边坡的过程中，先后修改坡度6次，使其实际明挖工程量达到标书工程量表(BOQ)的322%。厂房工程岩石开始中，修改边坡设计3次，增加工程量23 000m^3。

虽然遇到了上述诸多严重困难，但在承包商联营体的周密组织管理下，采取了先进的施工技术，使整个水电站工程优质按期地建成，3台发电机组按计划满负荷地投入运行，获得了业主和世界银行专家团的高度赞扬。

实施情况：

水电站工程的施工采取了国际性竞争招标，使业主收到了投资省、质量好、建设快的好处。合同格式系采用FIDIC土建工程标准合同条款，辅以详尽的施工技术规程和工程量表(BOQ)。设计和施工监理的咨询工程师由欧洲的一个咨询公司担任。

通过激烈的投标竞争，最终由中国和一个发达国家的公司共同组成的国际性的“承包联营体”以最低报价中标，承建引水隧洞和水电站厂房，合同价7 384万美元，工期为42个月。这是该水电站工程中最艰巨的部分，其工程量比混凝土拦河堰和输变电工程要大得多。

为了进行引水隧洞和水电站厂房的施工，“承包联营体”配备了先进的施工设备和精干的项目组领导班子，下设工程部、财务部、供应部、合同部和总务部等施工管理部门，并由中国派出了在隧洞施工方面具有丰富经验的施工技术人员。

由于勘探设计工作深度不够，招标文件所提供的地质资料很不准确，致使“承包联营体”陷入严重的困境，面临工期拖延和成本超支的局面，因此向业主和咨询工程师提出了工期索赔和经济亏损索赔。

在索赔方式上，“承包联营体”最初采取了结合工程进度款支付的逐月清理索赔款的方式。即每月初在申报上个月工程进度款的同时，报送索赔款中报表，使咨询工程师和业主已核准的索赔款逐月支付，陆续清理。这样，可使项目繁多的索赔争议逐个解决，并使索赔款额分散地支付，以免索赔款积累成巨额数字，增加索赔工作的难度和业主与“承包联营体”之间的矛盾。这种索赔方式，也符合施工合同文件的规定，以及国际工程施工索赔的惯例做法。不幸的是，在个别索赔“顾问”的怂恿下，“承包联营体”牵头公司坚持要改变这种按月单项索赔的方式，改而采用总成本法的综合索赔方式，停止逐月申报索赔款，而企图一次性获得巨额索赔款，并不顾中方代表的反对，采取了一系列不恰当的索赔做法。

在索赔款额方面，由于承包联营体牵头公司固执己见，使历次报出的索赔款额变化甚大，数额惊人，以致索赔款总额接近于原合同价的款额。

对于承包联营体所采取的算总账方式的巨额索赔做法，咨询工程师和业主采取了能拖就拖的方针。在两年多的施工索赔过程中，对承包联营体报出的 4 次索赔报告，咨询工程师均不研究答复，只是一味地要求承包联营体提供补充论证资料，或反驳承包联营体的索赔要求。

问题：请针对案例情况，进行索赔策略分析。

参 考 文 献

[1] 王俊安．招标投标案例分析[M]．北京：中国建材工业出版社，2005.

[2] 全国建设工程招标投标从业人员培训教材编写委员会．建设工程招标实务[M]．北京：中国计划出版社，2002.

[3] 卢谦．建设工程招标投标与合同管理[M]．北京：中国水利水电出版社，2001.

[4] 陈美华．香港超人：李嘉诚传[M]．广州：广州出版社，2002.

[5] 何增勤．工程项目投标策略[M]．天津：天津大学出版社，2004.

[6] 陈惠玲，马太建．建设工程招标投标指南[M]．南京：江苏科学技术出版社，2001.

[7] 高红贵．国际招标与投标[M]．武汉：武汉工业大学出版社，1998.

[8] 宋彩萍．工程施工项目投标报价实战策略与技巧[M]．北京：科学出版社，2004.

[9] 何红峰．工程建设中的合同法与招标投标法[M]．北京：中国计划出版社，2002.

[10] 全国建筑施工企业项目经理培训教材编写委员会．工程招投标与合同管理(修订版)[M]．北京：中国建筑工业出版社，2000.

[11] 周学军．工程项目投标招标策略与案例[M]．济南：山东科学技术出版社，2002.

[12] 朱少平．《中华人民共和国政府采购法》，《中华人民共和国招标投标法》条文释义与理解适用[M]．北京：中国方正出版社，2002.

[13] 中华人民共和国招标投标法编写组．中华人民共和国招标投标法[M]．北京：中国方正出版社，2004.

[14] 袁炳玉，朱建元．中外招投标经典案例与评析[M]．北京：电子工业出版社，2004.

[15] 王建国．招标·投标·评标与管理[M]．北京：机械工业出版社，1998.

[16] 国家发展计划委员会政策法规司．招标投标·政府采购理论与实务[M]．北京：中国检察出版社，1999.

[17] 中国法制出版社．招标投标法及其配套规定[M]．北京：中国法制出版社，2001.

[18] 邓辉．招标投标法新释与例解[M]．北京：同心出版社，2003.

[19] 陈守愚．招标投标理论研究与实务[M]．北京：中国经济出版社，1998.

[20] 曹富国，李庭鹏，李爱斌．政府采购与招标投标法的适用[M]．北京：企业管理出版社，2002.

[21] 许高峰．国际招投标[M]．3 版．北京：人民交通出版社，2003.

[22] 张军．建设工程合同管理[M]．大连：大连理工大学出版社，2006.

[23] 何佰洲．工程合同法律制度[M]．北京：中国建筑工业出版社，2003.

[24] 朱宏亮，成虎．工程合同管理[M]．北京：中国建筑工业出版社，2006.

[25] 张水波．新版合同条件导读与解析[M]．北京：中国建筑工业出版社，2003.

[26] 王军．美国合同管理[M]．北京：对外经济贸易大学出版社，2004.

[27] 董平，胡维建．工程合同管理[M]．北京：科学出版社，2004.

[28] 田威．FIDIC 合同条件应用技巧[M]．北京：中国建筑工业出版社，2002.

[29] 刘伊生．建设工程招投标与合同管理[M]．2 版．北京：机械工业出版社，2007.

[30] [英]道格拉斯·斯蒂芬．工程合同仲裁实务[M]．路晓村，穆怀晶，译．北京：中国建筑工业出版社，2004.

[31] [英]罗格·诺尔斯．合同争端及解决100例[M]．冯志祥，路小村，译．北京：中国建筑工业出版社，2004.
[32] 刘力，钱雅丽．建设工程合同管理与索赔[M]．北京：机械工业出版社，2005.
[33] 梁鑑，潘文，丁本信．建设工程合同管理与案例分析[M]．北京：中国建筑工业出版社，2004.
[34] 宋宗宁．建设工程合同风险管理[M]．上海：同济大学出版社，2007.
[35] 成虎．建设工程合同管理与索赔[M]．4版．北京：中国建筑工业出版社，2008.
[36] 朱昊．建设工程合同管理与案例评析[M]．北京：机械工业出版社，2008.
[37] 高正文．建设工程法规与合同管理[M]．北京：机械工业出版社，2008.
[38] 建设工程项目合同与风险管理编委会．建设工程项目合同与风险管理[M]．北京：中国计划出版社，2000.
[39] 丁晓欣，宿辉．建设工程项目管理丛书——建设工程合同管理[M]．北京：化学工业出版社，2005.
[40] 梅阳春，邹辉霞．建设工程招投标及合同管理[M]．武汉：武汉大学出版社，2004.
[41] 贾彦芳．建设工程合同管理答疑精讲与试题精练[M]．北京：中国电力出版社，2008.
[42] 宋春岩，付庆向．建设工程招投标与合同管理[M]．北京：北京大学出版社，2008.
[43] 高群，张素菲．建设工程招投标与合同管理[M]．北京：机械工业出版社，2007.
[44] 佘立中．建设工程合同管理[M]．广州：华南理工大学出版社，2004.
[45] 何伯森．工程招标承包与监理[M]．北京：人民交通出版社，1997.
[46] 黄强光．建设工程合同[M]．北京：法律出版社，1999.
[47] 宋宗宇．建筑工程合同法原理与实务[M]．重庆：重庆大学出版社，1999.
[48] 何伯森．国际工程合同与合同管理[M]．北京：中国建筑工业出版社，1999.
[49] 成虎．建设工程合同管理实用大全[M]．北京：中国建筑工业出版社，1999.
[50] 孙镇平．建设工程合同[M]．北京：人民法院出版社，2000.
[51] 黄亚钧，郁义鸿．微观经济学[M]．北京：高等教育出版社，2000.
[52] 李洁．建筑工程承包商的投标策略[M]．北京：中国物价出版社，2000.
[53] 王洪亮．承揽合同·建设工程合同[M]．北京：中国法制出版社，2000.
[54] 成虎．建筑工程合同管理与索赔[M]．3版．南京：东南大学出版社，2000.
[55] 徐崇禄．建设工程施工合同示范文本应用指南[M]．北京：中国物价出版社，2000.
[56] 朱树英．建设工程法律实务[M]．北京：法律出版社，2001.
[57] 李启明．工程建设合同与索赔管理[M]．北京：科学出版社，2001.
[58] 邱闯．国际工程合同原理与实务[M]．北京：中国建筑工业出版社，2001.
[59] 姚惠娟．建筑法[M]．北京：法律出版社，2002.
[60] 曹富国．中国招标投标法原理与使用[M]．北京：机械工业出版社，2002.
[61] 白均生．水电工程合同管理及工程索赔案例[M]．北京：中国水利水电出版社，2002.
[62] 中国工程咨询协会．FIDIC合同条件——施工合同条件[M]．北京：机械工业出版社，2002.
[63] 崔建远．合同法[M]．北京：法律出版社，2003.
[64] 何佰洲，周显峰．建设工程合同[M]．北京：知识产权出版社，2003.
[65] 黄景缓．FIDIC合同条件应用指南[M]．北京：中国科学技术出版社，2003.
[66] 陈浩文．涉外建筑法律实务[M]．北京：法律出版社，2004.
[67] 刘马途．招投标程序·方法·规范[M]．广州：广东经济出版社，2004.
[68] Griffith A，Watson P. Construction Management：Principles and Practice[M]. Basingstoke：Palgrave Macmillan，2004.

[69] Howes R，Tah J H M. Strategic Management applied to International Construction[M]. London：Amer Society of Civil Engineers，2003.

[70] Fellows R F，Langford D，Newcombe R，Urry. Construction Management in Practice[M]. 2nd Ed. Oxford：Blackwell Science，2002.

[71] IEVY S M. Project Management in Construction[M]. 3rd Ed. New York：McGraw Hill，2000.

[72] Loosemore M. Crisis Management in Construction Projects[M]. Rostan：Virginia. ASCE Press，2000.

[73] Richard H Cloug，Germ A Aears. Construction Contracting[M]. JOHN WILEY&SONS. INC，1994.